TD-LTE

系统原理
与无线网络优化

Principles of TD-LTE System and Wireless Network Optimization

窦中兆 王公仆 冯穗力◎编著
Dou Zhongzhao Wang Gongpu Feng Suili

清華大學出版社
北京

内容简介

本书围绕 TD-LTE 网络优化的重点和难点，结合国内外众多商用网络的经验和案例，从 TD-LTE 的基本原理入手，全面、深入地介绍 TD-LTE 系统的信令流程、关键算法和典型参数设置，并就无线网络优化方法和流程进行阐述，对路测、切换、掉话和吞吐率等专题进行分析，最后就无线网络自组织这一研究热点，以及未来网络演进和 5G 关键技术进行阐述和分析。全书共分四大部分：第一部分是 LTE 基础部分，重点描述 LTE 基本原理和信令流程；第二部分是 LTE 关键技术、算法和参数设置部分；第三部分是 TD-LTE 网络优化方法和专题分析部分，对网络优化方法进行系统和全面的描述，对路测、切换、掉话、吞吐率专题优化分别展开讨论；第四部分是无线网络优化技术演进，以及面向 5G 的网络技术演进部分，阐述 SON 关键技术和算法以及 5G 关键技术。

本书是一部综合 LTE 无线网络原理与优化实战经验的专业性著作，主要适用于无线通信领域研究人员和工程技术人员作为参考用书，也可作为高等院校通信专业高年级本科生或研究生的教学参考用书。

图书在版编目(CIP)数据

TD-LTE 系统原理与无线网络优化/窦中兆，王公仆，冯穗力编著. —北京：清华大学出版社，2019 (2022.7 重印)
ISBN 978-7-302-52441-0

Ⅰ. ①T… Ⅱ. ①窦… ②王… ③冯… Ⅲ. ①码分多址移动通信－网络规划 Ⅳ. ①TN929.533

中国版本图书馆 CIP 数据核字(2019)第 042165 号

责任编辑：盛东亮
封面设计：李召霞
责任校对：梁　毅
责任印制：丛怀宇

出版发行：清华大学出版社
网　　址：http://www.tup.com.cn，http://www.wqbook.com
地　　址：北京清华大学学研大厦 A 座　　**邮　　编**：100084
社 总 机：010-83470000　　**邮　　购**：010-62786544
投稿与读者服务：010-62776969，c-service@tup.tsinghua.edu.cn
质量反馈：010-62772015，zhiliang@tup.tsinghua.edu.cn
课件下载：http://www.tup.com.cn，010-83470236
印 装 者：涿州市京南印刷厂
经　　销：全国新华书店
开　　本：186mm×240mm　　**印　　张**：23.75　　**字　　数**：516 千字
版　　次：2019 年 8 月第 1 版　　**印　　次**：2022 年 7 月第 3 次印刷
定　　价：79.00 元

产品编号：057337-01

前言

FOREWORD

我们已经步入大数据时代。当今，移动互联网正以惊人的速度迅速发展，移动数据流量呈现爆炸式增长。据爱立信统计和预测，过去 5 年(2013—2018 年)，全球移动数据流量增长了 10 倍；未来 5 年仍将以 39%的年均复合增长率保持高速增长。移动互联网为人们带来无与伦比丰富体验的同时，要求移动通信技术与网络向更高数据速率、更高频谱利用率和更低成本的方向发展，这给未来无线网络技术演进和无线网络优化提出了更高要求。LTE 作为支撑移动互联网需求的主要网络技术，同时作为第四代移动通信的主流标准技术，已在全球获得大规模商用，并将在未来的 5G 时代长期存在。

无线网络优化是一项复杂的系统工程，涉及技术原理、关键算法、参数调整、工程经验等多方面知识的综合运用，随着多接入技术(Inter-RAT)和多层次网络(Multi-layer)共存导致网络复杂度的大幅提高，使目前的无线网络优化工作面临更大挑战。本书围绕 TD-LTE 网络优化的重点和难点，结合国内外众多商用网络的经验和案例，从 TD-LTE 的基本原理入手，全面、深入地介绍 TD-LTE 系统的信令流程、关键算法和典型参数设置，并就无线网络优化方法和流程进行阐述，聚焦路测、切换、掉话和吞吐率等专题进行分析，最后对无线网络自组织这一研究热点，以及未来网络演进和 5G 关键技术进行阐述和分析。全书按照循序渐进和由易到难的原则进行相关内容的编排，并引用了大量的商用网络优化案例来进行讨论，以便贴近实际网络，强化对具体问题的分析和实战能力。

按照上面的思路，全书分为四大部分共 12 章：第 1～3 章属于 LTE 基础部分，重点描述基本原理和信令流程；第 4、5 章是 LTE 关键技术、算法和参数部分；第 6～11 章是网络优化方法和专题分析部分，对路测、切换、掉话、吞吐率的专题分析和案例展开讨论，并介绍自组织网络的研究进展和关键算法；第 12 章是未来面向 5G 的网络技术演进部分，对 5G 的关键技术做了阐述。

在此感谢我的导师冯穗力和杨大成教授，本书的成稿得益于他们的精心指导。同时，特别感谢中国电信国际公司的邓小锋总经理、杨帆女士、肖炜同志和王琪宇同志，他们为本书提供了宝贵的意见和建议。在本书的编写过程中，亦得到了华南理工大学电信与信息学院冯穗力教授团队、北京交通大学电子与信息工程学院的王公仆博士团队的大力支持。此外，广东省电信规划设计院有限公司海外无线网优团队提供了大力协助和专业建议，杨明帅参编了第 2、3 章，陈浩林参编了第 12 章，同时对黄伟如、郑建飞、曾沂粲同志的帮助致诚挚谢意。

本书由雷湘同志担任主审，感谢她对本书的倾力支持。此外，陈超、关建明、黄海艺、黄妙娜、朱晓丹、张德君、梁梅、李特、李乐、李睿琪、戴琳、田宏、周航等同志为本书的编写工作提供了热忱支持和大力帮助，在此谨致诚挚的感谢。

鉴于无线网络技术正处于不断演进过程中，LTE网优技能的总结提炼有赖于各位专家、学者和读者经验的积累和不断完善，也恳请各位斧正本书的疏漏之处。

窦中兆

于华南理工大学

2019年2月

目录
CONTENTS

第1章

LTE简介

大数据的浪潮已汹涌来袭。快速增长的数据流量[1]，尤其是移动云端服务、视频业务等高速数据业务的需求以及大量OTT①业务的存在，推动移动通信网络向更高数据速率、更高频谱利用率和更低成本的方向发展。作为第四代移动通信的主流标准，LTE（Long Term Evolution）具有高频谱效率、高峰值速率、高移动性和网络架构扁平化等多种优势，在传输速率、网络容量、网络架构、服务质量等方面，都有很好的能力支撑目前的移动互联网发展需求，所以近年来在全球范围内得到了快速部署。截至2018年7月，全球已部署681个LTE商用网络，LTE用户也接近30亿，移动通信已然进入LTE时代。本章对LTE的技术特点、商用发展现状、无线网络优化方法进行初步讨论，并简要介绍本书的结构和内容安排。

1.1 移动通信系统技术演进

1899年11月美国“圣保罗”号邮船在向东行驶时，收到了来自150km外的怀特岛发来的无线电报，莫尔斯电码的嘀嘀嗒嗒声像婴儿呱呱坠地的啼哭声，向世人宣告：一个新生事物——“移动通信”就此诞生了。1900年1月23日，波罗的海霍格兰岛附近的一群遇难渔民通过无线电呼叫而得救，移动通信第一次在海上证明了它对人类的价值。随后的几十年间，移动通信发展比较缓慢，主要处于用于军政乃至民用的专网阶段。直到1974年，美国的贝尔实验室成功地提出了蜂窝（Cellular）的概念，随后移动通信进入了公众移动通信发展的新阶段。

蜂窝移动通信技术的发展至今已有30余年的历史。移动通信产业的迅速发展，远远超出了人们对它的预测，截止到2018年6月，全球移动用户总数已超过78亿，移动通信也经历了从第一代到第四代的发展，并正在向第五代演进，如图1-1所示。

① OTT（Over The Top）即“过顶传球”之意，指OTT服务商利用电信运营商的宽带网络，发展基于互联网的各种应用服务，并从中获益。Google、阿里巴巴、腾讯、百度、Facebook、Twitter、Skype等是OTT服务商的典型代表。

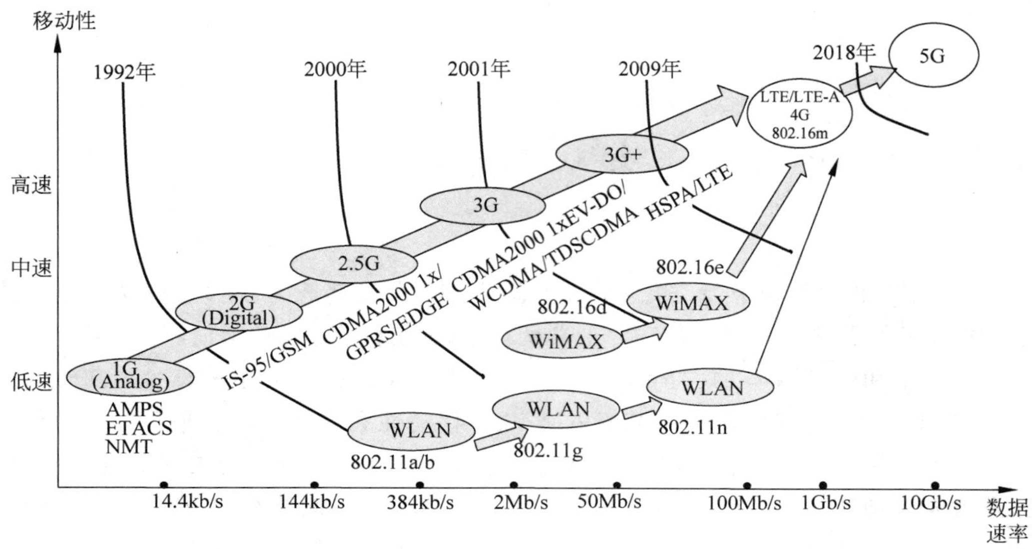

图 1-1　移动通信技术演进路线

在 20 世纪 80 年代初，第一代移动通信技术开始得到应用。到 1992 年 1 月，芬兰运营商 Oy Radiolinja Ab 建成第一个商用 GSM 网络。2001 年 10 月，日本 NTTDoCoMo 开通了第一个 WCDMA 商用网络。2009 年 12 月，北欧运营商 TeliaSonera 在瑞典斯德哥尔摩正式商用全球首个 LTE 网络。移动通信的发展经历了从模拟到数字、从低速率到高速率的发展历程，移动通信技术也逐步实现第一代向第四代演进，并且即将步入第五代移动通信(5th Generation Mobile Networks，5G)元年。下面将分别对第一代到第四代移动通信系统的特点和能力进行比较概括的描述，并简要介绍其中的技术特点；关于网络向 5G 的演进将在本书的最后一章专门进行介绍。

1.1.1　第一代移动通信系统

第一代移动通信系统也简称为 1G(1st Generation Mobile Networks)，以 1978 年美国贝尔实验室研究开发的模拟蜂窝移动通信系统——先进移动通信系统(Advanced Mobile Phone System，AMPS)为标志。同一时期，英国、日本、德国以及北欧也分别开发了自己的第一代移动通信系统。第一代移动通信系统的主要标准主要有美国的 AMPS、欧洲的 TACS(Total Access Communication System)，英国的 E-TACS(Extended TACS)，北欧的 NMT-450(Nordic Mobile Telephone 450)和 NMT-900，日本的 NTT(Nippon Telegraph and Telephone)和 JTACS/NTACS(Japanese TACS and Narrowband TACS)等。1987 年，中国首个 TACS 制式的模拟移动电话系统建成。之后，AMPS 系统也曾被引入中国。第一代移动通信系统的各个标准的主要系统参数如表 1-1 所示。

表 1-1　第一代移动通信系统各个标准的主要系统参数

各项指标	美国和加拿大（AMPS）	北欧（NMT-450）	北欧（NMT-900）	日本（NTT）	英国（TACS）
信道数	2×416	180	1999	2×500	2×500
小区半径/km	2～20	1～40	0.5～20	2～20	2～20
频率复用因子	7,12	7,12	9,12	9,12	4,7,12,21
上行频段/MHz	825～845	453～457.5	890～915	860～885	890～915
下行频段/MHz	870～890	463～467.5	935～960	915～940	935～960
信道间隔/kHz	30	25	12.5	25	25
基站发射功率/W	100	50	100	25	100
移动台发射功率/W	3	15	6	5	7

由表 1-1 可以看出，世界各国开发的系统都各不相同：分别采用不同的频带、不同的基站和移动台协议。由于制式的不统一，限制了移动通信的长途漫游，使得第一代移动通信系统只能是一种区域性移动通信系统。第一代移动通信的主要特点归纳如下：

（1）用户的接入方式采用频分多址（Frequency Division Multiple Access，FDMA）技术，当一个呼叫建立以后，该呼叫在呼叫结束以前一直占用这个频段。

（2）调制方式为调频（Frequency Modulation，FM）。

（3）业务种类单一，主要是话音业务。

（4）系统的保密性差。

（5）频谱效率较低，有限频谱资源和用户容量之间的矛盾十分突出。

正是由于第一代模拟移动通信系统频谱利用率低，而且价格昂贵、设备复杂、业务种类受限、制式太多且不兼容，同时，随着移动用户的增加系统容量的问题日益突出等诸多缺点，以高容量、低功耗、全球漫游和切换能力为目标的第二代数字移动通信系统的研究就提上了日程。

1.1.2　第二代移动通信系统

第二代移动通信系统简称为 2G，相对于 1G 的频分多址，2G 主要采用时分多址（Time Division Multiple Access，TDMA）和码分多址（Code Division Multiple Access，CDMA）技术，同时也采用了数字化技术和新的调制方式。2G 主要包括下面几种标准：

（1）1991 年美国提出的 D-AMPS（Digital Advanced Mobile Phone System）。

（2）1992 年欧洲推出商用的 GSM（Global System for Mobile Communication）。

（3）1993 年日本提出的 PDC（Personal Digital Cellular）。

（4）1993 年美国提出的 IS-95，即 N-CDMA（Narrowband Code Division Multiple Access）。

第二代移动通信系统各种标准的主要系统参数如表 1-2 所示。

表 1-2　第二代移动通信系统各种标准的主要系统参数

各 项 指 标	GSM	IS-95 (N-CDMA)	D-AMPS	PDC
上行频段/MHz	890～915	824～849	824～849	810～830 或 1429～1453
下行频段/MHz	935～960	869～894	869～894	940～960 或 1477～1501
调制方式	GMSK	OQPSK(上行) QPSK(下行)	π/4QPSK	π/4QPSK
载波带宽/kHz	200	1250	25	30
语音编码方式	RELP-LTP	QCELP	VSELP	VSELP
信道编码方式	CRC＋卷积码 ($r=1/2, k=5$)	CRC＋卷积码 ($r=1/2, k=5$)	CRC＋卷积码	CRC＋卷积码
信道数据速率/(kb/s)	270.833	1228.8	48.6	42
语音编码速率/(kb/s)	13	8	8	6.7
多址方式	TDMA/FDMA	CDMA/FDMA	TDMA/FDMA	TDMA/FDMA

由于新的数字调制方式以及语音编码方式的应用，加上采用了时分或码分多址等多项技术，使得第二代移动通信相对于1G来说，有了很大的进步。第二代数字蜂窝系统除了能提供语音服务之外，还能够提供短消息和低速数据业务。简单概括一下，第二代数字移动通信主要具有下列优点：

(1) 频谱利用率高，有利于提高系统容量。

(2) 采用了新的调制方式，如GMSK(Gaussian Minimum Shift Keying)、QPSK等。

(3) 能提供多种业务，提高了通信系统的通用性。

(4) 抗噪声、抗干扰和抗多径衰落的能力强。

(5) 能实现更有效、灵活的网络管理和控制。

(6) 便于实现通信的安全保密。

(7) 可降低设备成本和减少用户手机的体积和质量。

我国自1993年开始建设2G网络，目前已经建设成为世界上最大的移动通信网络。移动通信的巨大发展，除来源于市场的驱动外，还要有相应的技术力量做后盾，以满足人们不断增长的数据需求。由于第二代移动通信只能提供传统的话音和中低速数据业务，而人们对于多媒体数据业务以及宽带化、智能化、个人化的综合全球通信业务的需求却不可能通过2G得到满足。因此，为解决上述矛盾而产生的第三代移动通信系统成为继2G移动通信领域的下一个热点。

1.1.3　第三代移动通信系统

第三代移动通信系统也简称3G，又被国际电信联盟(International Telecommunication Union，ITU)称为IMT-2000(International Mobile Telecommunications in 2000)，意指在2000年左右开始商用并工作在2000MHz频段上的国际移动通信系统。IMT-2000的标准化工作开始于1985年，当时被国际电联称为未来陆地移动通信系统(the Future Public

Land Mobile Telecommunications System，FPLMTS)，1996 年更名为 IMT-2000，在欧洲被称为通用移动通信系统(Universal Mobile Telecommunications System，UMTS)。第三代移动通信大致经过了以下发展历程[2]：

(1) 1985—1994 年，明确概念和目标，提出 FPLMTS。

(2) 1991 年，ITU-R 正式成立 TG8/1 工作组，负责标准的制定。

(3) 1992 年，WARC92 在 2GHz 频段上分配了 230MHz 给 FPLMTS 使用。

(4) 1992—1998 年，确定评估方法和程序。

(5) 1998 年 6 月 30 日前征集 IMT2000-RTT 技术方案。

(6) 1998 年 7 月—1999 年 3 月，评选确定方案和基本参数。

(7) 1999 年 3 月，完成 IMT-2000 关键参数部分的标准化。

(8) 1999 年 11 月，完成 IMT-2000 的技术规范部分。

(9) 2000 年，完成 IMT-2000 的全部网络规范。

1992 年，世界无线电行政大会(World Administrative Radio Conference，WARC)根据 ITU-R 对于 IMT-2000 的业务量和所需频谱的估计，划分了 230MHz 带宽给 IMT-2000，1885～2025MHz 以及 2110～2200MHz 为全球基础上可用于 IMT-2000 的业务频段。1980～2010MHz 和 2170～2200MHz 为卫星移动业务频段，共 60MHz，其余 170MHz 为陆地移动业务频段，其中对称频段是 2×60MHz，不对称的频段是 50MHz。

与现有的第二代移动通信系统相比，第三代移动通信除了能提供话音业务之外，还可以提供网页浏览、收发电子邮件、使用可视电话、视频点播等多媒体业务。IMT-2000 的关键特性和目标是提供全球无缝覆盖，并且具有全球漫游业务。主要包括以下五个方面：

(1) 全球漫游。用户不再限制于一个地区和一个网络，而能在整个系统和全球漫游。这意味着真正地实现随时随地的个人通信。

(2) 适应多种环境，采用多层小区结构，即微微蜂窝、微蜂窝、宏蜂窝，将地面移动通信系统和卫星移动通信系统结合在一起。

(3) 能提供高质量的多媒体业务，包括高质量的话音、可变速率的数据、高分辨率的图像等多种业务。

(4) 足够的系统容量、强大的多种用户管理能力、高保密性能和服务质量。质量和保密功能对这一代移动通信技术提出更高的要求。

(5) 便于过渡、演进。由于第三代移动通信引入时，第二代网络已具有相当规模，所以第三代的网络一定要能在第二代网络的基础上逐渐灵活演进而成，并应与固定网兼容。

为实现上述目标，IMT-2000 对 3G 无线传输技术提出了以下要求：

(1) 高速率的数据传输以支持多媒体业务，即下行室内环境至少 2Mb/s、室外步行环境至少 384kb/s、室外车辆环境至少 144kb/s。

(2) 传输速率按需分配。

(3) 上下行链路能适应不对称业务的需求。

(4) 简单的小区结构和易于管理的信道结构。

(5) 灵活的频率和无线资源的管理、系统配置和服务设施。

1998年6月，各国标准化组织向国际电信联盟提交了各自的无线传输技术候选方案。共有16种候选技术，包括10种地面技术和6种卫星技术。在上述技术中，以码分多址技术作为第三代移动通信的主要候选多址技术。最有代表性的3G主流技术有三种，分别是CDMA2000技术、WCDMA技术和TD-SCDMA技术。其中，WCDMA是欧洲和日本支持的方案，CDMA2000是由美国高通提出的方案，我国提出的TD-SCDMA采用了TDMA和CDMA混合接入方案。

3G技术目前仍为当今移动互联网的主要承载技术之一，我国3G牌照于2009年1月开始发放给三大运营商。3G无线传输技术的具体技术参数如表1-3所示。

表1-3　3G无线传输技术的具体技术参数

各项指标	WCDMA	CDMA2000 1x EV-DO	TD-SCDMA
扩频类型	单载波直接序列扩频CDMA	多载波和直接序列扩频两种CDMA	时分同步CDMA
最小带宽/MHz	5	1.25	1.6
码片速率/Mcps	3.84	1.2288	1.28
帧长/ms	10	20	10
功率控制速度/Hz	1500	800	200
编码方式	卷积码、Turbo码	卷积码、Turbo码	卷积码、Turbo码
调制方式	上行：BPSK 下行：QPSK	上行：BPSK 下行：QPSK	上行：8PSK 下行：QPSK
双工方式	FDD/TDD	FDD	TDD
基站间同步	异步(不需GPS)	同步(需GPS)	同步(主从同步)

1.1.4　第四代移动通信系统

从用户需求来说，未来将需要更高的速率来支持各种应用，如视频(高清)、在线游戏、云计算应用等。移动通信从2G、3G到4G的发展过程，也是从支持低速语音业务到高速数据业务的过程。

ITU-R的5D工作组ITU-R WP5D除负责维持IMT-2000规范外，还参与后IMT-2000系统的相关工作，后IMT-2000系统的相关工作被称为IMT-Advanced。4G移动通信系统是按照IMT-Advanced(International Mobile Telecommunications Advanced)所定义的，必须满足国际电信联盟所设定的要求。IMT-Advanced主要特性如下：

(1) 在保证低成本、多业务的基础上，满足世界范围内功能性的高度融合。

(2) 满足IMT内部与固网业务的兼容。

(3) 具有与其他无线接入系统的互通能力。

(4) 提供高质量移动业务。

(5) 提供能全球漫游的用户终端。

(6) 提供用户友好型应用程序、业务和设备。

(7) 具有增强型峰值数据速率以支持高级业务和应用程序，例如低速移动业务需达到 1Gb/s 的速率，高速移动业务需达到 100Mb/s 的速率。

ITU-R 在 2010 年 10 月宣布，IMT-Advanced 包括的主要 4G 技术为两种：

(1) 3GPP 提交的 LTE-Advanced 技术（又称 LTE-A 或者 LTE+）。在 3GPP 协议 R8 中定义的 LTE 并不能满足 IMT-Advanced 的全部要求，因此 LTE(R8)有时也被称为 3.9G 或准 4G。而 LTE-Advanced 是 3GPP 更晚版本(R10)中定义的，是为满足 4G 要求特别设计的。这里顺便说明一下，Advanced 这个标签主要是为了突出 LTE 的 R10 与 IMT-Advanced 的关系。实际上 LTE 的开发工作是 3GPP 的一项持续性工作，LTE(R8)和 LTE-Advanced(LTE R10)均为 LTE 后续演进中的一个步骤。

(2) WiMAX 802.16m。802.16m 由 IEEE 和 WiMAX 论坛定义。

主流无线接入技术的演进路线如图 1-2 所示，此处略掉了后续向 5G 的演进部分。

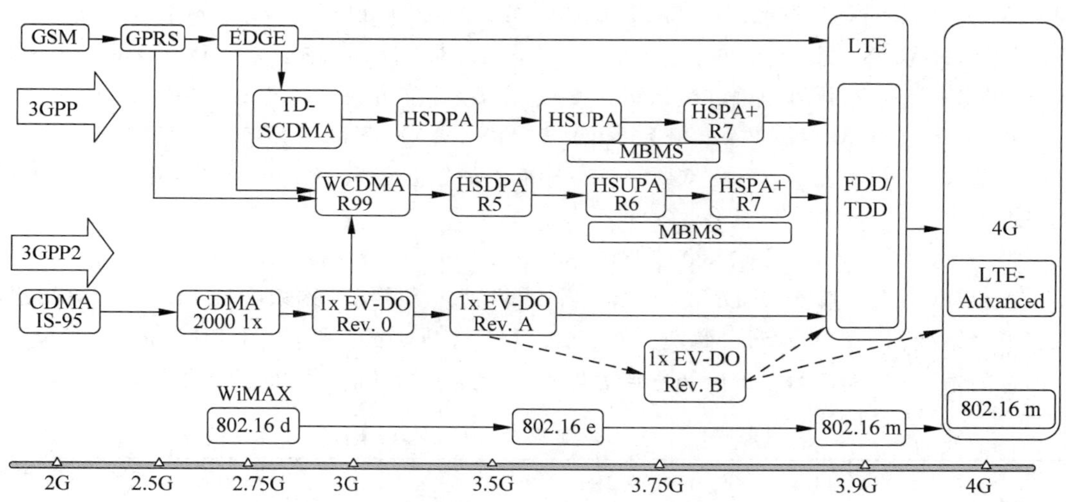

图 1-2　移动通信技术向 4G 演进路线

WCDMA 的主流演进方向是由 WCDMA→HSDPA/HSUPA→HSPA+→LTE，然后演进到 4G(LTE-Advanced)。TD-SCDMA 的主流演进方向与 WCDMA 类似。一般 HSDPA(High Speed Downlink Packet Access)被称作 3.5G 的技术，HSUPA(High Speed Uplink Packet Access)被称作 3.75G 的技术。HSPA+并不是演进到 LTE 或 4G 必须过渡的路线，该阶段引入自适应波束成形和多入多出(Multiple Input Multiple Output，MIMO)等天线阵处理技术，可将下行和上行峰值速率分别提高到 28Mb/s 和 11Mb/s 左右。而 LTE 采用了很多应用于 4G 的技术，被称为 3.9G 技术。

CDMA 的主流演进方向是由 CDMA2000 1x EV-DO Rev. 0→1x EV-DO Rev. A→1x EV-DO Rev. B→LTE，然后演进到 4G(LTE-Advanced)。1x EV-DO Rev. B 采用多载波技术，不是 CDMA 演进到 LTE 或 4G 的必须过渡路线，该技术可将下行和上行峰值速率分别

提高到 14.7Mb/s 和 5.4Mb/s 左右。

从物理层关键技术来看，1x EV-DO 与 HSPA 非常类似，两者采用了很多相似的技术来提高数据业务的频谱利用率，如自适应调制和编码方式（Adaptive Modulation and Coding，AMC）、动态信道评估、混合自动重传请求（Hybrid Automatic Retransmission Request，HARQ）等机制。

WiMAX（Worldwide Interoperability for Microwave Access），又称全球微波互联接入，是 WiMAX 论坛参考 WLAN（Wireless Local Area Network，无线局域网）在全球市场成功的模式而在 IEEE 的 802.16 系列标准的基础上进行定义的。802.16 在设计之初（802.16a/d），是定位在固定无线传输的一种宽带技术标准，目标是提供最后一公里的宽带无线接入服务。2005 年 12 月 7 日最终冻结的 802.16e（正式名称叫 802.16-2005，也称为 WiMAX R1.0）标准在原来 802.16d 的基础上增加了移动性，保证 802.16e 接入设备能够在基站之间切换，从而也成为新一代宽带无线接入标准，而且是具有移动性的标准，一般也称作 Mobile WiMAX。2010 年 3 月，802.16e R1.5 版本发布。2010 年 11 月，802.16m 标准发布，也被称作 WirelessMAN-Advanced 或者 WiMAX 2.0，是继 802.16e 后的第二代移动 WiMAX 国际标准。802.16m 已被国际电信联盟认定为 4G 技术，该标准可支持超过 300Mb/s 的下行速率。

从 LTE 与 WiMAX 的标准制定时间来看，WiMAX 标准的发布时间为 2005 年，较 LTE 的 2009 年时间更早，而且 WiMAX 在标准上的领先也是 3GPP 组织制定 LTE 标准的主要推动力之一。

表 1-4 简要对比了 LTE（R8）与 WiMAX（802.16e R1.5）的主要技术。从中可以看到，LTE 与 WiMAX 均基于 OFDM，基本特性非常相似。从网络结构来看，LTE 与 WiMAX 均为扁平网络架构，适合蜂窝组网，但 WCDMA/TD-SCDMA 更易于向 LTE 演进。在技术不分伯仲的情况下，运营商和厂商的支持力度将成为左右标准前进方向的重要力量。

表 1-4　LTE（R8）与 WiMAX（802.16e R1.5）

类　　目	WiMAX Rel 1.5	TD-LTE R8
标准组织	IEEE，WiMAX 论坛	3GPP
网络结构	SS，ASN（BS，GW）	UE、eNodeB、MME、S-GW
双工方式	TDD	TDD
无线帧长/ms	5	10
多址方式	DL：OFDMA/UL：OFDMA	DL：OFDMA/UL：SC-FDMA
频段/GHz	2.3/2.5/3.5	1.8/1.9/2.0/2.3/2.6
信道带宽/MHz	5/7/8.75/10	1.4/3/5/10/15/20
调制方式	QPSK/16QAM/64QAM	QPSK/16QAM/64QAM
频率规划	FFR 1×3×1 或 PUSC 所有 SC 1×3×3	SFR（ICIC）1×3×1 或 1×3×3
DL/UL 无线结构	35:12/31:15/29:18/26:21	1:3/2:2/3:1/2:1/7:2/8:1/3:5
物理控制信道	FCH/MAP/Ranging/ACKCH/CQICH	PCFICH/PDCCH/PRACH/PUCCH
移动性/(km/h^{-1})	120	350

从厂商的支持来看，几乎所有芯片厂商都转向支持 LTE，包括原 WiMAX 阵营和 CDMA 阵营；全球主要的通信设备厂商都支持 FDD-LTE；在 TD-LTE 方面，除中国本土设备厂商外，爱立信、诺西、阿朗等均参与和支持。而 WiMAX 方面则除英特尔和思科外，厂商支持显得力不从心。从运营商目前格局来看，传统移动运营商更倾向于支持 LTE，几乎全部的 WCDMA、TD-SCDMA 运营商和大部分 CDMA2000 运营商都选择了 LTE 作为未来演进方向；而少数固网运营商或新兴运营商则对 WiMAX 更感兴趣。

1. LTE 标准进展

2004 年 12 月 3GPP 雅典会议决定由 3GPP RAN 工作组负责开展 LTE 研究。LTE 各协议版本路线如图 1-3 所示，虚线对应的时间点是相应版本冻结完成时间。2009 年 3 月，3GPP 定义的 LTE 标准已列入 3GPP R8 正式标准，R8 标准是 LTE 的初始版本，制定了 LTE 的体系架构和物理层关键技术，支持的 LTE 下行峰值速率大于 100Mb/s，频谱效率达到每赫兹 1.7b/s。R9 版本对 LTE 的功能进行了增强和完善，主要支持 LTE 家庭基站、管理和安全方面的性能，以及 LTE 自组织网络(Self-Organising Network，SON)功能，并增强了跨制式的互操作功能。R10 是 LTE-Advanced 的初始版本，即 3GPP 的 4G 相关要求，对 LTE 系统进行了一定的修改来满足 4G 需求，包括载波聚合、协作多点(CoMP)、分层异构网络(HeNet)以及无线中继技术(Relay)。R10 支持的下行峰值速率大于 1Gb/s，频谱效率达到每赫兹 3.7b/s。R11 是 LTE-Advanced 的增强版本，包括上下行 MIMO 增强、载波聚合增强、小区间干扰消除增强等。在 R12 版本中，逐渐把重点转移到 LTE 后演进的主要技术，有时被简称为 LTE-B，例如基于有源天线的 3D 波束赋形技术、基于 Massive MIMO 的大规模多天线赋形技术、多天线/多小区增强协作技术、LTE-Hi 高频段新载波设计技术(3GHz 以上)、能耗感知技术等。R13 版本于 2016 年 6 月冻结，进一步进行增强型载波聚合、增强型机器通信(e-MTC)、增强型 MIMO 技术和增强型的多用户传输技术标准化；后续 R14、R15 转入 5G 技术演进，2018 年 6 月，5G 的第一个独立组网(Stand Alone，SA)标准版本 R15 已冻结。

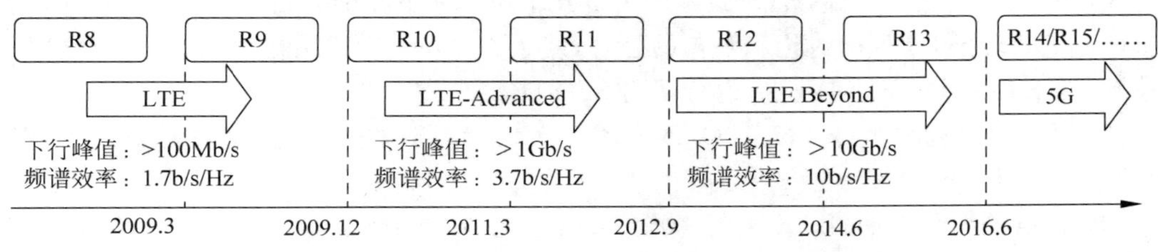

图 1-3　LTE 协议版本

2. LTE 技术需求

LTE 技术是 3G 技术的演进，是 3G 与 4G 技术之间的一个过渡，它改进并增强了 3G 的空中接入技术，采用 OFDM 和 MIMO 作为其无线网络演进的关键技术。在 20MHz 频谱带宽下 LTE 能够提供下行 100Mb/s 与上行 50Mb/s 的峰值速率，改善了小区边缘用户的性能，提高小区容量和降低系统延迟。LTE包括FDD-LTE和TD-LTE两种技术标准。

LTE将大大提升用户对移动通信业务的体验，为运营商带来更大的技术优势和成本优势，大大提升了运营商的利润空间，巩固蜂窝移动技术的主导地位，有助于改善目前通信业务的IPR格局。无论后续市场的需求还是作为未来十年一个具有较强竞争力的技术需求，LTE都得到了全球移动运营商的一致关注。

LTE的设计目标主要包括以下内容：

(1) 带宽灵活配置：支持1.4MHz、3MHz、5MHz、10MHz、15MHz、20MHz多种带宽。

(2) 高峰值数据速率：在20MHz带宽下支持下行100Mb/s、上行50Mb/s的峰值速率。

(3) 低时延：支持更简单、扁平的网络结构，将用户面时延降低到5ms以下、控制面时延降低到100ms以内。

(4) 高频谱效率：有效提高频谱效率，为3GPP R6版本的2～4倍。

(5) 提高了小区边界比特速率，在保持目前基站位置不变的情况下增加小区边界比特速率，OFDM支持的单频率网络技术可提供高效率的多播服务。

(6) 强调向下兼容，支持已有的3G系统和非3GPP系统的协同运作，支持自组织网络(SON)操作。

(7) 降低空中接口和网络架构的成本。

(8) 实现合理的终端复杂度、成本和耗电。

(9) 支持增强的IP多媒体子系统(IP Multimedia Sub-system，IMS)和核心网；尽可能保证后向兼容，有效地支持多种业务类型，取消电路域业务，电路域业务在分组域业务中实现，例如采用VoIP等。

(10) 优化系统为低移动速度终端提供服务，同时也应支持高移动速度终端。

(11) 支持增强型的广播多播业务。

(12) 系统应该能工作在对称和非对称频段，尽可能简化处于相邻频带运营商共存的问题。

为达到预订的设计目标，LTE技术的关键技术包括如下几个方面：

(1) 3GPP经过激烈的讨论和艰苦的融合，终于在2005年12月选定了LTE的基本传输技术，即下行采用OFDM技术，上行采用SC-FDMA技术。

(2) 下行主要采用QPSK、16QAM、64QAM三种调制方式，上行主要采用BPSK、QPSK、8PSK和16QAM。

(3) 在信道编码方面，LTE主要考虑Turbo码。在MIMO方面，LTE的基本MIMO模型是下行2×2、上行1×2个天线，但同时也考虑更多的天线配置(最多4×4)。已被采用的MIMO技术包括空间复用(SM)、空分多址(SDMA)、预编码(Pre-coding)、秩自适应(Rank Adaptation，RA)，以及开环发射分集(STTD，主要用于控制信令的传输)等。上行将采用一种特殊的SDMA技术，即已被WiMAX采用的虚拟(Virtual)MIMO技术。另外，LTE也采用小区干扰抑制技术提高小区边缘的数据速率和系统容量等。

(4) 在切换方面，除了LTE系统内的切换，也正在考虑不同频率之间和不同系统(如与其他 3GPP 系统、WLAN 系统等)的切换。

LTE-A 作为 LTE 的平滑演进技术,能够提供更高的峰值速率和吞吐量,LTE-A 将在 100MHz 频谱带宽的情况下,具有下行峰值速率能够达到 1Gb/s,上行应当超过 500Mb/s 的能力。LTE-A 引入载波聚合(Carrier Aggregation,CA)、多天线增强(Enhanced MIMO)、多点协作传输(Coordinated Multi-Point Tx&Rx,CoMP)、中继(Relay)等关键技术,能大大提高无线通信系统的峰值数据速率与峰值频谱效率,在本书第 4 章中将对这四种关键技术进行专门介绍。鉴于 LTE-A 是 LTE 的演进版本,在网络优化的重点内容方面具有共性,因此在本书后续章节中,除非专门刻意区分 LTE-A 和 LTE 的区别,否则均指二者共性的部分。

3. TD-LTE 和 FDD-LTE 技术对比

在无线通信中有两种工作方式:频分双工(Frequency Division Duplex,FDD)和时分双工(Time Division Duplex,TDD)。通过双工的工作方式,收发双方能同时完成发送和接收工作。FDD 与 TDD 如图 1-4 所示。

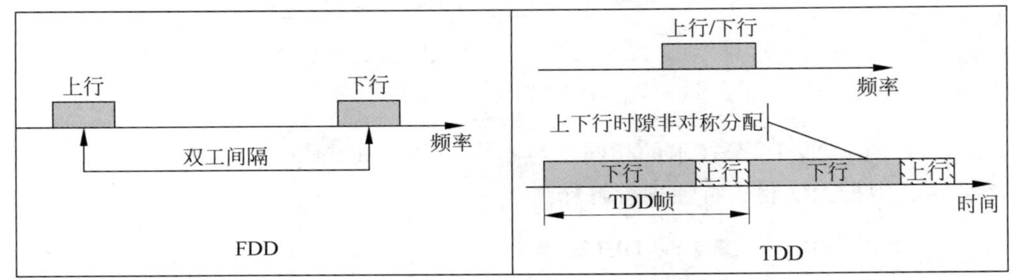

图 1-4　FDD 与 TDD

FDD 的特点是在分离的两个对称频率信道上,系统同时进行接收和发送。通常称基站到移动台的链路为下行链路(或者前向链路),而移动台到基站的链路为上行链路(或者反向链路)。采用频分双工的模式,上行链路和下行链路分别采用了不同的频段。通常,上行载波移动设备发射的频率较低。这样做的目的是因为高频率要比低频率受到衰减的影响大,因此这允许手机使用更低的发射功率,从而降低手机复杂度及成本。某些系统也提供了半双工 FDD 方式,该方式使用了两个频率。但是移动设备只能发射或接收,即不能同时发射和接收。由于不要求双工滤波器,因此这种方式可以降低移动设备的复杂性。

TDD 的特点是利用同一频率信道的不同时隙来完成接收和发送的工作。即上行链路和下行链路工作在相同的频段,但是采用不同的时隙。TDD 的一个优势就是它能够提供非对称上下行分配,适用于不对称的上下行数据传输速率。同时,TDD 能使用各种频率资源,不需要成对的频段。由于上下行工作于同一频率,对称的电波传播特性使之便于使用诸如波束赋形等新技术,达到提高性能的目的。但是 TDD 系统也具有一些问题,例如在满足终端的移动性支持方面与 FDD 相比具有很大的差距,在覆盖能力上也明显不如 FDD 模式。在频谱效率方面,TDD 中存在 GP 开销及 HARQ 反馈延迟等影响,TDD 略低于 FDD。

根据华为公司的技术分析,TD-LTE 与 FDD-LTE 具有 90%的相同点,在基础技术方面完全相同，其不同点本质都是由 TDD 和 FDD 双工方式差异而来。如图 1-5 所示，TD-LTE 与 FDD-LTE 的高层信令相同，如 NAS、RRC，层 2 的 PDCP、RLC、MAC 也相同；二者的主要区别在于物理层的帧结构、时分设计、同步、多天线技术模式等方面。鉴于此，本书在进行描述时，除非特别注明 TD-LTE 或者 FDD-LTE 的相关特性，LTE 均指二者的共性部分。

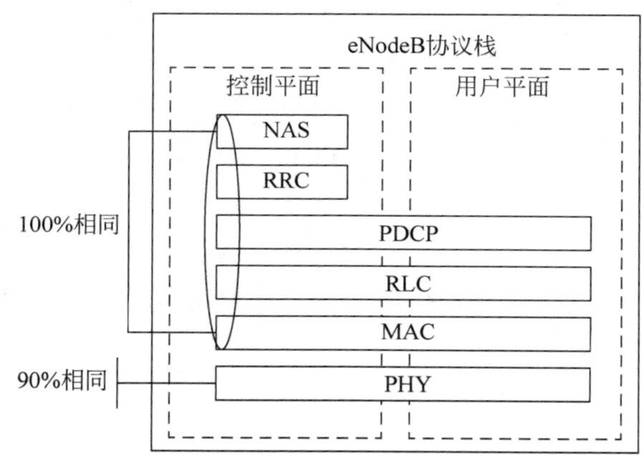

图 1-5　TD-LTE 与 FDD-LTE 比较

TD-LTE 与 FDD-LTE 技术的相同点与不同点分别如表 1-5 和表 1-6 所示，在后续章节中将会对其中提到的相关特性进行解释。

表 1-5　TD-LTE 与 FDD-LTE 技术相同点

类　目	TD-LTE	FDD-LTE
信道带宽配置灵活	1.4、3、5、10、15、20MHz	1.4、3、5、10、15、20MHz
多址方式	DL：OFDM UL：SC-FDMA	DL：OFDM UL：SC-FDMA
编码方式	卷积码、Turbo 码	卷积码、Turbo 码
调制方式	QPSK、16QAM、64QAM	QPSK、16QAM、64QAM
循环前缀长度	4.7、5.2μs(normal CP) 16.7μs(extended CP) 33.3μs(extended CP，7.5kHz)	4.7、5.2μs(normal CP) 16.7μs(extended CP) 33.3μs(extended CP，7.5kHz)
时隙/每子帧符号/每子帧时隙	每子帧 2×0.5ms 时隙 每时隙 7 个符号(normal CP) 每时隙 6 个符号(extended CP)	每子帧 2×0.5ms 时隙 每时隙 7 个符号(normal CP) 每时隙 6 个符号(extended CP)
功控方式	开闭环结合	开闭环结合
链路自适应	支持	支持
拥塞控制	支持	支持
移动性	最高支持 350km/h(支持 inter/intra-RAT HO)	最高支持 350km/h(支持 inter/intra-RAT HO)
语音解决方案	CSFB/SRVCC	CSFB/SRVCC
系统架构	全 IP 扁平化结构	全 IP 扁平化结构

表1-6　TD-LTE与FDD-LTE技术不同点

类　　目	TD-LTE	FDD-LTE
物理帧结构	Type2	Type1
上下行子帧配置	支持上下行子帧灵活配置	不支持上下行子帧灵活配置，按上下行分配
同步	与FDD-LTE不同的主同步与辅同步信号符号位置	与TD-LTE不同的主同步与辅同步信号符号位置
HARQ	可变HARQ次数以及时间延迟	固定HARQ次数和时间延迟
调度周期	取决于上下行子帧配比，最小周期为1ms	1ms
多天线波束赋形	可以利用接收信号相关特性预估下行信道质量，对下行信道做相应改善	不支持
随机接入前缀(Preamble)	Preamble格式0～4	Preamble格式0～3
小区搜索	P-SCH和S-SCH符号位置与FDD不同	P-SCH和S-SCH符号位置与TDD不同
参考信号RS	DL：支持UE相关和小区相关的RS UL：支持DMRS和SRS，SRS承载在UpPTS	DL：仅支持小区相关RS UL：支持DMRS和SRS，SRS承载在数据子帧
MIMO工作模式	支持模式1～8	支持模式1～6

1.2　LTE在全球的商用发展现状

伴随着移动互联网业务种类的日益丰富和智能终端的爆炸式增加，移动应用领域已变得越来越广阔，为人们带来了无与伦比的移动宽带体验。作为业界公认的移动宽带主流技术，LTE的商用已经取得了巨大成功，整个产业链已经趋于成熟。

1. 移动数据流量增势迅猛

2009年第四季度，全球移动数据流量首次超过语音流量，近五年来移动数据流量继续呈快速增长趋势，如图1-6所示。受智能手机视频服务等高速数据接入需求的驱动，移动数据流量一直保持高速增长，过去五年逐年增长率保持在50%以上。2018年第一季度统计数据表明，全球智能手机终端占比超过55%，智能手机用户数量已达43亿，与2017年同期相比，移动数据流量增长54%。

2. 全球LTE用户增长迅速

基于不同技术分类的移动用户统计如图1-7所示。由图1-7可以看出，全球LTE用户数自2013年以来增长迅猛，截止到2018年3月底，全球LTE总用户数达到29亿，根据预测，到2023年，LTE用户数将达到55亿[3]。

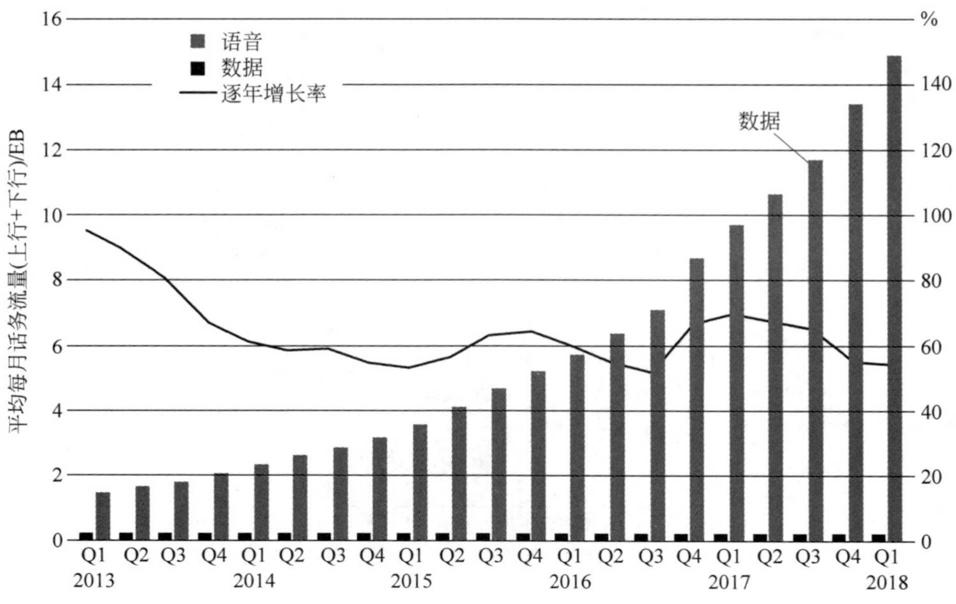

图 1-6　全球移动语音和数据流量统计(数据来源于爱立信移动报告,2018Q1)

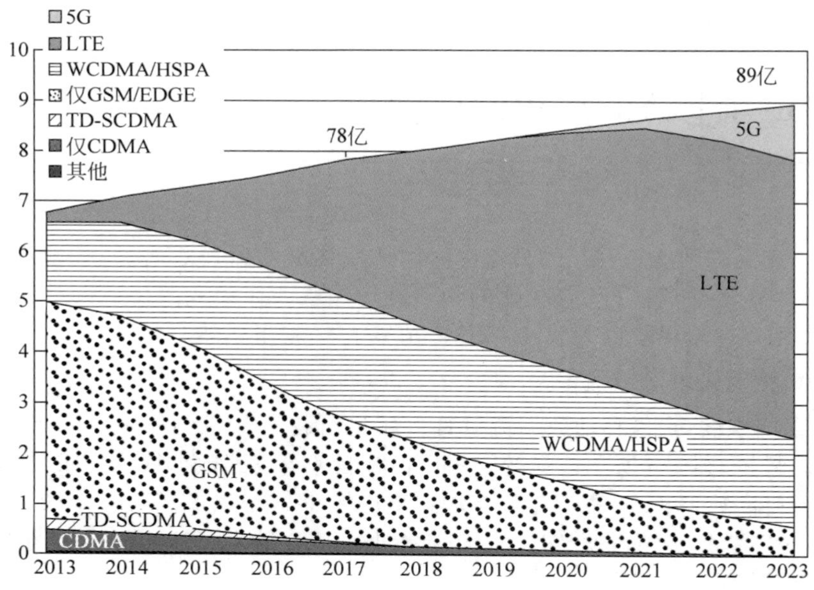

图 1-7　全球 LTE 用户数统计(数据来源于爱立信移动报告,2018Q1)

3. 全球 LTE 网络部署增长势头强劲

全球 LTE 商用网络数量历年统计数据如图 1-8 所示。根据全球移动供应商协会

(Global Mobile Suppliers Association,GSA)统计,截止到 2018 年 7 月,全球已在 208 个国家或地区部署 681 个 LTE 商用网络,其中,567 个网络采用 FDD-LTE 制式,114 个网络采用 TD-LTE 制式(在 60 个国家或地区部署)。

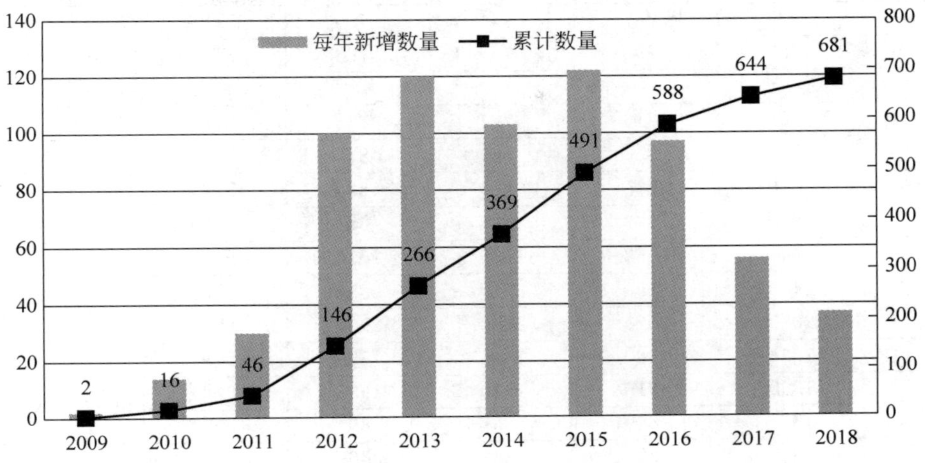

图 1-8　全球 LTE 商用网络统计(数据来源于 GSA,2018 年 7 月)

3GPP 标准化组织规定了 LTE 的 TDD 和 FDD 频段[4],共包括 29 个不同的 FDD 频段和 12 个 TDD 频段,如表 1-7 所示。随着标准化进程的不断深入,将会增加更多可用频段。目前,LTE 的一些频段仍被其他技术所使用,LTE 部署需通过重耕(Refarming)方式,与 3G/2G 共享频谱。FDD 频谱分配相对统一,容易实现全球漫游,如 1800MHz、800MHz、2.6GHz 等频段。

表 1-7　LTE 国际频谱分配

频段编号	上行频率/MHz		下行频率/MHz		双工方式	名　　称
	F_{UL_low}	F_{UL_high}	F_{DL_low}	F_{DL_high}		
1	1920	1980	2110	2170	FDD	UMTS2100(2.1G)
2	1850	1910	1930	1990	FDD	PCS1900
3	1710	1785	1805	1880	FDD	GSM1800
4	1710	1755	2110	2155	FDD	AWS
5	824	849	869	894	FDD	850
6	830	840	875	885	FDD	800
7	2500	2570	2620	2690	FDD	2.6G
8	880	915	925	960	FDD	GSM900
9	1749.9	1784.9	1844.9	1879.9	FDD	1700
10	1710	1770	2110	2170	FDD	3G Americas
11	1427.9	1452.9	1475.9	1500.9	FDD	1500
12	698	716	728	746	FDD	700(US)

续表

频段编号	上行频率/MHz		下行频率/MHz		双工方式	名　　称
	F_{UL_low}	F_{UL_high}	F_{DL_low}	F_{DL_high}		
13	777	787	746	756	FDD	700(US)
14	788	798	758	768	FDD	700(US)
15～16	保留					
17	704	716	734	746	FDD	700(US)
18	815	830	860	875	FDD	800(日本)
19	830	845	875	890	FDD	800(日本)
20	832	862	791	821	FDD	
21	1447.9	1462.9	1495.9	1510.9	FDD	
22	3410	3490	3510	3590	FDD	
23	2000	2020	2180	2200	FDD	
24	1626.5	1660.5	1525	1559	FDD	
25	1850	1915	1930	1995	FDD	
26	814	849	859	894	FDD	
27	807	824	852	869	FDD	
28	703	748	758	803	FDD	APT700
29	N/A	N/A	717	728	FDD	
30	2305	2315	2350	2360	FDD	
31	452.5	457.5	462.5	467.5	FDD	
32						
33	1900	1920	1900	1920	TDD	UMTS TDD1
34	2010	2025	2010	2025	TDD	UMTS TDD2
35	1850	1910	1850	1910	TDD	US1900 UL
36	1930	1990	1930	1990	TDD	US1900 DL
37	1910	1930	1910	1930	TDD	US1900
38	2570	2620	2570	2620	TDD	2.6G
39	1880	1920	1880	1920	TDD	UMTS TDD
40	2300	2400	2300	2400	TDD	2.3G
41	2496	2690	2496	2690	TDD	
42	3400	3600	3400	3600	TDD	
43	3600	3800	3600	3800	TDD	
44	703	803	703	803	TDD	

LTE 商用网络频谱使用情况如图 1-9 所示。对于 FDD-LTE 来说，1800MHz 是主流频段，已有 323 个 LTE 商用网络选用 1800MHz，约占全球 LTE 商用网络总数的 47%；排在第二位的常用频段是 800MHz，其次是 2600MHz 频段。图 1-9 中，b20 对应表 1-7 中的 20 号频段，依此类推。由图 1-9 可以看出，全球 114 个 TD-LTE 商用网络中，2600MHz 和 2300MHz 成为全球 TD-LTE 移动网络部署的主要频段，而 3500MHz 被广泛用于部署 TD-LTE 固定无线宽带接入(Fixed Wireless Access，FWA)技术。典型 TD-LTE 国外运营商的

部署频段如表 1-8 所示。

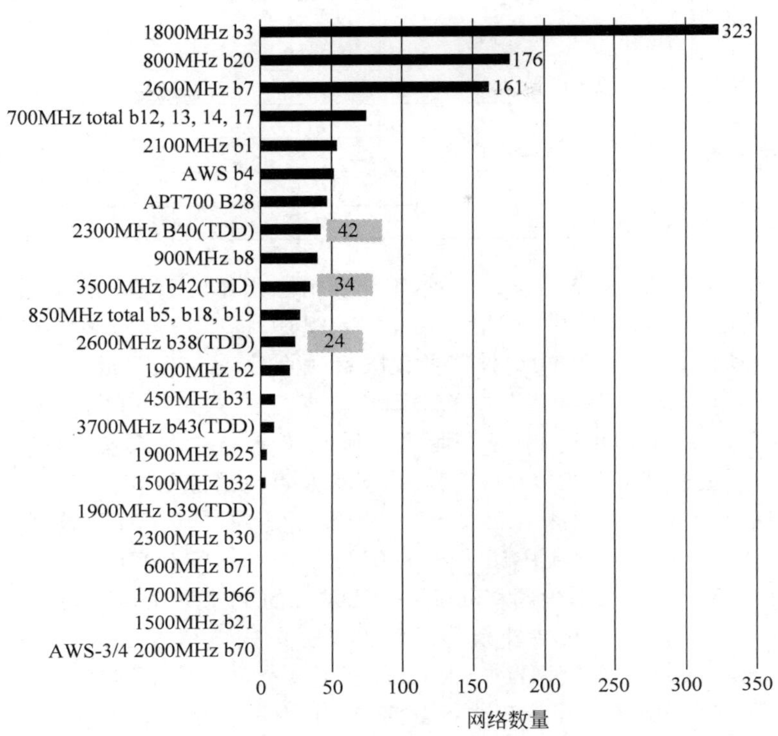

图 1-9　全球 FDD-LTE 商用网络频率使用统计(Mobile & FWA)

注意：图 1-9 中，部分运营商的 LTE 网络运营在多个频段。

表 1-8　TD-LTE 国外典型商用网络频谱使用情况

序号	国家或地区	运　营　商	TDD 频段 /GHz	TDD 频段编号	LTE 模式
1	澳大利亚	NBN Co.	2.3	40	TDD
2	澳大利亚	Optus	2.3	40	TDD+FDD
3	巴西	On Telecomunicacoes	2.6	38	TDD
4	巴西	Sky Brasil Services	2.6	38	TDD
5	中国香港	China Mobile Hong Kong	2.3	40	TDD+FDD
6	印度	Bharti Airtel	2.3	40	TDD
7	日本	Softbank XGP/LTE TDD	2.6	41	TDD
8	阿曼	Omantel	2.3	40	TDD+FDD
9	波兰	Aero2	2.6	38	TDD+FDD
10	俄罗斯	Megafon/Moscow	2.6	38	TDD+FDD
11	俄罗斯	MTS/Moscow	2.6	38	TDD+FDD
12	沙特阿拉伯	Arabia Mobily	2.6	38	TDD
13	沙特阿拉伯	Arabia STC	2.3	40	TDD+FDD

续表

序号	国家或地区	运　营　商	TDD 频段/GHz	TDD 频段编号	LTE 模式
14	美国南方各州	Africa Telkom Mobile (8ta)	2.3	40	TDD
15	西班牙	COTA/Murcia4G	2.6	38	TDD
16	斯里兰卡	Dialog Axiata	2.3	40	TDD＋FDD
17	瑞典	3 Sweden	2.6	38	TDD＋FDD
18	英国	UK Broadband	3.5	42,43	TDD

2012 年 10 月，我国工信部已正式下发《工业和信息化部关于国际移动通信系统（IMT）频率规划事宜的通知》，明确了中国 IMT 系统频率规划，将 2500～2690MHz 共计 190MHz 频段划归 TDD 使用，2300～2400MHz 频段仅限室内使用。2013 年 12 月 4 日，工信部正式给国内三大运营商发放 4G 牌照。其中给中国移动先行发放 TD-LTE 牌照，中国电信和中国联通获发 TD-LTE 和 FDD-LTE 两张牌照。到 2018 年 4 月，中国移动获颁 FDD-LTE 牌照，工作频率需要重耕其 GSM 900MHz 频段，但牌照目前限定 FDD-LTE 网络只能在县级或县级以下的乡村部署。工信部给三大运营商分配了相应的 TD-LTE 频段资源。其中中国移动获得 130MHz 带宽，分别为 1880～1900MHz、2320～2370MHz、2575～2635MHz，F 频段（1880～1920MHz）是此前中国移动 TD-SCDMA 的主频段，所以 F 频段部署时又有基于原 TD-SCDMA 基站升级和共址新建两种方案。中国电信获得 40MHz 带宽，分别为 2370～2390MHz、2635～2655MHz；中国联通也获得 40MHz 带宽，分别为 2300～2320MHz、2555～2575MHz。中国三大运营商的频谱分配方案如表 1-9 所示。

表 1-9　中国三大移动运营商频谱统计

运营商	上行/MHz	下行/MHz	频宽/MHz	频　　段	制　　式	
中国移动	885～890	930～935	5	900M	EGSM 900(GSM-R)	2G/4G
	890～909	935～954	19	GSM900M	GSM 900/FDD-LTE	
	1710～1735	1805～1830	25	GSM1800M	GSM 1800	
	1900～1915	1900～1915（工信部要求 5MHz 保护带）	15	F 频段	TD-SCDMA	3G
	2010～2025	2010～2025	15	A 频段	TD-SCDMA	
	1880～1900	1880～1900	20	F 频段	TD-LTE	4G
	2320～2370	2320～2370	50	E 频段	TD-LTE	
	2575～2635	2575～2635	60	D 频段	TD-LTE	
中国电信	824～825	869～870	1	800M 次频段	CDMA 800	2G/3G/4G
	825～835	870～880	10	800M	CDMA/FDD-LTE	
	1755～1785	1850～1880	30		FDD-LTE	4G
	2370～2390	2370～2390	20		TD-LTE	
	2635～2655	2635～2655	20		TD-LTE	

续表

<table>
<tr><th>运营商</th><th>上行/MHz</th><th>下行/MHz</th><th>频宽/MHz</th><th>频　段</th><th colspan="2">制　式</th></tr>
<tr><td rowspan="6">中国联通</td><td>909～915</td><td>954～960</td><td>6</td><td>GSM900M</td><td>GSM 900</td><td rowspan="2">2G</td></tr>
<tr><td>1735～1755</td><td>1830～1850</td><td>20</td><td>GSM1800M</td><td>GSM 1800</td></tr>
<tr><td>1940～1955</td><td>2130～2145</td><td>15</td><td></td><td>UMTS 2.1G</td><td>3G</td></tr>
<tr><td>1955～1980</td><td>2145～2170</td><td>25</td><td></td><td>FDD-LTE</td><td rowspan="3">4G</td></tr>
<tr><td>2300～2320</td><td>2300～2320</td><td>20</td><td></td><td>TD-LTE</td></tr>
<tr><td>2555～2575</td><td>2555～2575</td><td>20</td><td></td><td>TD-LTE</td></tr>
</table>

1.3　LTE 无线网络优化

从 2009 年 12 月北欧运营商 TeliaSonera 在瑞典斯德哥尔摩正式商用全球首个 LTE 网络以来，至今 LTE 网络已获得广泛部署。LTE 网络采用了一系列新技术来提升频谱效率和网络性能，使网络优化增加了更多复杂的问题和面临更高的挑战，同时，LTE 网络与现有 2G 和 3G 以及 WiFi 网络共存，形成多接入技术和多层次的异构网络，大大增加了网络优化难度。面对这些新挑战，我们要在熟悉掌握关键技术的基础上，结合现有的运维优化经验，探索和总结 LTE 的网络优化方法，同时也要开拓新思路，适应网络自优化的辅助手段提高工作效率。本书在结合国内外大量 LTE 商用网络优化经验基础上，就 LTE 网络优化的相关问题进行分析和总结。

1.3.1　LTE 网络优化简介

如图 1-10 所示，LTE 网络优化流程主要包括三个阶段：单站验证和优化、RF 优化、性能参数优化[5]。

(1) 单站验证和优化。单站验证是网络优化的基础性工作，单站验证的重点是解决设备功能问题和工程安装问题，为随后的 RF 优化和性能参数优化打下一个良好的基础。单站验证和优化主要检查基站的基础参数数据配置是否正确、硬件是否正常(有无天线接反、硬件告警等)、信号覆盖(RSRP、SINR)与系统功能是否正常(接入、切换、PING、FTP 上传/下载业务等)。涉及硬件告警、天馈连接错误、基础数据配置错误、工程参数错误以及功能性问题需要在这个阶段进行解决。

(2) RF 优化。主要针对覆盖、切换、接入进行优化，同时需要解决可能存在的外部干扰问题。一般情况下，RF 优化主要结合路测数据进行分析，重点分析覆盖问题、切换失败问题、干扰问题和接入问题，并提出相应的调整措施。

(3) 性能参数优化。参数优化和RF优化的划分是从调整的思路和措施出发,RF优化调整的主要措施是工程参数调整(可能会涉及切换优化时的邻区优化以及PCI参数调整),主要目标解决覆盖问题、切换问题和外部干扰问题,而参数优化调整的主要措施是无线参数,主要目标在于通过结合路测数据、话统数据、告警数据以及参数配置数据进行分析,从全网优化角度提出优化措施来提高网络的性能。此外,对于重点的问题可能需要结合信令跟踪进行断定。

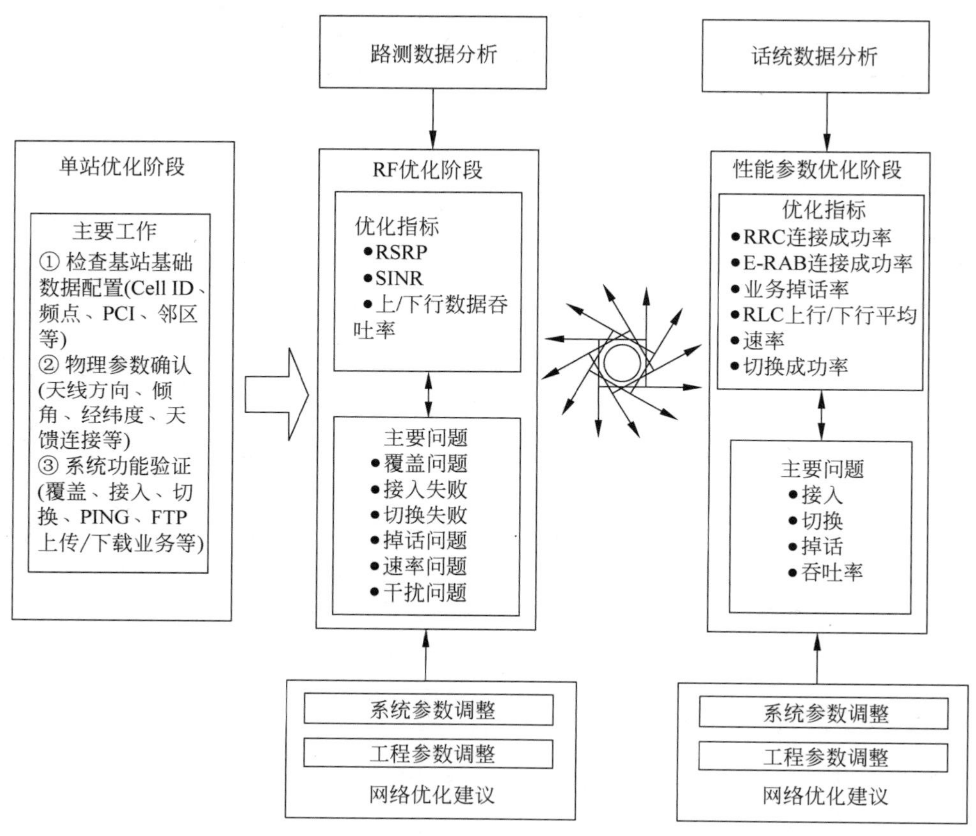

图 1-10　LTE网络优化工作流程

由图1-10可见,LTE网络优化需要建立在熟悉无线传播理论、LTE基本原理、信令流程、关键算法、系统参数的基础上。只有充分理解和掌握它们,才能对系统出现的问题如覆盖问题、掉话问题、切换问题、接入问题等进行定位和分析,并提出合理建议进行调整,以使网络的关键性能指标(Key Performance Indicator,KPI)和用户感知度达到要求。

1.3.2　LTE网优必备知识分类

鉴于LTE网络优化涉及的知识面很广,本节针对实际情况对LTE网优必备知识进行了分类,如图1-11所示。初学者需从基础知识入手,逐步熟悉关键信令流程、算法和关键参数设置，然后结合具体数据分析方法和实际经验在具体网优工作中使网优技能得到不断丰富和提高。

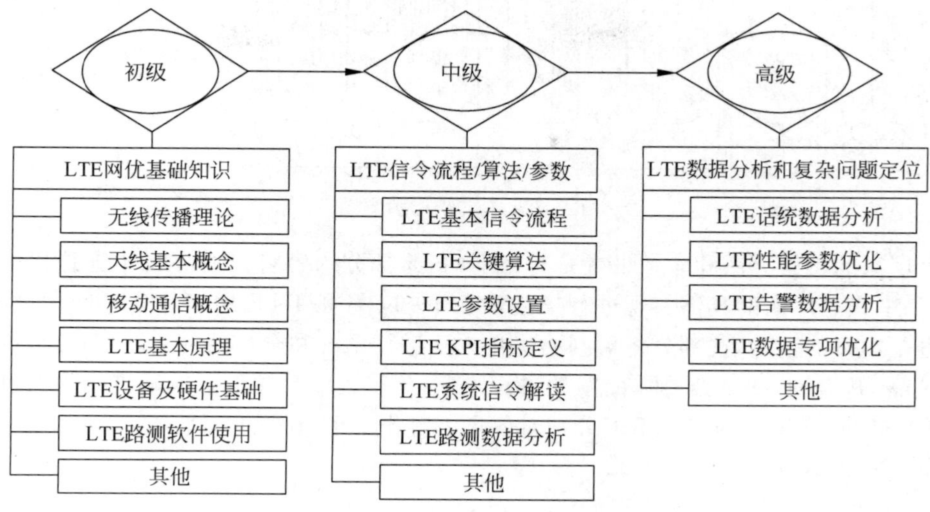

图 1-11　LTE 网优必备知识分类

需要说明的是，无线网络规划和优化是相辅相成不可分割的，对于 LTE 网络的优化工作自然也离不开与网络规划的结合。对于 LTE 网优工程师来说，需要掌握无线网络传播的概念，熟悉 LTE 的覆盖规划、容量规划的流程和方法。涉及网络规划方面的知识很多，本书限于篇幅不对 LTE 网络规划做相应描述，不具备网络规划知识的工程师请参考文献[6]对此类知识进行补充。

1.4　本书的结构和内容安排

本书从 LTE 的基本原理[7,8]入手，全面介绍 LTE 的信令流程、关键技术、算法和参数设置，就网络优化方法进行详细讨论，并对 LTE 网络优化分专题进行分析，描述 LTE 自组织网络技术和算法，介绍未来 5G 演进的关键技术。全书总的指导思想按照循序渐进和由易到难的原则进行相关内容的编排，尽可能详细地将 LTE 网络优化涉及的基本技能和数据分析方法全面地展示给读者。书中引用了大量的商用网络优化案例来进行讨论，以便贴近实际网络，强化对具体问题的分析和解决能力。本书的总体思路如图 1-12 所示。

按照上面的思路，全书分为四大部分共 12 章：第 1～3 章属于 LTE 基础部分，这部分重点描述的是 LTE 基本原理和信令流程；第 4～5 章是 LTE 关键技术、算法和参数设置部

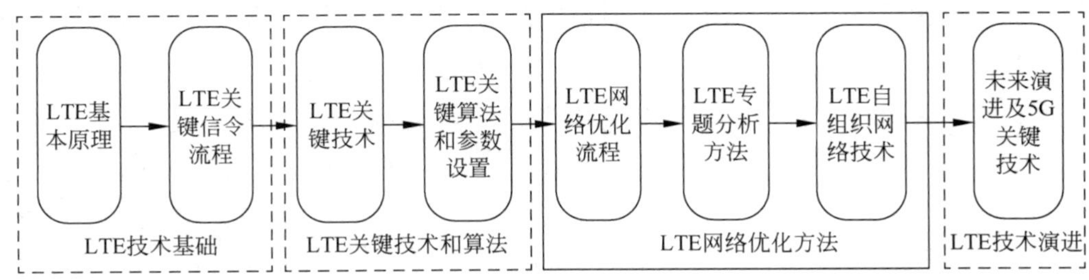

图 1-12　本书结构示意图

分,各个厂家的关键算法和参数设置是有区别的,此部分内容将以业界占主导地位的华为、爱立信和中兴等厂商的具体实现进行描述；第 6～11 章是 LTE 网络优化和问题分析方法部分,也是本书的重点,这部分将对网络优化方法进行系统和全面的描述,对路测数据、专题优化分别展开讨论,并结合具体的案例进行说明；第 12 章是关于未来网络技术演进部分,对 5G 的关键技术做了描述。下面分别对各章内容作一个简要的介绍。

1. LTE 基础部分

这部分包括三章的内容：

(1) 第 1 章为 LTE 简介,主要使读者了解 LTE 目前在全球的商用发展现状以及关键技术,并对 LTE 网络优化的具体工作内容、必备知识有个大致了解,这是使读者理顺 LTE 网优思路的开篇指引。

(2) 第 2 章为 LTE 系统基本原理,主要描述 LTE 系统结构以及空中接口技术,掌握各种信道之间的映射,了解物理层的信号处理技术和主要物理层过程。

(3) 第 3 章为 LTE 关键信令流程,主要让读者掌握网络优化经常需要分析和信令跟踪必须掌握的信令交互流程,这些流程是进行参数优化的基础,如小区选择、无线资源管理、RRC 建立和释放等流程。

2. LTE 关键技术、算法和参数设置部分

(1) 第 4 章为关键技术部分,主要描述 LTE 的正交频分多址、多天线等关键技术,然后对 LTE-A 的载波聚合、多天线增强技术、多点协作传输和无线中继(Relay)技术进行描述。

(2) 第 5 章为 LTE 关键算法和参数部分,主要描述小区选择和重选、切换等关键算法和典型参数设置,这些算法的具体实现和参数的具体设置是网优工程师必须掌握的,这是参数优化的基础。

3. LTE 网络优化方法部分

(1) 第 6 章为 LTE 无线网络优化和流程的总体描述,主要描述网络优化主要过程中的具体方法和工作内容。

(2) 第 7 章为 LTE 路测数据分析方法,路测是网络优化最直观和非常有效的手段,尤其对于覆盖优化、网络性能评估等是必不可缺的,对路测数据分析过程中可发现的问题和调整措施进行了详细的描述,并对典型问题列举了具体案例进行分析。

(3) 第 8 章为关键性能指标部分，对 KPI 性能分析方法进行了详细描述。

(4) 第 9 章为专题优化方法的吞吐量问题定位和优化部分，通过分析影响吞吐率的因素，深入分析了上下行吞吐率的优化方法。

(5) 第 10 章为专题优化方法的掉话问题定位和优化部分，分析掉话机制、定时器设置，深入分析掉话问题。

(6) 第 11 章重点介绍 LTE 自组织网络技术(SON)，结合 SON 的典型用例介绍自配置、自优化和自治愈的关键流程和算法。

4. 未来演进及 5G 关键技术部分

第 12 章为网络演进部分，本章主要对未来网络演进和 5G 关键技术进行了描述，包括毫米波通信、全双工、软件定义网络、网络功能虚拟化、认知无线电等技术。

此外，在附录中列出了本书中引用以及业界经常用到的缩略语，以方便读者在阅读本书和查阅资料时进行检索。

LTE 基本原理

本章全面介绍 TD-LTE 网络的基本原理，涉及网络结构、协议接口、物理层技术以及常用的业务流程等各个层面。其中，物理层的内容安排有助于读者理解 TD-LTE 和 FDD-LTE 的具体区别；从层 1 到层 3 的详细介绍，有助于读者更好地理解数据在 LTE 各层中的走向以及各层的功能；基本业务过程部分可以让读者跳出枯燥的理论逻辑，把理论知识和常见的通信现象对应起来，便于更深刻地理解业务流程。

2.1 LTE 系统架构

下面从系统结构及网元、无线协议栈和协议接口三个方面介绍 LTE 的系统结构。

2.1.1 系统结构及网元

无线通信网络从 2G、3G 发展到 4G，整个移动网络的结构也发生了一系列演进。在 4G 阶段，主要采用了演进分组系统(Evolved Packet System，EPS)的网络架构。EPS 是 3GPP 制定的 3G UMTS 演进标准，主要包括 LTE(Long Term Evolution)和系统结构演进(System Architecture Evolution，SAE)。

整个 EPS 系统由演进分组核心网(Evolved Packet Core-network，EPC)、演进型 NodeB (eNodeB)和用户终端设备(User Equipment，UE)三部分组成。其中，EPC 负责核心网的数据交互，EPC 的信令处理部分称为移动管理实体(Mobile Management Entity，MME)；数据处理部分称为业务网关(Service Gate Way，S-GW)和 PDN 网关(Packet Data Network Gate Way，P-GW)；eNodeB 构成了无线接入网部分，也称 E-UTRAN；UE 指的是用户终端设备。EPS 结构如图 2-1 所示。

LTE 接入网部分(E-UTRAN)在 3G 网络架构基础上进行了优化，采用了更加扁平化的架构，不再包含 RNC 实体，仅包含 eNodeB 实体。LTE 网络中摒弃了传统的电路域交换，完全采用分组交换，实现了全 IP 化。

在协议接口方面，新的 LTE 架构中没有原有的 Iu、Iub 以及 Iur 接口，取而代之的是新接口 S1 和 X2。eNobeB 之间由 X2 接口互连，每个 eNodeB 又通过 S1 接口和 EPC 相连。

S1 接口的用户面终止在业务网关 S-GW，S1 接口的控制面终止在移动管理实体（MME）。控制面和用户面的另一端终止在 eNodeB。接下来介绍 EPS 结构中的各网元基本功能。

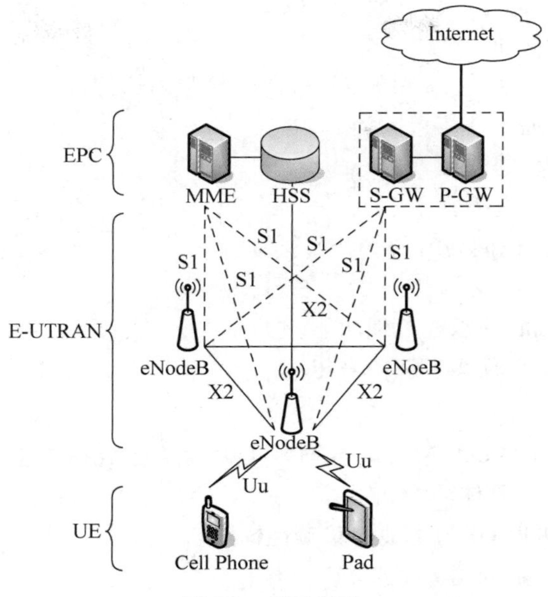

图 2-1　EPS 结构

1. eNodeB

LTE 中的 eNodeB 除了具有原来 NodeB 的功能之外，还承担了 3G 网络中 RNC 的大部分功能，包括物理层功能、媒体接入控制（Media Access Control，MAC）功能（包括 HARQ）、无线链路控制（Radio Link Control，RLC）功能、分组数据控制协议（Packet Data Control Protocol，PDCP）功能、无线资源控制（Radio Resource Control，RRC）功能、调度、无线接入许可控制、移动性管理以及小区间的无线资源管理功能等。具体功能如下：

（1）无线资源管理功能：无线承载控制、接纳控制、移动性控制、上下行链路的动态资源分配等。

（2）IP 包头压缩和用户数据流的加密。

（3）当 UE 无法获取到 MME 的路由信息时，选择 UE 附着的 MME。

（4）路由用户面数据到 S-GW。

（5）调度和传输从 MME 发出的寻呼消息、广播信息以及地震和海啸预警系统（Earthquake and Tsunami Warning System，ETWS）消息。

（6）移动性和调度管理的测量报告和测量上报的配置。

2. MME

MME 是 SAE 的控制核心，主要负责用户接入控制、业务承载控制、寻呼、切换等控制信令的处理。MME 的功能与 S-GW 网关功能是分离的，这种控制平面和用户平面分离的架构有助于灵活进行网络部署、单一技术的演进以及网络扩容。MME 的具体功能如下：

(1) 非接入层(Non Access Stratum,NAS)信令及其安全。

(2) 接入层(Access Stratum,AS)安全控制。

(3) 网间移动信令管理。

(4) Idle 状态 UE 可达(包括寻呼信号重传的控制和执行)。

(5) 跟踪区列表管理。

(6) P-GW 和 S-GW 的选择。

(7) 切换中的 MME 选择。

(8) 切换到 2G 或其他网络时的 SGSN 选择。

(9) 漫游、鉴权。

(10) 建立专用承载时的承载管理功能。

(11) 支持地震和海啸预警系统信号传输。

3. S-GW

S-GW 主要负责在 eNodeB 和公共数据网关之间传输数据信息，为下行数据包提供缓存和基于用户的计费等。具体功能如下：

(1) eNodeB 间切换时，作为本地的移动性锚点。

(2) 3GPP 系统间切换的移动性锚点。

(3) E-UTRAN 在空闲状态下，下行包缓冲功能和网络触发业务请求过程的初始化。

(4) 合法侦听。

(5) 数据包路由和前转。

(6) 上下行传输层包标记。

(7) 运营商间的计费，基于用户和 QCI(QoS Class Identifier)颗粒度的统计。

(8) 分别以 UE、PDN(Packet Data Network)、QCI 为单位的上下行计费。

4. P-GW

分组数据网关 P-GW 作为数据承载的锚点，提供以下功能：包转发、包解析、合法监听、基于业务的计费、业务的 QoS 控制，以及负责和非 3GPP 网络间的互联等。具体如下：

(1) 基于用户的包过滤(例如借助深度包探测方法)。

(2) 合法侦听。

(3) UE 的 IP 地址分配。

(4) 对下行传输层的包进行标记。

(5) 上下行业务计费、门控和速率控制。

(6) 基于聚合最大比特速率(Aggregated Maximum Bit Rate,AMBR)的下行速率控制。

2.1.2 无线协议栈

E-UTRAN 的协议栈分层图如图 2-2 所示。在图 2-2 中，Layer1 是物理层(PHY)，负责从 MAC 传输信道通过空中接口的所有信息传递。Layer2 由 MAC 层、RLC 层和 PDCP 层共同组成，其中 MAC 层负责逻辑信道和传输信道间的映射，RLC 层负责转移上层的 PDU，PDCP 层负责对 IP 数据报头压缩和解压等。Layer3 由非接入层(NAS)和 RRC 两部分构成，NAS 协议形成用户设备(UE)和 MME 之间的控制平面，支持 UE 的移动性和会话管理程序，建立和保持 UE 和 P-GW 之间的 IP 连接。RRC 层主要负责广播系统信息、寻呼、RRC 连接的建立、维护和释放。

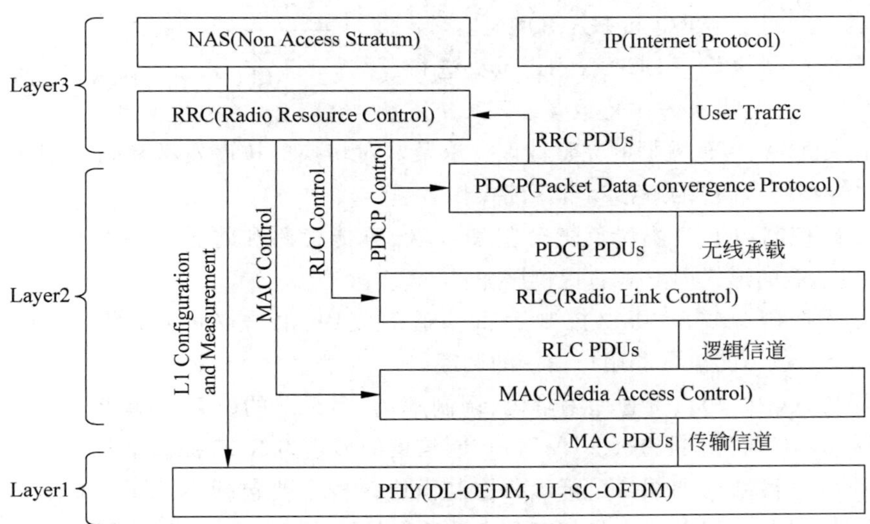

图 2-2 E-UTRAN 协议栈分层

LTE 的无线协议栈架构可以分解为控制面和用户面两部分，用户面协议层主要负责用户数据传输，控制面协议层主要负责系统信令传输，如图 2-3 所示。

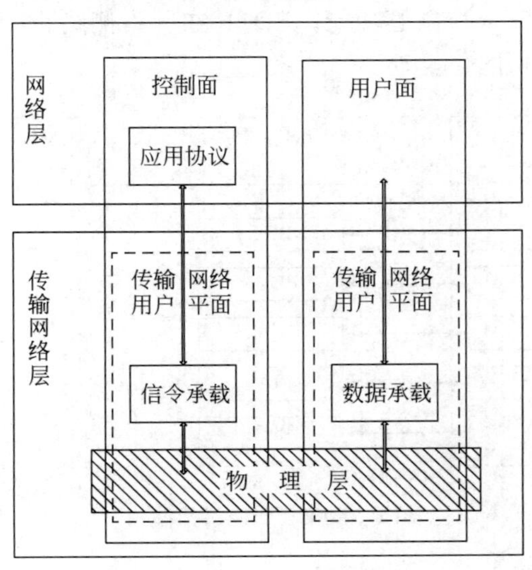

图 2-3 无线协议栈结构

在用户面，应用程序创建各种数据包协议，如TCP、UDP和IP协议，而在控制面中，主要传递的是基站和用户之间的各种信令消息。用户面协议栈结构如图2-4所示。用户面协议栈的PDCP、RLC、MAC在网络侧均终止于eNodeB，主要实现包头压缩、加密、调度、ARQ和HARQ功能。

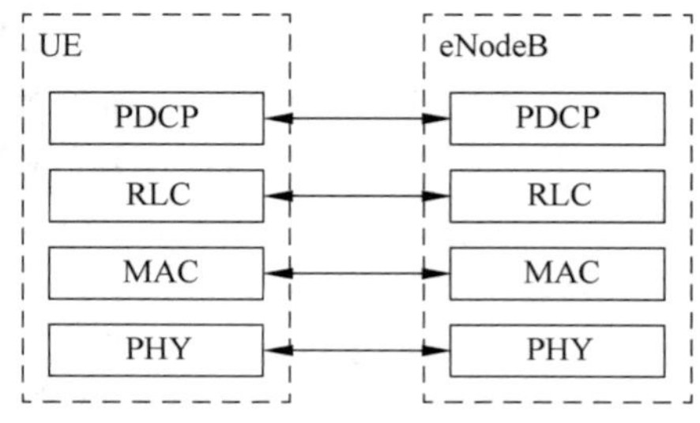

图 2-4 用户面协议栈结构

分组数据控制协议(PDCP)对IP包头进行压缩，可以减小空口上传输的比特数量。PDCP还负责控制平面的加密、传输数据的完整性保护以及针对切换的按序发送和副本删除。在接收端，PDCP协议执行相应的解密和解压缩操作。

无线链路控制(RLC)协议负责分割和级联、重传检测和将数据序列传送到更高层。RLC以无线承载的形式向PDCP提供服务。

媒体接入控制(MAC)协议控制逻辑信道的复用、混合ARQ重传、提供基于QoS(Quality of Service)的流量和用户信令的调度。

物理层协议(PHY)负责管理编解码、调制解调、多天线的映射等功能。物理层以传输信道形式为MAC层提供服务。MAC以控制信道的形式为RLC提供服务。

控制面协议栈结构如图2-5所示。控制面协议栈主要包括NAS、RRC、PDCP、RLC、MAC、PHY。其中，PDCP层提供加密和完整性保护功能，RLC及MAC层在网络侧终止于eNodeB，在用户面和控制面执行功能没有区别。RRC层协议终止于eNodeB，主要实现广播、寻呼、RRC连接管理、无线承载(Radio Bearer，RB)控制、移动性功能管理、UE的测量上报和控制功能。NAS子层则终止于MME，主要实现EPS承载管理、鉴权、空闲状态下的移动性处理、寻呼消息以及安全控制等功能。PDCP在网络侧终止于eNodeB，需要完成控制面的加密、完整性保护等功能。

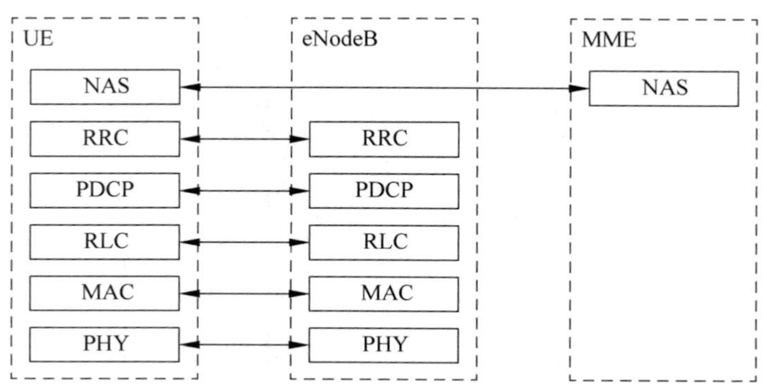

图 2-5 控制面协议栈结构

2.1.3　协议接口

与 2G/3G 系统相比，S1 接口和 X2 接口是两个全新的接口。S1 接口是 eNodeB 和 EPC 之间的接口，包括控制面和用户面。X2 接口是 eNodeB 之间相互通信的接口，也包括控制面和用户面两部分。

1. S1 接口

S1 接口包括两部分：控制面 S1-MME（eNodeB 和 MME 之间）接口和用户面 S1-U（eNodeB 和 S-GW 之间）接口。图 2-6 和图 2-7 分别为 S1-MME 和 S1-U 接口的协议栈结构。

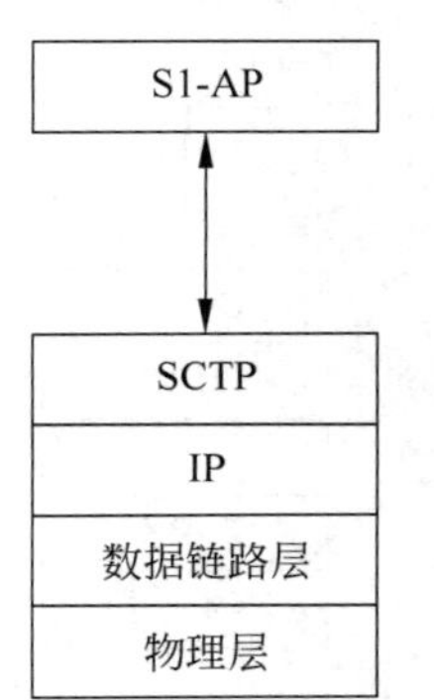

图 2-6　S1-MME 控制面协议栈结构

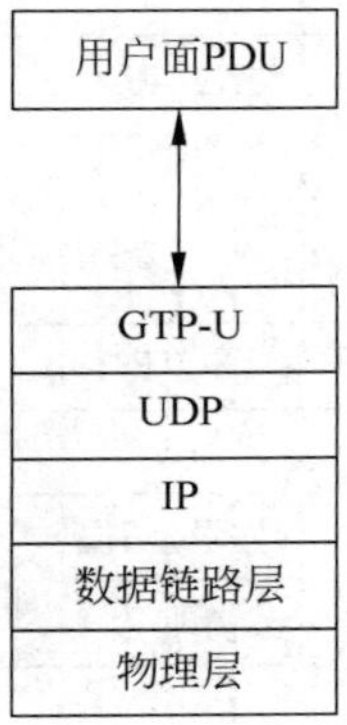

用户面PDU
GTP-U
UDP
IP
数据链路层
物理层

图 2-7　S1-U 用户面协议栈结构

S1 控制面接口位于 e-NodeB 和 MME 之间，传输网络层利用 IP 传输，这一点类似于用户面；为了可靠地传输信令消息，在 IP 层之上添加了 SCTP（Stream Control Transmission Protocol，流控制传输协议）；应用层的信令协议为 S1-AP。S1 用户面接口位于 e-NodeB 和 S-GW 之间，S1-U 的传输网络层基于 IP 传输，UDP/IP 之上的 GTP-U 用来传输 S-GW 与 eNodeB 之间的用户面 PDU。

S1 接口支持的功能包括：

（1）SAE 承载服务管理功能（包括 SAE 承载建立、修改和释放）。

（2）S1 接口 UE 上下文释放功能。

（3）RRC 连接状态下 UE 的移动性管理功能（包括 LTE 系统内切换和系统间切换）。

（4）S1 接口的寻呼。

（5）NAS 信令传输。

（6）S1 接口管理（包括复位、错误指示以及过载指示等）。

（7）网络共享。

（8）漫游区域限制支持。

（9）NAS 节点选择。

(10) 初始上下文建立过程等。

2. X2 接口

X2 接口定义为各个 eNodeB 之间的接口,用于 eNodeB 之间互相交换小区信息,它包含 X2-CP(控制面)和 X2-UP(用户面)两部分。X2-CP 是各个 eNodeB 之间的控制面接口,X2-UP 是各个 eNodeB 之间的用户面接口。X2 接口的定义采用了与 S1 接口一致的原则,因此,其用户面协议栈结构与控制面协议栈结构均与 S1 接口类似。图 2-8 和图 2-9 为 X2-CP 和 X2-UP 接口的协议栈结构。X2 接口的用户面提供 eNodeB 之间的用户数据传输功能,其传输网络层基于 IP 传输,UDP/IP 协议之上采用 GTP-U 来传输。X2 接口的控制面协议栈在 IP 层的上面采用了 SCTP(流控制传输协议),为信令提供可靠的传输。

图 2-8　X2-CP 控制面协议栈结构　　图 2-9　X2-UP 用户面协议栈结构

在 X2 间交互的信息主要有两大类:与负载和干扰相关的信息以及与切换相关的信息。X2 接口的主要功能包括:

(1) 移动性管理,包括切换资源的分配、SN(Sequence Number)状态的迁移、UE 上下文的释放。

(2) 负载管理,用于 eNodeB 之间互相传递负载信息和资源状态。

(3) 错误指示,用于指示 eNodeB 之间在交互过程出现的一些未定义的错误。

(4) 复位,用于对 eNodeB 之间的 X2 接口进行复位。

X2-CP 接口的信令过程包括切换准备、切换取消、UE 上下文释放、错误指示、负载管理等。如图 2-10 所示,小区间负载管理通过 X2 接口实现,体现负载管理的 LOAD INDICATOR 消息,用作 eNodeB 间的负载状态通信。

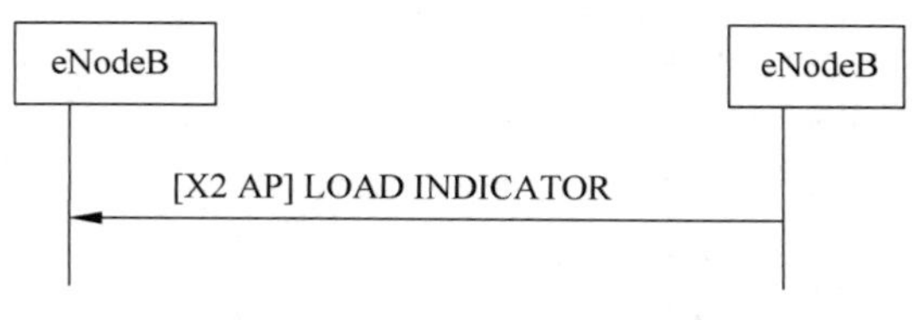

图 2-10　X2 接口 LOAD INDICATOR 消息

2.2　物理层

下面介绍物理层的帧结构、物理层资源单位、信道与映射和物理信号。

2.2.1　LTE 帧结构

LTE 支持两种类型的无线帧结构：

(1) 类型 1，适用于 FDD 模式。

(2) 类型 2，适用于 TDD 模式。

帧结构类型 1 如图 2-11 所示。每一个无线帧长度为 10ms，分为 10 个等长度的子帧，每个子帧又由 2 个时隙构成，每个时隙长度均为 0.5ms。

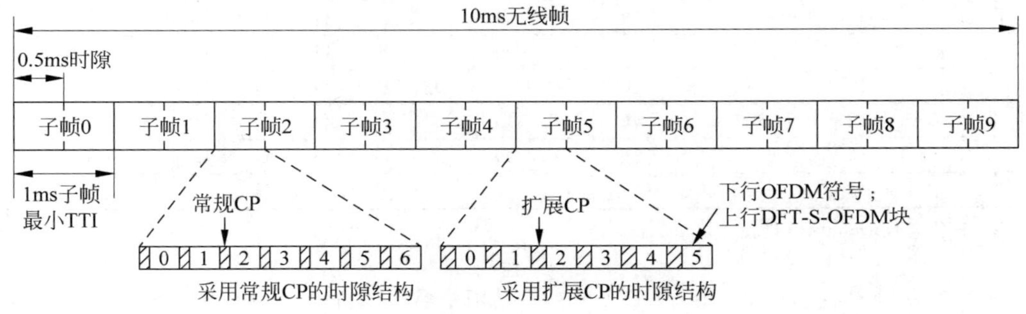

图 2-11　帧结构类型 1(Type1)

帧结构类型 2 如图 2-12 所示，帧长 10ms，分为两个长为 5ms 的半帧，每个半帧包含 8 个长为 0.5ms 的时隙和 3 个特殊时隙：下行链路导频时隙(Downlink Pilot Time Slot，DwPTS)、保护间隔(Guard Period，GP)和上行链路导频时隙(Uplink Pilot Time Slot，UpPTS)。DwPTS 和 UpPTS 的长度是可配置的，DwPTS、UpPTS 和 GP 这 3 个特殊时隙的总长度为 1ms。在类型 2 的帧结构中，子帧 1 和子帧 6 包含 DwPTS、GP 和 UpPTS，子帧 0 和子帧 5 只能用于下行传输。TDD 无线帧支持灵活的上下行配置，并支持 5ms 和 10ms 的切换点周期。

GP 为保护时隙，不传输任何数据，防止上下行交叉干扰。TDD 较之 FDD 的一个明显优势就是可以灵活地分配上下行资源(信道)，因此在帧结构中有下行时隙转换点 DwPTS 和上行时隙转换点 UpPTS 存在。TDD 帧的上下行配置如表 2-1 所示。

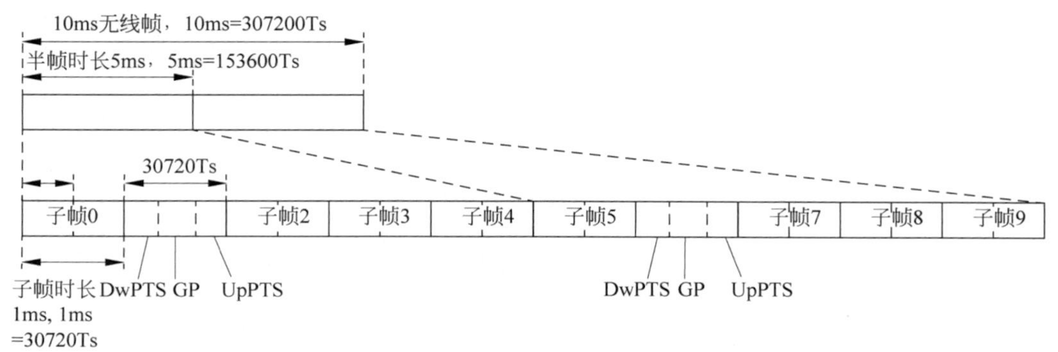

图 2-12　帧结构类型 2(Type2)

表 2-1　TDD 子帧上下行配置

配置	切换时间间隔/ms	子帧编号										上下行资源配比(D∶U)
		0	1	2	3	4	5	6	7	8	9	
0	5	D	S	U	U	U	D	S	U	U	U	2∶6
1	5	D	S	U	U	D	D	S	U	U	D	4∶4
2	5	D	S	U	D	D	D	S	U	D	D	6∶2
3	10	D	S	U	U	U	D	D	D	D	D	6∶3
4	10	D	S	U	U	D	D	D	D	D	D	7∶2
5	10	D	S	U	D	D	D	D	D	D	D	8∶1
6	5	D	S	U	U	U	D	S	U	U	D	3∶5

注：D 代表 Downlink，U 代表 Uplink。

从表 2-1 可以看出，当一个 TDD 10ms 无线帧中含有 2 个 S 子帧(含特殊时隙)时，其切换时间间隔为 5ms，一个无线帧中共有 8 个子帧(时隙)可以用来作为上行或下行信道。当一个无线帧中只存在 1 个 S 子帧(含特殊时隙)时，切换时间间隔就是 10ms，可作为上下行的信道子帧配置的子帧就有 9 个。

2.2.2　LTE 的物理层资源单位

LTE 上下行传输使用的最小资源单位叫作资源单元(Resource Element，RE)。LTE 在进行数据传输时，将上下行时频域的物理资源组成资源块(Resource Block，RB)，作为物理资源单位进行调度与分配。资源块用于物理信道向资源单元(RE)的映射。频域上一个子载波和时域上一个符号(symbol)，称为一个 RE。

物理资源块在时间域上用 $N_{\text{symb}}^{\text{DL}}$(下行链路中包含的符号数)个连续的 OFDM 符号和频域上 $N_{\text{sc}}^{\text{RB}}$(一个资源块中包含的子载波数)个连续的子载波来表示。一个物理资源块就是 $N_{\text{symb}}^{\text{DL}} \times N_{\text{sc}}^{\text{RB}}$，通常对应一个时隙(0.5ms)和 180kHz(12 个带宽为 15kHz 的子载波)频宽。

下行和上行时隙的物理资源结构分别如图 2-13 和图 2-14 所示。可以看出，1 个 RE 即

1 个子载波×1 个符号。而资源单元组(Resource Element Group,REG)是控制区域中 RE 的集合,主要用来映射下行控制信道,它是指一个资源块中,在时域上相同(同一个 symbol 中)的 4 个 RE 组成的组。信道控制单元(Channel Control Element,CCE)是 PDCCH 分配的资源单位,每个 CCE 包含 9 个 REG。

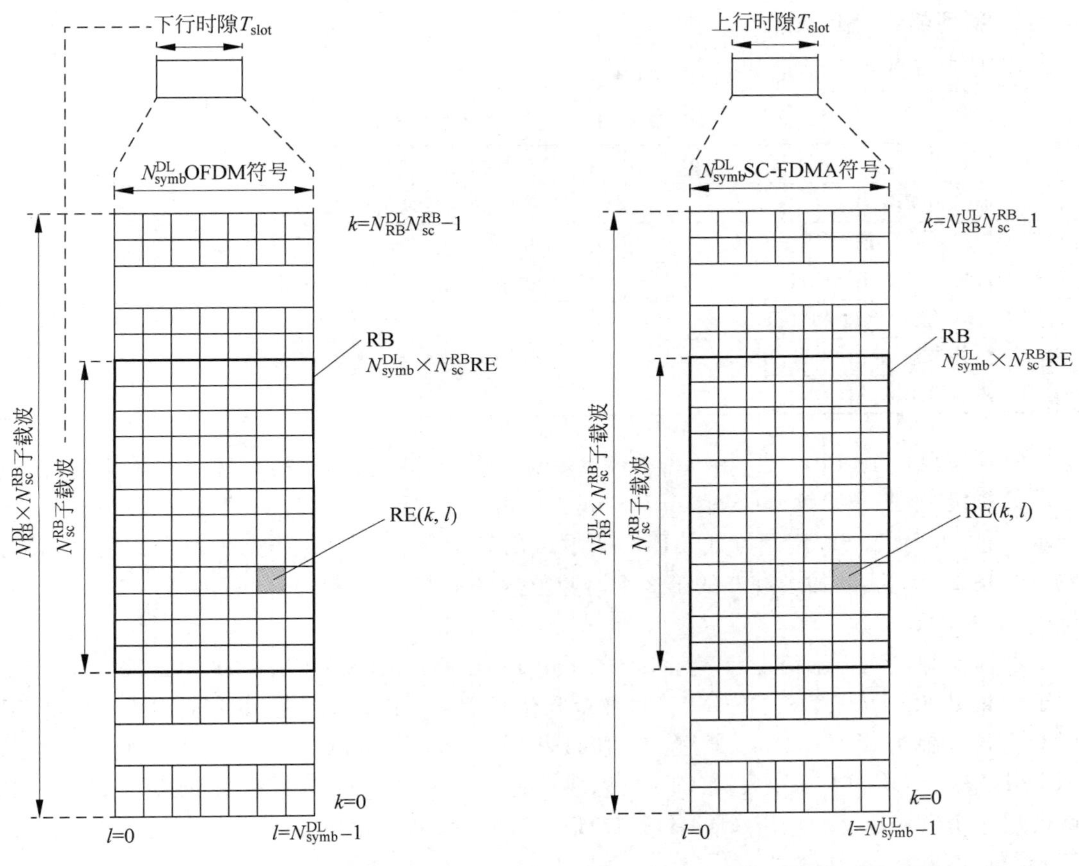

图 2-13　下行时隙的物理资源结构

图 2-14　上行时隙的物理资源结构

2.2.3　TD-LTE 系统的信道与映射

在 TD-LTE 系统中,一共定义了三种类型的信道,分别是物理信道、传输信道和逻辑信道:

(1) 逻辑信道定义传送信息的类型,这些数据流包括所有用户的数据。

(2) 传输信道传对应的是空中接口不同信号的基带处理方式,根据不同信号的信道编码、交织方式(交织周期、块内块间交织方式等)、CRC 冗余校验的选择、块的分段等过程的不同,而定义了不同类别的传输信道。传输信道对逻辑信道信息进行特定处理后,在逻辑数据流加上传输格式等指示信息。

(3) 物理信道是将属于不同用户、不同功能的传输信道数据流分别按照相应的规则，确定其载频、扰码、扩频码、开始结束时间等进行相关的操作，并最终调制为模拟射频信号发射出去。LTE 的物理信道对应于一组 RE，这些 RE 承载来自上层的信息。

下面详细介绍。

1. 物理信道简介

LTE 定义的物理信道如表 2-2 所示。

表 2-2 LTE 定义的物理信道

下行物理信道	上行物理信道
物理广播信道 PBCH	物理随机接入信道 PRACH
物理控制格式指示信道 PCFICH	
物理下行控制信道 PDCCH	物理上行控制信道 PUCCH
物理 HARQ 指示信道 PHICH	
物理下行共享信道 PDSCH	物理上行共享信道 PUSCH
物理多播信道 PMCH	

物理广播信道(Physical Broadcast Channel，PBCH)承载用于初始接入的系统信息，包括下行系统带宽、系统帧号(System Frame Number，SFN)、PHICH 持续时间以及资源大小指示信息，采用 QPSK 调制方式。PBCH 承载信息量只有 24 比特，在映射资源块时，其时域位置是每个无线帧的子帧 0 的第 2 个时隙前的 4 个 OFDM 符号，频域占用系统 6 个资源块的 1.08MHz 带宽。

物理控制格式指示信道(Physical Control Format Indicator Channel，PCFICH)包含了用于承载 PDCCH 信道的 OFDM 符号数量和位置信息。PCFICH 在每个子帧中都发射，采用 QPSK 调制方式。eNodeB 通过 PCFICH 将(Control Format Indicator，CFI)通知给 UE，CFI 用来指示 OFDM 符号数量，CFI 可以取值为 1、2、3 或 4。PCFICH 在资源块映射中，时域占用 4 个资源单元组(REG)的 4 个 OFDM 符号，频域占用每个子载波的第 1 个 OFDM 符号。

物理下行控制信道(Physical Downlink Control Channel，PDCCH)承载调度以及其他控制信息，具体包含传输格式、资源分配、上行调度许可、下行数据传输指示、功率控制以及上行重传信息等，指出寻呼消息在资源块中的位置。在一个子帧中，可以同时传输多个 PDCCH，一个 UE 可以监听一组 PDCCH。与其他控制信道的资源映射基本单位不同，PDCCH 资源映射的基本单位是信道控制单元(CCE)，通过集成不同数目的 CCE 可以实现不同的 PDCCH 编码码率。PDCCH 的时域位置在普通子帧的 1～3 个 OFDM 符号、特殊子帧的 1 个或 2 个 OFDM 符号处，频域上至少占用 1 个 CCE 中的 432 个子载波。PDCCH 一共有四种格式，均采用 QPSK 调制。

物理 HARQ 指示信道(Physical HARQ Indicator Channel，PHICH)承载 eNodeB 对上行发射信号发出的 NAK/ACK 响应信息，用于指示来自终端的上行数据被 eNodeB 接收的情况。PHICH 采用 BPSK 的调制方式，在资源块映射中，时域占用每个子帧的第 1 个或第 3 个 OFDM 符号，且由系统参数配置，频域占用 3 个资源组的 12 个连续子载波。

物理下行共享信道（Physical Downlink Shared Channel，PDSCH）承载下行用户数据、用户信令、寻呼消息和系统信息等，包括没有在 PBCH 上传输的系统广播信息及寻呼信息等，可应用于特殊时隙 DwPTS 上。PDSCH 支持 QPSK、16QAM、64QAM 三种调制方式，通过速率控制来保证 QoS。在资源块映射时，由系统动态分配，映射位置可以位于下行信道除了控制区域及参考信号（Reference Signal，RS）外的全部资源单元组（REG）。

物理多播信道（Physical Multicast Channel，PMCH）在支持多媒体广播多播业务（Multimedia Broadcast Multicast Service，MBMS）时，用于承载多小区的广播信息（将同一业务源发出的数据同时发给多个接收 MBMS 的多播多媒体）。MBMS 既可以扩展移动通信网络中的业务种类，还能通过承载和资源共享降低网络运营成本。TD-LTE 采用的基于单频网 MBMS（MBMS over Single Frequency Network，MBSFN）技术，可以在相同时间和频率资源上实现 MBMS。PMCH 可采用 QPSK、16QAM 和 64QAM 等调制方式，在资源块映射时，时域只在 MBSFN 子帧上的 MBSFN 区域传送，频域则占用系统带宽。

各下行物理信道在帧和子帧上的位置分布如图 2-15 所示。其中，P-SCH 和 S-SCH 分别为主同步信道和辅同步信道，其主要作用是使 UE 与 eNodeB 获取帧同步，通过小区搜索在完成同步的同时，确定小区的物理层小区 ID。

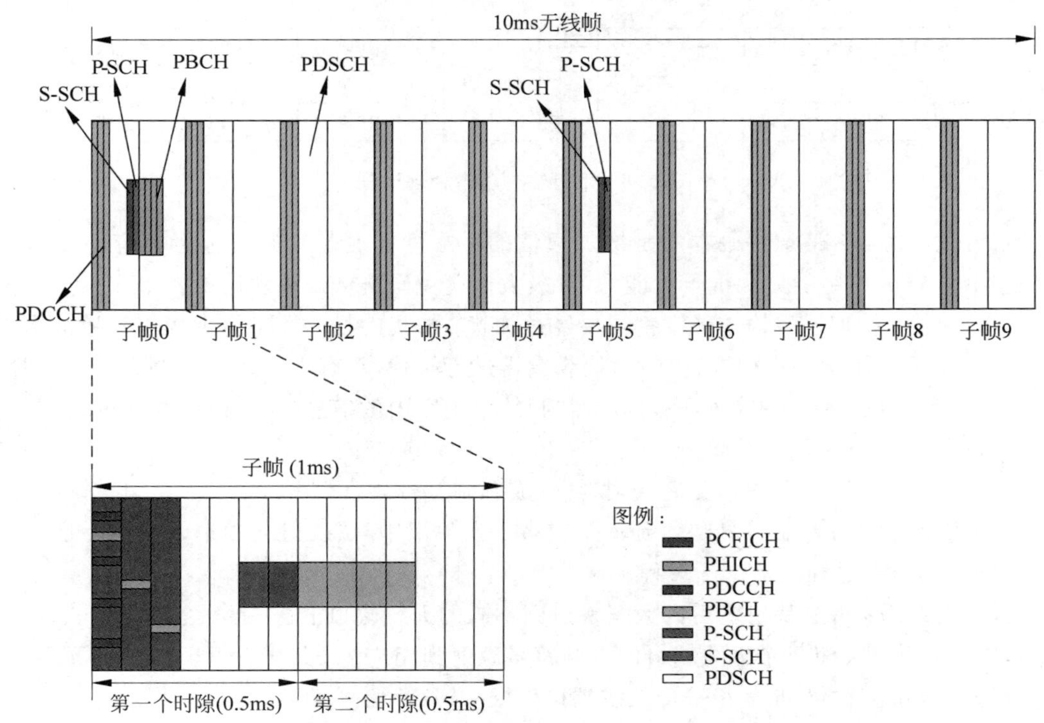

图 2-15　下行物理在帧和子帧的位置分布

LTE 定义的上行物理信道包括：

（1）物理上行控制信道（Physical Uplink Control Channel，PUCCH），承载上行控制信息、授权资源调度请求、来自用户的无线测量报告和无线传输中的 ACK/NAK 信令等。TD-LTE 系统中设计了多种 PUCCH 格式，以用于传输不同类型的控制信令。在资源块映射中，PUCCH 的时域占用一个 OFDM 符号，频域占用整个系统带宽。

（2）物理上行共享信道（Physical Uplink Shared Channel，PUSCH），是上行数据的主要承载信道，主要用于上行数据的调度，也可以传输一些系统控制信息，包括下行链路信道质量信息（CQI/PMI）和下行业务信道的 ACK/NACK 信息等。PUSCH 在资源块映射中为动态分配，但不与 PUCCH 同时传输。

（3）物理随机接入信道（Physical Random Access Channel，PRACH），承载初始接入请求、空闲状态转换到连接状态的信令，是为了终端随机接入网络而定义的信道。资源块映射时，PRACH 的时域位置在每个无线帧的子帧 1 或 3，频域位置占用 6 个资源块共 1.08MHz 带宽。

2. 物理信道处理过程

下行物理信道处理的流程适用于多种物理信道，主要包括信道编码、加扰、调制、层映射、预编码、RE 映射、OFDM 信号生成等步骤，如图 2-16 所示。

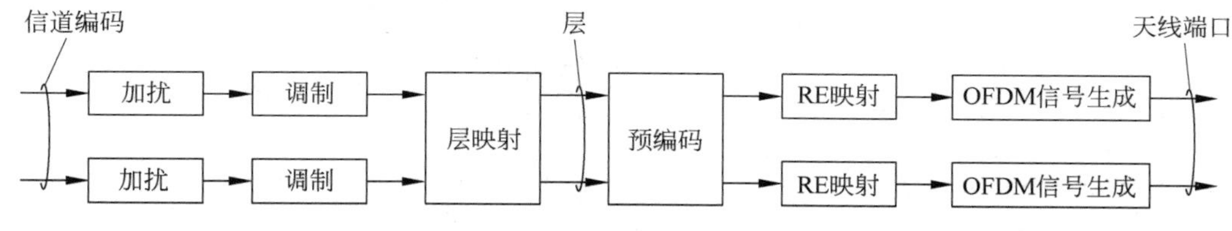

图 2-16　下行物理信道处理过程

（1）信道编码：信道编码本质是增加通信的可靠性。通过对码流进行相应的处理，使系统具有一定的纠错能力和抗干扰能力，可极大地避免码流传送中误码的发生。

（2）加扰：物理层传输的码字都需要经过加扰；加扰的目的在于将干扰信号随机化，在发送端用小区专用扰码序列进行加扰，接收端再进行解扰，只有本小区内的 UE 才能根据本小区的 ID 形成的小区专用扰码序列对接收到的本小区内的信息进行解扰，这样可以在一定程度上减小相邻小区间的干扰。

（3）调制：对加扰后的码字进行调制，生成调制符号。

（4）层映射：将调制符号映射到一个或多个发射层中，层映射与预编码实际上是“映射码字到发送天线”过程的两个子过程。

（5）预编码：将层映射之后的数据映射到不同的天线端口上。

（6）RE 映射：将每个天线端口的调制符号映射到相应的 RE 上。

（7）OFDM 信号生成：在每个天线端口生成 OFDM 信号。

上行物理信道的处理过程主要包括加扰、调制、预编码、RE 映射和 SC-FDMA 信号生成等步骤，具体如图 2-17 所示。

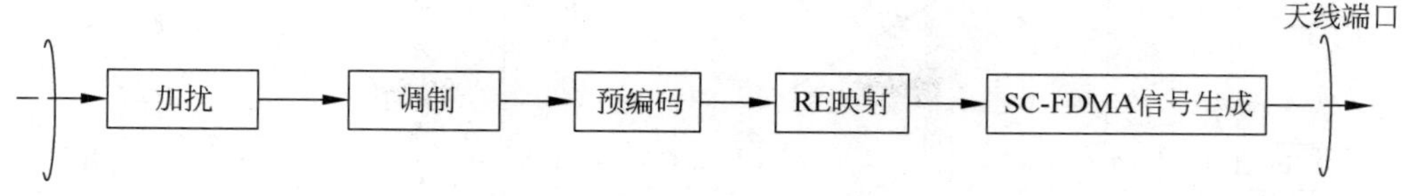

图 2-17　上行物理信道处理过程

3. 逻辑信道和传输信道

MAC 层涉及的信道结构有三方面的内容：逻辑信道、传输信道和逻辑信道与传输信道之间的映射。传输信道是 MAC 层和物理层的业务接入点，逻辑信道是 MAC 层和 RLC 层的业务接入点。

LTE 系统中根据传输数据的种类定义了各种逻辑信道，总体上分为控制信道和业务信道两大类。控制信道主要用于控制面信息传输，而业务信道主要用于用户面信息传输。

控制信道包括：

(1) 广播控制信道(Broadcast Control Channel，BCCH)，属下行信道，承载广播系统控制信息。

(2) 寻呼控制信道(Paging Control Channel，PCCH)，属于下行信道，传输寻呼信息和系统信息改变通知。当网络不知道 UE 的小区位置时用此信道进行寻呼。

(3) 公共控制信道(Common Control Channel，CCCH)，用于 UE 和网络之间传输控制信息。该信道用于 UE 与网络没有 RRC 连接的情况。

(4) 多播控制信道(Multicast Control Channel，MCCH)，是点到多点的下行信道，为一条或多条 MTCH 信道传输网络到 UE 的 MBMS 控制信息。该信道只对能够接收 MBMS 信息的 UE 有效。

(5) 专用控制信道(Dedicated Control Channel，DCCH)，是点对点的双向信道，在 UE 和网络之间传输专用控制信息，用于 UE 存在 RRC 连接的情况。

业务信道包括：

(1) 专用业务信道(Dedicated Traffic Channel，DTCH)，是点对点的双向信道，专用于一个 UE，该信道用于传输用户信息。

(2) 多播业务信道(Multicast Traffic Channel，MTCH)，是点对多点的下行信道，用于网络向 UE 发送业务数据。该信道只对能够接收 MBMS 信息的 UE 有效。

LTE 系统中定义的下行传输信道包括广播信道(BCH)、下行共享信道(DL-SCH)、寻呼信道(PCH)、多播信道(MCH)，上行传输信道包括上行共享信道(UL-SCH)、随机接入信道(RACH)。

4. 不同类型信道的映射

下行和上行的逻辑信道、传输信道与物理信道之间的映射关系分别如图 2-18 和图 2-19 所示。

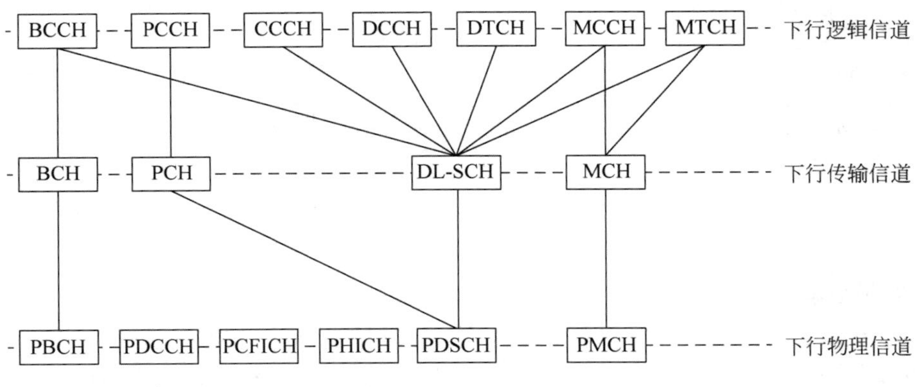

图 2-18　下行传输信道与物理信道的映射关系

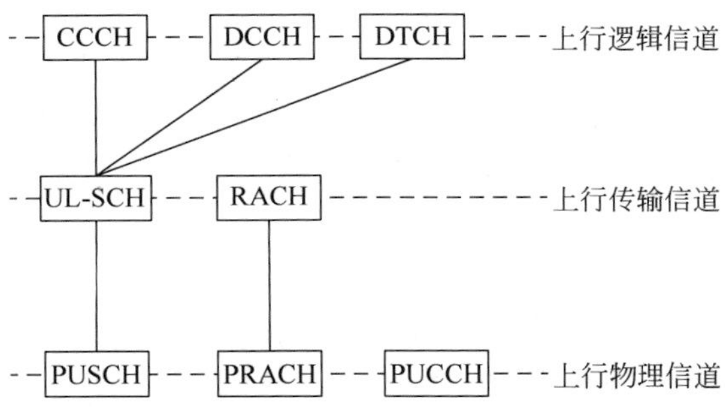

图 2-19　上行传输信道与物理信道的映射关系

2.2.4　TD-LTE 的物理信号

LTE 系统中的语音、数据以及与这些信息相关的用户信令、系统控制信息等都承载在物理信道上。为了保障 LTE 通信的正常进行，系统定义了一系列辅助性的物理信号。虽然这些辅助信号也占用系统的资源，但它们是系统运行不可或缺的。物理信号对应一组资源单元(RE)，它不同于物理信道，并不承载来自上层的信息。物理信号一般分两类：参考信号(RS)和同步信号(Synchronization Signal，SS)，参考信号也称为导频信号。LTE 中涉及的物理信号如表 2-3 所示。

表 2-3　LTE 的物理信号

物理信号	同步信号	参考信号
下行物理信号	主同步信号 PSS	小区专用导频信号 CRS
	辅同步信号 SSS	MBSFN 导频信号
	—	终端专用导频信号 URS
上行物理信号	—	解调导频信号 DMRS
	—	探测导频信号 SRS

1. 参考信号

在 TD-LTE 系统中，为了有效地检测无线信道传输的信号并进行解调，需要用相关检测算法获取信道信息。系统在 eNodeB 端发送预先约定的已知序列，UE 接收端通过对已知序列进行测量来获取信道信息，这些已知序列被定义为导频信号或参考信号。导频信号以资源单元(RE)为单位，导频插入的方式有梳状、块状和星状三种。在上行链路多用梳状或块状导频序列，在下行链路多用星状导频序列。LTE 系统常用的导频信号包括：

(1) 解调导频信号(Demodulation Reference Signal，DMRS)，包括上行共享信道 PUSCH 和上行控制信道 PUCCH 解调导频两种，分别用于 PUSCH 和 PUCCH 的数据解调。该导频信号结构主要采用的是 Zadoff-Chu(ZC)序列，因用途不同，序列设计和资源映射存在差异。常规循环前缀(Cyclic Prefix，CP)中的 PUSCH 解调导频信号映射在每个时隙的第 4 个符号上。扩展 CP 中的 PUSCH 解调导频信号映射在每个时隙的第 3 个符号上。PUCCH 解调导频的映射与 PUCCH 的格式有关。

(2) 探测导频信号(Sounding Reference Signal，SRS)，用于上行信道质量测量，以支持频率选择性调度、功率控制和定时提前等功能，确保每个用户的信道状态良好。在 TD-LTE 系统中，可以同时得到下行信道质量。若上行特殊时隙 UpPTS 中有两个 OFDM 符号，则系统可以在这两个 OFDM 符号上配置导频，也可以在某个上行子帧的最后一个 OFDM 符号上配置导频。

(3) 小区专用导频信号(Cell-specific Reference Signal，CRS)，也叫下行公共导频信号，用于广播信道、下行控制信道和下行共享信道的数据解调与传输、下行共享信道的信道质量测量等。CRS 是由一个长度为 31 的 Gold 序列组成的随机序列，它在资源块中的映射呈星形分布。

(4) 终端专用导频信号(UE-specific Reference Signal，URS)，用于下行共享信道的数据解调。URS 只在发送业务数据的资源块中发送，以减少相邻小区间干扰，节约能量。导频端口数与 MIMO 传输并行数据流的数据相同，避免了公共导频开销过大。

(5) MBSFN 导频信号，用于多播信道的数据解调。仅在多播信道天线端口 4 上发送。在 TD-LTE 系统中，根据子帧发送业务的不同，分为常规子帧和 MBSFN 子帧。常规子帧用于单播业务的数据传输，MBSFN 子帧用于多个小区的广播和多播业务传输。MBSFN 子帧包括子载波间隔为 15kHz 和 7.5kHz 两种配置，因此 MBSFN 导频也包括两种形式，其中 15kHz 的配置支持扩展 CP。

2. 同步信号

TD-LTE 采用的是 TDD 时分双工系统，因此必须保证基站与终端在通信过程中的严格同步。TD-LTE 系统的小区同步是通过下行信道中的同步信号实现的，有主同步信号(Primary Synchronization Signal，PSS)和辅同步信号(Secondary Synchronization Signal，SSS)两种。PSS 用于小区组内侦测、符号对准和频率同步，SSS 用于小区组侦测、帧时序对准和 CP 长度侦测。PSS 在子帧 1 和子帧 6(即 DwPTS)的第 3 个符号(symbol)中发送，而

SSS在子帧0和5的最后一个符号中发送，比PSS提前3个符号。

主同步信号PSS采用了长度为63的频域ZC(Zadoff-Chu)序列，为了标识小区ID，系统中包含了3个PSS序列，分别对应不同小区组内的小区ID，一般情况下这正好对应于每个基站下的3个小区。由于ZC序列具有良好的周期自相关性和互相关性，因此大大降低了系统复杂度。辅同步信号(SSS)采用168个M序列，对应168个基站。SSS信号由两个长度为31的M序列交叉级联得到长度为62的序列组成。为了提高不同小区间同步信号的辨识度，辅同步信号(SSS)使用两组扰码进行加扰。

LTE系统在物理层通过物理小区标识(Physical Cell Identities，PCI)来区分不同的小区。物理小区标识共有504个，它们被分成168(默认每个基站含3个小区)个不同的组(记为$N_{ID}^{(1)}$，范围是0～167)，每个组又包括3个不同的组内标识(记为$N_{ID}^{(2)}$，范围是0～2)。因此，物理小区标识(记为N_{ID}^{cell})可以通过下面的公式计算得到：

$$\mathrm{PCI} = N_{ID}^{cell} = 3 \times N_{ID}^{(1)} + N_{ID}^{(2)} \tag{2-1}$$

因此，通过PSS和SSS两种同步信号，UE能够快速获取基站下行同步并计算得到物理小区标识。

2.3 数据链路层

数据链路层位于网络结构的第二层(Layer2)，包含MAC子层、RLC子层和PDCP子层等。下面主要介绍MAC子层、RLC子层和PDCP子层的主要功能。

2.3.1 MAC子层

MAC子层是调度和控制物理层工作的，其工作内容涉及冗余版本的选择、信道编码与解码、交织、速率适配、数据调制与解调、资源分配对应的映射与解映射、功率分配、天线映射等。MAC子层的控制功能贯穿了整个物理层的工作过程，具体功能包括：

(1) 逻辑信道与传输信道之间的映射。

(2) 将来自于一个或多个逻辑信道的业务数据单元(Service Data Unit，SDU)复用到一个传输块(Transport Block，TB)，通过传输信道发送到物理层。

(3) 将物理层通过传输信道传送来的传输块(TB)中的一个或多个逻辑信道的MAC业务数据单元解复用。

(4) 调度信息上报。

(5) 通过HARQ进行纠错。

(6) 通过动态调度进行UE间的优先级处理。

(7) 同一UE的逻辑信道间的优先级处理。

(8) 逻辑信道优先级排序。

(9) 传输格式选择。

2.3.2　RLC 子层

RLC 子层位于 PDCP 子层和 MAC 子层之间，为用户数据和控制数据提供分段和重传。它通过业务接入点（Service Access Point，SAP）与 PDCP 子层进行通信，并通过逻辑信道与 MAC 子层进行通信。每个 UE 的每个逻辑信道都有一个 RLC 实体，RLC 实体从 PDCP 子层接收到的数据或发往 PDCP 子层的数据被称作 RLC 业务数据单元（Service Data Unit，SDU）。RLC 实体从 MAC 层接收到的数据或发往 MAC 子层的数据被称作 RLC 协议数据单元（Protocol Data Unit，PDU）。

在 RLC 协议中，进入每个子层但未被处理的数据称为 SDU，经过子层处理后形成特定格式的数据被称为 PDU。因此，本层形成的 PDU 即为下一层的 SDU，其中发生了分段/重组、级联、填充的过程。例如，RLC 的 SDU 就是来自上层 PDCP 的 PDU，而 RLC 发往 MAC 的 PDU 就是 MAC 的 SDU。简单来说，PDU 就是 SDU 在 RLC 层的承载，SDU 被封装后就变成了 PDU。

RLC 子层的功能是由 RLC 实体来实现的，每个 RLC 实体由 RRC 根据业务类型配置成以下三种模式之一：

(1) 透明模式（Transparent Mode，TM）。RLC 实体在 TM 模式下只提供数据的透传（pass through）功能，发送实体在高层数据上不添加任何额外控制协议开销，仅根据业务类型决定是否进行分段操作。接收实体接收到的 PDU 如果出现错误，则根据配置，在错误标记后递交或者直接丢弃并向高层报告。实时语音业务通常采用 RLC 透明模式。

(2) 非确认模式（Unacknowledged Mode，UM）。RLC 实体在 UM 模式下提供除重传和重分段外的所有 RLC 功能，发送实体在高层 PDU 上添加必要的控制协议开销，然后进行传送但并不保证传递到对等实体，且没有使用重传协议。接收实体对所接收到的错误数据标记为错误后递交，或者直接丢弃并向高层报告。UM 模式下提供了一种不可靠的传输服务，该模式的典型业务应用有小区广播和 IP 电话。

(3) 确认模式（Acknowledged Mode，AM）。RLC 实体在该模式下，通过出错检测和重传，提供可靠的传输服务。发送侧在高层数据上添加必要的控制协议开销后进行传送，并保证传递到对等实体。因为具有 ARQ 功能，如果 RLC 接收到错误的 RLC PDU，就通知发送方的 RLC 重传这个 PDU。AM 模式是分组数据传输的标准模式，常见的应用有互联网浏览和电子邮件下载。

RLC 主要负责以下功能：

(1) 分段/串联和重组 RLC SDU（只适用于 UM 和 AM 模式）。RLC PDU 的大小是由 MAC 层指定的，其大小通常并不等于 RLC SDU 的大小，所以在发送端需要分段/串联 RLC SDU 以便其匹配 MAC 层指定的大小。相应地，在接收端需要对之前分段的 RLC SDU 进行重组，以便恢复出原来的 RLC SDU 并按序递送给上层。

(2) 通过 ARQ 来进行纠错(只适用于 AM 模式)。MAC 层的 HARQ 机制的目标在于实现快速重传,其反馈出错率在 1%左右。对于某些对出错概率要求更高的业务,如 TCP 传输等,RLC 层的重传处理能够进一步降低反馈出错率。

(3) 对 RLC 数据 PDU 进行重排序(只适用于 UM 和 AM 模式)。MAC 层的 HARQ 操作可能导致到达 RLC 层的报文顺序是混乱的,所以需要 RLC 层对数据进行重排序。重排序是根据序列号的先后顺序对 RLC 数据 PDU 进行排序的。

(4) 重复包检测(只适用于 UM 和 AM 模式)。出现重复包的最可能的原因是,发送端反馈了 HARQ ACK,但接收端错误地将其解释为 NACK,从而导致了不必要的 MAC PDU 重传。

(5) 对 RLC 数据 PDU 进行重分段(只适用于 AM 模式)。当 RLC 数据 PDU 需要重传时,可能需要进行重分段。例如,当 MAC 层指定的大小小于需要重传的原始 RLC 数据 PDU 的大小时,就需要对原始 RLC 数据 PDU 进行重分段。

1. RLC 子层的功能

RLC 在不同工作模式下的功能如表 2-4 所示。

表 2-4 RLC 在不同工作模式下的功能

RLC 功能	TM(透明模式)	UM(非确认模式)	AM(确认模式)
传输上层 PDU	Yes	Yes	Yes
使用 ARQ 进行纠错	No	No	Yes
对 RLC SDU 进行分段、串联和重组	No	Yes	Yes
对 RLC PDU 进行重分段	No	No	Yes
对 RLC PDU 进行重排序	No	Yes	Yes
重复包检测	No	Yes	Yes
RLC SDU 丢弃处理	No	Yes	Yes
RLC 重建	Yes	Yes	Yes
协议错误检测	No	No	Yes

注:Yes 表示可以,No 表示不可以。

2. RLC PDU 的结构

RLC PDU 是 RLC 子层协议数据单元,它是按字节对齐的比特串,比特串从左到右排序,之后再按行的顺序从上到下排序。RLC PDU 分为 RLC 数据 PDU 和 RLC 控制 PDU。RLC 数据 PDU 主要用于传输上层的 PDU 数据,RLC 控制 PDU 用于 AM 模式下 RLC 实体执行 ARQ 的过程。PDU 就是 SDU 经过封装后的结果,RLC PDU 结构如图 2-20 所示。一个 RLC SDU 从首个比特开始被包含于一个 RLC PDU。RLC 头携带的 PDU 序列号与 SDU 序列号相互独立,图中 RLC SDU 虚线表示分段的位置。

2.3.3 PDCP 子层

PDCP 子层负责处理控制面上的 RRC 消息以及用户面上的 IP 包。在用户面上,PDCP

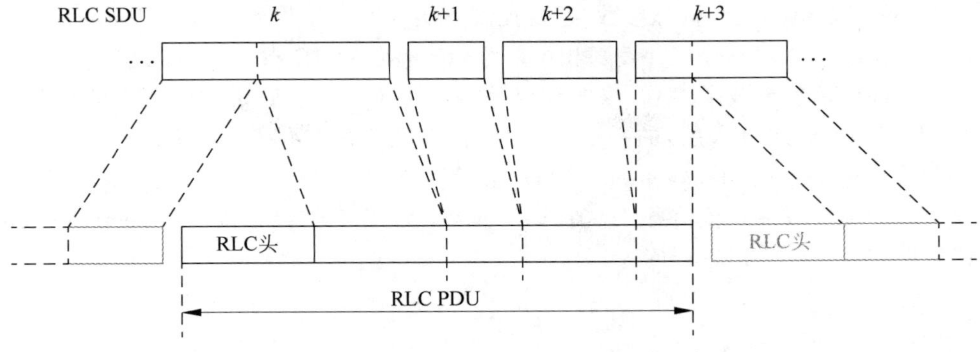

图 2-20 RLC PDU 结构

子层收到来自上层的 IP 数据分组后，对 IP 数据分组进行头压缩和加密，然后递交到 RLC 子层。PDCP 子层还向上层提供按序提交和重复分组检测功能，反方向上，PDCP 也具有解头压缩和解加密的功能。在控制面，PDCP 子层为上层 RRC 提供信令传输服务，并实现 RRC 信令的加密和一致性保护，以及在反方向上实现 RRC 信令的解密和一致性检查。

1. PDCP 子层的功能

PDCP 子层用户面的主要功能包括：

(1) 用户面数据的包头压缩和解压缩功能，只支持健壮包头压缩（Robust Header Compression，ROHC）算法。

(2) 通过加密及完整性保护实现安全功能，例如用户和控制面协议的加密和解密，控制面数据的完整性保护和验证。

(3) 用户数据传输功能，包括：①下层重建时，对向上层发送的 PDU 顺序发送和重排序；②对映射到 AM 模式的资源块的下层 SDU 进行重排序。

(4) 数据包（上行链路基于定时器的 SDU）丢弃功能。

2. PDCP PDU 的结构

PDCP PDU 的结构如图 2-21 所示，PDCP SDU 和 PDCP 头均为 8 位的倍数，PDCP 头可以是一个字节或者两个字节长。

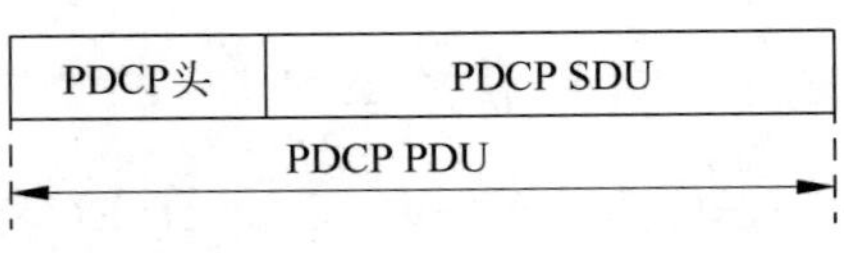

图 2-21 PDCP PDU 结构

2.4 无线资源控制层

无线资源控制层（RRC）属于 LTE 协议栈的第三层，位于物理层（Layer1）和 MAC（Layer2）之上，是接入层和非接入层的主要控制中心，控制着层间的主要接口。不仅要为上层提供来自网络系统的无线资源参数，还要控制下层的主要参数和行为。

RRC 对无线资源进行分配并发送相关信令，负责处理 UE 和 eNodeB 之间控制面的第三层信息。RRC 消息承载了建立、修改和释放 MAC 和物理层协议实体所需的全部参数，同时也携带了 NAS(非接入层)的一些信令，如移动性管理(Mobility Management，MM)、连接性管理(Connection Management，CM)、会话管理(Session Management，SM)等。

RRC 过程主要包括系统信息(System Information，SI)、连接控制(Connection Control，CC)、移动性过程、测量、信息直传等。

2.4.1 RRC 功能

RRC 的主要功能包括：

(1) 系统消息广播：提供包括 NAS 层和 AS 层的系统消息。为空闲模式的 UE 提供小区选择和小区重选参数、邻小区参数，为连接模式的 UE 提供公共信道重配置消息等。

(2) 寻呼：RRC 子层负责把寻呼消息广播给特定的 UE，网络层的高层可以请求寻呼和通知。在一个 RRC 连接建立的过程中，RRC 子层也可以发起寻呼。

(3) UE 和 E-UTRAN 间的 RRC 连接建立、保持和释放：包括 UE 和 E-UTRAN 之间的临时标识符分配、为 RRC 连接配置信令无线承载(低优先级和高优先级 SRB)。

(4) 包括密钥管理和 RRC 消息完整性保护在内的安全管理。

(5) 建立、配置、保持和释放点对点无线承载(Radio Bearer，RB)。

(6) 移动性管理，包括针对小区间和系统间移动性的 UE 测量上报和测量控制、切换、UE 小区选择和重选(以及小区选择和重选控制)、eNodeB 间通信上下文的转发。

(7) MBMS 业务通知，为 MBMS 业务建立、配置、保持和释放无线承载(RB)。

(8) QoS 管理功能，包括分配和修改上下行调度信息、UE 上行速率控制参数。

(9) UE 测量上报及测量控制，包括同频、异频和系统间测量。

(10) NAS 直传消息传输、PLMN 消息等。

2.4.2 RRC 状态模式

RRC 的状态分为 RRC_IDLE(空闲模式)和 RRC_CONNECTED(连接模式)两种。

1. RRC 空闲模式

LTE 空闲模式和 WCDMA 系统类似，终端开机后，将会从选定的 PLMN 中选择一个合适的小区进行驻留。当 UE 驻留到某个小区后，就会接收到系统消息和小区广播信息。通常 UE 开机时需要执行注册过程，一方面认证鉴权，另一方面网络侧获得 UE 的基本信息。之后 UE 处于空闲模式下，直到建立 RRC 连接。

空闲模式下小区驻留的目的：①UE 接收网络的系统消息；②UE 可以发起接入；③UE 接收寻呼消息(当 UE 处于空闲态，网络获知 UE 所驻留的跟踪区，会在跟踪区内所有的小区控制信道上发送寻呼消息)。

RRC 空闲模式下有三种状态，包括：

(1) NULL：空状态。UE 刚开机时处于该状态，或者 UE 搜索不到任何小区时，进入该状态；根据定时器周期性搜索可以驻留的小区。

(2) SEL：小区选择状态。为了找到一个合适的小区驻留，UE 需要对指定小区或频段内所有小区进行测量，解码广播信道，接收系统消息等，找到一个可以正常驻留的小区时，进入 IDLE 状态。

(3) IDLE：空闲状态。此时 UE 正常驻留小区，需要完成寻呼和系统消息的接收及服务小区和邻近小区的测量，根据重选准则检查是否触发小区重选，根据测量值和其他参数从候选小区列表中选择最好的小区驻留，并随时执行上层触发的接入过程。

RRC 空闲模式下的主要过程包括小区选择与重选、寻呼监控、系统消息接收、测量、不连续接收(Discontinuous Reception，DRX)控制等，2.5 节将对相应过程进行描述。

2. RRC 连接模式

UE 只有在接收到一个 RRC 连接请求后，才能发起从 RRC 空闲模式到连接模式的转移。这一事件是由网络发送的寻呼请求或者 UE 的高层请求触发的，当 UE 建立了 RRC 连接后，就进入了 RRC 连接模式。

RRC 连接模式下可以分为 ACC、CON 和 HO 三个子状态：

(1) ACC 为随机接入状态，当 UE 收到高层配置的连接建立请求消息，RRC 通知 MAC 子层发起随机接入过程，建立上行同步。

(2) CON 为正常连接状态，包括初始安全性激活、连接重配置、连接重建、连接释放等对应 UE 和 E-UTRAN 之间无线链路建立的相关过程。当 UE 和 E-UTRAN 之间的无线链路建立后，可以进行正常的数据业务流程。

(3) HO 为切换状态，执行同频、异频、系统间的切换，主要通过重配置消息里的 Mobility Control Info(移动控制消息)来实现。

RRC 连接模式下的主要过程包括：①建立、重配、释放 RRC 连接；②建立、重配、释放无线承载(RB)；③安全模式激活；④切换(系统内和系统间切换)；⑤无线链路失败恢复；⑥测量控制和测量报告发送；⑦接收系统消息。

3. RRC 状态转换

RRC 的各个状态之间的转换关系如图 2-22 所示，在不同的触发条件下，各个状态之间会进行转移和跃迁。现在以空闲状态(IDLE)为例说明状态的触发与转移过程。

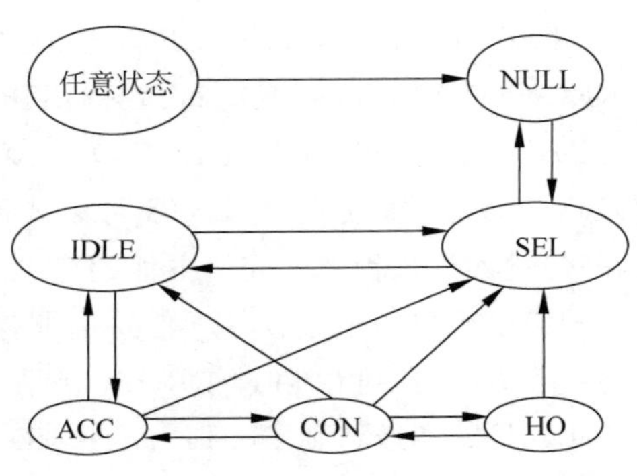

图 2-22　RRC 状态转换关系

(1) IDLE－＞SEL：IDLE 下收到高层的丢失覆盖指示或小区重选失败指示，RRC 由 IDLE 跃迁到 SEL 进行初始小区选择。

(2) IDLE－＞ACC：正常小区驻留的 UE 收到高层的业务请求或对寻呼的响应发起 RRC

连接建立，进入 ACC 子状态，请求 MAC 进行随机接入。

(3) ACC－＞IDLE：RRC 子层接收到来自 MAC 的随机接入失败指示，返回到 IDLE 子状态，重新发起随机接入。

(4) SEL－＞IDLE：小区选择成功进入 IDLE 子状态，正常驻留小区或者小区选择失败进入 IDLE 受限驻留。

(5) CON－＞IDLE：RRC 连接释放或者 RRC 连接重建失败返回 IDLE。

2.4.3 NAS 层协议状态与 RRC 状态

NAS 层协议主要包括 LTE-DETACHED、LTE-IDLE、LTE-ACTIVE 三种状态。表 2-5 描述了 NAS 协议状态的定义，以及各状态之间的转换关系。

表 2-5 NAS 协议状态转换

LTE-DETACHED	LTE-IDLE	LTE-ACTIVE
① 在该状态下，通常是刚开机时的状态，还没有 RRC 实体； ② 在网络侧，还没有用户(UE)的 RRC 通信上下文； ③ 分配给 UE 的标识只有 IMSI； ④ 网络不知道 UE 的位置信息； ⑤ 没有上行或下行的活动； ⑥ UE 可以执行 PLMN/小区选择	① 在该状态下，UE 处于 RRC-IDLE 状态； ② 在网络侧保存有用户的 IP 地址、安全相关信息(如密钥)、用户能力信息、无线承载等； ③ 在网络侧有该用户的通信上下文，用户能够快速地转换到 LTE-ACTIVE 状态； ④ 状态的转换由 eNodeB 或 EPC 决定； ⑤ 分配给该用户的标识信息包括 IMSI、TA 中唯一标识用户的 ID，以及一个或多个 IP 地址； ⑥ 网络知道 UE 位于哪个跟踪区域	① 在该状态下，UE 处于 RRC-CONNECTED 状态； ② 在网络侧保持与该用户的通信上下文，包含了所满足通信的必要信息； ③ 状态的转换由 eNodeB 或 EPC 决定； ④ 分配给该用户的标识信息包括 IMSI、在 TA 中唯一标识用户的 ID、在一个小区内的唯一标识 C-RNTI，以及一个或多个 IP 地址； ⑤ 网络知道 UE 位于哪个小区中； ⑥ 在上下行方向上，UE 都可以进行非连续发送和接收； ⑦ 移动性可以通过切换执行

LTE-IDLE 状态对应于 UE 处于 RRC-IDLE 状态；LTE-ACTIVE 状态对应于 UE 处于 RRC-CONNECTED 状态；LTE-DETACHED 状态对应于 UE 没有 RRC 实体的状态。

UE 开机(上电)后进入 LTE-DETACHED 状态，随后 UE 执行注册过程，进入 LTE-ACTIVE 状态，通过此过程，UE 可以获得 C-RNTI、TA-ID(Time Advance，TA)、IP 地址等，并通过鉴权过程建立安全方面的联系。如果没有其他业务，终端可以释放 C-RNTI，获得分配给该用户用于接收寻呼信道的非连续接受周期后进入 LTE-IDLE 状态。当用户有新的业务需求时，可以通过 RRC 连接请求(随机接入过程)获得 C-RNTI，此时 UE 就从 LTE-IDLE 状态迁移到了 LTE-ACTIVE 状态。在 LTE-ACTIVE 状态下，UE 如果移动到不能识别的 PLMN 区域或者执行了注销过程，用户的 C-RNTI、TA-ID 以及 IP 地址都将被收回，同时 UE 进入 LTE-DETACHED 状态。对于处于 LTE-IDLE 状态的用户，如果用户执行周期性的 TA 更新过程超时，TA-ID 和 IP 地址就会被收回，用户也会转换到 LTE-DETACHED 状态。

2.4.4　RRC 过程管理

RRC 过程管理主要包括 RRC 连接管理过程、无线承载控制过程、RRC 连接移动性过程以及测量过程，如表 2-6 所示。具体的管理过程将结合信令流程在第 3 章进行描述。

表 2-6　RRC 的常见管理过程

RRC 连接管理过程	无线承载控制过程	RRC 连接移动性过程	测量过程
① 系统信息广播 （Broadcast of system information） ② 寻呼（Paging） ③ RRC 连接建立 （RRC connection establishment） ④ RRC 连接释放过程 （RRC connection release） ⑤ UE 性能信息的传输 （Transmission of UE capability information） ⑥ UE 性能询问 （UE capability enquiry） ⑦ 初始直接传输 （Initial direct transfer） ⑧ 下行直接传输 （Downlink direct transfer） ⑨ 上行链路直接传输 （Uplink direct transfer） ⑩ UE 专用寻呼 （UE dedicated paging） ⑪ 安全模式控制 （Security mode control） ⑫ 信令连接释放过程 （Signaling connection release procedure） ⑬ 计数器检查（Counter check）	① 无线承载的建立 （Radio bearer establishment） ② 重配置过程 （Reconfiguration procedures） ③ 无线承载的释放 （Radio bearer release） ④ 传输信道重配置 （Transport channel reconfiguration） ⑤ 传输格式组合控制 （Transport format combination control） ⑥ 物理信道重配置失败 （Physical channel reconfiguration failure）	① 小区和位置区更新过程 （Cell and URA update procedures） ② URA 更新 ③ UTRAN 移动性信息 （UTRAN mobility information） ④ 激活集更新 （Active set update） ⑤ 硬切换（Hard handover） ⑥ RAT 间切换到 UTRAN ⑦ 来自 UTRAN 的 RAT 间切换（Inter-RAT handover from UTRAN） ⑧ RAT 间小区重选到 UTRAN ⑨ 来自 UTRAN 的 RAT 小区重选 ⑩ 来自 UTRAN 的 RAT 间小区改变命令 （Inter-RAT cell change order to UTRAN）	① 测量控制 （Measurement control） ② 测量报告 （Measurement report） ③ 辅助数据传输 （Assistance Data Delivery）

2.5 LTE的基本业务过程

本节简要介绍LTE网络中发生的业务总流程及接入、寻呼、跟踪区注册等主要业务流程，更加具体的信令分析会在第3章中详细阐述。关于小区选择/重选、切换过程的具体内容，将在第5章进行重点描述。

2.5.1 LTE业务总流程

LTE系统业务从网络侧启动、用户开机到业务结束，总体流程如图2-23所示。

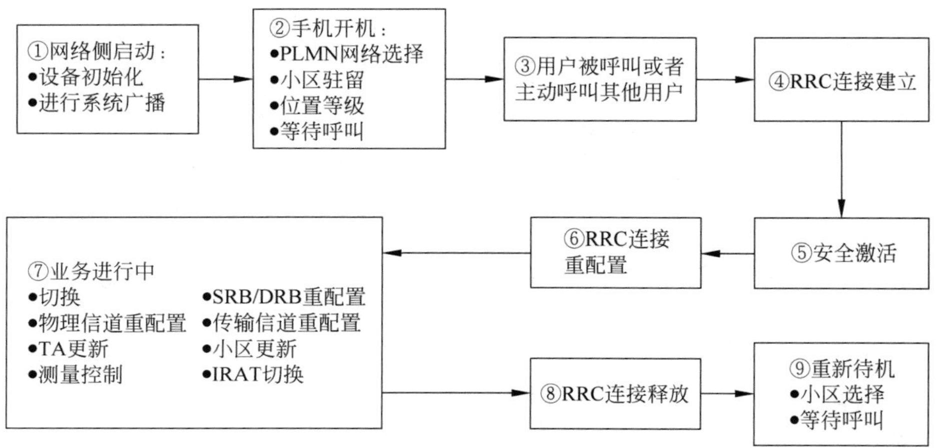

图2-23　LTE业务全流程

2.5.2 LTE系统消息

系统信息块(System Information Block，SIB)主要用来提供接入系统所需要的一些信息，便于UE建立无线连接。广播中的系统信息是连接UE和E-UTRAN网络的纽带，通过系统消息的传递，UE与E-UTRAN得以完成无线通信各类业务和物理过程。

系统消息广播的功能主要包括：

(1) 下发对小区中所有UE配置都完全相同的信息，节省无线资源。

(2) 使UE获得足够的接入信息、小区选择/重选等公共配置参数。

(3) 通知UE的紧急信息，如地震和海啸预警系统(ETWS)。

系统消息的格式及内容如图2-24所示，系统广播消息的内容被划分为多个系统信息块SIB，但是有一个“块”有个特殊的名字：主信息块(Master Information Block，MIB)。除

MIB 外其他所有系统信息块统称为 SIBs。SIB1 是 SIBs 里的异类，它没有映射；除 SIB1 以外的其他 SIBs 则需要映射到系统消息（System Information，SI）。因此，整个系统消息可以看成由三部分组成：MIB、SIB1、SI。

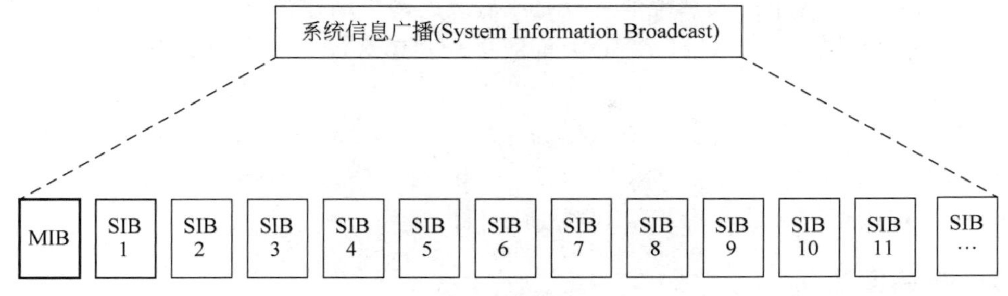

图 2-24 系统消息模块

MIB 包含系统中最重要的一些参数信息，在 PBCH 信道上发送，表现为 RRC_MASTER_INFO_BLOCK，含有下行链路系统带宽、PHICH 配置信息和系统帧号等比较重要的系统信息参数。MIB 的传输周期为 40ms，即从系统帧号 MOD4 等于 0 的无线帧开始，传输 4 次。

SIB 是在 PDSCH 信道上传输，SIB1 包括广播小区接入与小区选择的相关参数以及 SI 消息的调度信息，表现为 RRC_SIB_TYPE1，其传送周期为 80ms。SIB1 包含的信息包括小区接入相关信息、小区选择信息、SIB 调度信息、TDD 参数配置、SI 窗口长度、Value Tag。

SI 消息中承载的是 SIB2～SIB13，表现为 RRC_SYS_INFO。具体包含的信息如下：

（1）SIB2：小区内所有 UE 共用的无线参数配置以及其他无线参数基本配置。

（2）SIB3：小区重选信息，主要包括服务小区重选参数以及同频小区重选参数。

（3）SIB4：同频邻区列表以及每个邻区的重选参数、同频白/黑名单小区列表。

（4）SIB5：异频相邻频点列表以及每个频点的重选参数、异频相邻小区列表以及每个邻区的重选参数、异频黑名单小区列表。

（5）SIB6：UTRA FDD 邻频频点列表以及每个频点的重选参数、UTRA TDD 邻频频点列表以及每个频点的重选参数。

（6）SIB7：GERAN 邻频频点列表以及每个频点的重选参数。

（7）SIB8：CDMA2000 的预注册信息、CDMA2000 邻频频段列表和每个频段的重选参数、CDMA2000 邻频频段的邻区列表。

（8）SIB9：Home eNodeB 的名称。

（9）SIB10：ETWS 主信息（Primary Notification）。

（10）SIB11：ETWS 辅信息（Secondary Notification）。

（11）SIB12：CMAS 信息（CMAS Notification）。

（12）SIB13：请求获取跟一个或多个 MBSFN 区域相关的 MBMS 控制信息的信息。

在网络运行过程中，系统信息也可能会发生改变。如果系统信息更新，网络侧就需要通知 UE 更新系统信息。对于处于 RRC_IDLE 和 RRC_CONNECTED 状态的 UE 都可以通过寻呼来通知。从 UE 侧来看，除非系统消息超过最大有效时间(例如设置为 6 小时)，否则 UE 不会主动尝试接收系统信息。

UE 会在以下情况下接收系统消息以完成后续的网络动作：①小区选择/重选；②切换完成；③从其他系统进入 E-UTRAN；④重新进入覆盖区域；⑤收到更新指示；⑥系统消息超过最大有效时间。

UE 接收到的系统消息与其 RRC 状态有关，UE 在 RRC_IDLE 状态下接收的是 MIB、SIB1 和 SIB2～SIB8，在 RRC_CONNECTED 状态下接收的是 MIB、SIB1、SIB2 或 SIB3(读不读取 SIB3 取决于终端的实现及 RRC 层协议栈的需要)。

2.5.3 跟踪区注册

跟踪区(Tracking Area，TA)是 E-UTRAN 系统中设置的位置管理的概念，和 UMTS 系统中的位置区(Location Area，LA)类似。LTE 系统中通过跟踪区标识(Tracking Area Identity，TAI)来标识一个 TA，TAI 由移动国家码(Mobile Country Code，MCC)、移动网络码(Mobile Network Code，MNC)和跟踪区码(Tracking Area Code，TAC)共同组成。跟踪区注册包括跟踪区更新与跟踪区附着/分离。UE 通过跟踪区注册，将自己的跟踪区通知网络。

从本质上看，跟踪区和位置区是一样的，但是在使用过程中有所不同。在 LTE 网络中，终端注册到的是一个跟踪区列表(TAI LIST)，而在 GSM 或者 UMTS 电路域中，终端注册到的是一个位置区 LA。

1. 跟踪区更新

UE 在以下几种情况下会进行跟踪区更新(Tracking Area Update，TAU)：

(1) 当 UE 检查到系统消息中的 TAI 不同于 USIM 里存储的 TAI，发现自己进入了一个新的 TA。

(2) 周期性更新的定时器超时。

(3) UE 从其他系统小区重选到 E-UTRAN 小区。

(4) 由于负载平衡的原因释放 RRC 连接时，需要进行跟踪区更新。

(5) EPC 存储中关于 UE 能力信息的变化引起 TAU。

(6) 由于 DRX 参数信息引起的 TAU。

UE 通过 TAU 过程将自己的 TA 告知核心网，核心网获悉后会将寻呼消息发送到 UE 所属 TA 的所有 eNodeB。

2. 跟踪区附着/分离

当 UE 需要接受网络服务但尚未注册时，需要通过网络附着进行跟踪区注册。附着成功后，UE 将分配到一个 IP 地址，该 UE 的 MEI(Mobile Equipment Identity)也被提交给 MME 做鉴权。当 UE 不能接入 EPC，或者 EPC 不允许 UE 再接入时，则启动跟踪区分离过程。在分离之后,EPC 不再寻呼 UE。

2.5.4 随机接入过程

在上行链路中,eNodeB 将负责快速完成对有数据传输业务的 UE 进行资源调配。但在 UE 刚刚开启时,由于 eNodeB 通常无法获取 UE 最近的上行信息,因此不能直接完成传输同步(时间和频率同步)。需要 eNodeB 与 UE 之间通过随机接入过程(Random Access, RA)实现 UE 与网络的同步。LTE 随机接入是为了实现 UE 和网络的同步或从网络处获取无线网络临时标签(Radio Network Temporary Identity,RNTI)。在 LTE 系统中,当出现以下 5 种情况之一时,UE 会发起随机接入过程:

(1) 在 RRC_IDLE 状态下的初始接入(为了获取 RNTI)。

(2) 在无线链路失败时的初始接入(为了获取 RNTI)。

(3) 切换过程中,通过随机接入获取与目标小区的上行同步。

(4) RRC_CONNECTED 状态下收到下行数据,而上行处于失步状态,此时由网络侧下发 PDCCH 指令,从而触发随机接入过程。

(5) RRC_CONNECTED 状态下收到上行数据,但却没有可用的 PUCCH 调度请求(Scheduling Request,SR)资源时,此时 UE 需要通过随机接入请求获得上行的调度资源授权;或在 RRC_CONNECTED 状态下,当有上行数据需要发送时,而上行处于失步状态,需要通过随机接入过程,进行上行同步并请求上行调度资源授权。

1. 随机接入的分类

UE 可通过公共信令(如 SIB2 中的 RACH-Config Common)或专用信令(如 RRC 重配置中的 RACH-Config Dedicated)等方式,获得 RACH 配置及随机接入相关参数。UE 最多可生成 64 个前导(Preamble)序列码,而这 64 个前导序列又被分为两组,因此随机接入过程也被分为两种,即基于竞争的随机接入和非竞争的随机接入。

(1) 基于竞争(Contention Based)的随机接入。由 UE 自行选择前导序列,存在冲突的可能,例如:①不同终端在不同时频单元发送公共前导序列;②不同终端在同一时频单元发送不同公共前导序列;③不同终端在同一时频单元发送同一公共前导序列。当出现以上情况时,必须通过竞争解决,确定究竟哪个 UE 可以进行接入。

(2) 基于非竞争(Non-contention Based)的随机接入。终端由 eNodeB 指定的专用前导序列随机接入网络,其他用户不会用到,因此不会出现冲突情况,无须通过竞争接入方式解决。

2. 随机接入步骤

随机接入的主要步骤包括:

(1) 确定并发送前导序列。若由 eNodeB 指定随机接入前导,则采用该分配的前导序列;若由 UE 选择前导序列,则根据 MSG3 消息长度进行随机接入序列组(A 组或 B 组)选择,然后在所选择的序列组中,按等概率原则随机选择一个前导序列号。

(2) 接收随机接入响应。在由 eNodeB 指示长度的搜索时间窗口内,进行 PDCCH 监测及盲检。若 UE 盲检到一个由 RA-RNTI 加扰的 PDCCH,则根据该 PDCCH 所含的下行调度信息,接收同一 TTI(1ms)内的 PDSCH 信道。通过对 PDSCH 所含信息的解码,就可以提取 TA 命令、20bit 的上行授权(UL_Grant,也称为随机接入响应授权)和临时 C-RNTI。若是非竞争随机接入,则随机接入过程成功结束;若是竞争的随机接入,则设定临时 C-RNTI,并进行 UL_Grant 解码,准备进行 MSG3 发送。

(3) 发送 MSG3。根据 eNodeB 指示的相关功控参数、路径损耗估计、PUSCH 发送所占 RB 数等,计算 MSG3 的开环发射功率;根据随机接入响应授权,按指定的资源和格式在 PUSCH 上进行 MSG3 发送,MSG3 中包含了用于竞争解决的信息。

(4) 竞争解决(MSG4)。每次 MSG3 信号传输/重传后,启动或重新启动竞争解决定时器(mac-Contention Resolution Timer)。

竞争解决场景一:在由 RRC 连接建立/重建触发的随机接入中,在 CCCH SDU 中包含了 UE Identity。检测由 Temporary C-RNTI 加扰的 PDCCH,并根据该下行分配将对应的 PDSCH 进行解码(MSG4),然后检查 UE Contention Resolution Identity MAC 中所含内容是否与 MSG3 发送的 CCCH SDU 携带的 UE Identity 相匹配。若匹配,竞争解决并通过,UE 将 Temporary C-RNTI 升级为 C-RNTI。

竞争解决场景二:其他情况(如切换、上/下行数据待传输)触发的随机接入中,在 C-RNTI MAC 控制信元中包含了 UE 的 C-RNTI。若随机接入过程由 UE 发起,检测由 C-RNTI 加扰的 PDCCH 上行授权。若随机接入过程由 eNodeB 发起,检测由 C-RNTI 加扰的 PDCCH。如果竞争解决成功,就丢弃 Temporary C-RNTI。

2.5.5 寻呼

寻呼是移动通信系统的关键过程之一,LTE 网络可以向空闲状态或者连接状态的 UE 发送寻呼消息。寻呼可以由核心网触发,用于通知 UE 接收寻呼消息;或由 eNodeB 触发,用于向 UE 发送系统更新消息以及地震、海啸预警等信息。

1. 寻呼消息

寻呼消息一般携带三类信息:寻呼的 UE ID 列表、系统消息改变指示标识及地震和海啸预警系统(ETWS)指示标识。在 LTE 系统中,寻呼消息是由 PDSCH 信道承载的,而寻呼标识在 PDCCH 信道上承载。UE 周期性地监听 PDCCH,如果从 PDCCH 信道上解析出了寻呼无线网络临时标识(P-RNTI),则表示终端需要接收对应的 PDSCH,然后通过解析 PDSCH 上的数据块,进而获得寻呼消息。而如果终端在 PDCCH 上未解析出 P-RNTI,则无须再去接收 PDSCH 物理信道数据。

对于 IDLE 状态的 UE,寻呼标识在 PDCCH 信道上发送,具体被寻呼的 UE ID 承载在 PCH 的寻呼消息中(一个寻呼消息最多可携带有 16 个 UE ID),PCH 映射到 PDSCH 信道上。

2. 寻呼容量

在 LTE 的物理层协议中，寻呼帧(Paging Frame，PF)对应一个 LTE 无线帧，寻呼时刻(Paging Occasion，PO)对应 LTE 一个无线帧中的某个子帧。对于 UE 来讲，通过 PF 和 PO 以及 IMSI，可以计算出应该在哪个 PF 的 PO 中监听寻呼消息。因为 PF 和 PO 的值对应了 DRX 周期内需要探测的相应 PDCCH 在时频资源上的无线帧的位置和无线子帧的位置。PF 与 PO 主要由寻呼周期 T 与寻呼密度 nB 两个参数决定，这两个参数通过系统消息 SIB2 通知 UE。

寻呼周期 T 的取值范围是 32、64、128 和 256，单位是无线帧。该值越大，则空闲状态下 UE 的电力消耗越少，但是寻呼消息在无线信道上的平均延迟越大。

寻呼密度 nB 的取值范围是 $4T$、$2T$、T、$T/2$、$T/4$、$T/8$、$T/16$、$T/32$，该参数主要表征了寻呼的密度。$4T$ 表示每个无线帧有 4 个子帧用于寻呼，$T/4$ 表示每 4 个无线帧中有 1 个子帧用于寻呼。

用户寻呼下发次数(Paging Sent Num)的取值范围为 1～3，需要综合考虑寻呼成功率与寻呼资源占用之间的关系，一般建议取值为 1。

下面举例说明寻呼容量的测算。假设 T 取 64，nB 取 T，即寻呼周期为 640ms，在每个无线帧的子帧 0 发送寻呼消息，所有用户分成 64 个组，则最大寻呼量每秒为 $16\times100=1600$ 次。查满足一定阻塞率(2%)的 ERL 表(容量为 16)，同时可寻呼 9.8 个 UE ID，则平均寻呼量可达每秒 980 个，比 2G 或 3G 系统至少高 1 个或 2 个数量级。由于 LTE 寻呼消息与其他业务共享 PDSCH，且优先级高于其他业务，因此 LTE 系统一般无须担心寻呼容量受限的问题。

第 3 章

LTE 信令流程

信令是控制和保障整个通信过程的一套机制，贯穿于整个通信过程。信令的功能类似人类的大脑和神经系统，是通信的重要组成部分，在通信过程中扮演着不可替代的管控角色。在网络优化过程中，通常遇到的问题具有一定的模糊性，无法精确定位问题所在。对于从事网络优化的工程师来讲，在断定复杂问题(Trouble Shooting)过程中，遇到的部分网络问题已经无法用常规的经验去分析和解决，需要依靠信令分析进行辅助去定位原因。信令分析的过程，由于其数据采集的充分性、全面性和精确性，能够高效地进行问题定位。因此，掌握信令及流程分析对于网优工作尤其是判断复杂网优问题起着举足轻重的作用。

本章首先介绍 LTE 系统中关于信令的一些基本概念，然后按照基本信令流程、端到端信令流程和移动性管理流程三个维度，对各类信令及流程做了详细的分析和解释。建议读者把本章介绍的信令流程和上一章相应的业务过程进行比对，在对常见信令流程有清晰认识的基础上，可以更加深入地理解 LTE 网络的业务过程。

3.1 信令相关的基本概念

在描述信令流程之前，首先介绍与信令相关的几个基本概念，包括控制面与用户面、UE 的 6 种不同网络标识、无线承载和信令承载，以便于读者理解相关信令构成。

3.1.1 控制面与用户面

第 2 章已经就 LTE 的系统架构和通信协议进行了相关介绍，在 LTE 无线通信系统中，协议分为控制面和用户面两类。用户面协议负责解决传送“什么内容”的问题，具体对应传送和处理用户的数据流，如语音数据和分组业务数据；而控制面协议负责如何把数据通过网络传递到对方，具体对应传送和处理系统的信令。

从协议栈的角度看，信令分为接入层(AS)信令和非接入层(NAS)信令。RRC 和 RANAP 层及其以下的协议层统称接入层，接入层流程中 eNodeB 需要参与处理。RRC 之上的移动性管理(Mobility Manangement，MM)、会话管理(Session Management，SM)、呼叫控制(Call Control，CC)、短消息服务(Short Message Service，SMS)等称为非接入层，非接入层的流程中只有 UE 和 CN 需要处理信令。即接入层信令是为非接入层信令的交互铺路搭桥的，通过接入层的信令交互，在 UE 和 CN 之间建立起信令通路，从而让 UE 和 CN 进行非接入层的直接沟通。

接入层的流程主要包括 PLMN 选择、小区选择和无线资源管理流程等。非接入层的流程主要包括电路域的移动性管理(MM)、电路域的呼叫控制(CC)、分组域的移动性管理(MM)、分组域的会话管理(SM)。

通过图 3-1 可以了解数据流和信令流在协议栈中的不同走向和各自的通道。例如，信令流在控制面协议栈，从 UE 侧始于 NAS，然后通过 RRC、PDCP、RLC、MAC、PHY 层到达 eNodeB，最终止于 MME 的 NAS。

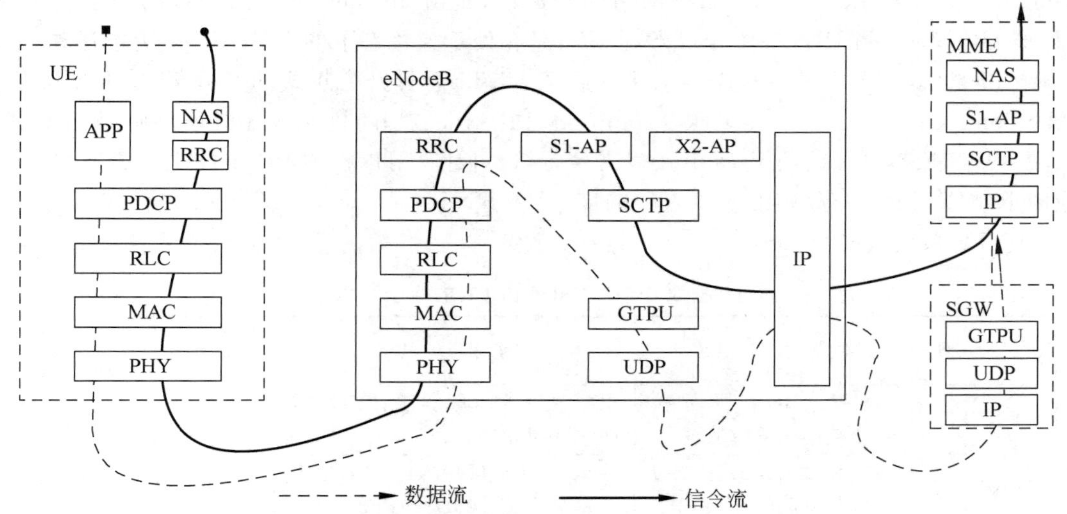

图 3-1 数据流、信令流与协议栈

3.1.2 UE 的不同网络标识

在 EPC 中，UE 一共有 6 种不同的标识，包括国际移动用户识别码(International Mobile Subscriber Identity，IMSI)、国际移动设备识别码(International Mobile Equipment Identity，IMEI)、SAE 临时移动台识别码(SAE Temporary Mobile Station Identifier，S-TMSI)、国际移动设备识别码和软件版本号(IMEI and Software Version Number，IMEISV)、全球唯一临时 UE 标识(Globally Unique Temporary UE Identifier，GUTI)和 IP，各个标识的生命期、有效期、功能和分配方式均不相同。这些标识用户身份的 ID 在建立 RRC 连接时发送到 eNodeB 进行用户身份识别。

(1) IMSI 是运营商给 UE 分配的一个永久标识，开户就有，IMSI 存储在 SIM 卡和 HSS 中，是 3GPP 的 PLMN 中全球唯一标识。

(2) IMEI 是由设备(手机)制造商给 UE 设备分配的一个永久标识，IMEI 存储在 SIM

卡和 HSS 中,可防止不法手机的再使用等,目前中国未使用。

(3) S-TMSI 是临时的 UE 识别号,由 MME 产生并分配,用于 NAS 交互过程中保护用户的 IMSI 不暴露,其中 S 代表 SAE,与 M-TMSI 一致。

(4) IMEISV 是携带软件版本号的国际移动台设备标识,用 16 位数字表示。

(5) GUTI 在网络中唯一标识 UE 终端,可以减少 IMSI、IMEI 等用户私有参数暴露在网络传输中。GUTI 是由核心网分配的一个动态标识,存储在 UE 和 MME 中。只有在 EPC 注册同时附着 MME 的 UE,GUTI 才有效。

(6) IP 地址是 PGW 分配的一个动态的标识。在上下文本存在时有效。

在小区(eNodeB)内,UE 的标识如表 3-1 所示。其中,C-RNTI(Cell Radio Network Temporary Identifier)是小区无线网络临时标识,是由 eNodeB 分配给 UE 的一个动态标识,唯一标识了一个小区空中接口下的 UE,只有处于连接态下的 UE,C-RNTI 才有效。而 T-RNTI 是临时的 C-RNTI,连接态建立后 T-RNTI 会晋升为正式的 C-RNTI。RA-RNTI (Random Access Radio Network Temporary Identifier)是随机接入无线网络临时标识,接收端 UE 知道自己之前的 Preamble 发送位置,通过计算可以检测 PDCCH 上是否有自己对应的 RA-RNTI;如有,则说明接入被响应。RA-RNTI 对于 FDD-LTE 系统是 10 个,对于 TDD-LTE 系统最多 60 个。

表 3-1 eNodeB 内 UE 的标识

标识类型	应用场景	获得方式	有效范围	是否与终端/卡相关
RA-RNTI	随机接入中用于指示接收随机接入响应消息	根据占用的时频资源计算获得(0001~003C)	小区内	否
T-CRNTI	随机接入中,没有进行竞争裁决前的 C-RNTI	eNodeB 在随机接入响应消息中下发给终端(003D~FFF3)	小区内	否
C-RNTI	用于标识 RRC Connect 状态的 UE	初始接入时获得(T-CRNTI 升级为 C-RNTI)(003D~FFF3)	小区内	否
SPS-CRNTI	半静态调度标识	eNodeB 在调度 UE 进入 SPS 时分配(003D~FFF3)	小区内	否
P-RNTI	寻呼	FFFE(固定标识)	全网相同	否
SI-RNTI	系统广播	FFFF(固定标识)	全网相同	否

3.1.3 承载的定义及分类

在 LTE 系统中,把 UE 和 P-GW 之间具有相同 QoS 的业务数据流的逻辑聚合称为一个 EPS 承载(Bearer)。

如图 3-2 所示,端到端的服务可以分为 EPS 承载和外部承载,EPS 承载又包括 E-RAB 和 S5/S8 承载。E-RAB 分为无线承载和 S1 承载。无线承载(Radio Bearer,RB)是 UE 到

eNodeB 空中接口之间的一段，用于承载空中接口 RRC 信令和 NAS 信令。S1 承载是 eNodeB 到 S-GW 之间的一段，主要承载 eNodeB 与 MME 间 S1-AP 信令。另外，NAS 消息也可作为 NAS PDU 附带在 RRC 消息中发送。S5/S8 是 S-GW 和 P-GW 的接口，S5/S8 承载用于在 S-GW 和 P-GW 间传输 EPS 承载的分组包。

EPS 承载旨为在 UE 和 PDN 之间提供某种特性的 QoS 传输保证，分为默认承载和专用承载。默认承载是一种满足默认 QoS 的数据和信令的用户承载，可简单地理解为一种提供尽力而为的 IP 连接的承载。默认承载随着 PDN 链接的建立而建立，随着 PDN 链接的拆除而销毁。专用承载是在 PDN 链接建立的基础上建立的，为了提供某种特定的 QoS 传输需求而建立的。一般情况下，专用承载的 QoS 比默认承载的 QoS 要求高。

在一个 PDN 链接中，只有一个默认承载，但可以有多个专用承载。一般来说，一个用户最多可建立 11 个承载。每当 UE 请求一个新的业务时，S-GW/P-GW 将从 PCRF 收到策略和计费控制(Policy and Charging Control，PCC)规则，其中包括业务所要求的 QoS。如果默认承载不能提供所要求的 QoS，则需要建立专用承载以提供服务。

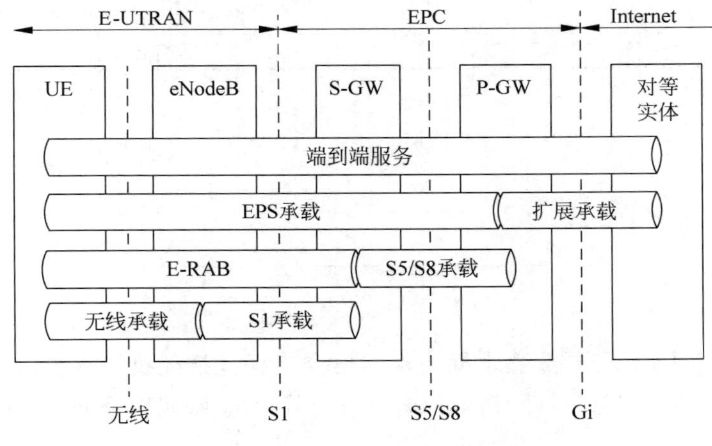

图 3-2　承载的位置关系

无线承载根据用户业务需求和 QoS 的不同，可以分为保证比特速率(Guaranteed Bit Rate，GBR)和不保证比特速率(Non-GBR)承载。GBR 是保证比特速率承载，在承载建立或修改过程中通过例如 eNode B 的接纳控制等功能永久分配给某个承载。这个承载在比特速率上要求能够保证不变。否则，如果不能保证一个承载的速率不变，则是一个 Non-GBR 承载。对同一用户同一链接而言，专用承载可以是 GBR 承载，也可以是 Non-GBR 承载。而默认承载只能是 Non-GBR 承载。

无线承载根据承载的内容不同，分为信令无线承载(Signaling Radio Bearer，SRB)和数据无线承载(Data Radio Bearer，DRB)。DRB 承载用户面数据，通过 eNodeB 为其分配的 PDSCH 来承载。根据 QoS 的不同，UE 与 eNodeB 之间可能最多建立 8 个 DRB。

SRB 根据承载的信令不同分为 SRB0、SRB1 和 SRB2 三类，如表 3-2 所示。

(1) SRB0：承载 RRC 连接建立之前的 RRC 信令，通过 CCCH 逻辑信道传输，在 RLC 层采用 TM 模式。

(2) SRB1：承载 RRC 信令(可能会携带 NAS 信令)和 SRB2 建立之前的 NAS 信令，通过 DCCH 逻辑信道传输，在 RLC 层采用 AM 模式。

(3) SRB2：承载 NAS 信令，通过 DCCH 逻辑信道传输，在 RLC 层采用 AM 模式，SRB2 优先级低于 SRB1，安全模式完成后才能建立 SRB2。

UE 的 RRC 连接未建立时，由 SRB0 承载 RRC 信令；SRB2 未建立时，由 SRB1 承载 NAS 信令。

表 3-2　SRB 承载信道及承载消息

SRB 类型	承载逻辑信道	承载消息类别	承载消息内容
SRB0	CCCH	RRC 消息	RRC 连接请求、连接建立、拒绝、重建请求、重建成功和重建拒绝等
SRB1	DCCH	RRC 消息和部分 NAS 消息	RRC 连接建立完成、重建完成、重配、重配完成以及 RRC 连接释放等
SRB2	DCCH	NAS 消息	上下行直传消息

3.2　基本信令流程

对网优工程师来说，需要熟悉掌握的基本信令流程包括随机接入、RRC 建立、RRC 释放、RRC 重建、RRC 重配置、寻呼、语音的电路域回落、紧急呼叫以及 LTE 测量等流程。

3.2.1　随机接入流程

随机接入使 UE 终端与网络建立通信连接成为可能，简单来讲就是确保 UE 与 eNodeB 建立无线链路，获取或恢复上行同步。用户的随机性和无线环境的复杂性决定了接入的发起以及分配的资源具有随机特征，因此，随机接入的成功率取决于随机接入流程是否顺利完成。

随机接入发起的目的主要包括：①请求初始接入；②从空闲状态向连接状态转换；③支持 eNodeB 之间的切换过程；④取得或恢复上行同步；⑤向 eNodeB 请求 UE-ID；⑥向 eNodeB 发出上行发送的资源请求。

在第 2 章中提到，随机接入分为竞争性随机接入和非竞争性随机接入两类。前者是 UE 从基于冲突的随机接入前缀中依照一定算法随机选择一个随机前导序列，后者是基站侧通过下行专用信令给 UE 指派非冲突的随机接入前导序列。

基于竞争模式的随机接入包括三种场景：①RRC_IDLE 状态下的初始接入；②无线链路失败以后的初始接入；③RRC_CONNECTED 状态下，当有上行数据需要传输时存在上行失步 non-synchronised，或者没有 PUCCH 资源用于发送调度请求消息的场景。第③种场景，除了通过随机接入的方式外，此时没有其他途径告诉 eNodeB，UE 存在上行数据需要发送。

基于非竞争模式的随机接入包括两种情况：

(1) RRC_CONNECTED 状态下，当下行有数据需要传输时，此时发生上行失步 non-synchronised 的情况。因为数据的传输除了接收外，还需要确认，如果上行失步，eNodeB 无法保证能够收到 UE 的确认信息。此时下行还是同步的，因此可以通过下行消息告诉 UE 发起随机接入需要使用的资源，如前导序列以及发送时机等，这些资源都是双方已知的，不需要通过竞争的方式接入系统。

(2) 切换过程中的随机接入，在切换的过程中，目标 eNodeB 可以通过服务 eNodeB 来告诉 UE 它可以使用的资源。

如图 3-3 所示，基于竞争的随机接入流程包括：

(1) MSG1：UE 在 RACH 上发送随机接入前缀，携带前导码(Preamble)。

(2) MSG2：eNodeB 接收到 MSG1 后，在 DL-SCH 上发送随机接入响应(Random Access Response，RAR)，RAR 中携带了 TA 调整、上行授权指令和 T-CRNTI。

(3) MSG3(连接建立请求)：UE 收到 MSG2 后，通过 preamble ID 核对，判断是否属于自己的 RAR 消息。如果是，则发送 MSG3 消息，携带 UE-ID。UE 的 RRC 层产生 RRC Connection Request 并映射到 UL-SCH 上的 CCCH 逻辑信道上发送。

(4) MSG4(RRC 连接建立)：竞争解决消息 RRC Contention Resolution 由 eNodeB 的 RRC 层产生，并在 CCCH 或 DCCH(FFS)逻辑信道上发送，UE 正确接收 MSG4 完成竞争解决。

如图 3-4 所示，非竞争性随机接入流程包括：

(1) MSG1：eNodeB 通过下行专用信令给 UE 指派非竞争的随机接入前缀(Preamble)，这个前缀不在 BCH 上广播的集合中。

(2) MSG2：UE 在 RACH 上发送指派的随机接入前缀。

(3) MSG3：eNodeB 的 MAC 层产生随机接入响应，并在 DL-SCH 上发送。对于非竞争随机接入过程，Preamble 码由 eNodeB 分配，随机接入响应(RAR)消息正确接收后接入流程结束。

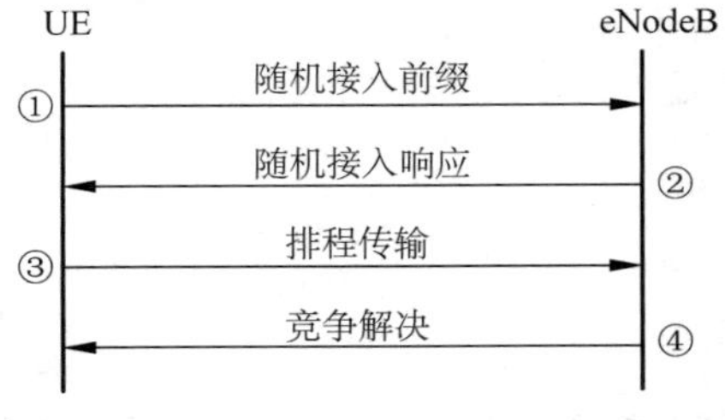

图 3-3　竞争性随机接入流程

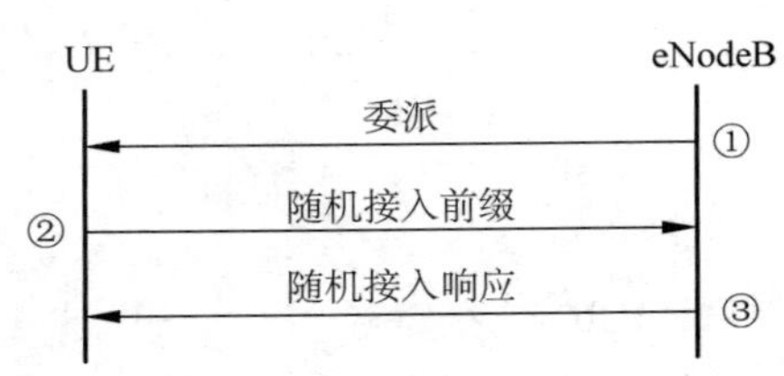

图 3-4　非竞争性随机接入流程

3.2.2 RRC 信令流程

RRC 连接在 UE 与 E-UTRAN 之间传输无线网络信令，在呼叫建立之初 RRC 连接建立，在通话结束后释放，并在期间一直维持。每个 UE 最多只有一个 RRC 连接。RRC 信令流程是信令分析的重点，具体包括 RRC 连接建立、连接释放、连接重建和连接重配置。

1. RRC 连接建立

RRC 连接的建立通常有两种触发原因：一是 UE 初始接入网络，进行 Attach 时发起；二是 UE 从 RRC_IDLE 状态进入到连接状态时发起，如发起呼叫、响应寻呼、跟踪去更新(TAU)或者去附着(Detach)等操作。如图 3-5 所示，RRC 连接建立包括以下步骤：

(1) RRC 连接请求：UE 通过上行 CCCH(UL_CCCH)信道在 SRB0 上发送 RRC Connection Request 消息，消息中携带了 UE 的初始(NAS)标识和建立原因等信息。该消息对应于随机接入过程中的 MSG3，是 UE 向 eNodeB 发送的第一条 RRC 信令消息，目的是请求建立一条 RRC 连接。建立 RRC 连接的目的是进行冲突解决和建立 SRB1，同时 RRC 连接建立时也可以让 UE 向 E-UTRAN 发送初始的 NAS 专用消息。E-UTRAN 通过该过程仅能建立 SRB1。

(2) RRC 连接建立：eNodeB 通过下行 CCCH 信道(DL_CCCH)在 SRB0 上发送 RRC Connection Setup 消息，消息中携带了 SRB1 的完整配置信息。该消息对应于随机接入过程中的 MSG4。

(3) RRC 连接建立完成：UE 通过 UL_DCCH 在 SRB1 上发送 RRC Connection Setup Complete 消息，该消息携带了上行 NAS 消息，如 Attach Request、TAU Request、Service Request、Detach Request 等，eNodeB 根据这些消息进行 S1 口建立。

RRC 连接建立失败的流程如图 3-6 所示。在 RRC 连接建立流程的第二步中，如果 eNodeB 拒绝为 UE 建立 RRC 连接，则会通过 DL_CCCH 在 SRB0 上回复 RRC Connection Reject 消息给 UE。

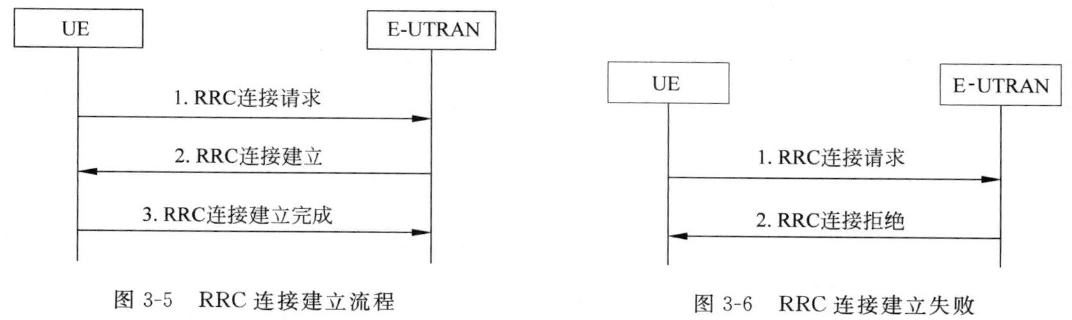

图 3-5 RRC 连接建立流程

图 3-6 RRC 连接建立失败

2. RRC 连接重建

当 UE 处于 RRC 连接状态但是出现切换失败、无线链路失败、完整性保护失败、RRC

重配置失败等事件时，UE 会发起 RRC 连接重建流程。如图 3-7 所示，RRC 连接重建步骤如下：

（1）RRC 连接重建请求：UE 通过 UL_CCCH 在 SRB0 上发送 RRC Connection Restablishment Request 消息，消息中含有 UE 的 AS 层初始标识信息及重建原因，该消息对应随机接入过程中的 MSG3。

（2）RRC 连接重建立：eNodeB 收到重建请求后，通过 DL_CCCH 在 SRB0 上回复 UE RRC Connection Reestablishment 消息，消息中携带 SRB1 的完整配置信息，该消息对应随机接入过程的 MSG4。

（3）RRC 重建完成：UE 通过 UL_DCCH 在 SRB1 上发送 RRC Connection Reestablishment Complete 消息，该消息并不携带任何实质性信息，仅实现重建完成确认并通知 eNodeB。

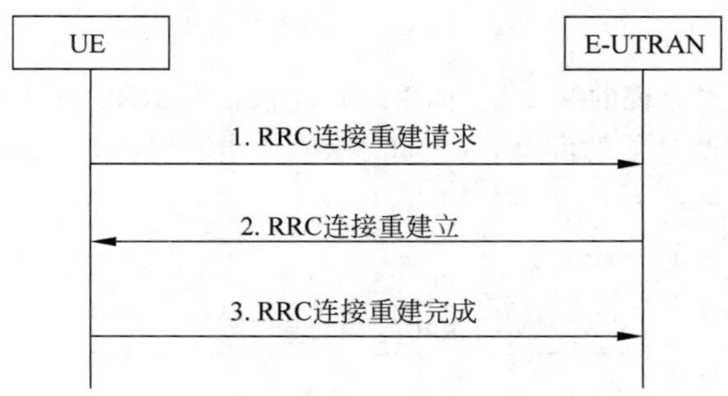

图 3-7　RRC 连接重建流程

在 RRC 重建过程中的第 2 步，如果 eNodeB 没有 UE 的上下文信息，则拒绝为 UE 重建 RRC 连接。eNodeB 通过下行 CCCH 信道回复一条 RRC 重建拒绝的指令 RRC Connection Reestablishment Reject 给 UE，如图 3-8 所示。

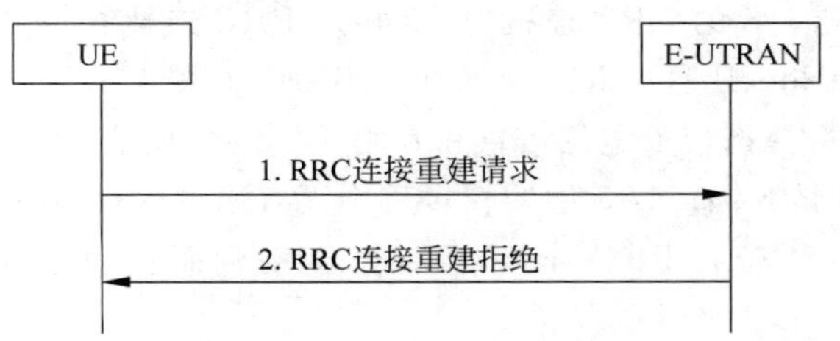

图 3-8　RRC 连接重建失败

3. RRC 连接重配置

当需要发起对 SRB 和 DRB 的管理、底层参数配置、切换执行和测量控制时，会触发 RRC 连接重配置流程。如图 3-9 所示，RRC 连接重配置流程包括以下步骤：

（1）RRC 连接重配置：eNodeB 通过 DL_DCCH 在 SRB1 上发送 RRC Connection

Reconfiguration 消息给 UE，根据携带的不同配置信息，一条消息中可以携带体现多个功能的信息单元。

(2) RRC 连接重配置完成：UE 通过 UL_DCCH 在 SRB1 上发送 RRC Connection Reconfiguration Complete 消息给 eNodeB，该消息中不含实质性信息，仅仅实现 RRC 层的确认功能。

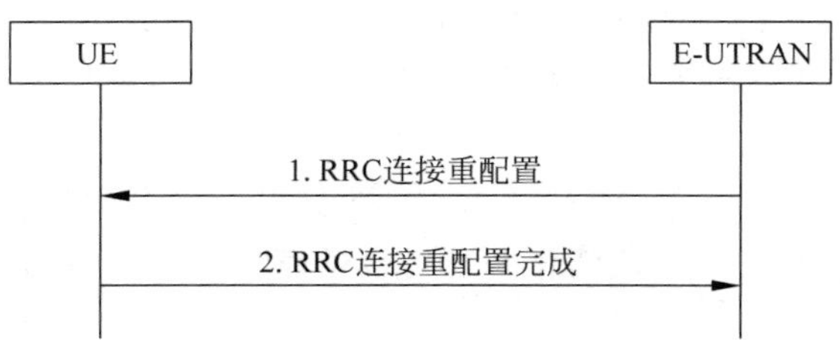

图 3-9 RRC 连接重配置流程

在 RRC 连接重配置流程的第 2 步，如果 UE 无法执行 RRC 连接重配置消息中的内容，UE 会回退到收到重配消息前的配置，并发起 RRC 重建流程，如图 3-10 所示。

图 3-10 RRC 连接重配置失败

4. RRC 连接释放

当网络希望解除与 UE 的 RRC 连接时，会触发 RRC 连接释放流程。如图 3-11 所示，在 RRC 连接释放时，eNodeB 通过 DL_DCCH 在 SRB1 上发送 RRC Connection Release 消息给 UE，该消息中可选择携带重定位信息和专用优先级分配信息(用于控制 UE 的小区选择和重选)。在某些情况下(如 NAS 层鉴权过程中没有通过鉴权检查)，UE 的 RRC 层根据 NAS 层的指示可以主动释放 RRC 连接，不通知网络侧而主动进入空闲状态，称为本地释放。

图 3-11 RRC 连接释放

表 3-3 对 RRC 连接建立、连接重建、重配置和连接释放这几个典型场景进行了总结。

表 3-3　典型的 RRC 场景列表

RRC 连接建立	RRC 连接重建	RRC 重配置	RRC 连接释放
① 初始接入附着时发起。 ② UE 从 RRC_IDLE 态至连接态时发起： • 发起寻呼； • 响应寻呼； • 附着请求； • 位置更新请求(TAU)； • 去附着请求	RRC 连接发生异常时发起： • 切换失败； • 无线链路失败； • 底层完整性保护失败； • RRC 重配置失败	① 当需要对 SRB 和 DRB 进行管理时发起： • E-RAB 的建立、修改和删除； • 请求 UE 激活 SRB2。 ② 测量控制下发时发起。 ③ 切换执行时发起	网络希望解除 UE 的 RRC 连接，使 UE 返回 RRC_IDLE 状态时

3.2.3　寻呼流程

寻呼是网络寻找 UE 时进行的信令流程，当网络告知 UE 有些信息要下发给它，UE 必须通过解析寻呼消息、发起相应寻呼流程来响应，才能确保通信的正常进行。

在 LTE 网络中，寻呼被触发的条件有三种：①UE 被叫(MME 发起)；②系统消息改变时(eNodeB 发起)；③地震告警(ETWS，小概率事件)。寻呼过程的实现依靠跟踪区(TA)来进行(相当于 2/3G 系统的 LAC)，寻呼的范围在 TAC 内进行，并不是在 TAC 列表的范围内进行寻呼。TAC 列表的设计只是减少了位置更新次数，从而降低信令负载。

从信令角度可以把寻呼流程分为两类：S_TMSI 寻呼和 IMSI 寻呼。一般情况下，优先使用 S_TMSI 寻呼，当网络发生错误需要恢复时(如 S_TMSI 不可用)，才发起 IMSI 寻呼。

从寻呼发起原因来分，也可以分为被叫寻呼和小区系统消息改变时寻呼(暂不考虑地震寻呼)，区别在于被叫寻呼是由 EPC 发起，经 eNodeB 透传；而小区系统消息改变时寻呼由 eNodeB 发起。通常所说的寻呼，主要指被叫寻呼。

1. S-TMSI 寻呼

当 UE 在 RRC_IDLE 模式时，网络若需要给 UE 发送数据(业务或信令)，则发起 S_TMSI 寻呼过程，S_TMSI 寻呼流程如图 3-12 所示。

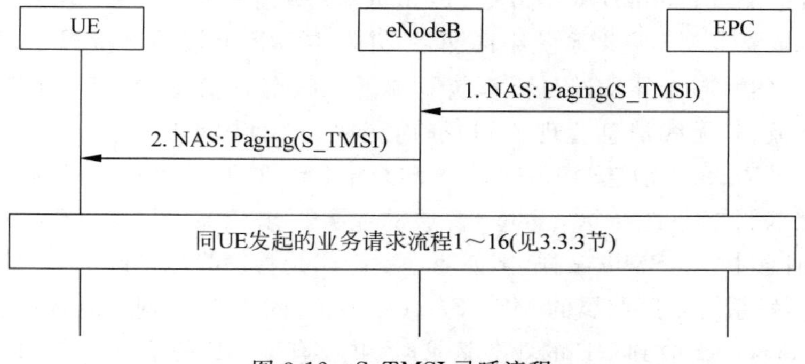

图 3-12　S_TMSI 寻呼流程

2. IMSI 寻呼

当网络发生错误需要恢复时(如 S-TMSI 不可用),可发起 IMSI 寻呼,UE 收到后执行本地去附着(Detach)过程,然后再开始附着请求(Attach),如图 3-13 所示。

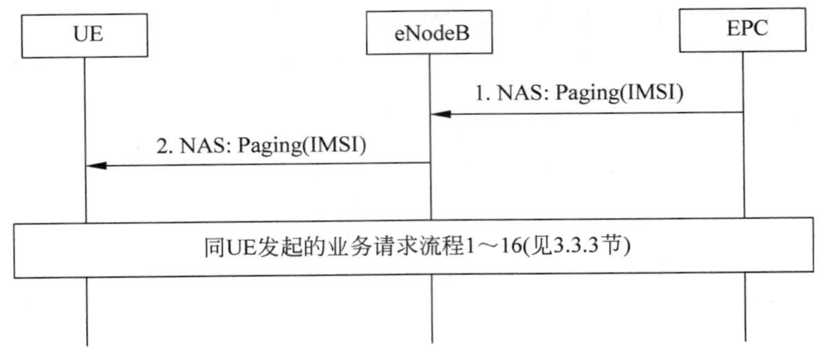

图 3-13　IMSI 寻呼流程

3.2.4　语音的电路域回落流程

当 4G 网络覆盖不完全或 VoLTE 网络尚未完全建好时,LTE 用户的语音要回落到 2G (GSM EDGE Radio Access Network,GERAN)或 3G (UMTS Terrestrial Radio Access Network,UTRAN)网络上进行,称为电路域回落(Circuit Switch Fallback,CSFB)。作为一种过渡性解决方案,CSFB 较好地解决了语音电话的可靠性问题,同时可以在一定程度上通过延长 2G/3G 网络的服务年限来保护运营商的前期投资。CSFB 的流程分为主叫流程和被叫流程。

1. 主叫 CSFB 流程

如图 3-14 所示,主叫 CSFB 流程包括以下步骤:

(1) UE 发起 CS Fallback 语音业务请求。当用户拨打语音电话时,UE 会发一条 Extended Service Request 消息,该消息里会携带 CSFB 信息。

(2) MME 发送 Initial Context Setup Request 消息给 eNodeB,包含 CS Fallback Indicator,该消息告知 eNodeB,UE 因 CS Fallback 业务需要回落到 UTRAN/GERAN。

(3) eNodeB 要求 UE 启动系统小区测量,并获取 UE 上报的测量报告,确定重定向的目标系统小区。然后向 UE 发送目标系统具体的无线配置信息,并释放 RRC 连接。LTE 网络通过 RIM 流程(无线消息管理流程)提前获取 2G 目标小区的广播信息,将其填充至 RRC Connection Release 消息中下发,省去了终端读取 2G 广播信息的时间。

(4) UE 接入目标系统小区,发起 CS 域的业务请求消息 CM Service Request。如果 CM 业务请求消息中有 CSMO 字样,则说明本次呼叫是移动终端发起的 CSFB 呼叫。

(5) 如果目标系统小区归属的 MSC Server 与 UE 附着 EPS 网络时登记的 MSC Server 不同,则该 MSC Server 收到 UE 的业务请求时,并没有该 UE 的信息。若 MSC Server 可以

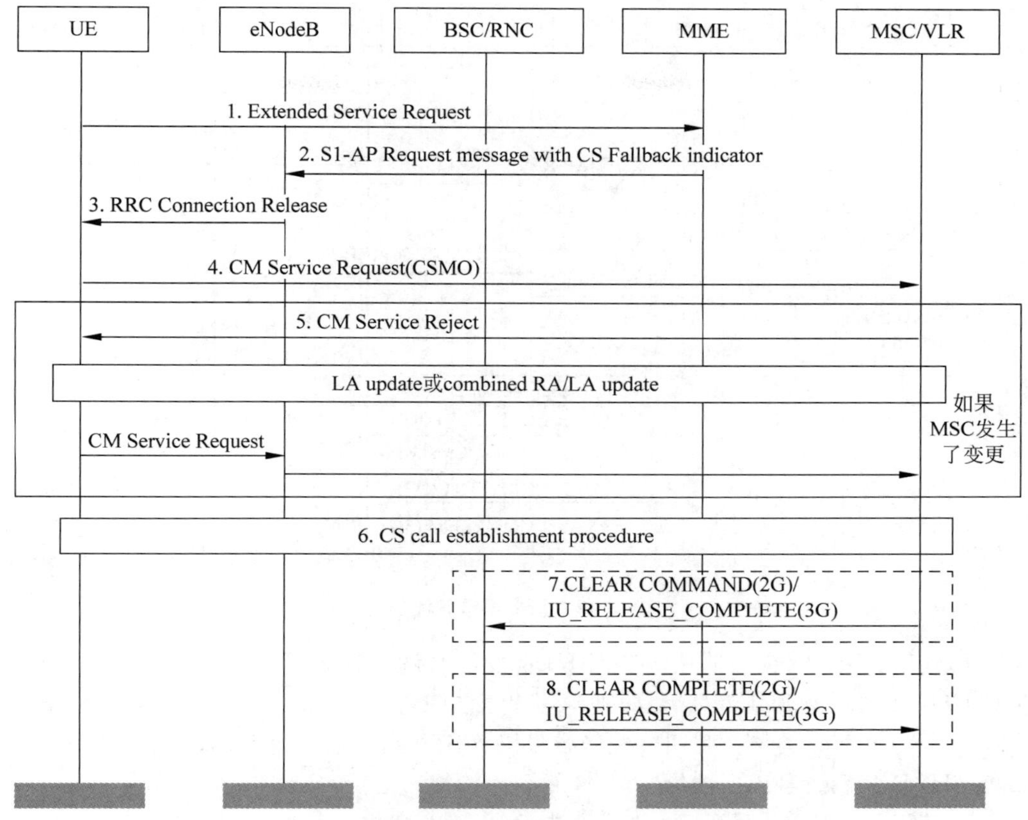

图 3-14　主叫 CSFB 流程

采取隐式位置更新流程，则接受用户请求。若 MSC Server 不支持隐式位置更新，则会拒绝用户的请求。MSC Server 拒绝用户的业务请求会导致 UE 发起一个 CS 域的位置更新。如果位置更新请求消息中携带了 CSMO 标识，且该标识有效，则 MSC Server 会记录本次呼叫是 CSFB 呼叫。

(6) 完成位置更新后 UE 再次尝试在 CS 域建立语音呼叫流程。

(7) 通话结束后，MSC Server 向主叫回落到的 BSC 发送的 Clear Command 消息中携带 CSFB Indication 信元，指示 BSC 拆除空口连接并通知 UE 回到 LTE 网络。或者 MSC Server 向主叫回落到的 RNC 发送 Iu Release Command 消息，携带 End Of CSFB 信元，指示 RNC 拆除空口连接并指示 UE 回到 LTE 网络。

(8) MSC 收到 BSC 的 Clear Complete 消息或者 RNC 的 Iu Release Complete 消息，表示呼叫结束，A 口连接拆除完成。接入侧在指示终端重选网络时只针对 CSFB 用户通话前携带的 LTE 频点，实现终端快速返回 LTE 网络。

2. 被叫 CSFB 流程

如图 3-15 所示，被叫 CSFB 流程包括以下步骤：

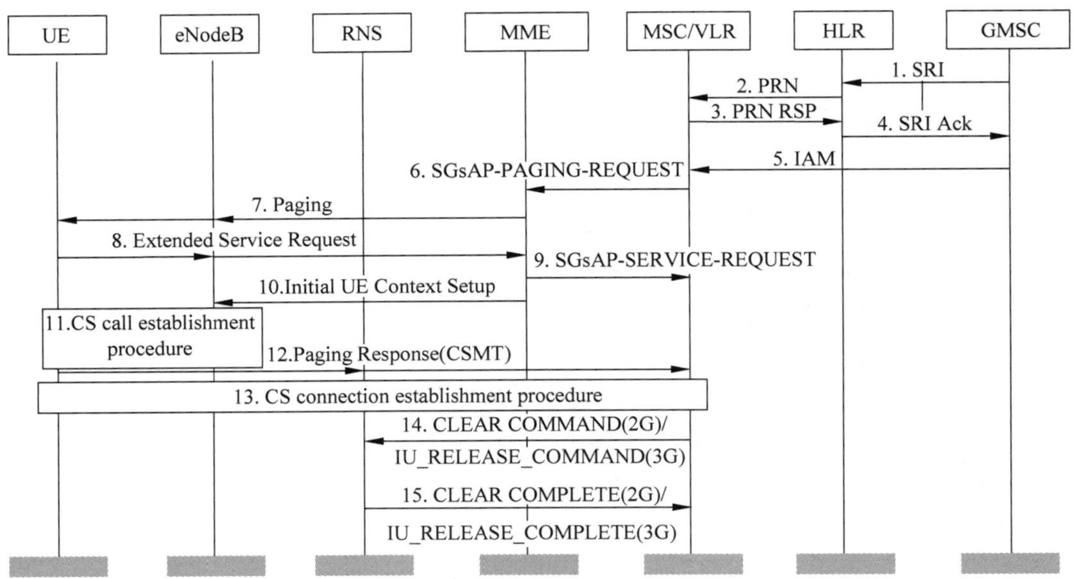

图 3-15　被叫 CSFB 流程

（1）GMSC Server 向被叫用户归属 HLR 发送取路由信息 SRI。

（2）HLR 收到该 SRI 消息后，向被叫用户当前附着的 MSC Server 获取漫游号码。

（3）MSC Server 为该次呼叫分配漫游号码 MSRN1，并返回给 HLR。

（4）HLR 将漫游号码反馈给 GMSC。

（5）GMSC 收到漫游号码后，对号码进行分析，并根据分析结果把呼叫路由发给 MSC Server。

（6）MSC Server 收到 IAM 入局消息后，发送 SGsAP-PAGING-REQUEST（含 IMSI、TMSI、Service indicator、CLI、LAC 等信息）消息给 MME。

（7）MME 发送寻呼消息给 eNodeB，eNodeB 发起空口的寻呼流程。

（8）UE 建立连接并发送 Extended Service Request 消息给 MME。

（9）MME 发送 SGsAP-SERVICE-REQUEST 消息给 MSC Server。为避免主叫等待时间过长，MSC Server 收到包含空闲态指示的 SGsAP-SERVICE-REQUEST 消息后，先通知主叫，呼叫正在进行中。

（10）MME 发送 Initial UE Context Setup 消息（包含 CS Fallback Indicator）给 eNodeB，通知 eNodeB，UE 因 CSFB 业务需要回落到 UTRAN/GERAN。

（11）UE 回落到 CS 域后，若检测到当前的位置区信息和存储的位置区不同，将发起位置更新，MSC Server 会收到 UE 发送的位置更新（Location Update Request）消息。如果位置更新消息中携带 CSMT 字样，则 MSC Server 会标识本次呼叫为 CSFB 呼叫。

（12）随着空口、A/Iu-CS 等连接的建立，UE 发送 Paging Response 消息给 MSC Server。该消息中携带 CSMT 标识，即使 BSC/RNC 没有向该 UE 发起过寻呼请求，也需要能处理 UE 的寻呼响应。如果寻呼响应消息中的位置区信息和 VLR 中保存的不一致，则 VLR 在业务接入成功之后将 SGs 关联置为非关联。

(13) 建立 CS 呼叫。

(14) 通话结束后，告知 BSC/RNC 拆除空口连接并指示 UE 返回 LTE 网络。

(15) MSC 收到 BSC 的 Clear Complete 消息或 RNC 的 Iu Release Complete 消息表示呼叫结束。接入侧在指示终端重选网络时只针对 CSFB 用户携带的 LTE 频点，可以让 CSFB 终端快速返回 E-UTRAN。

3.2.5 紧急呼叫流程

在 VoLTE 尚未商用之前，当使用 USIM 卡的用户发起紧急呼叫(例如用手机拨打 112、110、119、120 之类的报警或求救号码)时，MME 会指示 eNodeB 将 UE 回落到 GERAN/UTRAN 网络上进行。与普通的语音呼叫相比，紧急呼叫业务流程无须进行位置更新处理。当非 USIM 卡用户发起紧急呼叫时，由于 SIM 卡类型的原因，其紧急呼叫流程与 GERAN/UTRAN 网络的呼叫流程是一样的。

如图 3-16 所示，LTE 网络紧急呼叫流程包括以下步骤：

(1) UE 发起电路域回落(CS Fallback)呼叫业务请求，向 eNodeB 发送 Extended Service Request 消息(其中的 service-type 信元指示业务类型为紧急呼叫)，eNodeB 再把该消息发给 MME。

(2) MME 收到请求后，指示 eNodeB 需要将 UE 回落到 CS 域。

(3) CS 域回落完成后，UE 向 2G/3G MSC 发起 CM Service Request 消息(消息中携带紧急呼叫标识)。

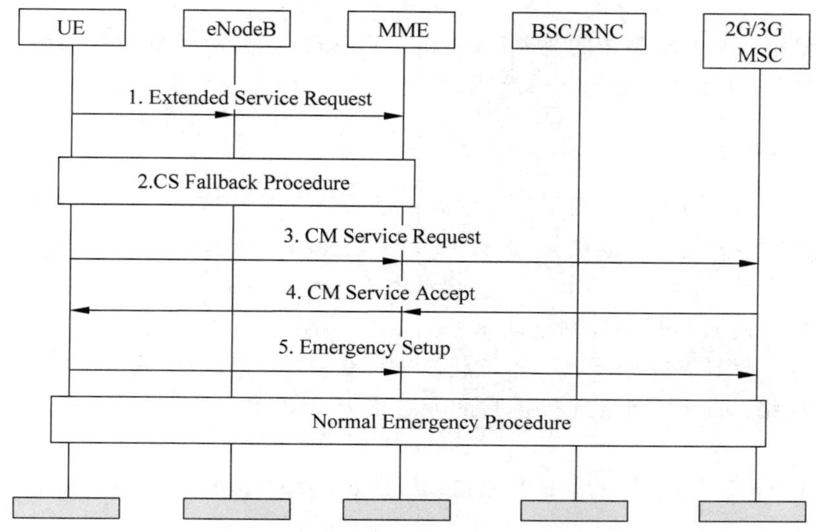

图 3-16 紧急呼叫流程

(4) MSC 通过 eNodeB 向 UE 返回 CM Service Accept 消息。

(5) UE 向 2G/3G MSC 发送 Emergency Setup 消息,并发起紧急呼叫。

3.2.6 LTE 测量过程

在移动通信系统中,测量过程作为实现移动性管理的先决条件,为移动台的切换和重选等操作提供数据来源。LTE 的测量过程分为两个动作:eNodeB 的测量控制消息下发和 UE 的测量数据上报。

当 UE 处于 RRC_IDLE 状态下时,UE 通过 E-UTRAN 的广播获得测量参数信息。小区重选是空闲模式中最重要的一项操作,UE 端通过对具体测量量(如 RSRP 或 RSRQ)进行测量,获取当前服务小区和邻近小区的质量。通过小区重选,可以确保 UE 驻留在优质的小区中。

当 UE 处于 RRC_CONNECTED 状态下,E-UTRAN 通过 RRC 连接重配置(RRC Connection Reconfiguration)消息,提供测量配置信息(Measurement Configuration)给 UE,具体流程可参考 RRC 的连接重配置信令流程。

关于小区重选及切换的测量准则、测量过程等相关内容,将在本书第 5 章结合小区重选和切换算法进行详细描述。

3.3 端到端业务流程

下面完整描述整个端到端的业务流程,由 UE 开机附着开始,到业务请求、专用承载建立,包含了去附着和专用承载释放等流程。

3.3.1 附着流程

当移动用户刚开机或者手机因异常原因重启后,UE 处于空状态(NULL)。UE 首先要进行物理下行同步并通过搜索测量,进行 PLMN 选择和小区选择。当 UE 选择到一个合适或者可接纳的小区后,就驻留在该小区并启动附着(Attach)流程。

当 UE 完成在 E-UTRAN 网络的附着后,网络端会建立 UE 的上下文,并在 UE 和网络之间建立一个默认的 EPS 承载,该承载使 UE 获得一个总是在线的 IP 连接。UE 只有成功附着到网络,才能与网络进行正常的业务交互。如图 3-17 所示,附着流程包括以下步骤:

(1) 处在 RRC_IDLE 态的 UE 开始启动 Attach,发起随机接入过程,即 UE 发送 MSG1 消息。

(2) eNodeB 检测到 MSG1 消息后向 UE 发送随机接入响应消息,即 MSG2 消息。

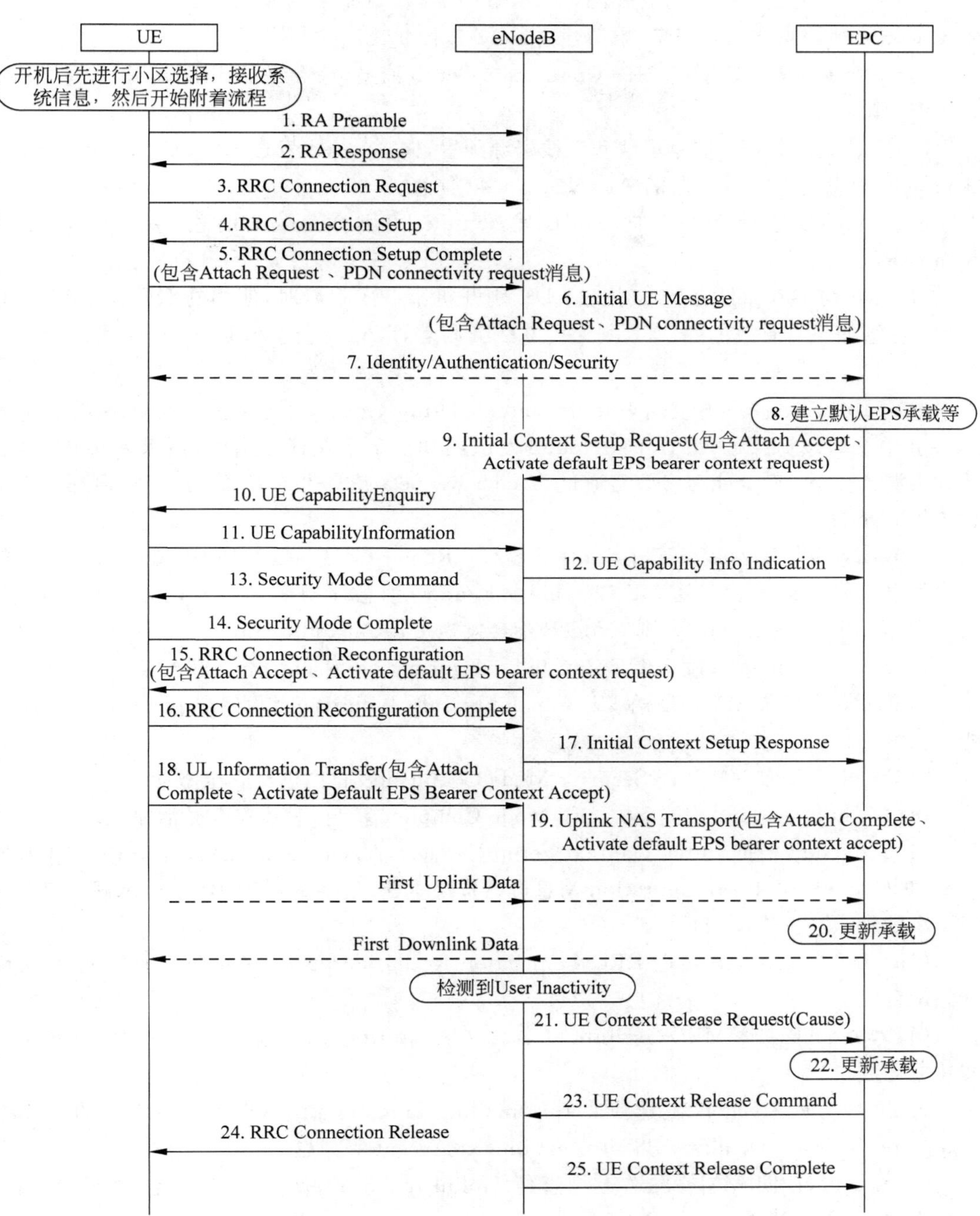
UE
eNodeB
EPC
开机后先进行小区选择，接收系统信息，然后开始附着流程
1. RA Preamble
2. RA Response
3. RRC Connection Request
4. RRC Connection Setup
5. RRC Connection Setup Complete (包含Attach Request 、PDN connectivity request消息)
6. Initial UE Message (包含Attach Request、PDN connectivity request消息)
7. Identity/Authentication/Security
8. 建立默认EPS承载等
9. Initial Context Setup Request(包含Attach Accept、Activate default EPS bearer context request)
10. UE CapabilityEnquiry
11. UE CapabilityInformation
12. UE Capability Info Indication
13. Security Mode Command
14. Security Mode Complete
15. RRC Connection Reconfiguration (包含Attach Accept、Activate default EPS bearer context request)
16. RRC Connection Reconfiguration Complete
17. Initial Context Setup Response
18. UL Information Transfer(包含Attach Complete、Activate Default EPS Bearer Context Accept)
19. Uplink NAS Transport(包含Attach Complete、Activate default EPS bearer context accept)
First Uplink Data
20. 更新承载
First Downlink Data
检测到User Inactivity
21. UE Context Release Request(Cause)
22. 更新承载
23. UE Context Release Command
24. RRC Connection Release
25. UE Context Release Complete

图 3-17　附着流程

(3) UE收到随机接入响应后，根据MSG2的TA调整上行发送时机，向eNodeB发送RRC Connection Request消息，申请建立RRC连接。

(4) eNodeB向UE发送RRC Connection Setup消息，包含建立SRB1信令承载信息和无线资源配置信息。

(5) UE完成SRB1信令承载和无线资源配置，向eNodeB发送RRC Connection Setup Complete消息，包含NAS层的Attach Request信息。

(6) eNodeB选择MME，向MME发送Initial UE Message消息，包含NAS层的Attach Request消息。

(7) UE与EPC间执行鉴权流程；UE刚开机第一次附着时，使用的IMSI，无Identity过程；后续如果有有效的GUTI，则使用GUTI附着，EPC才会发起Identity过程。

(8) 建立默认的EPS承载。

(9) MME向eNodeB发送Initial Context Setup Request消息，包含NAS层的Attach Accept消息。该消息是MME向eNodeB发起的初始上下文建立请求，请求eNodeB建立承载资源。UE的安全能力参数是通过Attach Request消息带给EPC的，EPC再通过该消息传给eNodeB。

(10) eNodeB接收到Initial Context Setup Request消息后，如果eNodeB没有UE的能力信息，则eNodeB会发送UE Capability Enquiry消息，向UE查询其能力；如果MSG9中包含UE Radio Capability，则eNodeB不会发送UE Capability Enquiry消息给UE。

(11) UE向eNodeB发送UE Capability Information消息，报告UE的能力。

(12) eNodeB向MME发送UE Capability Info Indication消息，更新MME中的UE能力信息。

(13) eNodeB向UE发送Security Mode Command消息，进行安全激活。

(14) UE向eNodeB发送Security Mode Complete消息，表示安全激活完成。

(15) eNodeB根据Initial Context Setup Request消息中的ERAB建立信息，向UE发送RRC Connection Reconfiguration消息进行资源重配，包括重配SRB1信令承载信息和无线资源配置，建立SRB2、DRB等。

(16) UE向eNodeB发送RRC Connection Reconfiguration Complete消息，表示无线资源配置完成。

(17) eNodeB向MME发送Initial Context Setup Response响应消息，表明UE的上下文建立完成。

(18) UE向eNodeB发送UL Information Transfer消息，包含NAS层的Attach Complete、Activate Default EPS Bearer Context Accept等消息。

(19) eNodeB向MME发送上行直传Uplink NAS Transport消息，包含NAS层的Attach Complete消息。

第20～25步对应UE的上下文释放过程。

3.3.2　去附着流程

去附着(Detach)流程往往是伴随着用户进入覆盖盲区(或接入受限区域)或用户关机发生的，该流程通过 UE 执行并与附着流程互逆。去附着流程通常可以分为关机去附着和非关机去附着两种。

1．关机去附着

当用户的手机终端关机时，需要发起去附着流程，来通知网络释放其保存的该 UE 的所有资源。空闲状态下关机去附着流程如图 3-18 所示。具体步骤包括：

(1) UE 在 RRC_IDLE 状态下，先发起随机接入过程和 RRC 连接建立过程，然后 UE 向 eNodeB、EPC 发送的消息中携带 NAS 层的 Detach Request 消息(类型为 Switch off)。

(2) MME 向 eNodeB 发送 UE Context Release Command 消息，请求 eNodeB 释放 UE 上下文信息。UE 侧清空所有的 EPS 承载和 RB 承载，EPC 侧清空所有的 EPS 承载和 TEID(Tunnel Endpoint ID)资源，其中隧道端点标识符(TEID)是标识 S1 承载使用的，用于标识 UE 和核心网隧道的两端。

(3) eNodeB 释放 UE 上下文信息完成后发送 UE Context Release Complete 消息通知 EPC。

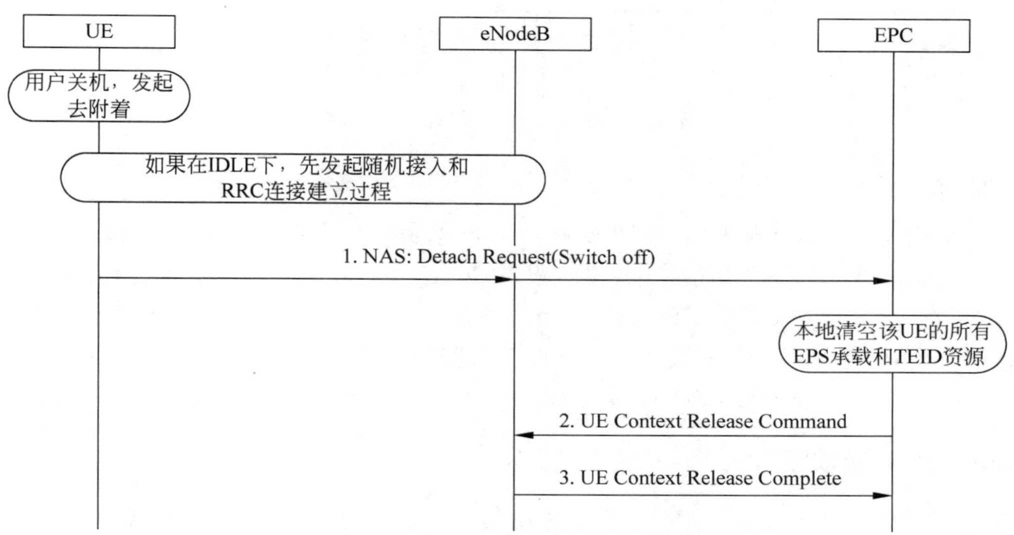

图 3-18　空闲状态下关机去附着流程

连接状态下关机去附着流程如图 3-19 所示。具体步骤包括：

(1) 第 1～4 步中，UE(在 RRC_CONNECTED 状态下，EPS 能力被禁用)向 eNodeB 发送上行传输消息(其中携带 NAS 层的去附着请求消息)。

(2) eNodeB 向 MME 发送上行直传 Uplink NAS Transport 消息，包含 NAS 层的

Detach Request 信息。

(3) 第 3、4 步中，EPC 侧清除 EPS 承载和 RB 资源，MME 向 eNodeB、eNodeB 向 UE 发送 DL InformationTransfer 消息，该消息中包含 NAS 层的 Detach Accept 消息（含 Switch off 信息）。

(4) 第 5～7 步中，MME 向 UE 发起 UE 文本释放和 RRC 连接释放信息，完成去附着流程。

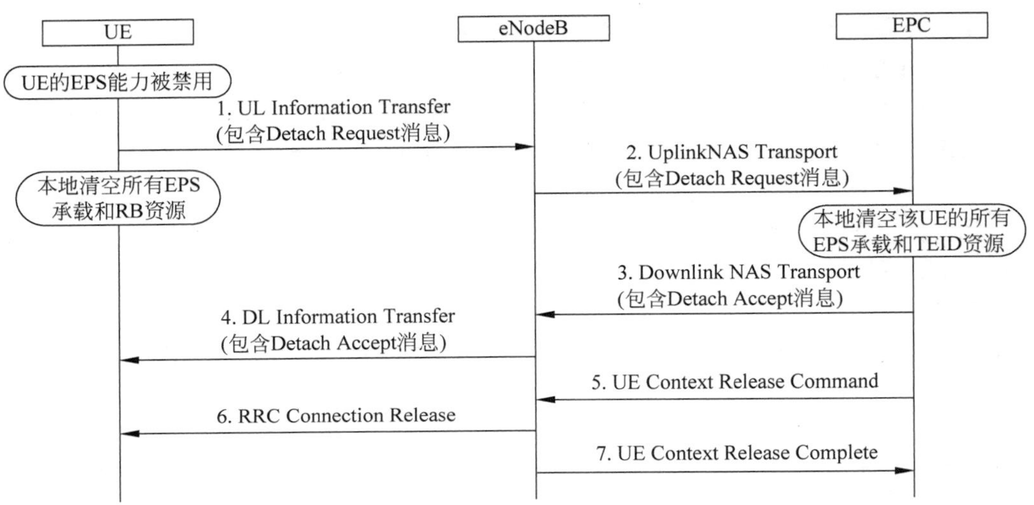

图 3-19　连接状态下关机去附着流程

2. 非关机去附着

RRC_IDLE 状态下非关机去附着流程如图 3-20 所示。主要步骤包括：

(1) 第 1～5 步是 RRC 连接的建立过程，RRC 建立完成消息中会附带去附着请求。

(2) 第 6～9 步是 UE 和 EPC 进行相互安全验证的过程，验证完成后，EPC 侧执行清除 EPS 承载和 RB 资源并向 UE 发送去附着接受消息。

(3) 第 10～12 步则是 EPC 向 UE 发起文本释放和连接释放信息。

3.3.3 业务请求流程

UE 在 RRC_IDLE 模式下需要发送或接收业务数据时，会发起业务请求 Service Request 过程，这个过程通常是在随机接入流程之后发生的。业务请求流程的目的是建立初始上下文信息 Initial Context Setup，在 S1 接口上建立 S1 承载，在 Uu 接口上建立数据无线承载，打通 UE 到 EPC 之间的路由，为后面的数据传输做好准备。

当业务请求由 UE 主动发起时，需先发起随机接入过程，Service Request 消息由 RRC Connection Setup Complete 携带，整个流程类似于主叫过程。当下行数据达到时，网络侧先对 UE 进行寻呼，随后 UE 发起随机接入过程，在下行数据到达时发起业务请求，整个流

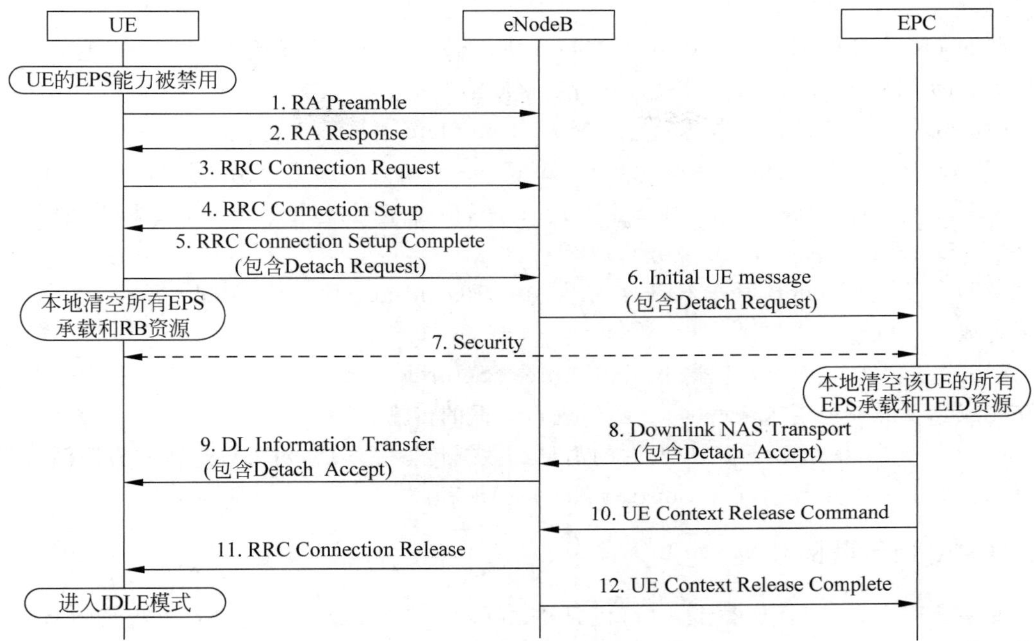

图 3-20　RRC_IDLE 状态下非关机去附着流程

程类似于被叫接入。如图 3-21 所示，详细的业务请求流程说明如下：

(1) 处在 RRC_IDLE 态的 UE 启动业务请求过程，发起随机接入，即 MSG1 消息。

(2) eNodeB 接收到 MSG1 消息后，向 UE 发送随机接入响应消息，即 MSG2 消息。

(3) UE 收到随机接入响应后，根据 MSG2 的 TA 调整上行发送时机，向 eNodeB 发送 RRC Connection Request 消息，即 MSG3 消息。

(4) eNodeB 向 UE 发送 RRC Connection Setup 消息，包含建立 SRB1 承载信息和无线资源配置信息。

(5) UE 完成 SRB1 承载和无线资源配置后，向 eNodeB 发送 RRC Connection Setup Complete 消息，包含 NAS 层 Service Request 信息。

(6) eNodeB 选择 MME，向 MME 发送 Initial UE message 消息，包含 NAS 层 Service Request 消息。

(7) UE 与 EPC 间执行鉴权流程，4G 的鉴权是双向鉴权流程，以提高网络安全能力。

(8) MME 向 eNodeB 发送 Initial Context Setup Request 消息，请求建立 UE 上下文信息。

(9) eNodeB 接收到 Initial Context Setup Request 消息，如果不包含 UE 能力信息，则 eNodeB 向 UE 发送 UE Capability Enquiry 消息，查询 UE 能力。

(10) UE 向 eNodeB 发送 UE Capability Information 消息，报告 UE 能力信息。

(11) eNodeB 向 MME 发送 UE Capability Info Indication 消息，更新 MME 的 UE 能

力信息。

(12) eNodeB根据 Initial Context Setup Request 消息中 UE 支持的安全信息,向 UE 发送 Security Mode Command 消息,进行安全激活。

(13) UE 向 eNodeB 发送 Security Mode Complete 消息,表示安全激活完成。

(14) eNodeB根据 Initial Context Setup Request 消息中的 E-RAB 建立信息,向 UE 发送 RRC Connection Reconfiguration 消息进行 UE 资源重配,包括重配 SRB1 和无线资源配置,建立 SRB2 信令承载、DRB 业务承载等。

(15) UE 向 eNodeB 发送 RRC Connection Reconfiguration Complete 消息,表示资源配置完成。

(16) eNodeB 向 MME 发送 Initial Context Setup Response 响应消息,表明 UE 上下文建立完成。至此业务请求流程完成,随后进行数据的传输。

(17) 图 3-21 中第 17～20 步发送的消息是数据传输完毕后,对 UE 进行的去激活过程,涉及 UE 上下文信息释放(UE Context Release)流程。

3.3.4 专用承载的建立

专用承载可以是 GBR 类型,也可以是 Non-GBR 类型,专用承载建立流程可以为专用承载分配相关资源。专用承载的建立可以由 UE 或 EPC 在 UE 处于 RRC_CONNECTED 状态下主动发起,不能由 eNodeB 主动发起。

当 UE 发起专用承载建立需求时,EPC 仅将其作为参考,有权接受或拒绝。若 EPC 接受,可回复承载建立、修改流程。

专用承载建立的过程包括:①P-GW 根据 QoS 策略制定该 EPS 承载的 QoS 参数;②S-GW 向 eNodeB 发送承载建立请求,包含 IMSI、QoS、TFT、TEID、LBI 等信息;③MME 向 eNodeB 发送 E-RAB 建立请求,包含 E-RAB ID、QoS、S-GW TEID 等信息;④eNodeB 接收建立请求消息后,建立数据无线承载;⑤eNodeB 返回 E-RAB 建立响应消息,E-RAB 建立列表信息中包含成功建立的承载信息,E-RAB 建立失败列表消息中包含没有成功建立的承载消息。

如图 3-22 所示,专用承载建立流程包括以下步骤:

(1) 连接状态下的 UE 向 eNodeB 发出 UL Information Transfer 消息(含 Bearer Resource Allocation Request 消息或 Bearer Resource Modification Request 消息)。

(2) eNodeB 接收到 UE 的消息后,向 MME 发送上行 NAS 消息,其中包含了 Bearer Resource Allocation Request 消息。

(3) MME 收到承载分配请求消息后,进行相应的承载资源申请处理。

(4) MME 向 eNodeB 发送 E-RAB 建立/修改消息,其中包含激活/修改专用 EPS 承载消息。

(5) eNodeB 通过向 UE 发送重配消息,将 NAS 消息 Activate Dedicated EPS Bearer Context Request 告知 UE。

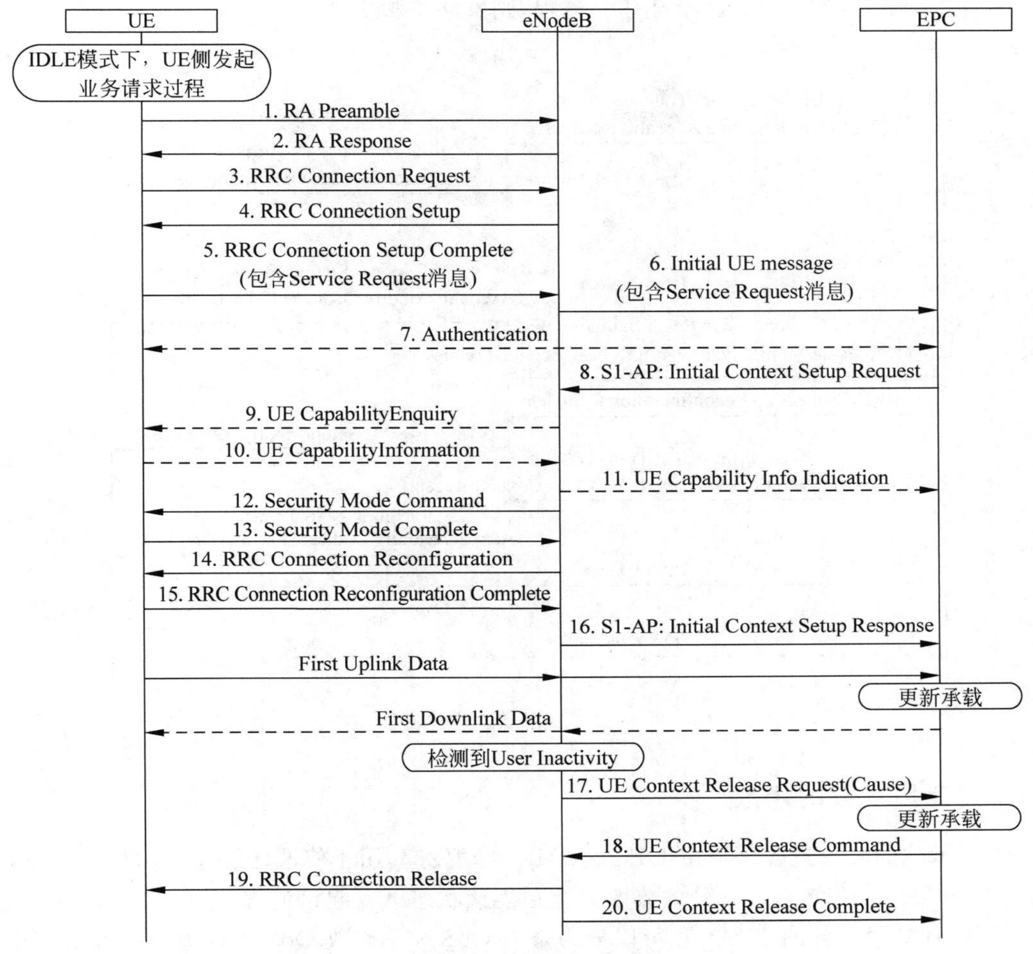

图 3-21　业务请求流程

(6) UE 建立专用承载完成后，向 eNodeB 发送 RRC Connection Reconfiguration Complete 消息，表明建立承载成功。

(7) eNodeB 回应 E-RAB Setup/Modify Response 消息给 MME，表明无线承载建立成功；

(8) UE 在发送完成重配完成消息后，通过上行传送消息告知 eNodeB Activate/Modify Dedicated EPS Bearer Context Accept 消息。

(9) eNodeB 通过 NAS 消息传送把 Activate/Modify Dedicated EPS Bearer Context Accept 消息传递给 MME。

(10) UE 与 MME 可以通过 eNodeB 开始传输上下行数据，MME 反馈承载资源分配响应。

如果是 MME 主动发起的承载建立流程，则省略步骤 1 和 2。

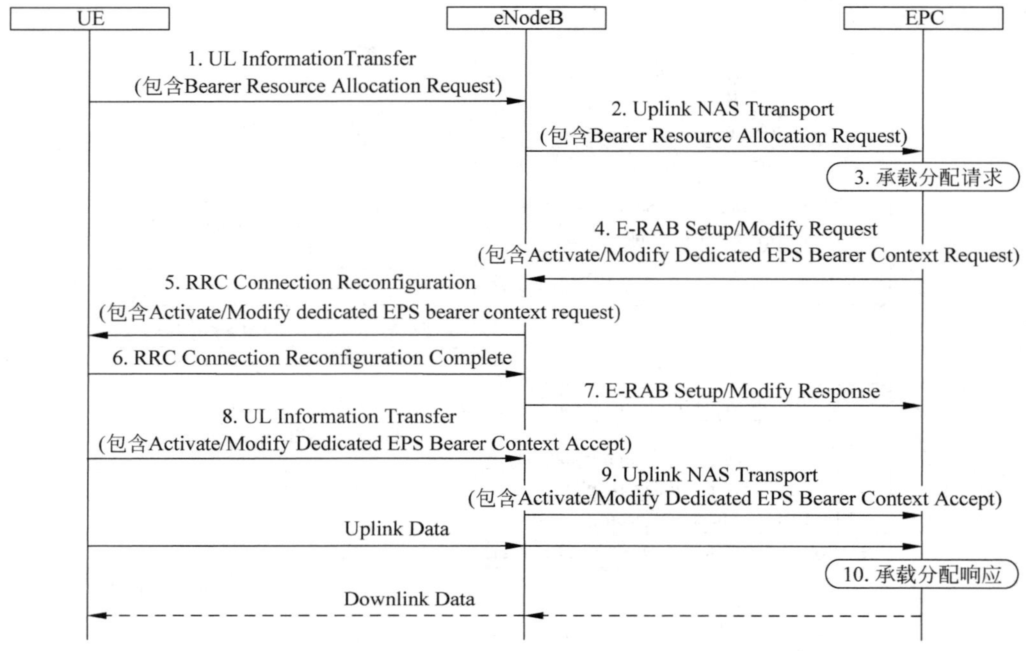

图 3-22　专用承载建立流程

3.3.5　专用承载的修改

专用承载的修改过程可以由 UE 或 MME 主动发起，用于修改已经建立承载的配置，不能由 eNodeB 主动发起，E-RAB 的修改只能在连接状态下发起该流程。

E-RAB 专用承载的修改过程可以分为修改 QoS 和不修改 QoS 两种类型。若由 UE 发起时，EPC 可回复承载建立、修改、释放流程。

专用承载修改流程如图 3-23 所示。具体步骤包括：

(1) 连接状态下的 UE 通过 UL Information Transfer 消息将 Bearer Resource Modification Request 消息传递给 eNodeB。

(2) eNodeB 通过 Uplink NAS Transport 消息将 Bearer Resource Modification Request 发送给 MME。

(3) MME 收到承载修改请求消息后，进行相应的承载资源修改处理。

(4) MME 通过 E-RAB Modify Command 传递 Modify EPS Bearer Context Request 消息告知 eNodeB。

(5) eNodeB 通过重配消息，将 Modify EPS Bearer Context Request 消息传递给 UE。

(6) UE 建立专用承载完成后，向 eNodeB 发送 RRC Connection Reconfiguration Complete 消息，表明建立承载成功。

(7) eNodeB 发送 E-RAB Modify Response 消息给 MME,表明无线承载修改成功。

(8) UE 通过 UL Information Transfer 消息将 Modify EPS Bearer Context Accept 消息告知 eNodeB。

(9) eNodeB 通过 Uplink NAS Transport 消息发送 Modify EPS Bearer Context Accept 消息给 MME。

(10) UE 与 MME 可以通过 eNodeB 开始进行上下行数据传输,EPC 进行承载资源修改响应。

若 MME 主动发起的承载修改流程,则省略步骤 1 和 2;若 eNodeB 主动发起的专用承载释放流程,则无步骤 1,步骤 2 改为发送 E-RAB Release Indication 消息给 MME。

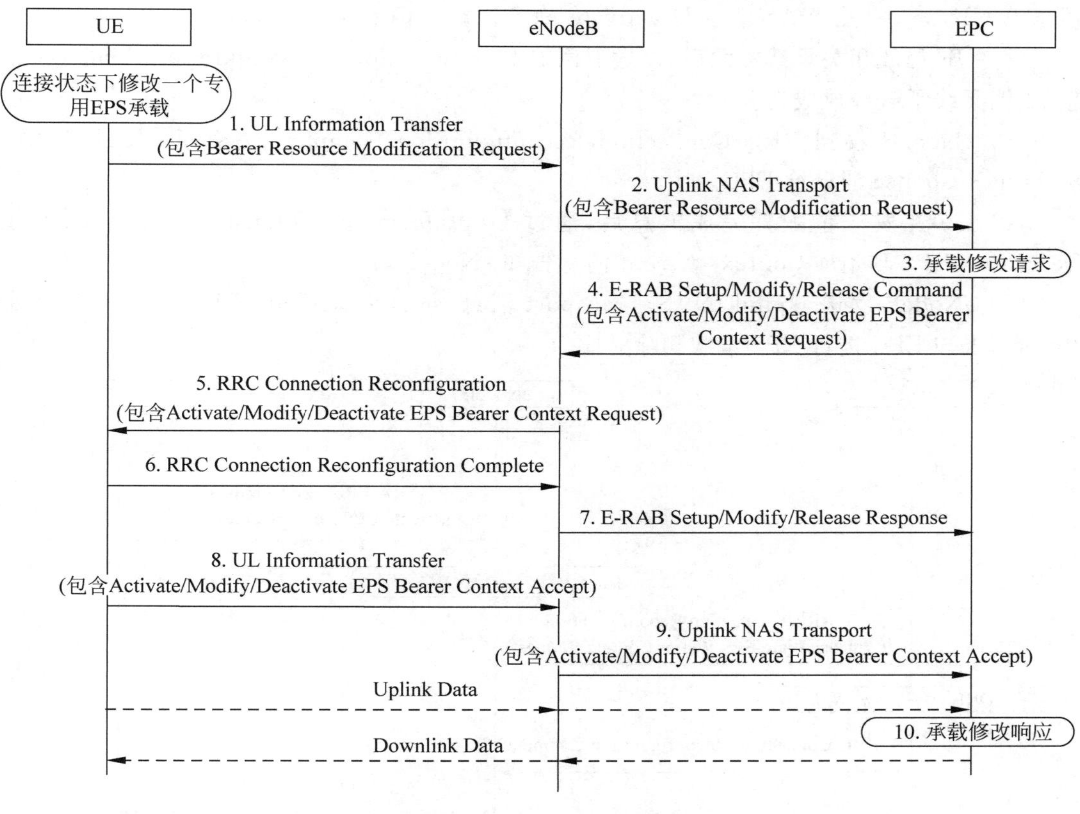

图 3-23　专用承载修改流程

3.3.6　专用承载的释放

专用承载的释放只能在连接状态下由 UE 或 EPC 侧(MME 或 P-GW)主动发起。P-GW 和 MME 均可发起对 E-RAB 的释放流程,由 P-GW 发起的承载释放,可释放某一专用承载或该 PDN 地址下的所有承载;而由 MME 发起的承载释放,可释放某一专用承载,但不能释放该 PDN 下的默认承载。

无论 UE 发起还是 EPC 侧发起，专用承载的释放过程均由 EPC 侧向 eNodeB 发送 E-RAB 释放命令消息，释放一个或多个承载的 S1 和 Uu 接口资源；eNodeB 接收到 E-RAB 释放命令消息后，释放每一个承载的 S1 接口资源，Uu 接口上的资源和数据无线承载。如图 3-24 所示，专用承载释放流程包括如下步骤：

(1) EPC 发起承载释放过程，可能是 UE 启动，也可能是 EPC 侧启动的。

(2) EPC 发送 E-RAB Release Command 消息给 eNodeB，其中包含 NAS 消息 Deactivate EPS Bearer Context Request。

(3) eNodeB 收到 E-RAB Release Command 消息后，启动承载释放流程，并且发送重配消息给 UE，其中包含 NAS 消息 Deactivate EPS Bearer Context Request。

(4) UE 释放相关承载资源后，发送返回 RRC Connection Reconfiguration Complete 消息，表明无线承载释放成功。

(5) eNodeB 收到 RRC Connection Reconfiguration Complete 消息后，返回 E-RAB Release Response 消息给 EPC。

(6) UE 在发送重配置完成消息后，通过 UL Information Transfer 消息将 NAS 层 Deactivate EPS Bearer Context Accept 消息告知 eNodeB。

(7) eNodeB 发送 Uplink NAS Transport 消息，包含 Deactivate EPS Bearer Context Accept，告知 EPC 进行 EPS 承载删除完成。

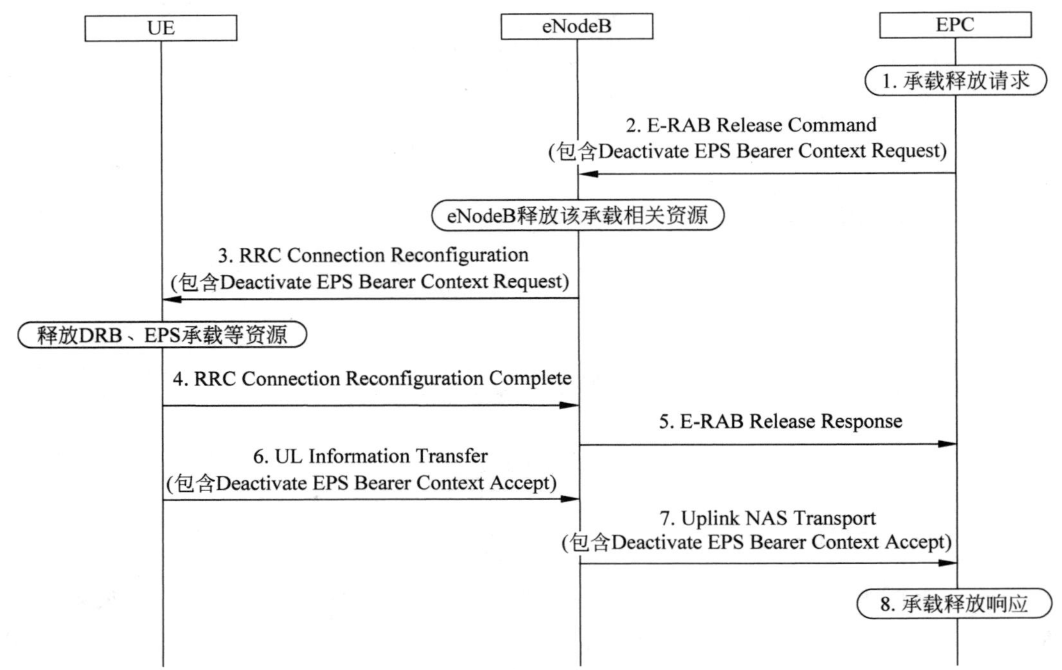

图 3-24　专用承载的释放流程

3.4 跟踪区更新流程

网络移动性管理是对移动终端的位置信息、安全性以及业务连续性方面的管理,其主要目的是保障用户与网络的连接达到最佳状态。移动性管理主要包括位置管理和切换管理两个方面,具体涉及的业务流程有 PLMN 选择、小区选择与重选、跟踪区更新和切换等。本节重点介绍跟踪区更新流程,关于 PLMN 选择、小区选择与重选以及切换流程,将在第 5 章中结合具体算法进行详细描述。

在 LTE 网络中,为了确认 UE 的地理位置,将基站的覆盖区域分为多个跟踪区(Tracking Area,TA)。TA 的功能与 3G 网络中的位置区(Location Area,LA)和路由区(Routing Area,RA)类似,是 LTE 系统中位置更新和寻呼的基本单位,一个 TA 中可包含一个或多个小区。

在 LTE 网络中,用跟踪区码(Tracking Area Code,TAC)来标识不同的 TA,TAC 在小区的 SIB1 消息中广播。实际网络中,TAI(Tracking Area Identity)是 TA 的全球唯一标识,TAI 由移动国家码(MCC)、移动网络码(MNC)和跟踪区码(TAC)共同组成,总计 6 字节。

根据跟踪区更新(Tracking Area Update,TAU)发生的时机,可以把 TAU 分成连接态的更新和空闲态的更新。空闲态更新又可以分为激活和不激活两种位置更新方式。激活的位置更新是 UE 在位置更新后可立即进行数据传输。

根据更新内容的不同,也可以把 TAU 分成联合 TAU(更新 TAI 列表和 LAU)和非联合 TAU(只更新 TAI 列表)。例如,在实现电路域回落(CSFB)的过程中,附着和位置更新都是联合进行的。

TAU 的成功率直接关系到寻呼的成功率,UE 在以下场景会启动 TAU:

(1) 当前服务小区的跟踪区不在原有的 TAI 列表里。

(2) 周期性地进行跟踪区更新,按照既定周期定期触发,无论 UE 在空闲状态还是在连接状态。

(3) 当 UE 从服务区外返回服务区时,且周期性 TAU 到期。

(4) MME 负载均衡时,可要求 UE 发起 TAU。

(5) ECM-IDLE 状态下 UE 的 GERAN 和 UTRAN Radio 能力发生变化。

(6) 从 UTRAN PMM Connected 或 GPRS READY 状态通过小区重选进入 E-UTRAN。

1. 空闲态不激活的 TAU 流程

在空闲态不激活的 TAU 过程中，UE 不进行任何业务操作，仅仅是进行位置更新。例如周期性位置更新和移动性位置更新等，都属于此类。如图 3-25 所示，空闲态不激活的 TAU 流程包括以下步骤：

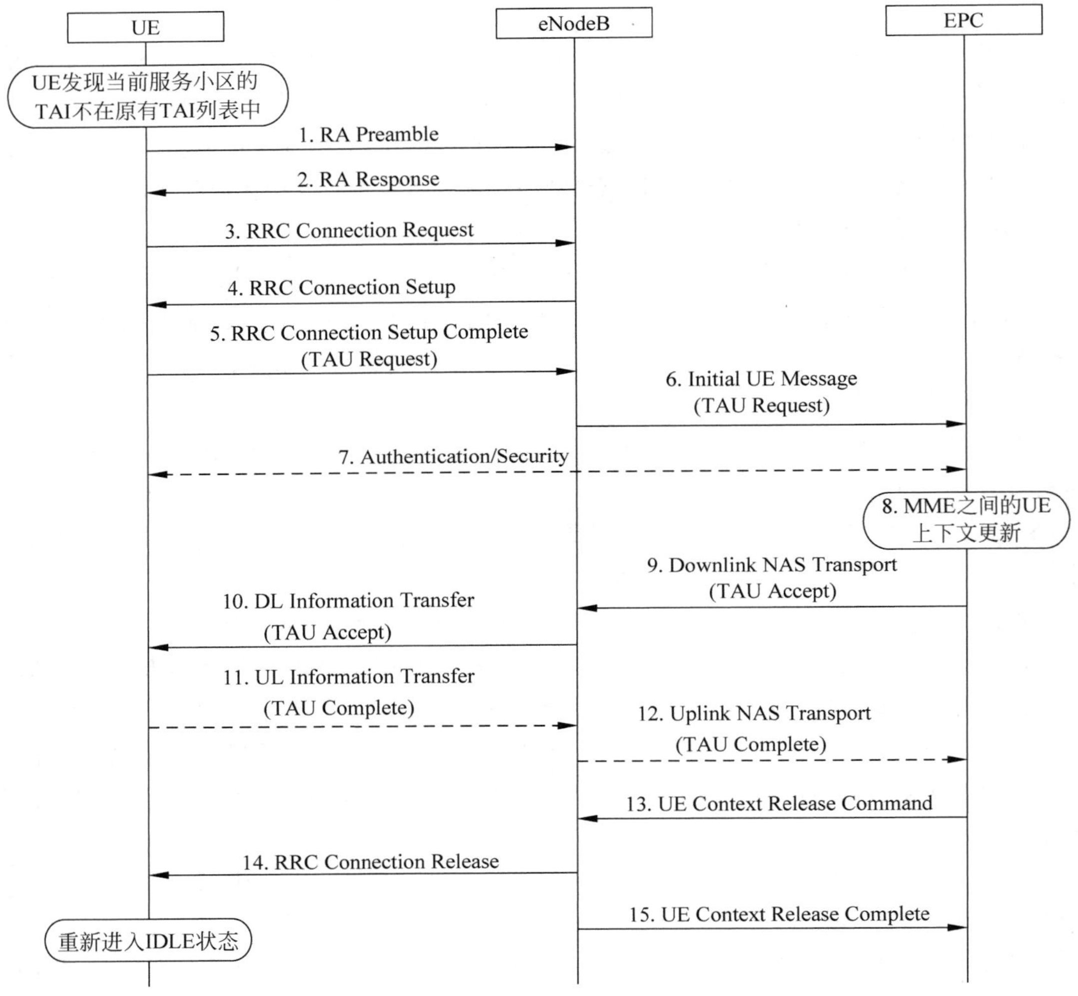

图 3-25　空闲态不激活的 TAU 流程

(1) 处在 RRC_IDLE 状态的 UE 监听当前小区广播中的 TAI，若其不在原有的 TAI 列表中时，就发起随机接入过程，即 MSG1 消息。

(2) eNodeB 接收到 MSG1 消息后，向 UE 发送随机接入响应消息，即 MSG2 消息。

（3）UE 收到随机接入响应后，根据 MSG2 的 TA 调整上行发送时机，向 eNodeB 发送 RRC Connection Request 消息。

（4）eNodeB 向 UE 发送 RRC Connection Setup 消息，其中包含建立 SRB1 承载信息和无线资源配置信息。

（5）UE 完成 SRB1 承载和无线资源配置，向 eNodeB 发送 RRC Connection Setup Complete 消息，包含 NAS 层的 TAU Request 信息。

（6）eNodeB 向 MME 发送 Initial UE Message 消息，其中包含 NAS 层 TAU Request 消息。

（7）UE 与 EPC 间执行双向鉴权流程。

（8）MME 之间进行 UE 上下文更新。

（9）MME 向 eNodeB 发送 Downlink NAS Transport 消息，包含 NAS 层 TAU Accept 消息。

（10）eNodeB 接收到 Downlink NAS Transport 消息，向 UE 发送 DL Information Transfer 消息，包含 NAS 层 TAU Accept 消息。

（11）在 TAU 过程中，如果分配了 GUTI，UE 就会向 eNodeB 发送 UL Information Transfer，包含 NAS 层 TAU Complete 消息。

（12）eNodeB 向 MME 发送 Uplink NAS Transport 消息，包含 NAS 层 TAU Complete 消息。

（13）TAU 过程完成，释放链路，MME 向 eNodeB 发送 UE Context Release Command 消息，指示 eNodeB 释放 UE 上下文。

（14）图 3-25 中第 14、15 步，eNodeB 向 UE 发送 RRC Connection Release 消息，指示 UE 释放 RRC 链路；并向 MME 发送 UE Context Release Complete 消息进行响应。

2. 空闲态激活的 TAU 流程

空闲态激活的 TAU 流程对应数据传输前或承载发生修改时正好有位置更新发生。如图 3-26 所示，空闲态激活的 TAU 流程包括以下步骤：

（1）第 1～12 步与空闲状态不激活的 TAU 流程相同。

（2）第 13 步，UE 向 EPC 发送上行数据。

（3）第 14 步，EPC 进行下行承载数据发送地址更新。

（4）第 15 步，EPC 向 UE 发送下行数据。

3. 连接态 TAU 流程

如图 3-27 所示，连接态 TAU 流程包括以下步骤：

（1）处在 RRC_CONNECTED 状态的 UE 进行去附着过程，向 eNodeB 发送 UL Information Transfer 消息，包含 NAS 层 TAU Request 信息。

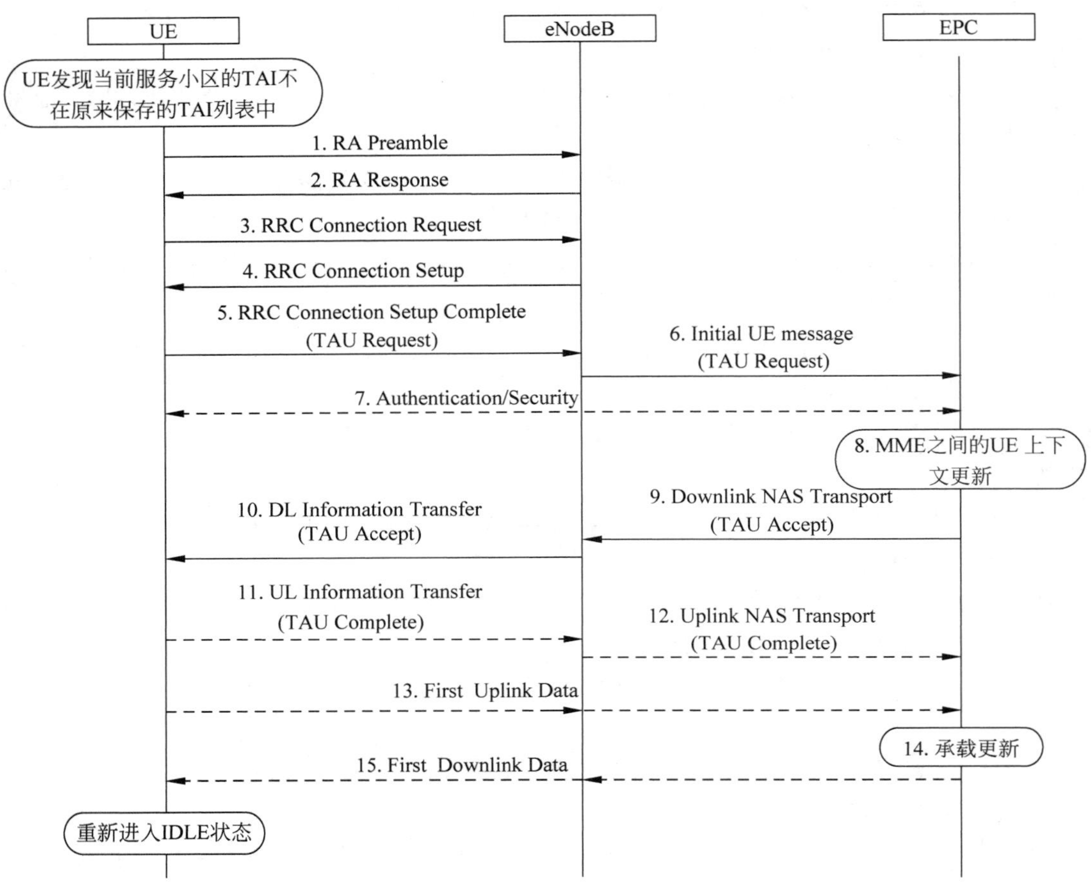

图 3-26 空闲态激活的 TAU 流程

(2) eNodeB 向 MME 发送上行直传 Uplink NAS Transport 消息，包含 NAS 层 TAU Request 信息。

(3) MME 更新 UE 上下文。

(4) MME 向基站发送下行直传 Downlink NAS Transport 消息，包含 NAS 层 TAU Accept 消息。

(5) eNodeB 向 UE 发送 DL Information Transfer 消息，包含 NAS 层 TAU Accept 消息。

(6) UE 向 eNodeB 发送 UL Information Transfer 消息，包含 NAS 层 TAU Complete 信息。

(7) eNodeB 向 MME 发送上行直传 Uplink NAS Transport 消息，包含 NAS 层 TAU Complete 信息。

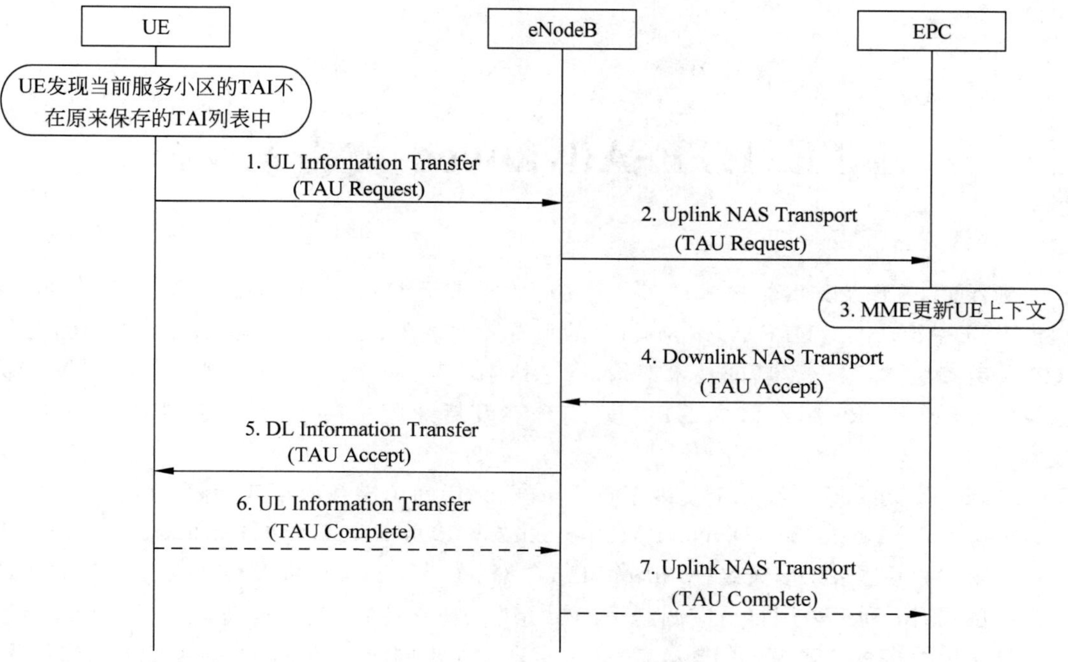

图 3-27　连接态 TAU 流程

第4章

LTE/LTE-Advanced 关键技术

为保证 LTE 及其后续技术的长久生命力，并满足 IMT-Advanced 的更高需求，3GPP 提出 LTE-Advanced(LTE-A)作为 LTE 的平滑演进。在 3GPP R8/R9 基础上推出的 LTE R10 及后续版本，融合了新的技术架构，真正达到 ITU 的 4G 峰值速率要求。为了进行区分，将 3GPP R8/R9 版本对应 LTE 技术，R10 及后续版本(R11/R12/R13)称为 LTE-A 技术。

LTE 系统在物理层技术上实现了重大革新，采用的关键技术主要包括：以正交频分复用(Orthogonal Frequency Division Multiplexing，OFDM)为基本多址技术，实现时频资源的灵活配置；通过采用多天线(Multiple Input Multiple Output，MIMO)技术实现频谱效率的大幅度提升；通过采用自适应调制编码(AMC)、功率控制、混合自动重传(HARQ)等自适应技术以及多种传输模式的配置，进一步实现了对不同应用环境的支持和传输性能优化；通过采用灵活的上下行控制信道设计为充分优化资源管理提供了可能。LTE-A 在 LTE 技术基础上，引入载波聚合(Carrier Aggregation，CA)、多天线增强(Enhanced MIMO)、多点协作传输(Coordinated Multi-point Tx&Rx)、无线中继(Relay)等关键技术，能大大提高无线通信系统的峰值数据速率与峰值频谱效率。接下来将对 LTE 及 LTE-A 涉及的主要关键技术进行介绍。

4.1 OFDM 技术

OFDM 并不是新生事物，它由多载波调制发展而来。美国军方早在 20 世纪五六十年代就创建了世界上第一个多载波调制系统，在 20 世纪 70 年代衍生出采用大规模子载波和频率重叠技术的 OFDM 系统。由于 OFDM 的各子载波之间相互正交，因此需采用快速傅里叶变换(Fast Fourier Transform，FFT)实现这种调制，但在实际应用中，实现快速傅里叶变换设备的复杂度、发射机和接收机振荡器的稳定性以及射频功率放大器的线性要求等因素都成为 OFDM 技术实现的制约条件。因此，在相当长的一段时间，OFDM 由理论迈向实践的脚步放缓了。后来经过大量研究，终于在 20 世纪 80 年代，大规模集成电路使得 FFT 技术的实现不再是难以逾越的障碍，一些其他难以实现的困难也都得到了解决，自此，

OFDM 走上了通信的舞台。20 世纪 90 年代，该技术开始被广泛应用于广播信道的宽带数据通信，如数字音频广播（Digital Audio Broadcasting，DAB）、高清晰度数字电视（High-Definition Television，HDTV）。后来，无线局域网（WLAN）和 WiMAX 等系统也开始使用 OFDM 技术。1998 年，WCDMA 曾经也考虑使用该技术，但鉴于当时手机的处理能力和电池容量有限，最终该技术没有在 WCDMA 获得应用。LTE 选择基于 OFDM 的接入方式，在宽带领域，OFDM 的应用具有很大的潜力。采用多种新技术的 OFDM 具有更高的频谱利用率和良好的抗多径干扰能力，它不仅可以增加系统容量，更重要的是它能更好地满足多媒体通信要求，通过宽带信道高品质地传送包括语音、数据、影像等大量信息的多媒体业务。

4.1.1 OFDM 基本原理

OFDM 技术与多载波 FDM（Frequency Division Multiplexing）技术原理类似，如图 4-1 所示。对于 FDM 的 4 个子载波的实例来说，这些子载波之间互不交叠，并通过使用保护带确保每个子载波不会与相邻的子载波发生干扰，每个子载波能够用于承载不同的信息。FDM 系统由于要求各个子载波之间有保护带，因此它的频谱效率比较低。对于 4 个子载波的 OFDM 来说，由于子载波间的正交性，它们之间可以交叠。当某个子载波处于最大值时，其相邻的两个子载波正好通过零点。虽然 OFDM 系统仍需使用保护带，但这些保护带位于整个信道带宽的边缘，用于降低相邻无线系统的干扰。由于 OFDM 各个载波之间相互交叠且相互正交，通过降低子载波间的频率间隔节省了带宽资源，从而极大地提高了频谱效率。

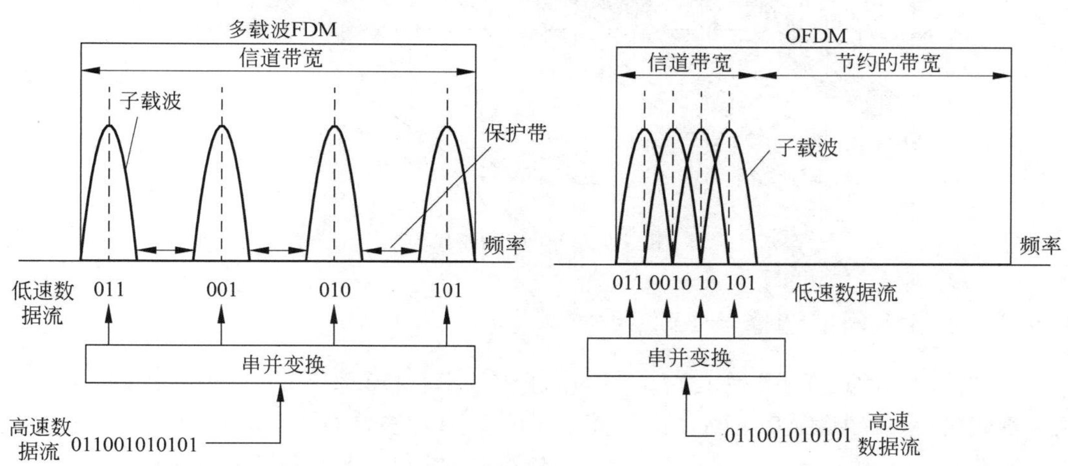

图 4-1 多载波调制与 OFDM 示意（以 4 个子载波为例）

OFDM 子载波使用快速傅里叶变换（FFT）和快速傅里叶反变换（Inverse Fast Fourier Transform，IFFT）进行生成和解码。如图 4-2 所示，IFFT 在发射侧生成波形，在 IFFT 调制和处理前，编码的串行高速数据首先需要映射为并行流（N 个并行的低速数据，在 N 个子载波上同时进行传输）。在接收侧，信号传到 FFT，然后 FFT 把组合波形解析成原始数据流。

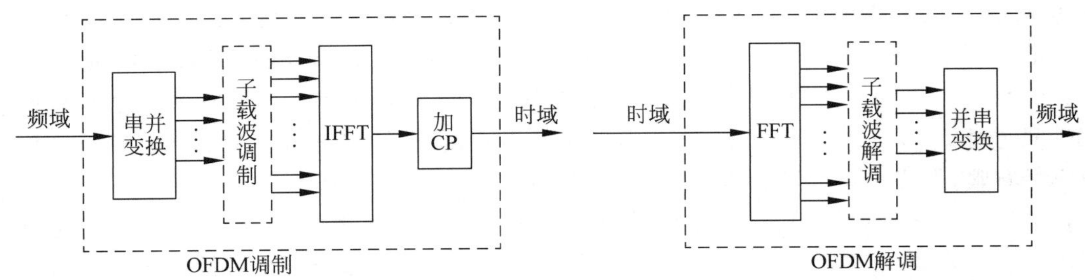

图 4-2　FFT 与 IFFT 示意

可见,OFDM 的基本原理是将高速的串行数据流分解为 N 个并行的低速数据流,在 N 个相互正交的子载波上同时进行传输。这些在 N 个子载波上同时传输的数据符号,最终叠加构成一个 OFDM 符号,时域与频域的对应信号变换如图 4-3 所示。可以看到,OFDM 可通过给不同的用户分配不同的子载波形成多址方式,并且由于不同用户占用不同的子载波,用户间满足相互正交,因此没有小区内干扰,这种多址方式称为 OFDMA(Orthogonal Frequency Division Multiple Access),在下一节将对这一多址方式进行详细描述。

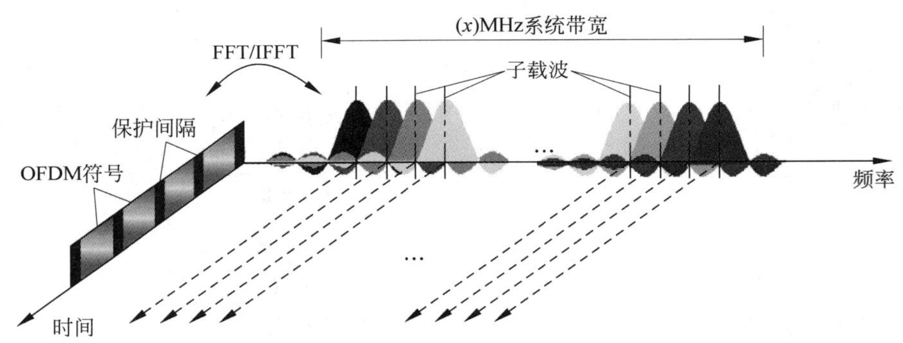

图 4-3　OFDM 基本原理

4.1.2　子载波间隔选择与 FFT 尺寸

子载波间隔的选择主要考虑两个因素:频谱效率和抗频偏能力。子载波间隔越小,调度精度越高,系统频谱效率越高;但子载波间隔越小,对多普勒频移和相位噪声过于敏感。当子载波间隔在 10kHz 以上时,相位噪声的影响相对较低,多普勒频移影响将大于相位噪声(以多普勒频移影响为主)。

在多径条件下,由于移动体的运动速度和方向引起信号频谱展宽的现象称为多普勒效应。多普勒效应引起的附加频移称为多普勒频移,可表示为

$$f_d = \frac{v}{\lambda}\cos\alpha \tag{4-1}$$

式中,f_d 是多普勒频移;α 是入射电波与移动台运动方向的夹角;v 是移动台运动速

度；λ 是波长。v/λ 与入射角无关，是 f_d 的最大值，$f_m=v/\lambda$ 称为最大多普勒频移。

对于低速场景，多普勒频移不显著，子载波间隔可以较小；对于高速场景，多普勒频移是主要问题，子载波间隔要较大。对于 2GHz 频段，350km/h 带来 648Hz 的多普勒频移，对高阶调制（64QAM）将造成显著影响。仿真显示，子载波间隔大于 11kHz，多普勒频移不会造成严重性能下降；当子载波间隔为 15kHz 时，LTE 系统和 WCDMA 系统具有相同的码片速率，因此决定在单播系统中采用 15kHz 的子载波间隔。对于独立载波 MBMS 为低速移动应用场景，可应用更小的子载波间隔，以降低循环前缀（Cyclic Prefix，CP）开销，提高频谱效率，可采用 7.5kHz 子载波。这里也列举一下其他应用 OFDM 技术的系统子载波间隔作为对比参考：WiMAX 的子载波间隔为 10.98kHz，UMB 的子载波间隔为 9.6kHz。

FFT 及 IFFT 都有一个定义的尺寸，例如 128 尺寸的 FFT 表示有 128 个子载波。LTE 载波带宽、FFT 尺寸以及相关采样率如表 4-1 所示。通过采样率和 FFT 尺寸可以计算子载波间隔，如 1.92MHz/128＝15kHz。

表 4-1 LTE 载波带宽和 FFT 尺寸

载波带宽/MHz	FFT 尺寸	子载波带宽/kHz	采样率/MHz
1.4	128	15	1.92
3	256	15	3.84
5	512	15	7.68
10	1024	15	15.36
15	1536	15	23.04
20	2048	15	30.72

4.1.3 时域影响：时域干扰的规避

无线信号在传输过程中遇到障碍物阻挡或反射后，接收机就会接收到多个路径到达的信号。由于经历不同的传播损耗和衰落，各径信号均不相同。这种由移动体周围的局部散射体引起的多径传播效应（主要表现为快衰落和多径时延扩展）称为多径效应。从空间角度来看，沿移动台移动方向，接收信号的幅度随着距离变动而衰减，幅度的变化反映了地形起伏所引起的衰落以及空间损耗。从时域角度来看，各个路径的长度不同，因而信号到达的时间就不同。如图 4-4 所示，接收端接收到来自四个不同路径的信号，每径信号的幅度、时延均发生了变化。扩展的时延可以用第一个码元信号至最后一个多径信号之间的时间来测量。时延扩展将引起符号间干扰（Inter Symbol Interference，ISI），严重影响数字信号的传输质量。

对于数字系统，时延扩展造成符合间干扰，因此限制了数字系统的最大符号率。为了避免符号间干扰，应使符号周期大于多径引起的时延扩展（用符号 τ 表示），或者用下式来表示：

$$T_b > \tau \quad \text{或} \quad R_b < \frac{1}{\tau} \tag{4-2}$$

式中，T_b 表示符号周期；R_b 表示符号速率。

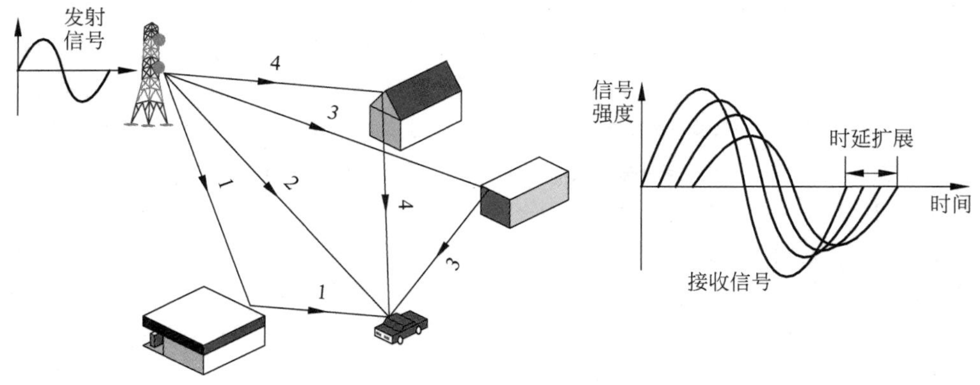

图 4-4 多径信号传播示意

在宽带系统如 WCDMA 或 CDMA2000 系统中，多径信号的时延超过一个码片，利用 RAKE 接收技术可以分别对多径进行分离和解调，然后合并以改善接收信号的信噪比。而传统的窄带系统如 TDMA 系统中，需要用均衡器来消除符号间干扰。

在 OFDM 系统中，为了最大限度地消除符号间干扰，在 OFDM 符号之间插入保护间隔 T_g，当保护间隔长度大于无线信道的最大时延扩展时，一个符号的多径分量不会对下一个符号造成干扰。为避免空闲保护间隔由于多径传播造成子载波间的正交性破坏（空闲的保护间隔进入到 FFT 的积分时间内，导致积分时间内不能包含整数个波形，破坏了载波间的正交性），将每个 OFDM 符号尾部的信号复制到 OFDM 符号的头部，形成循环前缀（CP），从而构成 OFDM 符号周期 T_s。只要各径的延迟不超过 T_g，都能保证在 FFT 的积分区间内包含各径各子载波的整数个波形。所以，OFDM 系统是在保护间隔插入循环前缀来抵抗多径时延，从而消除符号间干扰。CP 为每个 OFDM 符号提供一个保护周期。CP 及其在 OFDM 符号中的位置如图 4-5 所示。

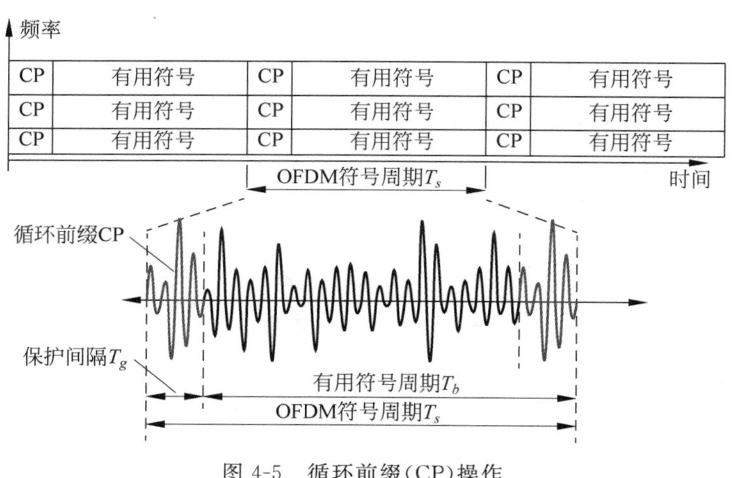

图 4-5 循环前缀（CP）操作

CP 长度与系统可以容忍的最大时延扩展有关，主要基于频谱效率和符号间干扰两个方面来综合考虑。CP 越短，开销越小，系统频谱效率越高，但可容忍的最大时延越小，超出 CP 的多径分量会对相邻符号造成符号间干扰，从而引起子载波间干扰；CP 越长，开销越大，系统频谱效率越低，但可有效避免符号间干扰和子载波间干扰。

测试数据表明，不同环境下平均时延扩展是不一样的。多径环境下时延扩展的典型参数如表 4-2 所示。从表 4-2 中的实测数据可以看出，市区的传输时延比郊区长，相对于包络最高值－30dB 处所测的时延可达 12μs。

表 4-2　多径环境下时延扩展参数的统计值

参　　数	市　　区	郊　　区
最大延迟时间(相对于包络最高值－30dB)/μs	5.0～12.0	0.3～7.0
延迟扩展范围/μs	1.0～3.0	0.2～2.0
平均延迟扩展/μs	1.3	0.5
最大有效延迟扩展/μs	3.5	2.0

为有效消除时延扩展带来的符号间干扰，LTE 系统定义了两种大小的 CP：普通 CP (4.6875μs)和扩展 CP(16.67μs)。扩展 CP 是针对更大覆盖小区设计的，但由于降低了每秒符号数，因此会影响系统容量。由表 4-1 可知，在系统带宽 20MHz 的情况下，对应 15kHz 的子载波，采样间隔(FFT)为 2048，采样速率为 15000×2048＝30.72MHz，因此，每个符号的周期为 32.55μs，对应普通 CP(4.6875μs)和扩展 CP(16.67μs)，抗多径的距离分别是 1.4km 和 5km。

4.1.4　频域影响：有效克服频率选择性衰落

当信号通过移动信道时，会引起多径衰落。需考虑对于信号中不同频率分量所受到的衰落是否相同。相关带宽表征的是信号中两个频率分量基本相关的频率间隔，衰落信号中的两个频率分量，在其频率间隔小于相关带宽时，它们是相关的，衰落特性具有一致性；在其频率间隔大于相关带宽时，它们是不相关的，衰落特性不具有一致性。

根据衰落与频率的关系，可将衰落分为两种：频率选择性衰落和非频率选择性衰落，后者又称为平坦衰落。所谓频率选择性衰落，是指信号中各分量的衰落状况与频率有关，即传输信道对信号不同的频率成分有不同的随机响应，当信号带宽大于相关带宽时，信号通过信道传输后各频率分量的变化具有非一致性，引起波形失真，成为频率选择性衰落。所谓非频率选择性衰落，是指信号中各分量的衰落状况与频率无关，即信号经过传输后，各频率所遭受的衰落具有一致性，即相关性，因而衰落波形不失真。当信号带宽小于相关带宽时，信号通过信道传输后各频率分量的变化具有一致性，成为非频率选择性衰落。

对于具有某一时延扩展值 τ 的信道，衰落信道的两个频率分量是否相关，取决于它们的频率间隔。在实际应用中，常用最大时延 τ_m 的倒数来规定相关带宽 B_c，即

$$B_c = 1/\tau_m \tag{4-3}$$

一般来说，窄带信号通过移动信道时将引起平坦衰落，而宽带扩频信号将引起频率选择性衰落。所以，对于单载波系统（如 WCDMA 或 CDMA2000），需要纠正复杂的频率选择性信道失真。而 OFDM 通过窄带并行传输，将整个系统带宽分割成许多窄带子载波（带宽为 15kHz），将频率选择性衰落信道转化为若干平坦衰落子信道，只需纠正简单的平坦衰落信道失真，从而能够有效解决无线移动环境中的频率选择性衰落问题。

4.1.5 OFDM 技术特点及主要优缺点

OFDM 的主要技术优势主要体现在以下几个方面：

（1）频谱效率高。传统的 FDM（频分复用）多载波技术，这些子载波之间互不交叠，子载波之间需要有一定的保护间隔，因此它的频谱效率比较低。OFDM 不存在这个缺点，它允许各载波间频率互相交叠，采用了基于载波频率正交的 FFT 调制，由于各个载波的中心频点处没有其他载波的频谱分量，所以能够实现各个载波的正交，理论上可以接近 Nyquist 极限。此外，与 FDM 很大的不同在于：OFDM 直接在基带进行处理，不再是通过多个带通滤波器来实现。OFDM 的接收机实际上是一组解调器，它将不同载波搬移至零频，然后在一个码元周期内积分，其他载波由于与所积分的信号正交，因此不会对这个积分结果产生影响。OFDM 同一个小区内的各用户之间保持正交，可避免小区内用户间干扰，很大程度提高了小区容量。但小区间如果要做到同频组网，小区间同频干扰还是比较严重的，需要相应的小区间干扰抑制的技术。

（2）带宽扩展性强。OFDM 系统带宽取决于使用的子载波数量，从几百 kHz 到几百 MHz 都较容易实现，带宽增加（FFT 尺寸增加）带来的系统复杂度增加相对并不明显。这非常有利于实现未来宽带移动通信所需的更大带宽，也更便于使用 2G 系统退出市场后留下的小片频谱。比较而言，单载波 CDMA 系统只能通过提高码片速率或多载波 CDMA 的方式支持更大带宽，都可能造成接收机复杂度大幅上升。OFDM 系统对大带宽的有效支持成为其相对单载波技术的决定性优势。

（3）抗多径衰落能力强。多径干扰在系统带宽增加到 5MHz 以上会变得相当严重。OFDM 将宽带转化为窄带传输，每个子载波上可看作平坦衰落信道，有效解决了无线移动环境中的频率选择性衰落问题。同时，插入循环前缀（CP），OFDM 几乎可以完全抵抗由于多径时延引发的符号间干扰。OFDM 可以用单抽头频域均衡（FDE）纠正信道失真，大大降低了接收机均衡器的复杂度。这不同于以往的单载波系统，单载波多径均衡复杂度随着带宽的增大而急剧增加，很难支持较大的带宽。对于更大带宽 20MHz 以上，OFDM 相较单载波 CDMA 系统优势更加明显。

（4）易于 MIMO 系统的实现。MIMO 技术是 LTE 系统中提高频谱利用率和传输可靠性，从而提高系统容量和小区覆盖半径的关键技术。MIMO 技术的关键是有效避免天线间干扰（Inter-Antenna Interference，IAI），以区分多个并行数据流。在频率选择性衰落信道中，天线间干扰和符号间干扰（ISI）混合在一起，很难将 MIMO 接收和信道均衡分开处理，采用混合处理的接收机复杂度比较高，而 OFDM 技术使得信道衰落是平坦的，降低了接收机实现的难度。

虽然 OFDM 有明显的技术优势，但是也存在以下局限性：

(1) 峰均功率比(Peak Average Power Ratio，PAPR)高。由于 OFDM 符号是多个独立调制的子载波相加而成，当 N 个具有相同相位的信号叠加在一起时，峰值功率是平均功率的 N 倍。这样合成信号可能产生比较大的峰值功率，最终造成过高的峰均功率比。高 PAPR 会增加模数转换和数模转换的复杂度，降低 RF 功率放大器的效率，增加发射机功放的成本和耗电量，不利于在上行链路实现(因终端成本和耗电量受到限制)。LTE 系统中在下行使用高性能功放，在上行采用 SC-FDMA 以改善峰均功率比。

(2) 对频率偏移特别敏感，要求精确的频率同步。OFDM 系统是正交频分多址，子载波相互重叠，所以受同步误差的影响较大。在时域中，OFDM 系统通过加入 CP，对时间同步的误差敏感度有了很大的降低。假如同步误差和多径扩展造成的时间误差小于 CP，系统就能维持子载波之间的正交性。但是，OFDM 在频域中子载波宽度较小，对载波频率偏移非常敏感，载波频率偏移带来两个破坏性的影响：降低信号幅度(sinc 函数移动造成无法在峰值点抽样)和造成载波间干扰(ICI)。研究表明，在低阶调制下，频率误差控制在 2%以内才能避免 SNR 性能急剧下降。使用更高阶调制时，频率精确度要求就更高。因此，OFDM 系统需要保持严格的频率同步，才能确保子载波之间的正交性。

(3) 小区间存在干扰。不同于单载波 CDMA 系统，OFDM 能够很好地保证小区内用户的正交性，但无法实现自然的小区间多址(CDMA 系统却很容易实现小区间干扰规避)，小区间干扰成为 OFDM 系统需要解决的重点问题。可能的解决方案包括上行干扰抑制(Interference Rejection Combining，IRC)、邻区同频共享信道干扰抵消(Inter Cell Interference Cacellation，ICIC)技术等。

4.2　多址技术

对于无线通信来说，选择适当的调制和多址方式以实现良好的系统性能至关重要。在 2G 通信系统中，主要采用的是 FDMA、TDMA 和 CDMA 多址技术，3G 通信系统则统一使用 CDMA。多址技术的演进，可以认为是移动通信系统中“代”的概念的主要特征之一。

LTE 系统的上下行多址方式主要是基于 OFDM 技术，下行链路采用的是 OFDMA，上行多址方式选择了单载波频分多址(Single Carrier Frequency Division Multiple Access，SC-FDMA)。在上行链路的多址方式选择中，由于终端处理能力有限，尤其发射功率受限。SC-FDMA 作为上行多址方式，与 OFDMA 相比，具有单载波的特性，其发送信号峰均功率比较低，在上行功放要求相同的情况下，可以提高上行的功率效率。

OFDMA 和 SC-FDMA 的对比如图 4-6 所示。OFDMA 与 SC-FDMA 的共同特点是：将

传输带宽划分成一系列正交的子载波资源,将不同的子载波资源分配给不同的用户实现多址。不同之处为:SC-FDMA在任一调度周期(子帧)内,一个用户分得的子载波必须是连续的,而OFDMA一个用户分得的子载波未必是连续的。SC-FDMA在采用IFFT将子载波转换为时域信号之前,先对信号进行了FFT转换,从而引入部分单载波特性,降低了峰均功率比。

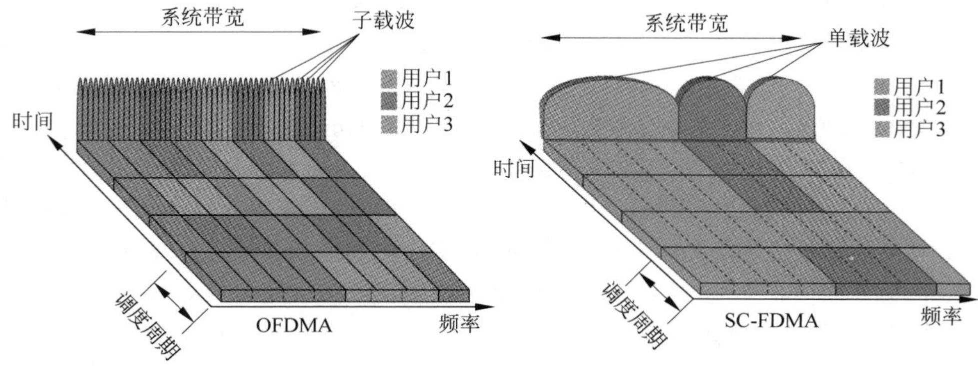

图 4-6　OFDMA与SC-FDMA区别

OFDMA和SC-FDMA的发射端结构分别如图4-7和图4-8所示。可以看出,SC-FDMA系统的发射过程和OFDMA十分相似,只是比OFDMA多一个DFT预编码过程。

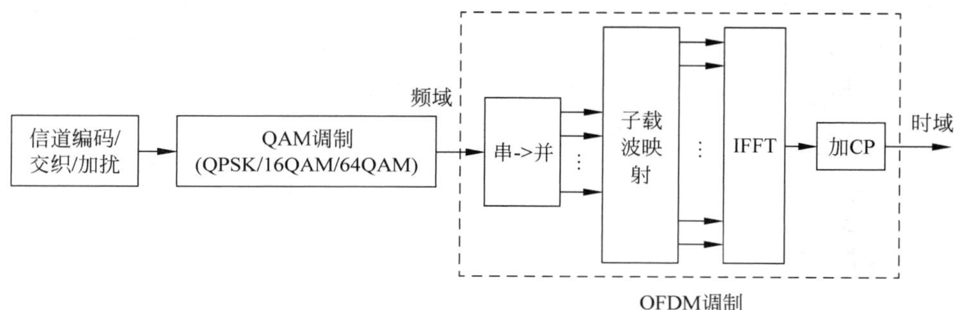

图 4-7　OFDMA发射端结构

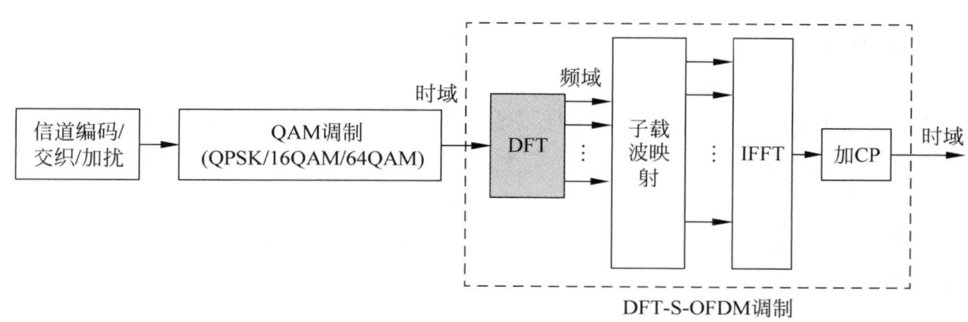

图 4-8　SC-FDMA发射端结构

LTE 上行 SC-FDMA 信号采用基于频域生成方法 DFT-S-OFDM(Discrete Fourier Transform Spread OFDM)作为具体实现方法。DFT-S-OFDM 是在 OFDM 的 IFFT 调制之前对信号进行 DFT 扩展。由于 DFT-S-OFDM 将每个数据符号扩频到所有分配的子载波上传输,从而使得其传输信号具有单载波信号的特性。

4.3　MIMO 技术

无线通信的迅速发展对系统的容量和频谱效率提出了越来越高的要求。为此,各种提高系统容量和频谱效率的技术应运而生,常见的方法有扩展系统带宽、提高信号调制阶数等。然而,扩展带宽一般仅能提升系统的容量,并不能有效提升频谱效率;而提高信号调制阶数虽然可以提升频谱效率,但由于调制阶数一般很难成倍提升,所以对提升频谱效率的能力也是很有限的。多天线(MIMO)技术充分利用多天线特性来抵抗信道衰落,从而克服多径衰落、干扰等影响通信质量的主要因素,提高信号的链路性能;并能在不增加带宽的情况下,成倍地提高通信系统的容量和频谱效率。

4.3.1　MIMO 基本概念

多径效应是无线通信系统都要解决的一个问题。相比于传统单天线系统中对多径效应采取克服和避免的方法,在多天线(MIMO)系统中,多径效应变成了一个有利因素并被加以利用。简单来说,MIMO 就是在发送端和接收端设置多根天线来发送和接收信号,发射天线和接收天线数并不一定相同,通过一系列复杂的发送接收技术,实现系统容量的提升。下面结合香农定理推导一下理想情况下的信道容量与发射天线数目的变化关系。

1. 信道容量与发射天线数目的关系

在 $N\times M$(其中 N 为接收天线的数目,M 为发射天线的数目)的 MIMO 系统中,为了不失一般性,假设 $N>M$,信道是瑞利平坦衰落,且信道冲击响应为 $H_{N\times M}$(N 行、M 列)矩阵,$H_{N\times M}$中每个元素 $h_{i,j}$(第 i 行第 j 列,$i=1,2,\cdots,N,j=1,2,\cdots,M$)都是独立同分布的复随机变量,它的实部和虚部都是高斯随机变量,且均值为 0,方差为 $1/\sqrt{2}$,即 $E[\mathrm{Re}(h_{i,j})]=E[\mathrm{Im}(h_{i,j})]=0,\sigma^2_{\mathrm{Re}(h_{i,j})}=\sigma^2_{\mathrm{Im}(h_{i,j})}=1/\sqrt{2}$。这样的独立高斯信道,一般用于描述较强的散射环境,可以用无线室内环境来近似。

MIMO 系统模型如图 4-9 所示,接收信号可以表示为 $\boldsymbol{r}=\boldsymbol{Hs}+\boldsymbol{n}$,其中 $\boldsymbol{n}$ 为噪声矢量,信道转移矩阵 $\boldsymbol{H}$ 为

$$\boldsymbol{H}=\begin{bmatrix} h_{11} & h_{12} & \cdots & h_{1M} \\ h_{21} & h_{22} & \cdots & h_{2M} \\ \cdots & \cdots & \cdots & \cdots \\ h_{N1} & h_{N2} & \cdots & h_{NM} \end{bmatrix} \tag{4-4}$$

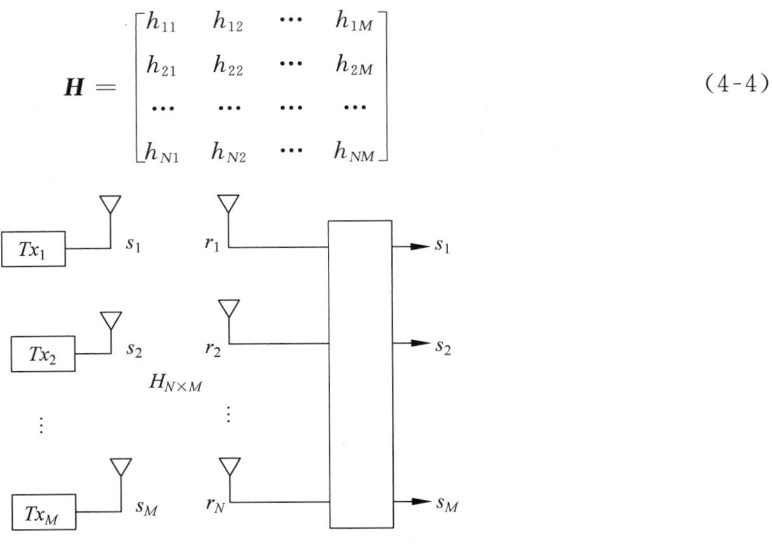

图 4-9　MIMO 系统模型

根据信息论的结论，在发送端不知道信道条件，但是信道矩阵的参数确定，且总的发射功率 P 一定，那么把功率平均分配到每一个发送天线上，此系统能达到的香农容量为

$$C=\log_2\left[\det\left(I_N+\frac{\rho}{M}\boldsymbol{HH}^H\right)\right]\quad \text{b/s/Hz} \tag{4-5}$$

式中，det()表示取方阵的行列式；I_N 是 $N\times N$ 单位矩阵；$\rho=P/\sigma_0^2$，为发送端的总功率与单根天线的噪声功率之比(即 SINR)，$\boldsymbol{H}^H$ 表示矩阵 $\boldsymbol{H}$ 的共轭转置。

由于信道矩阵 $\boldsymbol{H}$ 是随机的，上式的容量也是一个随机变量，对它取均值求得各态历经的信道容量(统计容量)：

$$\overline{C}=E(C)=E\left\{\log_2\left[\det\left(I_N+\frac{\rho}{M}\boldsymbol{HH}^H\right)\right]\right\}\quad \text{b/s/Hz} \tag{4-6}$$

在理想情况下，即 MIMO 信道可以等效为最大数目的独立、等增益、并行的子信道时，得到最大的香农容量为

$$C_{\max}=M\log_2\left(1+\frac{\rho}{M}N\right) \tag{4-7}$$

特别当 $N=M$ 时有

$$C_{\max}=M\log_2(1+\rho) \tag{4-8}$$

由式(4-8)可知，对于采用多天线发送和接收技术的系统，理想情况下的信道容量在确定的信噪比下将随着发射天线的数目成线性增长，这就为 MIMO 的高速数据速率传输奠定了理论基础。也就是说，在不增加带宽和发送功率的情况下，可以利用增加收发天线数成倍地提高无线信道容量，从而使得频谱利用率成倍地提高。另一方面，也可通过增加信息冗余度来提高系统的传输可靠性，降低误码率，在将多天线发送和接收技术与信道编码技术相结合情况下，还可以极大地提高系统的性能。

在瑞利衰落信道下得到的各态香农容量如图 4-10 所示。由图 4-10 可知，在大信噪比情况下，仅仅在链路的一端采用多天线，比两端都采用多天线所取得的容量要小。例如，$N=M=2$ 在大信噪比下的容量比 $N=4,M=1$ 的容量要大。并且当接收天线和发送天线数目都为 8 根，且平均信噪比为 20dB 时，链路容量可高达 42b/s/Hz，是传统单天线系统容量的 40 多倍。

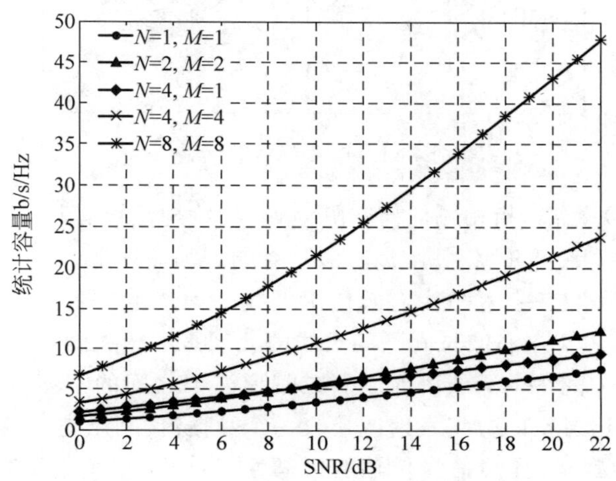

图 4-10　不同天线数目下香农容量与 SNR 的关系曲线

2. MIMO 的广义和狭义定义

广义 MIMO 定义是对单发单收（Single Input Single Output，SISO）的扩展，泛指在发射端或接收端采用多根天线，并辅助一定的发射端和接收端信号处理技术完成通信的一种技术。多个输入和多个输出既可以来自于多个数据流，也可以来自于一个数据流的多个不同处理版本。一般称 $M\times N$ 的 MIMO 系统，M 表示发射天线数，N 表示接收天线数。广义上讲，单发多收（Single Input Multiple Output，SIMO）、多发单收（Multiple Input Single Output，MISO）以及波束赋形（Beam Forming，BF）也属于 MIMO 的范畴，如图 4-11 所示。而狭义的 MIMO 定义为：只有多个信号流在空中并行传输（多个输入多个输出）才算作 MIMO。按照狭义的 MIMO 定义，只有空间复用才算 MIMO，而波束赋形和空间分集均不属于 MIMO 技术。关于空间复用、波束赋形和空间分集的概念随后介绍。

3. MIMO 技术的分类

从 MIMO 的实际效果来看，主要分为空间分集（Spatial Diversity）、空间复用（Spatial Multiplexing，SM）、波束赋形（BF）、空分多址（Space Division Multiple Access，SDMA）四大类。

1）空间分集

根据参考文献[7]的 2.4.3 节，对瑞利衰落常用的相关距离计算公式为

$$D_c \approx \frac{9\lambda}{16\pi} \tag{4-9}$$

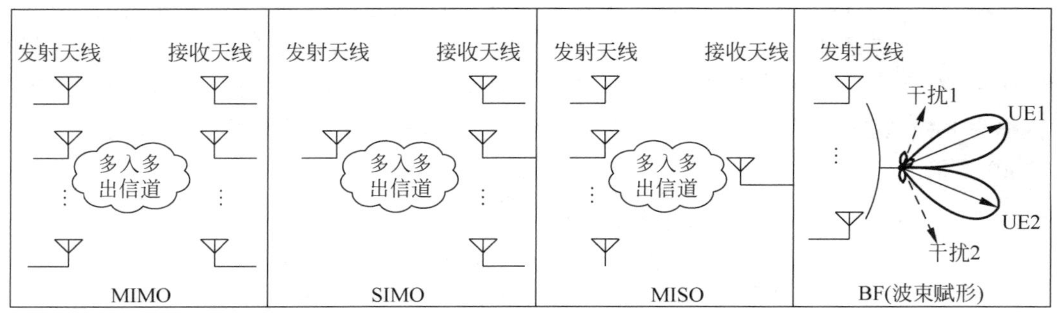

图 4-11 广义 MIMO 示意

式中，D_c 表示相关距离，指相隔任何间隔为 D_c 的物理位置有基本不相关的接收信号幅度和相位。由以上的关系可知，相关距离随波长 λ 的增加而增加，对于 LTE 系统来说，由于工作在高频段，相关距离较短，这也为有效使用天线阵列产生丰富的空间分集提供了机会。一般可认为，1/2 甚至 1/4 左右波长间隔的天线阵元间是不相关的。

空间分集利用较大间距的天线阵元之间或赋形波束之间的不相关性，使得它们间的衰落是基本不相关的。通过空间分集发射或接收一个数据流，利用空间信道的弱相关性，为信号的传递提供更多的副本，提高信号传输的可靠性，避免了单个信道衰落对整个链路的影响，从而改善接收信号的 SINR。空间分集的主要优点是，不需要额外增加带宽或功率。同时，通过空间分集可提升系统性能，如抗噪声性能和覆盖范围。

下面简要结合香农公式来分析一下空间分集技术与数据速率的关系。根据香农容量公式给出的 AWGN 下单个通信链路能获得的最大数据速率：

$$C = B\log_2(1 + \mathrm{SINR}) \tag{4-10}$$

式中，C 是信道容量；B 是信道带宽。可以看到，基于空间分集的天线数量增加可使 SINR 线性增加的结论(详见参考文献[7]的 5.1.2 节)，由式(4-10)可知分集技术只能使容量随天线数量增加而呈对数增加。由于容量与天线数量是对数增加关系，当天线数量增加时，分集技术使数据速率获益迅速减小(因为二者是对数增加关系)。当信噪比较小时，例如对于小的 x，$\log(1+x)\approx x$，容量随信噪比的增加接近于线性。因此，在低信噪比情况下，分集技术可通过增加天线数量使容量呈基本线性增加，但中、高信噪比情况下，通过分集技术使容量的获益迅速减小。

空间分集主要包括发射分集、接收分集及其他发射和接收分集的结合。其中，发射分集又可分为空时发射分集(STTD)、循环延迟分集(CDD)、空频发射分集(SFTD)。

2）空间复用

利用较大间距的天线阵元之间或赋形波束之间的不相关性，向一个 UE 或 eNodeB 并行发射多个数据流，以提高链路容量(峰值速率)。当采用这一技术时，在散射丰富的环境中，同时经由不同天线传输相互独立的数据流，可以提高系统容量。即在不增加系统带宽的前提下，可成倍提高系统传输速率，从而提高频谱利用率。

根据参考文献[7]的 5.5.1 节的相关研究结果汇总，关于空间复用的主要观点如下：

(1) 当信噪比高时，容量或最大数据速率 $\min(M,N)\log_2(1+\text{SINR})$ 随 $\min(M,N)$ 的增加而增加，对应式(4-8)。M 和 N 分别对应发射和接收天线数量。所以当信噪比高时，空间复用是最优的。

(2) 当信噪比低时，使容量最大的策略是用分集预编码发送单个数据流。尽管容量比高信噪比时要小得多，但由于空间分集工作在低信噪比模式下，容量与信噪比间的关系是线性的，所以容量基本也能随 $\min(M,N)$ 线性增长。

根据 UE 是否反馈预编码矩阵指示（Precoding Matrix Indicator，PMI）信息以供 eNodeB 下行数据发射使用，可将空间复用分为开环空间复用和闭环空间复用。其中，开环 MIMO 不需要 UE 反馈预编码矩阵指示（PMI）信息，由 eNodeB 来决定编码，用于高速情况；而闭环 MIMO 需要 UE 反馈预编码矩阵指示（PMI）信息，用于低速情况。

空间复用和空间分集的区别并不是完全体现在天线数目配置上不同，而是体现在基带信号处理上的不同。例如 2 发射天线和 2 接收天线的配置，可能是空间复用也可能是空间分集。空间分集时，多个发射天线（或者接收天线）的信号流是一样的或者相关的。而空间复用时，多个发射天线（或者接收天线）的信号流是不同的或者不相关的。

3）波束赋形

利用较小间距的天线阵元之间的相关性，通过阵元发射的波之间形成干涉，集中能量于某个（或某些）特定方向上，形成波束，从而实现更大的覆盖和干扰抑制效果。这种系统利用信道信息建立波束成形矩阵，作为发射机和接收机端的前置和后置滤波器，以实现容量增益。

4）空分多址

利用较大间距的天线阵元之间或赋形波束之间的不相关性，向多个终端并行发射数据流，或从多个终端并行接收数据流，以提高用户容量。空分多址与空间复用的区别在于多用户和单用户。

根据在相同时频资源块上同时传输的多个空间数据流是发送至或接收自一个用户还是多个用户，LTE 中的 MIMO 技术方案可分为单用户 MIMO（SU-MIMO）和多用户 MIMO（MU-MIMO）。SU-MIMO 指一个用户在同一时频单元上独占所有空间资源，为同一终端用户提供瞬时多传输码流服务。这时的预编码考虑的是单个收发链路的性能。MU-MIMO 指在同一时频单元上多个用户共享所有的空间资源，这时的预编码还要和多用户调度结合起来。

以下行 SU-MIMO 和 MU-MIMO 为例，如图 4-12 所示。SU-MIMO 技术可改善单用户峰值吞吐量，但终端需要两根天线；而 MU-MIMO 的空间数据流属于多个用户共享，终端只需一根天线。

4. 码字、层和天线端口的概念

MAC 层下发给物理层的传输块（Transport Block，TB）经过信道编码和速率控制处理后的数据流称为码字，一个码字对应一个带有 CRC 的传输块 TB（MAC 层）。这些码字需要映射到不同的层上，再通过预编码处理后映射到天线口，最后由物理天线发送。3GPP 限

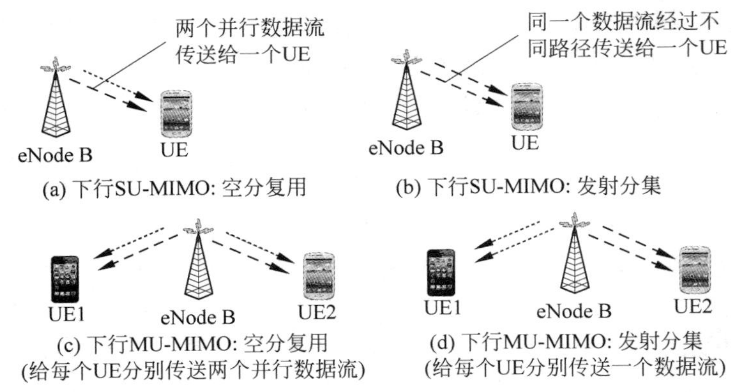

图 4-12　LTE 下行 SU-MIMO 与 MU-MIMO

制码字最大为 2,而且码字数目不大于层的数目。

秩(Rank)是可以最大可传输的非冗余数据流的数量:①如果秩为 1,则仅能发送一个码字;②如果秩为 2,则在提供了空间复用情况下,可以同时发送一个或两个码字。

层是可以发送的数据流的数量(包括冗余数据)。每个码字映射在一层或多层上。层的数目体现了实际的复用增益大小,层的数目不能大于空间信道矩阵 $\boldsymbol{H}$ 的秩。$\boldsymbol{H}$ 的秩(Rank)不大于 Min(发射天线数,接收天线数),所以层数最小为 1,最大等于天线端口的个数。当使用一个码字(即一个传输块)的时候,使用单层传输;当使用两个码字(即两个传输块)的时候,使用两层或更多层传输。

层映射实体有效地将复数形式的调制符号映射到一个或多个传输层上,从而将数据分成多层。根据传输方式的不同,可以使用不同的层映射方式,层与天线端口的映射关系如表 4-3 所示。码字映射到层再映射到天线端口的方式如图 4-13 所示。

表 4-3　层与天线端口的映射关系

配　　置	层数(n)	天线口数(P)
单天线配置	$n=1$	$P=1$
发射分集	$n=P$	$P\neq1$(2 或 4)
空间复用	$1\leqslant n\leqslant P$	$P\neq1$(2 或 4)

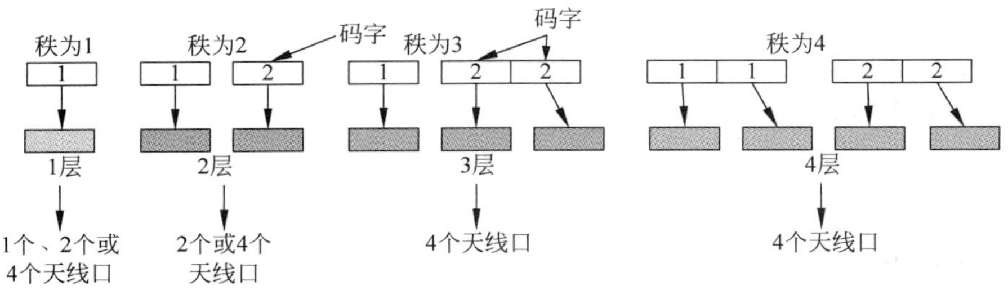

图 4-13　码字映射至层再映射至天线端口示意

5. MIMO 的增益

MIMO 的增益主要包括功率增益、复用增益、分集增益、阵列增益。相关概念解释如下：

(1) 功率增益。假设每根天线的发射功率相等，则采用 M 根天线发射相对单天线发射可获得的功率增益为 $10\log_2(M)$dB。功率增益可以在噪声受限场景下，提高接收端信噪比，从而提升信号接收质量。

(2) 复用增益。复用增益来源于空间信道理论上的复用阶数(Multiplexing Order)。对于 $M\times N$ 的 MIMO 系统，假设每对发射天线和接收天线之间的信道独立，并假设每根天线发射的信号相互独立且速率相等，则理论上相对单天线发射可以获得的复用阶数是 $\min(M,N)$，$\min(M,N)$表示发射天线数和接收天线数取最小值。复用阶数是空间信道容量能力的一个理论表征，可理解为 $M\times N$ 的 MIMO 系统提供的理论上的系统容量能力为 SISO 系统的 $\min(M,N)$倍。复用增益可以提高信号传输速率。以下行带宽 20MHz 的 LTE 系统为例，1×2 SIMO 的理论峰值速率为 75Mb/s，则 2×2 MIMO 的理论峰值速率为 150Mb/s，而 4×4MIMO 的理论峰值速率接近 300Mb/s。

(3) 分集增益。分集增益来源于空间信道理论上的分集阶数(Diversity Order)，对于 $M\times N$ 的 MIMO 系统，假设每对发射天线和接收天线之间的信道独立，并假设每根天线发射的信号相同，则理论上相对 SISO 可以获得的分集阶数是 $M\times N$，$M\times N$ 表示发射天线数和接收天线数的乘积。分集阶数是空间信道容错能力的一个理论表征，可理解为 $M\times N$ 的 MIMO 系统提供的理论上的系统容错能力为 SISO 系统的 $M\times N$ 倍，换句话说，相同条件下 $M\times N$ 的 MIMO 系统的收发信号错误概率为 SISO 系统的 $1/(M\times N)$。分集增益可以提高接收端信噪比稳定性，从而提升无线信号接收可靠性。

(4) 阵列增益。对于 $1\times N$ 的 SIMO 系统和 $M\times 1$ 的 MISO 系统，理论上相对 SISO 可获得的阵列增益分别为 $10\log_2(N)$dB 和 $10\log_2(M)$dB。阵列增益可以提高接收端信噪比，从而提升信号接收质量。

4.3.2 LTE 系统的 MIMO 实现

结合前面对于 MIMO 基本概念的描述，对于 LTE 系统下行链路，一般可以按照如下三个维度进行 MIMO 方案分类：

(1) 开环 MIMO 与闭环 MIMO。根据 UE 是否反馈预编码矩阵指示(PMI)信息以供 eNodeB 下行数据发射使用，LTE 中的下行 MIMO 技术方案可以分为闭环 MIMO 和开环 MIMO。

(2) 发射分集与空间复用。根据在相同时频资源块上多根天线上同时传输的独立的空间数据流个数，LTE 中的下行 MIMO 方案可分为发射分集方案和空间复用方案。其中，发射分集方案同时传输的独立的空间数据流个数只能为 1，而空间复用方案同时传输的独立的空间数据流个数可以等于或大于 1。

开环 MIMO 和闭环 MIMO、发射分集与空间复用的划分可以组合起来成为 LTE 下行 MIMO 方案的四种模式，即开环发射分集、闭环发射分集、开环空间复用和闭环空间复用。

(3) 单用户与多用户。根据在相同时频资源块上同时传输的多个空间数据流是发送至或接收自一个用户还是多个用户，LTE 中的 MIMO 技术方案可分为单用户 MIMO 和多用户 MIMO。

LTE/LTE-A 下行 MIMO 共定义了 9 种传输模式，下行支持的 MIMO 技术包括发射分集、开环空间复用、闭环空间复用、多用户 MIMO、波束赋形。每种传输模式的相应描述及适应场景如表 4-4 所示。

表 4-4　LTE/LTE-A 下行 MIMO 传输模式

传输模式	类　型	技术描述	天线要求	应用场景	LTE 版本
TM1	单天线传输	信息通过单天线进行发送（单个天线端口）	单天线	各类场景，尤其是无法布放双通道室分系统的室内站	R8
TM2	发射分集	同一信息的多个信号副本分别通过多个衰落特性相互独立的信道进行发送	大间距多天线	低信噪比场景，如小区边缘、高速移动	R8
TM3	开环空间复用	终端不反馈信道信息，发射端根据预定义的信道信息来确定发射信号	大间距多天线	高信噪比场景（小区中心、高速移动）	R8
TM4	闭环空间复用	需要终端反馈信道信息，发射端采用该信息进行信号预处理以产生空间独立性	大间距多天线	高信噪比场景（低速移动）	R8
TM5	多用户 MIMO	基站使用相同时频资源将多个数据流发送给不同用户，接收端利用多根天线对干扰数据流进行取消和零陷	大间距多天线	密集城区、高信噪比、低速移动、小区边缘	R8
TM6	单层闭环空间复用	秩为 1，发射端采用单层预编码，使其适应当前的信道	大间距多天线	密集城区、小区边缘、低速移动	R8
TM7	单流波束赋形	发射端利用上行信号来估计下行信道的特征，在下行信号发送时，每根天线上乘以相应的特征权值，使其天线阵发射信号具有波束赋形效果	小间距天线阵列	低信噪比场景（郊区、大范围覆盖），如小区边缘、低速移动	R8

续表

传输模式	类　型	技术描述	天线要求	应用场景	LTE 版本
TM8	双流波束赋形	结合复用和智能天线技术，进行多路波束赋形发送，既提高用户信号强度，又提高用户的峰值和均值速率	小间距天线阵列	小区中心用户吞吐量需求大的场景（高信噪比、低速移动）	R9
TM9	8 天线闭环空分复用	R10 标准新增	大间距多天线	高信噪比、低速移动	R10

注：① 大间距天线阵列（10λ 以上）用于空间复用和空间分集；小间距天线阵列（λ/2 左右）用于波束赋形或基于波束赋形的空间复用；② 双流波束赋形＝波束赋形＋空间复用，指在一副天线阵元上叠加两套赋形权重，形成两个波束。两个波束可指向一个用户或两个用户。若双流波束赋形指向一个用户，则波束赋形＋空间复用＝单用户 MIMO；若双流波束赋形指向两个用户，则波束赋形＋空分多址＝多用户 MIMO。

表 4-4 中，传输模式是针对单个终端的，同小区内不同终端可以有不同传输模式。eNodeB 可自行决定某一时刻对某一终端采用哪种传输模式，并通过 RRC 信令通知终端。为了真正优化信道效率，LTE 系统支持自适应 MIMO 切换（Adaptive MIMO Switching，AMS）。小区中不同 UE 根据自身所处位置的信道质量分配最优的传输模式，可进一步提升 LTE 小区容量；通过波束赋形传输模式可提供赋形增益，提升小区边缘用户性能。

由于模式间自适应需要基于 RRC 层信令，不可能频繁实施转换，只能进行半静态转换。因此 LTE 系统在除 TM1、TM2 之外的其他 MIMO 模式中均增加了开环发射分集子模式（相当于 TM2）。开环发射分集作为适用性最广的 MIMO 技术，可以为每种模式中的主要 MIMO 技术提供补充。相对于 TM2 进行模式间转换，模式内的转换可以在 MAC 层内直接完成，可以实现 ms 级别的快速转换，更加灵活高效。每种模式中的开环发射分集子模式，也可以作为向其他模式转换之前的“预备状态”。

相对于下行链路，上行链路对多天线技术的支持相当有限。LTE 系统上行链路 MIMO 不涉及开环与闭环的分类，且 LTE 允许每个 UE 最多用两根发射天线，一般采用单发双收的 1×2 天线配置，该类模式属于接收分集。LTE 上行链路支持如下多天线技术：

（1）MU-MIMO。上行链路允许两个配置单传输天线的独立 UE 分别在同一子信道上传输，即 MU-MIMO。MU-MIMO 模式下，每个 UE 使用一根天线发射，但是两个或多个 UE 组合起来使用相同的时频资源以实现虚拟 MIMO。用户端是两个 UE 实体，eNodeB 组织两个或多个 UE 协同，根据调度在同一子信道上发射。当然，若每个 UE 有两根天线，则它会简单地选用其中一根天线来发射，而另一根不用。使用 MU-MIMO，在两个或多个 UE 发射相同功率级时可增加上行扇区吞吐量；在维持相同上行扇区吞吐量情况下可降低 UE 发射功率。

（2）闭环自适应天线发射分集。该功能属于 UE 可选功能，FDD-LTE 支持此种模式，该模式只适用于配置了两根发射天线的 UE。在上行链路探测期间，eNodeB 指示 UE 发射两个探测信号，UE 每根天线发射一个；eNodeB 用下行链路控制信道表明它的选择，这期间 UE 开始使用选择的天线发射，直到接到指令换到另一根。由于 UE 一次只能在一根天线上发射，不能实现空间复用，所以只能通过选择性分集实现一些增益，获得的分集增益比较有限。

总结 LTE 系统 MIMO 的实现原理可以看到，就增加容量方面，空间分集和波束赋形均没有增加发送的信号流数目，但分集提供对衰落的健壮性、波束赋形提供了对干扰的抑制，二者通过提高 SINR，确实增加了传输信号流可能获得的吞吐量，式(4-10)的结论。而空间复用产生更多的并行信号流，直接增加了系统容量。所以，空间分集技术与单天线系统相比本身并没有直接增加系统容量，但由于其很好的抗衰落功能，改善了链路性能从而可通过提高编码率和降低重传率提高系统容量。空间复用通过并行发射多个数据流，有效提高系统容量及频谱效率，并可有效提高用户的峰值速率。波束赋形是在增加覆盖、抗衰落和抑制干扰方面的有效技术，但是否能实现明显增益，受到无线环境的影响。在低散射环境和直视信道情况下更有利于波束赋形的使用：阵元间相关性高，主径明显，能量集中，赋形算法简单，受信道估计精度影响小，天线易获得赋形增益。

4.3.3 MIMO 增强的演进

MIMO 通过空间传输维度的扩展从而提高信道容量和频谱效率，相比 LTE，LTE-A 的空间维度进一步扩展，并且对下行多用户 MIMO 进一步增强。多天线技术的增强是满足 LTE-A 峰值谱效率和平均谱效率提升需求的重要途径之一。

为提升峰值谱效率和平均谱效率，3GPP 在 R10 版本中对下行 MIMO 功能进行了增强。在上下行都扩充了发射/接收支持的最大天线个数，允许上行最多 4 天线 4 层发送，下行最多 8 天线 8 层发送，MIMO 增强后下行峰值速率可达 1Gb/s，频谱效率可达 30.6b/s/Hz。为评估 LTE 现网部署中 MIMO 遇到的问题以及将来 MIMO 技术到异构网络中应用可能会出现的新情况，3GPP 在 Rl1 版本中进行了下行 MIMO 进一步增强研究。表 4-5 列出了从 R8 到 R11 MIMO 增强演进的情况。

表 4-5 LTE-A MIMO 增强演进

标准版本	空间复用	发射分集	波束赋形(BF)	基站最大发射天线	终端最大发射天线
R8	Y	Y	单数据流	4Tx	2Tx
R9	Y	Y	双数据流	4Tx	2Tx
R10	Y	Y	8 流	8Tx	4Tx
R11	Y	Y	8 流，控制信道 BF	8Tx	4Tx

注：Y 表示支持。

1. 上行 MIMO 增强技术

LTE-A 上行除了需要考虑更多天线数配置外，还需要考虑上行低峰均比的需求和每个成员载波上的单载波传输的需求。

对上行控制信道而言,容量提升不是主要需求,多天线技术主要用来进一步优化性能和覆盖,因此只需要考虑发射分集方式。上行控制信道(PUCCH)采用了空分正交资源发射分集(Spatial Orthogonal Resource Transmit Diversity,SORTD),即在多天线上采用互相正交的码序列对信号进行调制传输,提升上行控制信道的传输质量。

对上行业务信道而言,容量提升是主要需求,多天线技术需要考虑空间复用的引入。同时,由于发射分集相对于更为简单的开环 RI 预编码并没有性能优势,因此标准最终确定上行业务信道不采用发射分集,对小区边界的用户可以直接采用开环秩编码。

与 LTE 一样,LTE-A 的上行参考信号(RS)也包括用于信道测量的 SRS(Sounding RS)和用于信号检测的 DMRS(Demodulation RS)。由于上行空间复用及多载波的采纳,单个用户使用的上行 DMRS 的资源开销需要扩充,最直接的方式就是在 LTE 上行 RS 使用的恒包络零自相关码(Const Amplitude Zero Auto-Corelation,CAZAC)循环移位的基础上,不同数据传输层的 DMRS 使用不同的循环移位。还有一种可能是在时域的多个 RS 符号上叠加正交覆盖码(Orthogonal Cover Code,OCC)来扩充码复用空间。对于 SRS 信号,为了支持上行多天线信道测量以及多载波测量,资源开销相对于 R8 版本 SRS 信号同样需要扩充,除了延用 R8 周期性 SRS 发送模式以外,LTE-A 还增加了非周期 SRS 发送模式,由 NodeB 触发 UE 发送,实现 SRS 资源的扩充。

2. 下行 MIMO 增强技术

由于 LTE-A 需要支持的传输层数的增加,因此需要考虑更大尺寸的码本设计。LTE-A 下行业务信道的传输可以采用专用参考信号(Dedicated RS),因此原则上下行发送可以基于码本也可以基于非码本。同时,对于闭环 MIMO,为了减少反馈开销,采用基于码本的 PMI 反馈方式。为了进一步减少反馈开销,还可以考虑根据信道的变化快慢不同的统计特征分别进行长周期反馈(如空间相关性)和短周期反馈(如快衰因素)。同一用户业务信道的不同层使用的参考信号以码分多址(CDMA)和频分多址(FDMA)方式相互正交。

为了测量最多 8 层信道,除了原来的公共参考信号(Common RS)外,还引入了信道状态指示参考信号(Channel State Indication RS,CSI-RS)。引入 CSI-RS 作为 TM9 的下行信道测量,代替了原有的 CRS。由于 CSI-RS 采用了 CDMA 和 FDMA 方式,每个 RB 上每个端口的 CSI-RS 导频开销很少。8 天线时每个 RB 内 CSI-RS 只占 8 个 RE,这样就保证了业务数据所占信道资源的比例。CSI-RS 只有系统工作在 TM9 下时才被启用,其他模式下 UE 仍使用 CRS 做信道估计与解调。

MU-MIMO 支持最多 4 个用户复用,每用户不超过两层,总共不超过 4 层传输。为了增加调度灵活性,MU-MIMO 调度对用户而言是透明的,即用户可以不知道是否有其他用户与其在相同的资源上进行空间复用,用户可以在 SU-MIMO 和 MU-MIMO 状态之间动态进行转换。

4.4 载波聚合

为了支持 LTE-A 达到 100MHz 的系统带宽的要求，3GPP 提出了载波聚合（Carrier Aggregation，CA）概念。香农定理是载波聚合的理论基础，系统的峰值速率和系统带宽呈线性关系，所以最简单的获得更高峰值速率的办法就是增加带宽。在 LTE-A 中，没有定义更高的系统带宽达到峰值速率的要求，而是采用了 CA 的方式前向兼容，可以从 R8、R9 版本平滑过渡到 LTE-A。

载波聚合是通过将多个连续或非连续的载波聚合成更大的带宽，终端可以同时接入多个载波，并同时在多个载波上进行下行数据传输，终端的数据传输速率得到提高，获得更好的用户感知，载波聚合可用于 FDD-LTE 和 TD-LTE。

在 3GPP 的 R10 版本中定义了最高可达 5 个 20MHz 载波的无线频谱资源聚合配置，通过采取更多的无线频谱资源，就更容易地增大无线带宽能力，3GPP 的 R13 标准版本（LTE-Advanced Pro）定义了最高可达 32 个载波的载波聚合技术。

载波聚合的技术优势主要体现以下三个方面：

(1) 更好的用户体验。通过载波聚合，可以达到下行峰值速率 1Gb/s，上行峰值速率 500Mb/s。通过下行载波聚合，CA UE 相对非 CA UE 下行峰值速率可以提升 100%（UE 支持 Category 6 的情况下）。在实际商用网的多用户场景下，CA UE 激活 SCell（Secondary Cell）后可以更好利用空闲资源，提升整网非满负载时 CA UE 的吞吐量，给用户带来更好的体验。

(2) 更高的频谱效率。频谱效率的提升来源两个方面：①多载波联合调度，实际上起到了频选调度的功能，提高了频率分集增益，对系统而言，整体频谱效率得到提升；②对小带宽频带聚合的支持，使得运营商的一些离散的频谱可以得到充分利用，增强网络投资效益。

(3) TTI 级的负载均衡。通过载波聚合，UE 可以同时利用两载波上的空闲 RB（Resource Block），实现了负载均衡的目的，同时均衡粒度更细，均衡速度更快，实现了资源利用率最大化。

4.4.1 载波聚合分类

在载波聚合中，参与聚合的载波可以是连续的，可以是非连续的，各个载波可以位于同一频段，也可以位于不同频段。根据聚合载波所在的频带，3GPP 协议中定义了三种类型的载波聚合，如图 4-14 所示：频段内连续（Intra-Band Contiguous）载波聚合、频段内非连续（Intra-Band Non-Contiguous）载波聚合和频段间非连续（Inter-Band Non-Contiguous）载波聚合。

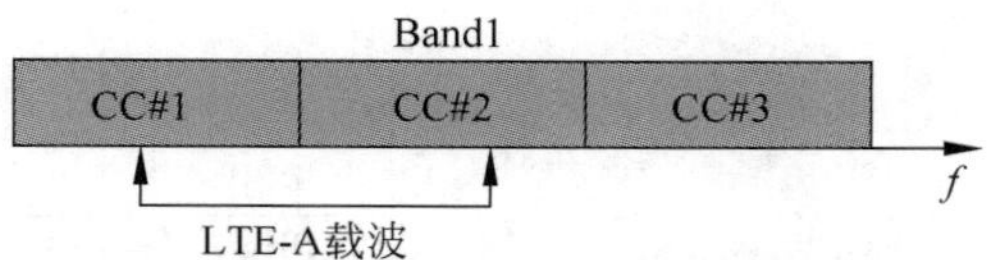

(a) 频段内连续(Intra-Band Contiguous)载波聚合(方式1)

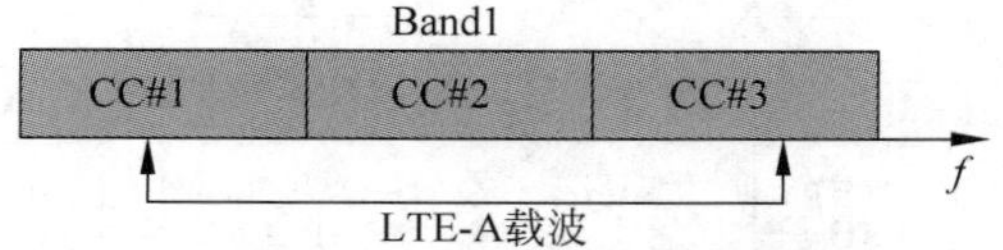

(b) 频段内非连续(Intra-Band Non-Contiguous)载波聚合(方式2)

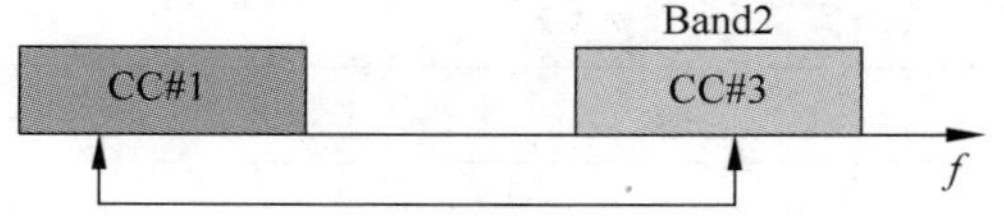

(c) 频段间非连续(Inter-Band Non-Contiguous)载波聚合(方式3)

图 4-14 载波聚合分类示意图

运营商部署载波聚合的最简单方式是在同一运行频段中使用连续的分量载波，即频段内连续。连续频谱(方式 1)的载波聚合技术可以使 eNodeB 和 UE 的配置更为简捷方便，并且在连续性频谱分配中，在整个系统带宽内保持相同的子载波间隔能使 UE 实现简单的 RF 接收和单一的快速傅里叶变换(FFT)。但大多数运营商目前面临着频谱碎片化的问题，非连续载波聚合主要用于应对这种情况。非连续频谱(方式 2 和方式 3)的聚合载波具有更高的频谱聚合的灵活性，需要确定频谱聚合可支持的终端的能力，以便设计出最低成本和功耗的中断。由于不连续频谱的使用，UE 将有多个 RF 接收和多个 FFT 处理。

4.4.2 载波聚合协议栈架构

LTE-A 载波聚合给协议结构也带来了相应的改变，层 2 结构如图 4-15 所示。其具有如下特点：

(1) 每个无线承载只有一个 PDCP 和 RLC 实体，RLC 子层上看不到物理层有多少个分量载波。

(2) 各个分量载波上 MAC 子层的数据面独立调度。

(3) 每个分量载波有各自独立的传输信道，每个分量载波(Component Carrier，CC)上有一个专用独立的 HARQ 实体，层 2 的 HARQ 应当与 3GPP R8 版本兼容，HARQ 重传在相同载波上进行。

(4) HARQ 发送的最大个数应当对所有上行 HARQ 实体是公共的。

(5) 对 RLC 子层，除了 RLC 序列码大小，遵照 3GPP R8 版本的 RLC 协议满足载波聚合的要求。

(6) 从 UE 设计角度上，与 R8 版本相比，RLC 子层拥有更大的缓冲区大小，可以提供更高的数据速率。

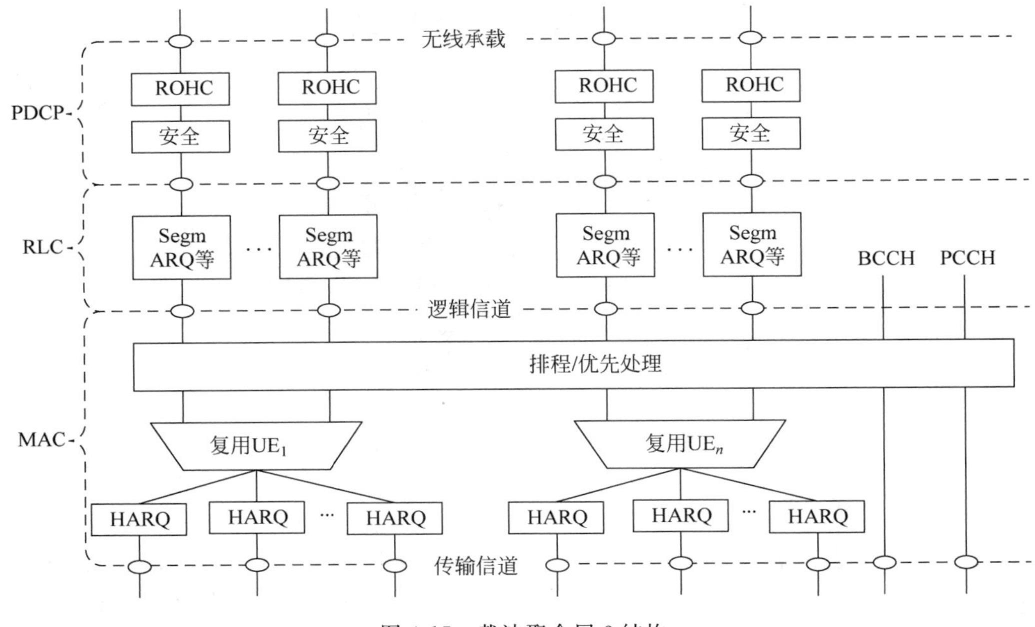

图 4-15 载波聚合层 2 结构

4.4.3 载波聚合对网络的影响

下面从系统容量和系统性能两个方面来描述载波聚合对网络的影响。

1. 载波聚合对系统容量的影响

载波聚合对系统容量的影响体现在 PUCCH 信道开销、系统吞吐率、UE 数据速率以及用户侧体验几个方面。具体表现为：

(1) PUCCH 信道开销增加。由于辅载波的上行 ACK/NACK、周期性 CQI 都在主服务小区(PCell)的 PUCCH 上反馈，PCell 的 PUCCH 开销增加，PCell 需将更多的 RB 配置成 PUCCH。CA 功能开启后，如果主分量载波(Primary Component Carrier，PCC)设置不合理，会引起 PCC 负载过重，尤其是 PUCCH 的负载过重，需要及时调整 PCC 策略。

这里也介绍一下载波聚合相关的主服务小区和辅服务小区的基本概念。支持载波聚合的 UE 进入连接态后可以同时通过多个分量载波(如 CC1、CC2…)与源基站进行通信，基站会通过显式的配置或者按照协议约定为 UE 指定一个主分量载波(PCC)，其他的分量载波称为辅分量载波(Secondary Component Carrier，SCC)，在主分量载波(PCC)上的服务小区称为主服务小区(Primary Cell，PCell)，在辅分量载波(SCC)上的服务小区称为辅服务小区(Secondary Cell，SCell)。

(2) 提升整网总吞吐量。当整网资源未全部占用时，开启 CA 功能可提升网络资源利用率，使得总吞吐量有效提升。

(3) 提升 UE 速率。当整网资源未全部占用时,开启载波聚合后,UE 速率可以有一定提升。当整网资源全部占用时,UE 速率与调度策略、位置有关,采用差异化调度策略对系统容量有一些独特的影响,在两个载波上分别将 UE 作为一个正常用户对待,在各自载波中独立地进行调度排序。由此,支持载波聚合的 UE 可以获得比不支持载波聚合的 UE 更多的 RB 资源,因此用户体验更佳。但相应的,会挤占其他不支持载波聚合 UE 的无线资源。

(4) 从用户侧体验来看,用户使用 CA 功能后,能够获得更高的网络速率,提高用户的业务使用感知,但由于 CA 终端需要同时监听多载波信息,在网络策略和参数配置不当时容易引起终端耗电量的增加,减少终端的待机时长。

2. 载波聚合对网络性能的影响

载波聚合对网络性能的影响体现在 PRB 利用率和 UE 吞吐量两个方面。具体表现为:

(1) 提高 PRB 利用率。在商用网络中,业务类型以突发业务为主,很少出现两载波上 PRB 资源同时用满的情况。打开 CA 功能后,通过载波管理及灵活调度,可以有效利用网络中的空闲资源,整网的 PRB 利用率有所提升。

(2) 影响 CA UE 吞吐量。eNodeB 引入开关参数(PdcchOverlapSrchSpcSwitch),该参数是用于控制 CA UE 在 PDCCH 公共搜索空间和专用搜索空间交叠区时的搜索方式。该开关打开后,对于非 CA UE 无影响,但如果 CA UE 未遵从协议最新变更,可能出现 PDCCH 解调错误,导致吞吐量降低。若网络中大量 CA UE 都是未遵从最新变更的,则需要关闭该开关。

4.4.4 载波聚合的典型部署场景

3GPP 协议 TS 36.300[12] 定义了载波聚合的 5 种组网应用场景,分别为:①共站同覆盖;②共站不同覆盖;③共站补盲;④共站不同覆盖+ RRH(Remote Radio Head);⑤共站不同覆盖+直放站。实际网络运用中主要为前三种场景,如图 4-16 所示,F1 和 F2 指同一个 eNodeB 的不同频率载波。

(1) 场景 1 为 F1 和 F2 共站且覆盖区域重叠,F1 和 F2 都能提供移动性支持。实际网络可能的场景是 F1 和 F2 在相同的频段内,对于 F1、F2 覆盖重叠的区域可以进行载波聚合。

(2) 场景 2 为 F1 和 F2 共站,共站并覆盖区域重叠,但由于较大的路径损耗导致 F1 的覆盖区域较小,只能由 F2 提供足够的覆盖,F1 用来提高吞吐量,移动性基于 F2 覆盖。实际网络可能的场景是 F1 和 F2 在不同的频段,F1 和 F2 小区覆盖重叠的区域可以进行载波聚合。

(3) 场景 3 为 F1 和 F2 共站,但是 F1 天线指向 F2 覆盖边界来提供小区边缘的吞吐量,F2 提供足够的覆盖,但 F1 由于较大的路径损耗可能会有覆盖盲区,移动性基于 F2 覆盖。实际网络可能的场景是 F1 和 F2 在不同的频段,覆盖重叠的区域可以进行载波聚合。

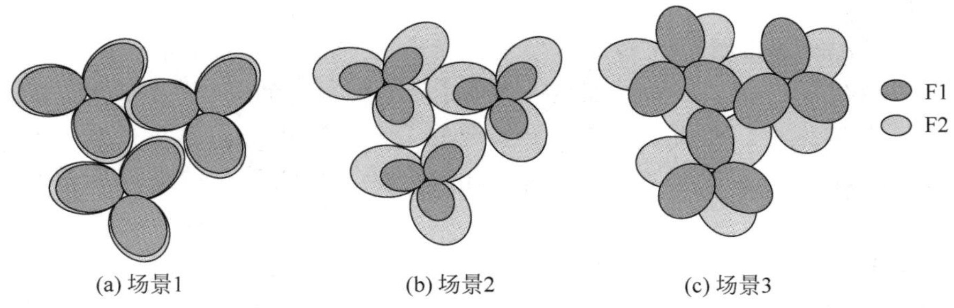

图 4-16 载波聚合的典型场景

4.5 多点协作传输

多点协作(Coordinated Multi-Point,CoMP)传输技术作为一种可以提高小区平均吞吐量以及小区边缘用户吞吐量的技术,无论在上行还是在下行,都可以提高系统性能,尤其是改善小区边缘频谱效率及性能。虽然 CoMP 增加了系统的复杂性,但能显著提高容量和覆盖增益,有效减小小区间干扰。

CoMP 技术是指协调的多点发射接收技术,这里的多点是指地理上分离的多个天线接入点。它是利用多站点协同一起为用户服务,相邻的几个站点同时为一个用户服务,从而提高用户的数据速率。通过移动网络中多节点(基站、用户、无线中继节点等)协作传输,解决现有移动蜂窝单跳网络中的单小区单站点传输对系统频谱效率的限制,更好地克服小区间干扰,提高无线频谱传输效率,提高系统的平均和边缘吞吐量,进一步扩大小区的覆盖。eNodeB 之间的 CoMP 技术采用 X2 接口进行有线传输,eNodeB 与无线中继(Relay)之间的 CoMP 技术采用空口进行无线传输。

4.5.1 多点协作分类

按照进行协调的节点之间的关系,CoMP 可以分为站内 CoMP(intra-siteCoMP)和站间 CoMP(inter-siteCoMP)两种:

(1) intra-siteCoMP 协作发生在一个站点内,此时因为没有站点传输容量的限制,可以在同一个站点的多个小区间交互大量的信息。

(2) inter-siteCoMP 协作发生在多个站点间,对站点传输容量和时延提出了更高要求,inter-siteCoMP 性能也受限于站点传输的容量和时延能力。

对多点协作发射,由于 intra-siteCoMP 已经可以达到可观的性能增益,同时又不需要对站点间的 X2 接口在标准化上提出新的要求,因此目前 intra-siteCoMP 是关注的重点。在多点协作发射(对应下行 CoMP)中,按业务数据是否在多个协调点上都能获取,可以分为协作调度/波束成形(Coordinated Scheduling/Beamforming,CS/CBF)和联合处理(Joint Processing,JP)两种:

(1) 联合处理(JP)。数据在每一个 CoMP 合作集中可以共享,通过相邻的多个小区为同一用户发送数据,可以将小区间的干扰变为有用信号,从而提高边缘用户接收 SINR。条件是协作小区不仅需要共享用户的信道信息,而且需要共享用户数据信息。联合处理包括联合传输(Joint Transmission,JT)和动态小区选择(Dynamic Cell Selection,DCS)。由于需要用户数据的共享,联合处理对时延要求较高,因此适用于低延迟/高容量场景。

(2) 协作调度/波束赋形技术(CS/CBF)。通过小区间调度策略或波束赋形策略,避免将同一资源分配给干扰严重的两个用户(CS),或对分配同一资源的两个用户波束赋形过程中彼此进行零陷(CBF)。CS/CBF 的一个 UE 只需要一个基站来服务,因此发送给特定 UE 的数据不是共享的,但基站需要知道协作用户的部分或完全信道信息。

为了支持终端对邻小区信道的测量,在 CSI-RS 设计时需要尽量保证小区之间 CSI-RS 的正交性,以及考虑本小区业务信道对测量邻小区 CSI-RS 信号强度的影响。

4.5.2　多点协作簇的选择方式

多点协作簇主要有三种不同的方式:

(1) 静态协作。根据一定的准则固定地选择几个基站协作,一般是选择干扰较大的几个基站,这样有利于消除最强的几个小区间干扰。该协作方式简单易行,但是同一个基站中的所有 UE,其对应的协作簇都一样,这样对于不同地理位置的 UE 来说,不一定可以消除最强的小区间干扰,公平性得不到保障;随着 UE 的移动,其最强干扰源也会改变,静态协作无法满足这种动态的变化。

(2) 动态协作。根据 UE 反馈的干扰源信息,其主服务基站动态地选择对该 UE 服务的协作簇。该方式下,同一个基站的不同 UE 对应的协作簇可能不一样,这样对于每个 UE 来说,都是最大程度地消除了小区间干扰;但是该方式比较复杂,实现起来代价高。

(3) 半动态协作。在该协作方式下,预先确定一个大的协作集(预协作集),然后 UE 在预协作集中动态地选择参与协作的基站,最终参与协作的基站数小于或者等于预协作集中的基站数。这种协作方式明显比静态协作的适应性更强,复杂度相对于动态协作小,是 3GPP 讨论较多的一种协作方式。

4.5.3　多点协作的反馈机制

LTE-A 系统的 CoMP 反馈机制比较复杂,根据 UE 反馈的不同,可分为三种:

(1) 显式反馈。指 UE 反馈的直接观测到的信道,没有经过任何处理,如信道矩阵、信道相关矩阵等。这种反馈方式从理论上来说,信息量最大,但在实际的系统中考虑到反馈量的大小,一般需要对反馈信息进行处理,即隐式反馈。

(2) 隐式反馈。指 UE 反馈的是经过处理之后的信道信息,如 CQI(信道质量指示)、PMI(预编码矩阵指示)、RI(秩指示)等。隐式反馈虽然在一定的程度上造成了预编码性能的损失,但可以有效地降低反馈量,是性能和反馈量之间的一个折中。如何在性能损失最小的情况下最大程度地降低反馈，是目前研究的热点问题。

(3) 基于SRS信道的反馈。根据上行SRS信号，利用互异性获得下行信道信息。这种反馈只适用于TD-LTE系统。根据反馈的颗粒度，针对时间和频谱资源，又可将反馈分为两种：①长期信道反馈，该反馈方式降低了反馈量，适用于相关性较强的信道；②短期信道反馈，该反馈精确度高，但反馈开销大。

4.6 无线中继技术

无线中继(Relay)指通信数据不是由宿主(Donor)eNodeB直接与终端进行收发，通过中继节点(Relay Node,RN)进行中转的过程。宿主eNodeB与传输网络相连，中继节点通过无线与宿主eNodeB相连，所以在中继节点与传输网络之间不存在有线的连接，中继网络示意如图4-17所示。下行数据的传输是先经过宿主eNodeB，然后通过宿主eNodeB传给中继节点，最后传输给终端用户，上行数据的传输则与下行相反。

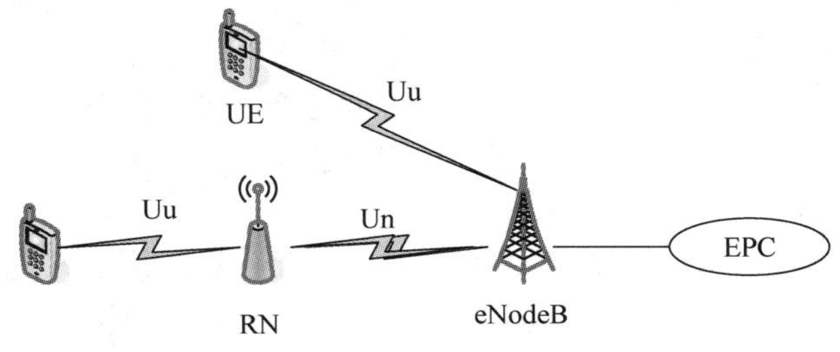

图4-17 中继网络示意图

中继技术主要定位在覆盖增强场景。中继节点(RN)用来传递宿主eNodeB和终端之间的业务和信令，目的是增强高数据速率的覆盖、临时性网络部署、小区边界吞吐量提升、覆盖扩展和增强、支持群移动等，同时也能提供较低的网络部署成本。目前较为简单的中继是两跳中继，即基站—中继站和中继站—基站这两条链路，使用这种方式可将一条质量较差的链路转换为两条质量更好的链路结构，从而提高链路的容量和覆盖。

中继节点通过无线连接到其归属的eNodeB小区，共有三条空中链路：①中继节点与归属小区之间的接口为Un接口，称为回程链路(Backhaul Link)；②归属到RN的UE(R-UE)与RN之间的接口为Uu接口，称为接入链路(Access Link)；③UE与eNodeB之间的接口为Uu接口，称为直传链路(Direct Link)。

4.6.1 无线中继分类

根据中继节点(RN)在网络中实现功能的不同，可以将无线中继分为三类：

(1) 按照 RN 接入宿主基站的方式,分为带内(Inband)RN、带外(Outband)RN,前者回程链路和接入链路复用相同的载波频率资源,后者回程链路和接入链路使用不同的载波频率资源。带内中继由于回程链路和接入链路使用一样的载波频率资源,可能会带来自干扰。

(2) 按照 R-UE 能否感受到通过透明 RN 进行通信,分为非透明(Non-Transparent) RN 和透明(Transparent)RN。

(3) 按照 RN 具有的功能,分为不独立管理小区的 RN 和独立管理小区的 RN,前者没有独立的小区 ID,也没有独立的无线资源管理功能,不能够形成新的小区,这类中继主要用于增加频谱效率和小区的吞吐量;后者有独立的小区 ID,具有独立的无线资源管理功能。

4.6.2　无线中继应用场景

中继的应用有两种典型场景:

(1) 提高覆盖场景。如图 4-18 所示,终端不在基站的覆盖范围之内,RN 承担覆盖扩展与增强。

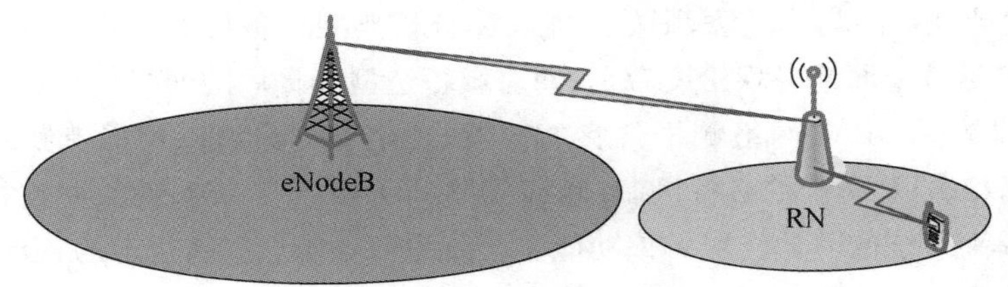

图 4-18　中继提高覆盖场景

(2) 提高容量场景。如图 4-19 所示,提高小区边缘或者小区平均吞吐量的终端不在基站的覆盖范围之内。这种场景是终端在基站覆盖范围之内,或者终端降低发射功率,RN 作为小区分裂的补充。

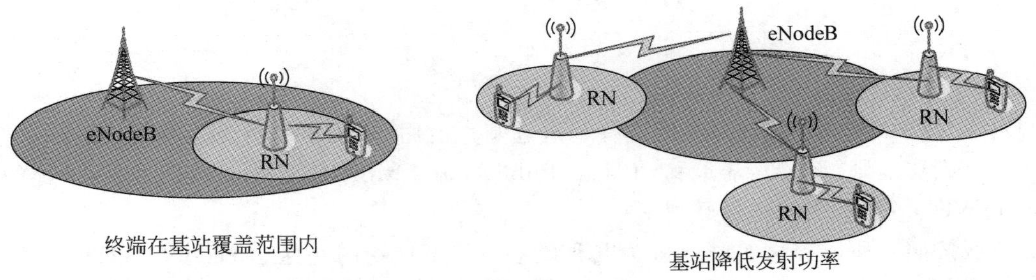

图 4-19　中继提高容量场景

针对不同的无线传播环境,通过部署中继节点可以改善网络性能:①密集城区通过部署 RN 提升高速业务的覆盖,也可进行城区盲点覆盖;②农村环境通过 RN 可以提高基站覆盖范围;③高速移动场景(如高铁)可为用户提高更高的吞吐量,并减少本地用户的切换失败;④室内环境下可以解决较大的阴影衰落和建筑物的穿透损耗。

第5章

LTE 关键算法与参数设置：重选与切换

对用户来说，一个完整的通信流程包括小区搜索、小区选择/重选、随机接入、建立专用物理信道的过程，并涉及功率控制、切换、调度等过程。因此接下来的几章内容将介绍用户通信流程中的关键算法、实际网络的主要参数设置以及专题优化，以引导读者进一步加深对TD-LTE 网优知识的理解和运用。

在关键算法和参数设置部分，参考了目前世界上主流 TD-LTE 设备商如华为、爱立信、中兴、诺西的具体算法，对于 3GPP 中详细规定的具体算法会以协议为基础进行讲解，对于3GPP 中没有明确规定的具体算法，则尽可能具体分析典型设备厂商的算法和参数，将具体的关键算法和参数尽量全面地呈现给读者，以期对设备选型和日后的网络优化提供有益的参考。

移动性管理是指 UE 向网络侧报告它的位置、提供 UE 标识以及保持物理信道的过程。移动性管理是 TD-LTE 系统的必备机制，能够辅助 TD-LTE 系统实现负载均衡、提供更好的用户体验以及提高系统的整体性能。该功能主要分为两大类：空闲状态的移动性管理和连接状态的移动性管理。在 TD-LTE 系统内，空闲状态的移动性管理主要通过 UE 的小区选择/重选过程来实现，由 UE 控制；连接状态的移动性管理主要通过切换过程来实现，由 eNodeB 控制。

5.1 小区选择与重选

对于 TD-LTE 系统来说，小区选择和重选基本沿用 WCDMA 系统的原则，仅修改了测量属性及判决准则，而公共陆地移动网络(Public Land Mobile Network，PLMN)选择的原则基于 WCDMA 系统的选择原则。

小区按照它所能提供的服务分为几种类型：①可接受的小区(Acceptable Cell)；②合适的小区(Suitable Cell)；③禁止的小区(Barred Cell)；④预留的小区(Reserved Cell)。UE 只有在选择合适的小区后才能获得正常的服务。以上几种类型的小区解释如下：

(1) 可接受的小区是指终端用户在小区中只可以获得一些受限的最基本的服务，如只能拨打紧急电话。它的判定条件是不在禁止的小区之列，而且小区信号质量满足一定的要求(即下文提到的 S 准则)。

(2) 合适的小区是指终端用户可以在小区中获得正常的通信服务，如拨打电话、传送数据等。它的判定条件是不在禁止的小区之列，信号质量满足一定的要求(S 准则)，小区所属的 PLMN 是被选择的 PLMN，或等效的 PLMN(EPLMN)，且不在被禁止的路由位置区内。

(3) 禁止的小区是指终端无法驻留的小区。通常，此类小区会在其发送的系统消息中有明确的指示信息。

(4) 运营商预留的小区是指被运营商用作其他一些特殊用途的小区，通常这类小区也会在其发送的系统消息中有明确的指示。

接下来将重点描述 UE 在空闲模式下的主要过程，并讨论相关算法和主要设置参数。

5.1.1　小区选择

当 UE 开机或从无覆盖区进入覆盖区时，手机将寻找 PLMN 允许的所有频点，并选择合适的小区驻留，这个过程称为“小区选择”。

1. UE 在空闲模式下的状态与状态转移

当 UE 开机或者由覆盖盲区重新进入覆盖区时，UE 处于空闲模式。UE 在空闲模式下的状态和状态转移如图 5-1 所示。

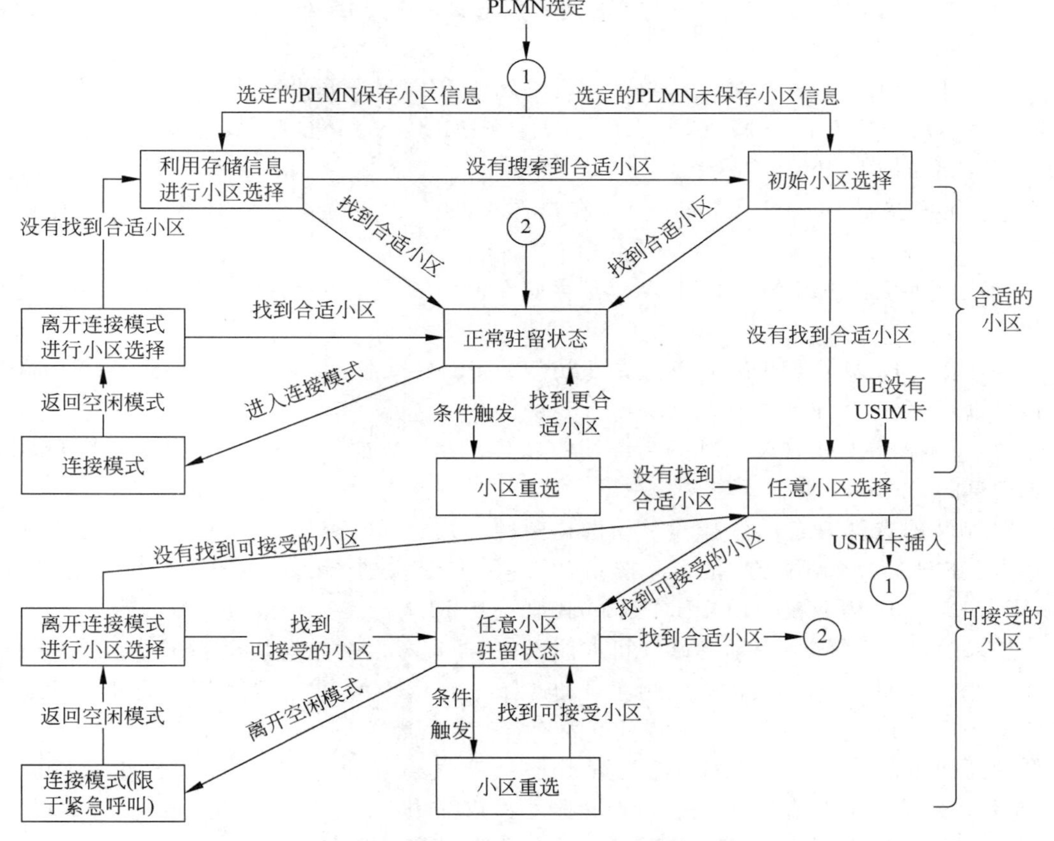

图 5-1　UE 在空闲模式下的状态和状态转移

UE在空闲模式下的行为可分为三个过程：①PLMN选择；②小区选择与重选；③位置登记。如图5-1所示，UE开机后首先选择一个PLMN并与其建立连接。UE接入层将所有可以利用的PLMN报告给非接入层，UE保存一个允许的PLMN列表。在PLMN选择和重选时，基于允许的PLMN列表以及接入优先级，手动或自动地选择合适的PLMN。在PLMN选定后，UE在选定的PLMN中进行小区搜索，选择合适的小区以提供服务，并监测该小区的控制信道以接收系统信息。此后，UE利用非接入层登记过程在所选择小区的跟踪区(TA)中进行位置登记。若UE发现一个更合适的小区，它在选定PLMN的可选择小区中进行小区重选。如有必要，UE将在其他的PLMN中周期性地选择一个更合适的小区(该过程称为PLMN重选)。若新小区位于不同的跟踪区，则需要进行位置登记。

2. PLMN选择

对于UE来说，通常需要维护几种不同类型的PLMN列表，每个列表中可能会有多个PLMN：

(1) 已登记PLMN(RPLMN)是UE在上次关机或脱网前注册成功的PLMN。

(2) 等效PLMN(EPLMN)是与UE当前所选择的PLMN处于同等地位的PLMN，其优先级相同。

(3) 归属PLMN(HPLMN)为终端用户归属的PLMN。也就是说，终端USIM卡上的IMSI号中包含的MCC和MNC与HPLMN上的MCC和MNC是一致的，对于某一用户来说，其归属的PLMN只有一个。

(4) 用户控制PLMN(UPLMN)是存储在USIM卡上的一个与PLMN选择有关的参数。

(5) 运营商控制PLMN(OPLMN)是存储在USIM卡上的一个与PLMN选择有关的参数。

(6) 禁用PLMN(FPLMN)为被禁止访问的PLMN，通常终端在尝试接入某个PLMN被拒绝以后，会将其加到本列表中。

(7) 可捕获PLMN(APLMN)为终端能在其上找到至少一个小区，并能读出其PLMN标识信息的PLMN。

PLMN的选择有自动选择和手动选择两种方式。不同类型的PLMN其优先级别不同，终端在进行PLMN选择时将按照以下顺序依次进行：①RPLMN和EPLMN；②HPLMN；③UPLMN；④OPLMN；⑤其他的PLMN。

如果是自动选择PLMN，终端开机或脱网时，非接入层功能模块会利用终端中存储的PLMN信息按照PLMN的优先级顺序自动选择一个PLMN，通常RPLMN(即上次注册成功的PLMN)有最高的优先级。如果UE没有存储任何相关信息，UE会在所有载频范围内从低到高搜索。在每个载频上，优先读取信号最强小区的系统消息，找出小区所属的PLMN，并把结果上报给非接入层，同时也把小区广播中NAS相关消息上报给NAS层，由非接入层评估各有效的PLMN，并做出选择。通常，在同一载频上若某小区质量满足RSRP

大于或等于－120dBm，则作为具有高质量的 PLMN 上报给 NAS 层。否则，根据检测的 PLMN 信号强度按由强到弱的顺序上报给 NAS，由 NAS 选择 PLMN。

如果是手动选择 PLMN，则终端开机或脱网时，其非接入层功能模块会命令接入层去搜索所有的 PLMN，然后接入层将搜索到的所有 PLMN 信息报告给非接入层，由用户通过手动操作来选定一个特定的 PLMN。

3. 小区选择过程

小区选择过程如图 5-2 所示，包括小区搜索、小区测量和小区选择判决执行三个过程。UE 在选择了 PLMN 以后，要通过小区选择的过程，选择适合的小区进行驻留。小区选择分为初始小区选择和利用存储信息进行小区选择两种情况。初始小区选择流程不需要知道 UE 所选择的 PLMN 信息，而存储信息小区选择流程需要知道所选择的 PLMN 以前保存的信息，例如之前接收到的测量控制信息或者需要搜索的小区列表，包括载频信息、可选择的小区参数等，这些信息能加快小区搜索速度。

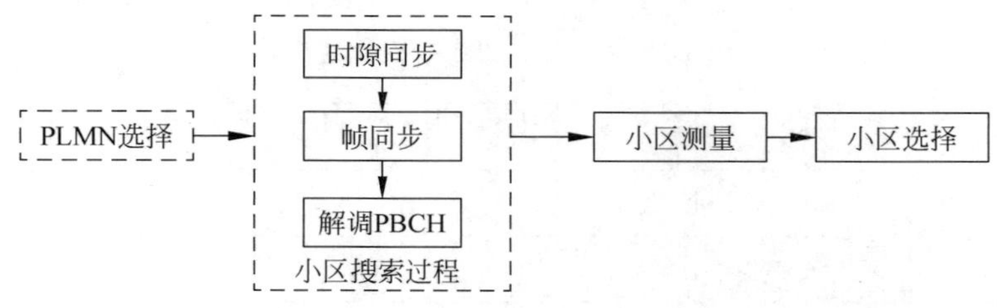

图 5-2　小区选择过程

(1) 初始小区选择。该过程 UE 不要求事先知道 TD-LTE 载频的 RF 信道信息。UE 搜索所有 TD-LTE 带宽内的 RF 信道，以寻找一个合适的小区。在每个载频上，UE 首先搜索最强的小区并根据小区搜索过程读取该小区的系统信息，根据 S 准则评估该小区是否是合适的小区，一旦找到合适的小区进行驻留，则小区选择过程完成。如果该小区不是合适的小区，则 RRC 要求物理层搜索次强小区，依此类推，直到找到合适的小区并驻留。

(2) 存储信息小区选择。UE 搜索小区列表中的第一个小区，物理层通过小区搜索过程读取该小区的系统信息，并根据 S 准则判别该小区是否是合适的小区，如该小区是合适的小区，则终端选择该小区，小区选择过程完成。如果该小区不是合适的小区，则搜索小区列表中的下一个小区，依此类推。如果列表中的所有小区都不是合适小区，则启动初始小区选择流程。

4. 小区搜索过程

在 UE 开机之后，UE 先进行选网操作(选定 PLMN)，然后进行小区搜索，包括一系列同步过程，使得 UE 与服务小区之间建立时间与频率同步，从而得以选择合适的小区进行驻留，获取该小区 ID 号、系统信息以及邻小区更详细的信息。

LTE 系统中有 504 个物理层小区 ID 号 $N_{\mathrm{ID}}^{\mathrm{cell}}$，它们被分成 168 个唯一的物理层小区 ID 组 $N_{\mathrm{ID}}^{(1)}$，每个小区 ID 组由 3 个组内小区 ID 号 $N_{\mathrm{ID}}^{(2)}$ 组成。物理层小区 ID 号 $N_{\mathrm{ID}}^{\mathrm{cell}}$ 可以表示为

$N_{ID}^{cell}=3N_{ID}^{(1)}+N_{ID}^{(2)}$，其中 $N_{ID}^{(1)}$ 的取值范围从 0 到 167，$N_{ID}^{(2)}$ 的取值范围从 0 到 2。可以通过主同步信号检测和辅同步信号检测分别得到 $N_{ID}^{(1)}$ 和 $N_{ID}^{(2)}$。

无论初始小区选择还是存储信息小区选择过程，都会使用小区搜索过程来读取小区系统消息。小区搜索过程就是 UE 和小区取得时间和频率同步，并解出服务小区物理层小区 ID 号 N_{ID}^{cell} 的过程。LTE 小区搜索支持可扩展的所有传输带宽(1.4～20MHz)。

为了实现小区搜索，在下行链路中传输主同步信号、辅同步信号、参考信号。小区搜索过程如图 5-3 所示。UE 开机后扫描可能存在小区的中心频点，在扫描到的中心频点上接收主同步信号(Primary Synchronization Signal，PSS)，完成 OFDM 符号定时、5ms 时隙同步和小数倍频率估计，并检测出组内小区 ID 号 $N_{ID}^{(2)}$；然后利用辅同步信号(Secondary Synchronization Signal，SSS)进行小区搜索，完成 10ms 的帧同步和整数倍频偏估计，并检测出物理层小区 ID 组号 $N_{ID}^{(1)}$。通过解调参考信号获得时隙与频率精确同步。解调 PBCH，从搜索到小区的一个或多个 BCH 上读取广播信息，获得小区其他的配置信息，如系统带宽、PHICH 资源指示、系统帧号(SFN)、CRC 等信息，接收 MIB(Master Information Block)、SIB(System Information Block)，完成小区搜索过程。

图 5-3 小区搜索过程

UE 驻留到一个小区后，将利用非接入层登记过程在其所选小区的跟踪区中进行位置登记，并根据小区重选规则持续地进行小区重选，以便寻找并驻留在优先级更高或者信道质量更好的小区。在小区重选时，若新小区位于不同的跟踪区，也需要进行位置登记。

5. 小区选择算法

当完成小区搜索后，需根据一定准则判定该小区的信号质量是否达到一定的要求，才能进一步确定是否可以驻留在该小区，以获得正常的通信服务，这一判定准则称为 S 准则。若 UE 满足 S 准则，则判断当前测量小区可进行驻留；反之，UE 重新进行小区选择。

$$\text{S 准则：}\begin{cases} S_{\text{qual}} > 0 \\ S_{\text{rxlev}} > 0 \end{cases} \tag{5-1}$$

式中，S_{qual} 表示小区选择接收质量值；S_{rxlev} 表示小区选择接收电平值，二者的意义为

$$\begin{aligned} S_{\text{qual}} &= Q_{\text{qualmeas}} - Q_{\text{qualmin}} - Q_{\text{qualminoffset}} \\ S_{\text{rxlev}} &= Q_{\text{rxlevmeas}} - (Q_{\text{rxlevmin}} + Q_{\text{rxlevminoffset}}) - P_{\text{compensation}} \\ P_{\text{compensation}} &= \max(P_{\text{MAX}} - P_{\text{UMAX}}, 0) \end{aligned} \tag{5-2}$$

对于 FDD-LTE 小区，S 准则要求 $S_{\text{qual}}>0$ 和 $S_{\text{rxlev}}>0$ 同时成立，满足 S 准则的 FDD-LTE 小区对应的区域如图 5-4 中阴影区域 4 所示。

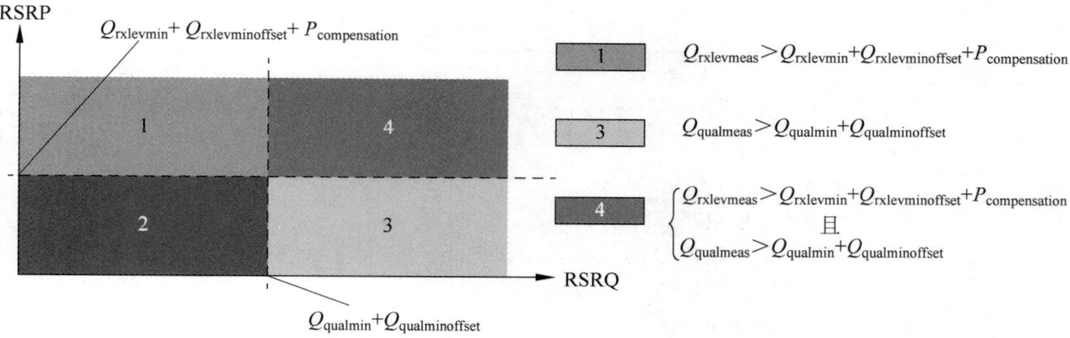

图 5-4　FDD-LTE 小区选择 S 准则示意

对于 TD-LTE 小区，S 准则只要求 $S_{\text{rxlev}}>0$ 成立，满足 S 准则的 TD-LTE 小区对应的区域如图 5-5 中阴影区域 2 所示。

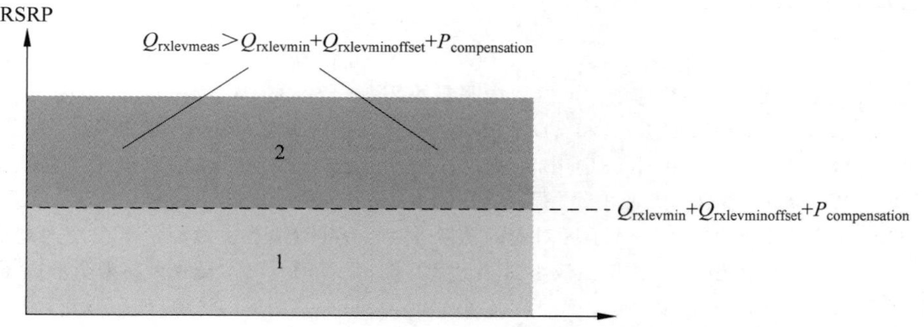

图 5-5　TD-LTE 小区选择 S 准则示意

不同系统的 S_{qual} 和 S_{rxlev} 代表的含义不同：

$$Q_{\text{rxlevmeas}} = \begin{cases} \text{RSRP} & \text{FDD-LTE 和 TD-LTE 系统} \\ \text{CPICH RSCP} & \text{WCDMA(UTRA) 系统} \\ \text{BCCH RSSI} & \text{GSM 系统} \end{cases}$$

$$Q_{\text{qualmeas}}=\begin{cases}\text{RSRQ} & \text{FDD-LTE 系统}\\ \text{CPICH } E_C/N_O & \text{WCDMA(UTRA) 系统}\end{cases}$$

除了满足S准则外，SIB1中其他参数也需要满足，UE才会在该小区选择正常驻留：

(1) 小区所在的PLMN需满足以下条件之一：RPLMN、HPLMN或EPLMN。

(2) 跟踪区要求：至少属于一个不被禁止漫游的跟踪区。

(3) 小区不属于被禁止(barred)或预留(reserved)。

6. 小区选择参数

小区选择的各主要参数含义及取值范围如表5-1所示。

表5-1 小区选择参数

参数名称	参数含义	取值范围及设置建议
S_{qual}/dB	小区选择质量值，不适用于TD-LTE及GSM的小区	UE实际计算值
S_{rxlev}/dBm	小区选择的接收电平级别	UE实际计算值
$Q_{\text{rxlevmeas}}$	被测量小区的接收电平。对于FDD-LTE和TD-LTE小区，接收信号的质量用RSRP/dBm表示；对于WCDMA小区，接收信号强度为CPICH RSCP/dBm	UE实际测量值
Q_{qualmeas}	被测量小区的质量值。对于FDD-LTE小区，接收信号的质量用RSRQ表示，对于WCDMA小区，接收信号的质量用CPICH E_c/N_o表示，对于TD-LTE及GSM小区不可用	UE实际测量值
Q_{rxlevmin}/dBm	小区满足选择和重选条件的接收电平最小需求级别，对于FDD-LTE和TD-LTE小区，接收信号的质量用RSRP/dBm表示；对于WCDMA小区，接收信号强度为CPICH RSCP/dBm，对于GSM小区对应的测量量为Rxlev，设置步长为2dB。该参数在SIB1或SIB3/5/6/7中读取	取值为[−140，−44] 建议值：LTE服务小区和相邻小区默认为−124dBm，WCDMA相邻小区为−119dBm，GSM相邻小区为−115dBm 影响：该值影响空闲模式下的覆盖。减少该参数会扩大小区的允许接入范围，但可能会导致覆盖边缘因信号强度太弱而造成掉话率的升高。设置太高则会形成覆盖盲区。增加某小区的该值，使得该小区更难符合S准则，更难成为合适小区，UE选择该小区驻留的难度增加，反之亦然
Q_{qualmin}/dB	小区满足选择和重选条件的质量最小需求级别，对于FDD-LTE小区，接收信号的质量用RSRQ表示，WCDMA对应的测量量是CPICH E_c/N_o，对于TD-LTE及GSM小区不可用。该参数在SIB1读取	FDD-LTE取值为(−34，−3)dB 建议值：−34dB WCDMA取值为(−24，0)dB 建议值：−18dB 影响：同Q_{rxlevmin}

续表

参数名称	参数含义	取值范围及设置建议
$Q_{rxlevminoffset}$	UE 在正常驻留在一个 VPLMN 时，周期性搜索一个更高优先级的 PLMN 时，对接收小区信号的最小门限值 $Q_{rxlevmin}$ 进行的偏置，即影响接收小区信号的最小门限值，阻止 PLMN 之间的乒乓效应。该参数在 SIB1 读取	取值为[0,8] 建议值：1，实际取值为 $2Q_{rxlevminoffset}$ dB 影响：通过该参数提高选择高优先级别 PLMN 接收小区信号的最小门限值 $Q_{rxlevmin}$。提高 UE 在正常驻留一个 VPLMN 时，进行更高级别的 PLMN 小区搜索的要求。不进行频繁的不同 PLMN 的小区搜索过程
$Q_{qualminoffset}$	对接收小区信号质量的最小门限值 $Q_{qualmin}$ 进行的偏置，以阻止 PLMN 之间的乒乓效应	取值为[0,8] 建议值：1，实际取值为 $2Q_{qualminoffset}$ dB 影响：同 $Q_{rxlevminoffset}$
P_{MAX}	系统允许 UE 在一个载频上的最大发射功率，该参数在 SIB1 读取	取值为[−30,33]dBm 建议值：23 影响：通过该参数，系统可以统一控制接入小区 UE 的发射功率，从而影响上行链路的覆盖。设置过大会造成小区边缘 UE 的发射功率过大，从而引起同频干扰
P_{UMAX}	UE 的最大射频输出功率	根据 UE 功率等级确定的最大发送功率，取决于手机终端的能力，不可设置

5.1.2　小区重选

小区重选是指 UE 在空闲模式下周期性监测服务小区和相邻小区的信号质量，以选择一个最好的小区作为服务小区的过程。

UE 成功驻留到合适的 LTE 小区 1s 后，就可以开始小区重选过程。小区重选过程包括根据测量准则启动小区测量、根据重选判决准则进行小区排序和重选判决、小区可接入性验证三个步骤，如图 5-6 所示。UE 根据网络配置的相关参数，在满足条件时发起相应的流程。

若 LTE 候选小区在系统消息 SIB1 中状态 cellBarred 字段标记为 barred，即被禁止接入，则无论小区选择还是重选，都不能选择该小区驻留（即使在紧急呼叫的场景下也不例外）；若 LTE 候选小区在系统消息 SIB1 中状态 cellReservedForOperatorUse 被置为 reserved，即预留，则只有接入级别为 11 或 15 的 UE 能够将该小区作为正常候选小区，其余的 UE 应视该小区为 barred。

对于 SIB1 下发的标记为 barred 或 reserved 的最佳目标小区，通常要求 UE 从小区重选候选列表中排除这一小区。在这种情况下，UE 可以考虑重选同频的其他小区，除非该最佳目标小区属于某些特定原因（例如该最佳目标小区属于禁止漫游的跟踪区域，或是在登记的 RPLMN 上没有指示），若有以上特定原因的小区存在，则 UE 在之后最长不超过 300s 的

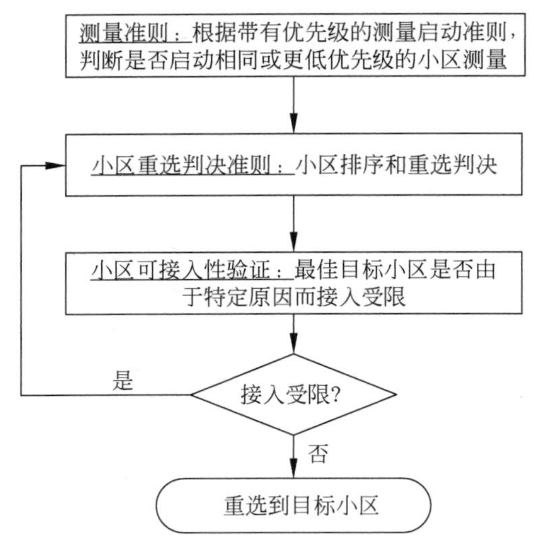

图 5-6　小区重选过程

一段时间内都不会将该频率下的任何一个小区考虑为小区重选的目标小区。

注意：普通 UE 属于范围 0～9 的接入等级(AC)。除此以外，一些特殊 UE 属于范围为 11～15 中的一个或多个更高的接入等级，它们保留给特定用途(如安全业务、公用事业、紧急业务、PLMN 职员等)。AC10 用于紧急接入。若所有适用接入等级的接入都被禁止，UE 会认为接入被禁止。

接下来介绍 LTE 带有优先级的测量准则和小区重选的判决准则。

1. 测量准则

配置优先级的重选测量是 LTE 的一个创新机制，根据不同的小区优先级，3GPP 定义了不同的门限来触发 UE 进行小区测量。这一机制尽可能减少了测量次数，对于 UE 来说可以很好地降低功耗。对于 LTE 或异系统小区来说，每个频点都可以配置单独的优先级。网络通过优先级设置，控制 UE 尽量驻留在高优先级的频点上。特别地，为了避免不同系统之间的乒乓重选，不同系统之间的小区必须采用不同优先级。

LTE 定义的小区优先级用 cellReselectionPriority 参数表示，在 0～7 之间取值，其中 0 代表优先级最低，UE 总是会尝试驻留在优先级高的小区，相邻小区的优先级在 SIB5 中广播。

对于 LTE R8 版本来说，小区重选测量准则如图 5-7 所示，描述如下：

(1) 如果服务小区的 $S_{\text{rxlev,s}} > S_{\text{IntraSearchP}}$，则 UE 不需要执行同频测量；如果服务小区的 $S_{\text{rxlev,s}} \leqslant S_{\text{IntraSearchP}}$，则 UE 需要执行同频测量。

(2) 如果服务小区的 $S_{\text{rxlev,s}} \leqslant S_{\text{NonIntraSearchP}}$，那么 UE 需要执行相同或更低优先级小区的频间/异系统(RAT)测量，否则不需执行相同或更低优先级小区的频间/异系统(RAT)测量。

(3) UE 总是需要执行更高优先级小区的频间/异系统(RAT)测量。

$S_{rxlev,s}$表示服务小区重选接收电平 RSRP 值，计算方法如式(5-2)所示。$S_{IntraSearchP}$和$S_{NonIntraSearchP}$由 SIB3 读取；增加$S_{IntraSearchP}$的值，可使 UE 尽早启动小区重选的同频测量，默认值为 62dB。

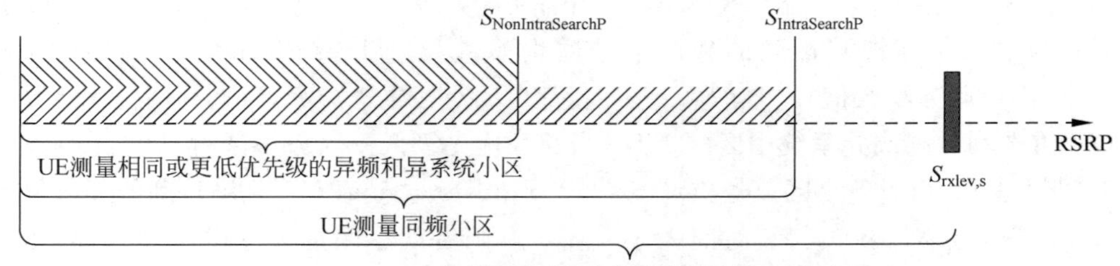

图 5-7　LTE 小区重选测量准则(R8 版本)

对于 FDD-LTE 来说，在 R9 版本进行了更新，小区重选测量量发生变化，相应的测量准则如图 5-8 所示，描述如下：

(1) 如果服务小区的$S_{rxlev,s}>S_{IntraSearchP}$且$S_{qual,s}>S_{IntraSearchQ}$，则 UE 不需要执行同频测量；如果服务小区的$S_{rxlev,s}\leqslant S_{IntraSearchP}$或$S_{qual,s}\leqslant S_{IntraSearchQ}$，则 UE 需要执行同频测量。

(2) 如果服务小区的$S_{rxlev,s}\leqslant S_{NonIntraSearchP}$或$S_{qual,s}\leqslant S_{NonIntraSearchQ}$，则 UE 需要执行相同或更低优先级小区的频间/异系统(RAT)测量，否则不需执行相同或更低优先级小区的频间/异系统(RAT)测量。

(3) UE 总是需要执行更高优先级小区的频间/异系统(RAT)测量。

$S_{qual,s}$表示服务小区重选接收质量值 RSRQ，$S_{rxlev,s}$表示服务小区重选接收电平值 RSRP，计算方法如式(5-2)所示。

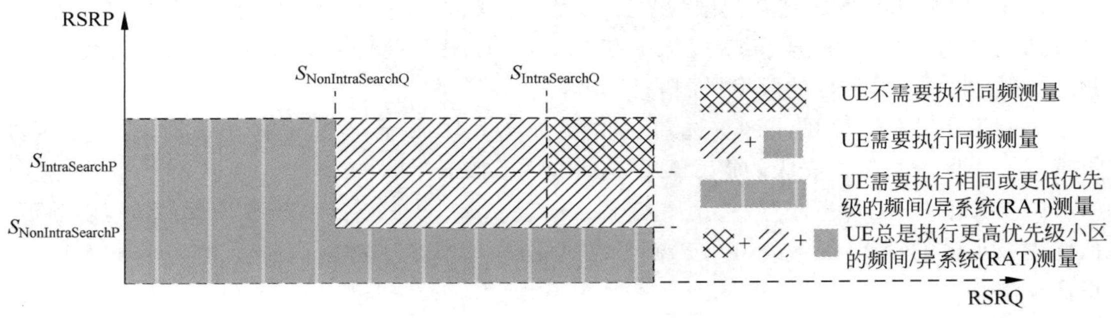

图 5-8　FDD-LTE 小区重选测量准则(R9 版本)

2. 判决准则和排序算法

在空闲模式下，依据对服务小区和邻小区质量监控和测量的结果，来评估是否需要启动小区重选。小区重选启动条件的核心内容就是：存在比服务小区质量更好的小区，且在一段时间内都保持这样的高质量。

UE 对测量小区首先进行 S 准则[见式(5-1)]的判决：当测量小区的信号满足 S 准则时，则把该小区作为小区重选的候选小区。根据邻区优先级和服务小区优先级的关系，LTE R8 版本重选算法如下：

(1) 重选到异频或异系统小区(RAT)，当邻区优先级高于服务小区时，UE 在服务小区驻留时间超过 1s，当被测量到的邻区信号质量 $S_{\text{rxlev,n}}>\text{ThreshXHigh}$ 的持续时间大于 $T_{\text{reselection}}$①，不论服务小区信号质量 $S_{\text{rxlev,s}}$ 多大，都启动小区重选过程，重选到高优先级小区。

(2) 重选到异频或异系统小区(RAT)，当邻区优先级低于服务小区时，UE 在服务小区驻留时间超过 1s，当服务小区信号质量 $S_{\text{rxlev,s}}<\text{ThreshServingLow}$，且测量到的邻区信号质量 $S_{\text{rxlev,n}}>\text{ThreshXLow}$ 的持续时间大于 $T_{\text{reselection}}$，则启动小区重选过程，重选到低优先级小区。

(3) 重选到同频或异频小区，当邻区优先级与服务小区相同时，UE 在服务小区驻留时间超过 1s，采用 R 准则对满足 S 准则的候选小区和服务小区进行排序(Ranking)，若队列中排序最高的邻区信号质量比服务小区信号质量高，即 $R_{\text{n}}>R_{\text{s}}$ 的持续时间大于 $T_{\text{reselection}}$，则 UE 重选到该小区。R 准则为

$$\begin{cases}R_{\text{s}}=Q_{\text{meas,s}}+Q_{\text{hyst}} & (\text{服务小区})\\ R_{\text{n}}=Q_{\text{meas,n}}-Q_{\text{OffsetCell}}-Q_{\text{OffsetFreq}} & (\text{相邻小区})\end{cases}\tag{5-3}$$

式中，$Q_{\text{meas,s}}$、$Q_{\text{meas,n}}$ 分别表示服务小区和邻小区的 RSRP 测量值；Q_{hyst} 是服务小区重选迟滞，在 SIB3 发送；$Q_{\text{OffsetCell}}$、$Q_{\text{OffsetFreq}}$ 分别对应邻小区的小区偏置和频率偏置，在 SIB4 和 SIB5 发送，对于同频小区来说，$Q_{\text{OffsetFreq}}$ 为 0。

注意：①如果多个不同优先级的小区满足重选准则，则选择优先级最高的小区；②如果优先级相同的多个小区满足重选准则，则根据 R 准则进行排序，选择最优的小区。

LTE R8 版本小区重选各门限设置示意及重选触发机制如图 5-9 所示，由当前服务小区重选到低优先级异频/异系统小区、同优先级同频小区、同优先级异频小区、高优先级异频/异系统小区四类事件的触发机制一目了然。

举例说明 LTE R8 的小区重选判别过程，如图 5-10 所示，当前服务小区为 LTE 小区，重选目标小区为更低优先级的 WCDMA 小区，过程如下：

(1) 状态 1。当服务小区 $S_{\text{rxlev,s}}\leqslant Q_{\text{rxlevmin}}+Q_{\text{rxlevminoffset}}+P_{\text{compensation}}+S_{\text{NonIntraSearch}}$ 时，启动更低优先级小区的频间/异系统(RAT)测量(即服务小区满足 S 准则同时满足频间/异系统测量启动准则)。

(2) 状态 2。服务小区 $S_{\text{rxlev,s}}\leqslant Q_{\text{rxlevmin}}+Q_{\text{rxlevminoffset}}+P_{\text{compensation}}+\text{ThreshServingLow}$ 时，启动小区重选过程，查找更低优先级的相邻小区。

(3) 状态 3。相邻小区信号质量 $S_{\text{rxlev,n}}\geqslant Q_{\text{rxlevmin}}+Q_{\text{rxlevminoffset}}+P_{\text{compensation}}+\text{ThreshXLow}$

① $T_{\text{reselection}}$ 对应不同的无线接入技术(RAT)会有不同的配置，在 SIB3、SIB5 和 SIB7 中配置。

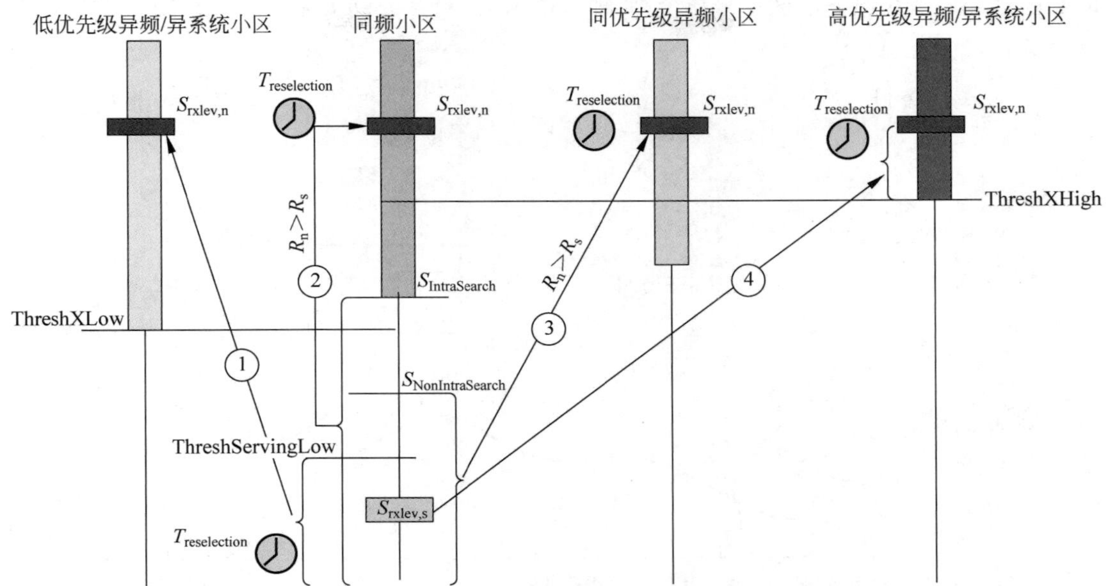

图 5-9　小区重选门限及重选触发机制

符合小区重选条件，启动重选计时器 $T_{reselection}$。

(4) 状态 4。相邻小区信号质量符合小区重选条件的持续时间大于重选计时器 $T_{reselection}$，重选到目标小区。

与 LTE R8 版本判决测量量不同，FDD-LTE R9 版本相应的重选算法变化如下：

(1) 重选到异频或异系统小区(RAT)，当邻区优先级高于服务小区时，UE 在服务小区驻留时间超过 1s，当被测量到的邻区信号质量 $S_{qual,n}$ > ThreshXHighQ 的持续时间大于 $T_{reselection}$，不论服务小区信号质量 $S_{qual,s}$ 多大，都启动小区重选过程，重选到高优先级小区。对于 LTE 小区来说，S_{qual} 为 RSRQ；对于 WCDMA 小区来说，S_{qual} 为 CPICH 的 E_C/N_O；对于 GSM 或 CDMA2000 小区来说，S_{qual} 分别对应 RSSI 和 E_C/I_O。

(2) 重选到异频或异系统小区(RAT)，当邻区优先级低于服务小区时，UE 在服务小区驻留时间超过 1s，对于 WCDMA/LTE/CDMA2000 系统来说，当服务小区信号质量 $S_{qual,s}$ < ThreshServingLowQ，且测量到的邻区信号质量 $S_{qual,n}$ > ThreshXLowQ 的持续时间大于 $T_{reselection}$，则启动小区重选过程，重选到低优先级小区。对于 GSM 系统来说，当服务小区信号质量 $S_{qual,s}$ < ThreshServingLowQ，且测量到的邻区质量 $S_{rxlev,n}$ > ThreshXLow 的持续时间大于 $T_{reselection}$，则启动小区重选过程，重选到低优先级小区。

(3) 重选到同频或异频小区，当邻区优先级与服务小区相同时，UE 在服务小区驻留时间超过 1s，采用 R 准则对满足 S 准则的候选小区和服务小区进行排序，若队列中排序最高的邻区信号质量比服务小区信号质量高，即 $R_s > R_n$ 的持续时间大于 $T_{reselection}$，则 UE 重选到该小区。

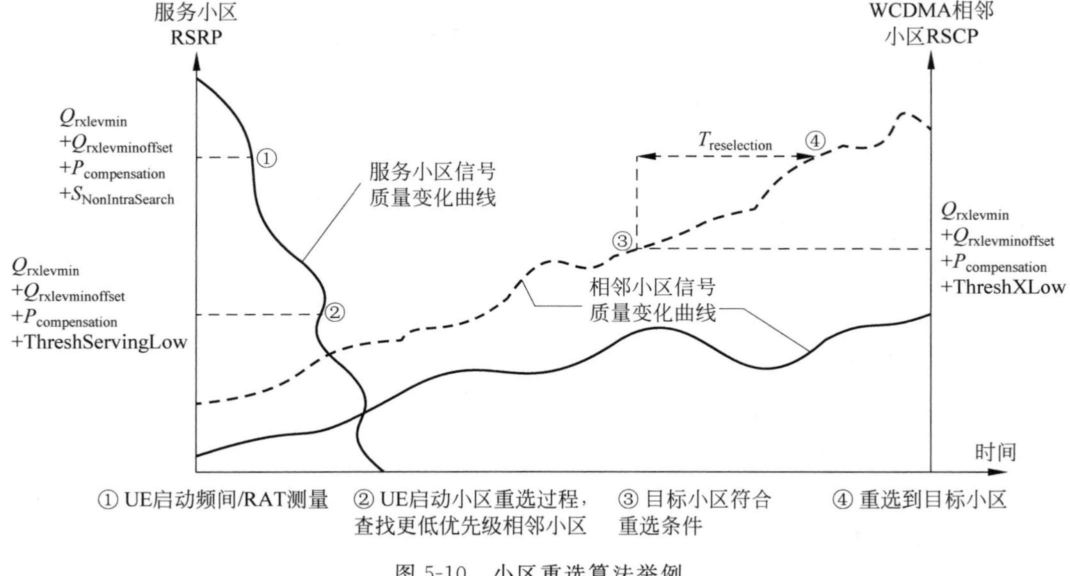

图 5-10　小区重选算法举例

3. UE 移动状态识别及缩放准则

如图 5-11 所示，UE 根据一定时间内小区重选的次数来判断自己处在何种移动速度状态之下：

(1) 中速移动状态(medium-mobility)：在时间 T_{CRmax} 内小区重选次数大于 N_{CR_M} 小于 N_{CR_H}。

(2) 高速移动状态(high-mobility)：在时间 T_{CRmax} 内小区重选次数大于 N_{CR_H}。

(3) 正常移动状态(normal-mobility)：在时间 $T_{CRmaxHyst}$($T_{CRmaxHyst}$ 要大于 T_{CRmax})内，UE 既没有满足高速移动状态准则，也没有满足中速移动状态准则，则 UE 进入正常移动状态。

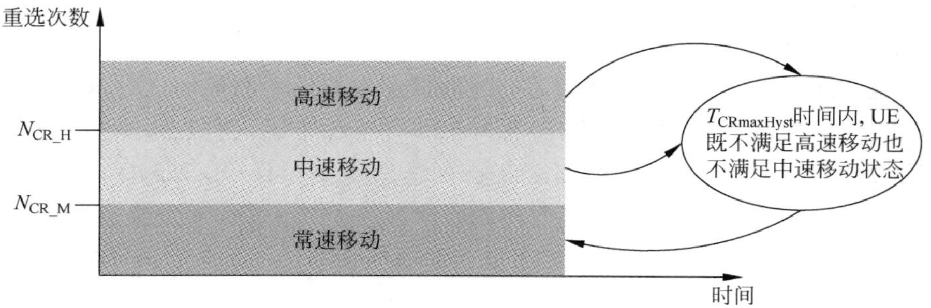

图 5-11　LTE UE 移动状态识别

处于中速和高速移动状态下的 UE 进行小区重选的时候需要通过缩放准则对重选参数进行预处理。缩放准则处理过程如下：

(1) 如果 UE 处于正常移动状态，不使用缩放准则。

(2) 如果 UE 处于高速移动状态，将 Q_{hyst} 加上缩放因子 sf-High 作为修正后的 Q_{hyst} 值，将 $T_{reselection}$ 乘以缩放因子 sf-High 作为修正后的 $T_{reselection}$ 值。

(3) 如果 UE 处于中速移动状态，将 Q_{hyst} 加上缩放因子 sf-Midium 作为修正后的 Q_{hyst} 值，将 $T_{reselection}$ 乘以缩放因子 sf-Midium 作为修正后的 $T_{reselection}$ 值。

注意：①两小区之间的乒乓重选不会被应用缩放准则；②用于 Q_{hyst} 和 $T_{reselection}$ 的缩放因子虽然名称相同(例如 sf-High)，但不是同一个参数，在系统消息中分别用不同字段加以区分。Q_{hyst} 的缩放因子在 SIB3 中下发，$T_{reselection}$ 的缩放因子在对应的系统消息中下发(LTE 为 SIB3/SIB5，WCDMA 为 SIB6，GSM 为 SIB7，CDMA2000 为 SIB8)。

4. 小区重选参数

小区重选的各参数含义及取值范围如表 5-2 所示。

表 5-2 小区重选参数

类别	参数名称	参数含义	取值范围及设置建议
测量准则参数	$S_{rxlev,s}$	UE 测量到的服务小区信号电平值(RSRP)	UE 实际测量值
	$S_{Qual,s}$	UE 测量到的服务小区信号质量值(RSRQ)，用于 FDD-LTE R9	UE 实际测量值
	$S_{IntraSearchP}$	同频小区搜索测量启动门限(RSRP)，在 SIB3 下发	取值为[0,31]，真实值为 $S_{IntraSearchP}\times 2$dB 建议值：31(62dB) 影响：取值越大，同频小区搜索启动条件越苛刻。反之，同频小区搜索启动越容易
	$S_{IntraSearchQ}$	同频小区搜索测量启动门限(RSRQ)，用于 FDD-LTE R9，在 SIB3 下发	取值为[0,31]，真实值为 $S_{IntraSearchQ}\times 2$dB 建议值：8(16dB) 影响：取值越大，同频小区搜索启动条件越苛刻。反之，同频小区搜索启动越容易
	$S_{NonIntraSearchP}$	LTE 异频小区或者异系统小区搜索测量启动门限(RSRP)，在 SIB3 下发	取值为[0,31]，真实值为 $S_{NonIntraSearchP}\times 2$dB 建议值：8(16dB) 影响：取值越大，异频小区搜索启动条件越苛刻。反之，异频小区搜索启动越容易
	$S_{NonIntraSearchQ}$	LTE 异频小区或者异系统小区搜索测量启动门限(RSRQ)，在 SIB3 下发，用于 FDD-LTE R9	取值为[0,31]，真实值为 $S_{NonIntraSearchQ}\times 2$dB 建议值：5(10dB) 影响：取值越大，异频小区搜索启动条件越苛刻。反之，异频小区搜索启动越容易

续表

类别	参数名称	参数含义	取值范围及设置建议
重选判决准则参数	cellReselectionPriority	不同系统不同频点的绝对优先级，在 SIB3 下发	取值为[0,7] 影响：0 表示优先级最低，7 表示优先级最高。在同等条件下，UE 总是优先选择优先级高的小区。优先级高低对 UE 是否执行异频测量相关（详见重选测量准则）
	$Q_{meas,s}$	服务小区在小区重选时测得的 RSRP 值	UE 实际测量值
	$Q_{meas,n}$	相邻小区在小区重选时测得的 RSRP 值	UE 实际测量值
	Q_{hyst}	服务小区重选迟滞，在 SIB3 发送	取值为 enum(0,1,2,3,4,5,6,8,10,12,14,16,18,20,22,24)dB 建议值：4 影响：设置越大，可以增加同频或者同优先级小区重选的难度，小区重选越难发生，掉话率可能将增加；减小迟滞，乒乓重选的次数将增加。调整该值会引起当前小区和所有邻小区重选关系的改变
	$Q_{OffsetCell}$	服务小区和相邻小区的小区 RSRP 偏置，同频小区在 SIB4 发送，异频小区在 SIB5 发送	取值为[−24,24]dB，步长为 2 建议值：0 影响：通过调整该参数可以改变两个小区信号之间的差值，从而改变小区重选难度。参数取值越小越容易发生对应邻小区重选；反之则越不容易发生对应邻区小区重选。该参数可以单独针对某个邻小区，而不影响到其他小区的关系，灵活性更大。例如，利用这一特点，可控制在高架上的 UE 优先重选到专门的高架覆盖小区
	$Q_{OffsetFreq}$	服务小区和相邻小区的频率偏置，在 SIB5 发送。该参数表示对具有同等优先级的异频小区而言，从当前小区重选至该异频小区，R 准则中所需的额外频率偏置	取值为[−24,24]dB，步长为 2 建议值：0 影响：此参数取值越小越容易发生同等优先级的异频邻小区重选；反之，越不容易发生同等优先级的异频邻小区重选。对于同频小区来说，$Q_{OffsetFreq}$ 为 0

续表

类别	参数名称	参数含义	取值范围及设置建议
重选判决准则参数	$T_{reselection}$	小区重选定时器，可针对不同的频率/系统分别进行配置，在相应的广播消息中下发（LTE-SIB3；WCDMA-SIB6；GSM-SIB7；CDMA2000 1xSIB8）	取值为[0,7]s 建议值：2 影响：在重选时间内，当服务小区的信号质量始终低于低优先级频率的重选门限，同时新小区信号质量始终高于低优先级频率的重选门限，且 UE 在当前服务小区驻留超过 $T_{reselection}$ s 时，UE 才会向新小区发起重选。该参数取值越小，UE 在本小区就越容易发起重选，但是增大了乒乓重选的概率；反之，UE 在本小区越难发起重选，容易造成 UE 脱网，但可减小乒乓重选的概率
	ThreshXHigh	UE 重选至高优先级小区的门限，在相应的系统消息中下发（LTE-SIB5；WCDMA-SIB6；GSM-SIB7；CDMA2000 1x SIB8）	取值为[0,31]，真实值为 ThreshXHigh×2dB 针对 LTE 异频、异系统（WCDMA/GSM/CDMA2000 1x）建议取值分别为 11、6、7、11 影响：其他条件不变，增加该值，则增加重选触发难度，反之亦然
	ThreshXHighQ	UE 重选至高优先级小区的门限，在相应的系统消息中下发（LTE-SIB5；WCDMA-SIB6；GSM-SIB7；CDMA2000 1x SIB8）	取值为[0，31]，真实值为 ThreshXHighQ ×2dB 针对 LTE、WCDMA 建议取值分别为 11、6，其他系统采用 ThreshXHigh 影响：其他条件不变，增加该值，则增加重选触发难度，反之亦然
	ThreshServingLow	从当前服务小区至优先级较低的 LTE 或异系统频点小区进行重选评估测量的启动门限（RSRP），在 SIB3 发送	取值为[0,31]，真实值为 ThreshServingLow ×2dB 建议值：8(16dB) 影响：其他条件不变，降低该值，则降低重选到优先级低的异频/异系统小区的概率
	ThreshServingLowQ	从当前服务小区至优先级较低的 LTE 或异系统频点小区进行重选评估测量的启动门限（RSRQ），在 SIB3 发送	取值为[0,31]dB 建议值：8(16dB) 影响：其他条件不变，降低该值，则降低重选到优先级低的异频/异系统小区的概率
	ThreshXLow	UE 重选到低优先级小区的门限，在相应的系统消息中下发（LTE-SIB5；WCDMA-SIB6；GSM-SIB7；CDMA2000 1x SIB8）	取值为[0,31]，真实值为 ThreshXLow×2dB 针对 LTE 异频、异系统（WCDMA/GSM/CDMA2000 x）建议取值为 0 影响：其他条件不变，增加该值，则增加选择该小区难度，反之亦然

续表

类别	参数名称	参数含义	取值范围及设置建议
重选判决准则参数	ThreshXLowQ	UE 重选到低优先级小区的门限，在相应的系统消息中下发（LTE-SIB5；WCDMA-SIB6；GSM-SIB7；CDMA2000 1x SIB8）	取值为[0，31]，真实值为 ThreshXLowQ ×2dB 针对 LTE、WCDMA 建议取值 0，其他系统采用 ThreshXLow 影响：其他条件不变，增加该值，则增加选择该小区难度，反之亦然
缩放准则参数	T_{CRmax}	用于指示 UE 进入中/高速移动状态判决时的评估时间（SIB3 发送）	取值为 ENUM[30,60,120,180,240]s 建议值：240 影响：设置得太大，将不能及时跟踪 UE 的移动状态，从而不能及时根据 UE 的移动状态进行参数调节；设置得太小，将导致检测到 UE 移动状态的变更太频繁，增加系统的负担
	$T_{CRmaxHyst}$	用于指示 UE 离开中/高速移动状态判决时的评估时间（SIB3 发送）	取值为 ENUM[30,60,120,180,240]s 建议值：240 影响：同 T_{CRmax}
	N_{CR_M}	用于指示中速移动状态判决的小区重选次数门限（SIB3 发送）	取值为[1,16]，步长为 1 建议值：16 影响：设置太大，使 $T_{CRmaxHyst}$ 将已进入中速移动状态的 UE 仍判断为低速移动状态；设置太小，使未进入中速移动状态的 UE 误判为中速移动状态
	N_{CR_H}	用于指示高速移动状态判决的小区重选次数门限（SIB3 发送）	取值为[1,16]，步长为 1 建议值：16 影响：设置太大，使将已进入高速移动状态的 UE 仍判断为低速移动状态；设置太小，使未进入高速移动状态的 UE 误判为高速移动状态
	sf-High-Q	迟滞量缩放因子，在系统消息里又写为 q-HystSF，其中包括 sf-High 和 sf-Medium，分别针对高速移动状态和中速移动状态的缩放因子。如果系统消息 3 中发送了 Qhyst，根据 UE 的高速或者中速移动状态，将 Qhyst 分别加上 sf-High、sf-Medium	取值为 ENUM [－6，－4，－2，0]dB 建议值：－2dB 影响：设置太大，使 $T_{CRmaxHyst}$ 将已进入高速移动状态的 UE 仍判断为中速移动状态；设置太小，使未进入高速移动状态的 UE 误判为高速移动状态

续表

类别	参 数 名 称	参 数 含 义	取值范围及设置建议
缩放准则参数	sf-Medium-Q		取值为 ENUM[－6,－4,－2,0]dB 建议值：0 影响：设置太大，使 $T_{CRmaxHyst}$ 将已进入中速移动状态的 UE 仍判断为常速移动状态，越难发生重选；设置太小，使未进入中速移动状态的 UE 误判为中速移动状态
	sf-High-T	重选计时器 $T_{reselection}$ 缩放因子，其中包括 sf-High 和 sf-Medium，分别针对高速移动状态和中速移动状态的缩放因子。如果系统消息（LTE-SIB3/SIB5；WCDMA-SIB6；GSM-SIB7；CDMA2000 1x SIB8）中发送了 $T_{reselectionRAT}$，根据 UE 的高速或者中速移动状态，将 $T_{reselectionRAT}$ 分别乘以 sf-High、sf-Medium，RAT 对应不同的系统，例如对于 LTE，则标记为 $T_{reselectionEUTRA}$	取值为 ENUM [0.25,0.5,0.75,1.0] 建议值：0.5 影响：高速状态时，重选判决定时器的时长应该比中、常速度时的短，所以高速状态时用正常速度时的判决时间乘以高速时的比例因子，以保证及时重选
	sf-Medium-T		取值为 ENUM [0.25,0.5,0.75,1.0] 建议值：0.75 影响：中速状态时，重选判决定时器的时长应该比常速时的短，所以中速状态时用正常速度时的判决时间乘以中速比例因子，以保证及时重选

5.1.3　典型案例分析

接下来对小区选择与重选的典型案例进行分析。

1. UE 由 LTE 重选到 GSM 案例

已知 UE 当前驻留在 LTE 服务小区，优先级为 6，相应的系统参数：$Q_{rxlevmin}=-124$dBm，$Q_{rxlevminoffset}=2$dB，$P_{compensation}=0$dB，$S_{NonIntraSearchP}=20$dB，ThreshServingLow＝0dB，GSM 邻区优先级为 3，相应系统参数：$Q_{rxlevmin}=-110$dBm，$Q_{rxlevminoffset}=2$dB，$P_{compensation}=0$dB，

ThreshXLow=12dB,$T_{reselection}=2s$,求解 UE 由 LTE 到 GSM 小区重选测量和重选判决的条件。

解:

LTE⇒GSM 的测量开启条件:

当 UE 接收到的 LTE RSRP 信号质量 $S_{rxlev.s} \leqslant S_{NonIntraSearchP}$时,开始对 GSM 网络进行测量,即 $S_{rxlev.s} \leqslant S_{NonIntraSearchP} + (Q_{rxlevmin} + Q_{rxlevminoffset}) = 20 + (-124 + 2) = -102$dBm 时,UE 开始对 GSM 网络进行测量。

LTE⇒GSM 的重选条件:

当 UE 接收到的 LTE RSRP 信号质量 $S_{rxlev,s} <$ ThreshServingLow $+ (Q_{rxlevmin} + Q_{rxlevminoffset}) = 0 + (-124 + 2) = -122$dBm 且 UE 接收到 GSM 邻区 Rxlevelsub 信号质量 $S_{rxlev,n} >$ ThreshXLow $+ (Q_{rxlevmin} + Q_{rxlevminoffset}) = 12 + (-110 + 2) = -96$dBm 持续 $T_{reselection} = 2s$ 时,UE 发起由 LTE 小区向 GSM 邻区的重选过程。

2. 室内/室外场景重选参数设置不当导致接入失败案例

1) 现象描述

在某室内分布站点测试发现高层办公室窗边容易选择室外小区信号起呼,由于室外信号不稳定,经常出现接入失败等问题。

2) 问题分析

现场进行测试,发现室内分布小区工作正常,即使在窗边室内小区信号质量也不错(RSRP 在−85～−90dBm 左右,SINR 在 1～3dB 左右),由于办公室位于高层,极易收到远处室外小区飘来的信号,有时室外信号 RSRP 在−90～−100dBm 左右,但不稳定。

对于已部署室内分布小区的高层建筑,室内覆盖策略是 UE 应尽可能驻留在室内分布小区。因此,针对这种场景,可以考虑加大室内小区的重选时延,或提高室内小区的重选门限,让 UE 尽可能驻留在室内小区。

3) 解决方法

修改室内小区的重选时延 $T_{reselection}$ 由 2s 改为 4s,室内小区重选迟滞 Q_{hyst} 由 4dB 修改为 10dB,修改后 UE 稳定驻留在室内小区,可成功进行接入。

3. 同频小区搜索测量启动门限设置不当导致接入失败案例

1) 现象描述

UE 在某小区下起呼失败后,很快(几百 ms 内)在信号质量更好的邻小区下起呼成功。结合路测数据,UE 首次接入小区的无线环境较差(PCI 为 451,RSRP 为−105dBm,SINR 为−6dB),而没有选择邻近信号更好的小区(PCI 为 321,RSRP 为−85dBm,SINR 为 12dB)接入,现象为在 PCI 451 小区接入失败后很快就在 PCI 321 小区成功接入,如图 5-12 所示。

2) 问题分析

查看路测信令 SIB3 消息 intraFreqCellReselectionInfo 中的 $S_{IntraSearchP}=8$,根据公式计算可知当服务小区的 RSRP 值小于−130+16=−114dBm 时才启动同频测量,显然这时已

经为时过晚，属于测量控制门限设置不当导致接入失败。从路测数据看，UE 在向邻区 PCI 321 移动过程中，UE 未启动同频邻区测量导致始终未测量到该邻区信号。

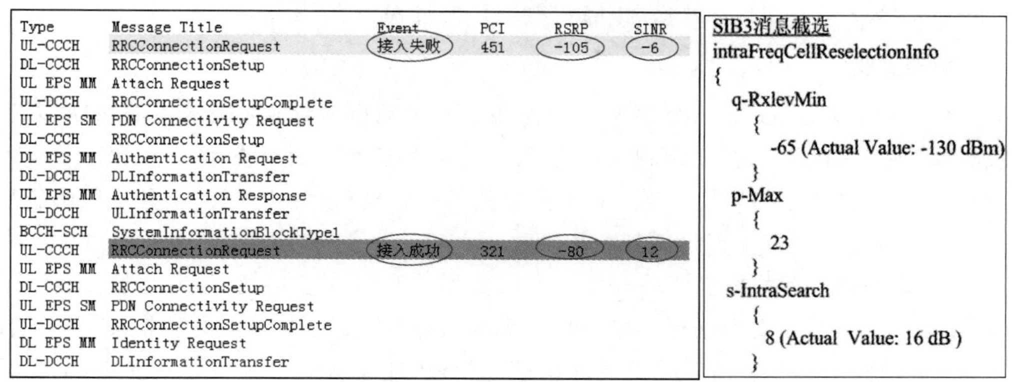

图 5-12　同频小区搜索测量启动门限设置不当导致接入失败

3）解决方法

将 PCI 451 小区的 $S_{\mathrm{IntraSearchP}}$ 修改为 31(62dB)修改参数后重新验证，小区间可以正常重选成功，问题解决。

5.2　切换

当 UE 处于连接状态，LTE 网络通过切换过程实现对 UE 的移动性管理。LTE 系统采用快速硬切换方法实现同频、异频或异系统间小区的切换，从而更好地实现良好的覆盖和无缝切换。在 3GPP 协议 TS 36.331[13] 中对切换算法有明确的规定，本节先阐述协议中的切换算法，并对目前获得广泛商用的算法及参数设置做进一步描述，然后探讨切换失败问题的定位及分析方法。

5.2.1　切换基本概念

一般来讲，切换的步骤包括 UE 侧的切换测量、网络侧(eNodeB)的切换判决和切换执行三个部分。LTE 系统的整个切换过程完全由网络侧控制，所以 UE 的切换行为需要 eNodeB 监控，当发现 UE 处于切换区且存在比当前无线质量更好的小区时，eNodeB 根据情况适时命令 UE 切换到目标小区。由于 eNodeB 并不知道 UE 所处的位置和无线质量情况，因此需要 UE 按照网络侧的要求上报相关的无线质量信息，这个过程就是切换测量过程。UE 上报无线质量信息的方式有周期上报和事件上报两种方式，当前大多数厂家是采用事件上报的方式。当 eNodeB 收到测量或切换的事件上报时，执行切换判决，下发切换命令给 UE；UE 收到切换命令后，中断与源小区的交互，按切换命令要求切换到新的目标小区，并通过信令交互通知目标小区，以完成整个切换过程。

1. 切换类型

根据切换触发的原因，LTE 切换可分为如下几种类型：基于网络覆盖的切换、基于网络负载的切换、基于业务的切换和基于 UE 移动速度的切换。简要描述如下：

(1) 基于网络覆盖的切换。当 UE 上报的测量报告显示存在比当前服务小区信道质量更好的邻小区时，触发基于网络覆盖的切换。

(2) 基于网络负载的切换。一般发生在密集城区高吞吐量场景下，为增加覆盖区域的容量而设计。切换原因与覆盖区域信号质量无关，通过负载控制、负载均衡触发强制切换。

(3) 基于业务的切换。在 LTE 建网初期，网络可能无法满足某些特殊业务，例如核心网没有 IMS，不能提供语音服务，则 UE 由于业务需要切换到 2G 或 3G 网络中，例如电路域回落(Circuit Switched Fallback，CSFB)是解决 LTE 网络承载语音业务的一种选择。

(4) 基于 UE 移动速度的切换。针对高速移动用户，LTE 可专门设计高速小区。高速移动用户需要高速小区提供有保证的服务，移动终端可在高铁等高速移动场景下，切换到周围的高速小区中。

根据网络拓扑结构，按照基站间网络架构的逻辑接口划分，LTE 切换可以分为 eNodeB 内切换、基于 X2 接口的切换与基于 S1 接口的切换：

(1) eNodeB 内切换。当 eNodeB 有多个小区并且在地理上连续覆盖，彼此应该互为邻区。UE 在同站小区间移动时发生 eNodeB 内切换，信令流程比较简单，时延较小。不需要通过 X2 接口发送切换准备消息，也不需要在核心网和基站间发送切换完成相关的一系列消息，小区间的信息交互如切换请求、应答、下行数据转发等都在基站内部的板间进行。

(2) 基于 X2 接口的切换。发生在同一 MME 的不同 eNodeB 间，且源 eNodeB 和目标 eNodeB 之间有 X2 接口连接，需要 X2 接口完成基站间信息交互，也需要 S1 接口完成路径改变相应消息的传递。

(3) 基于 S1 接口的切换。一般发生在没有 X2 接口且非 eNodeB 内切换的有邻区关系的小区之间，基本流程和 X2 接口一致，但所有的站间交互信令都是通过核心网 S1 接口转发，时延比 X2 接口略大。

根据系统组网形式，LTE 切换可分为同频切换、异频切换和异系统切换：

(1) 同频切换。同频组网时，切换的目标小区与服务小区位于相同的频段。切换可能发生在同站内，也可能发生在不同站间。

(2) 异频切换。异频组网时，切换的目标小区与服务小区位于不同的频段，可能是系统内切换(站内切换、同一 MME 的站间切换、不同 MME 的站间切换)，也可能是系统间切换。异频切换需要依据测量间隙(GAP)启动频间切换测量。

测量间隙(GAP)就是让 UE 离开当前频点到其他频点测量的时间段，用于异频测量和异系统测量。在异频与异系统测量中，UE 只在测量 GAP 内进行测量。通常情况下 UE 只有一个接收机，在同一时刻只可能在一个频点上接收信号。当异频或异系统测量被触发后，eNodeB 将下发测量 GAP 相关配置，UE 将按照 eNodeB 的配置指示启动测量 GAP。

(3) 异系统切换。实现 LTE 到 GSM、WCDMA、CDMA2000 等不同系统的小区间切换过程，需要按照测量间隙启动异系统测量。

根据系统是否下发测量，LTE 切换可以分为基于测量事件的切换和盲切换：

(1) 基于测量事件的切换。基站依据 UE 测量上报的邻区信息发起切换。

(2) 盲切换。UE 收到来自核心网的 MobilityFromEUTRACommand，如果用于切换目的，UE 按照该消息中指定的目标网络类型，切换到 GSM 或者 WCDMA 系统，基站不需要 UE 提供测量报告。

2. 切换测量

切换测量在切换算法中占有着重要的地位，UE 的测量报告对 eNodeB 进行切换判决具有关键作用。UE 可执行的测量类型包括三类：

(1) 同频测量。测量与当前服务小区下行频点相同的邻小区下行频点。

(2) 异频测量。测量与当前服务小区下行频点不同的下行频点(同小区或邻小区)。

(3) 异系统测量。与 WCDMA、GSM、CDMA2000 1x EV-DO、CDMA2000 1x、TD-SCDMA 的系统间测量。

切换测量过程包括三个步骤：测量控制、测量报告和测量执行。

1) 测量控制

在连接状态下，网络侧通过 RRC 重配消息 RRCConnectionReconfigurtion 中携带 MeasConfig 信元给 UE 下发测量配置信息。测量控制一般存在于初始接入时的重配消息和切换命令中的重配消息中。RRC 重配消息中的测量配置信元如图 5-13 所示，通过测量配置信元通知 UE，包括邻区列表、事件报告方式、切换事件参数(事件判断门限、事件触发时延、事件上报间隔)等信息。测量配置信元的实例如图 5-14 所示，对其中的各主要信元解析如表 5-3 和表 5-4 所示。

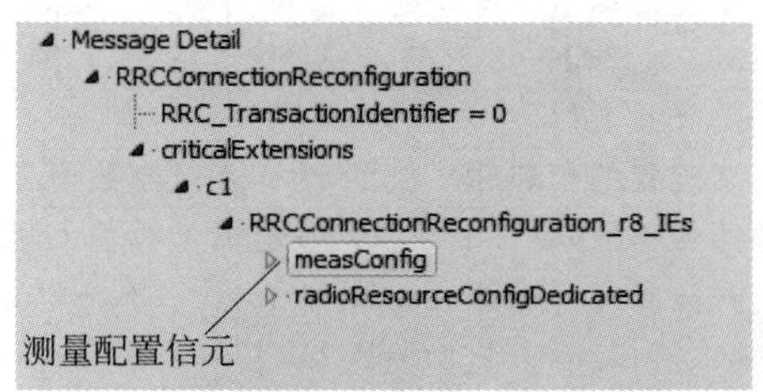

图 5-13 重配消息中的测量配置信元

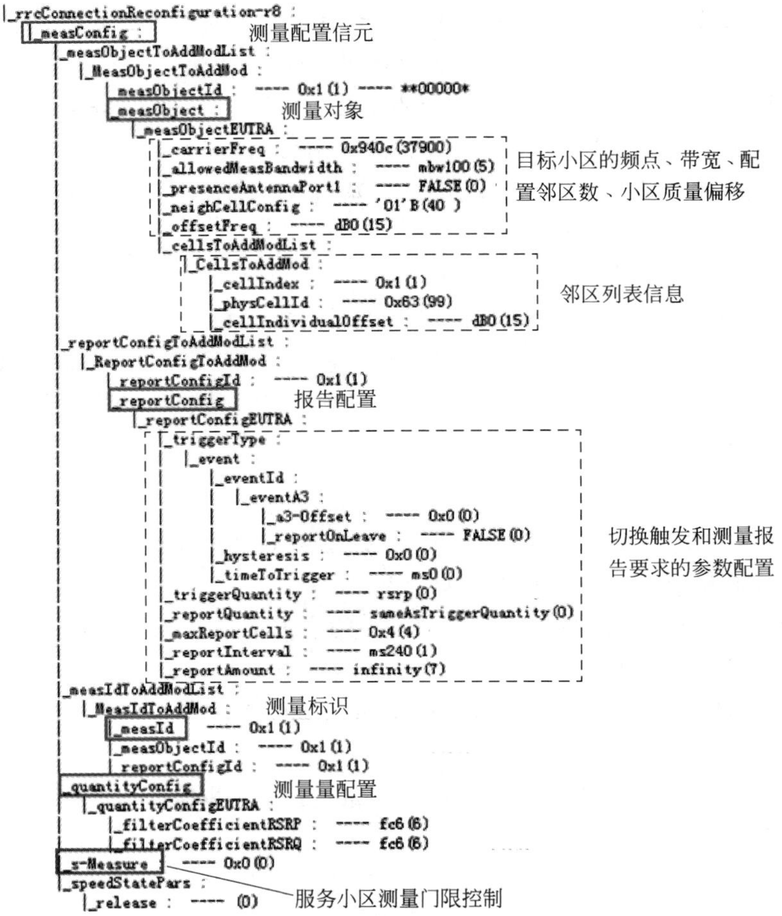

```
|_rrcConnectionReconfiguration-r8 :
  |_measConfig :                                        测量配置信元
    |_measObjectToAddModList :
    |  |_MeasObjectToAddMod :
    |     |_measObjectId :  ---- 0x1(1) ---- **00000*
    |     |_measObject :                                测量对象
    |       |_measObjectEUTRA :
    |         |_carrierFreq :  ---- 0x940c(37900)
    |         |_allowedMeasBandwidth :  ---- mbw100(5)   目标小区的频点、带宽、配
    |         |_presenceAntennaPort1 :  ---- FALSE(0)    置邻区数、小区质量偏移
    |         |_neighCellConfig :  ---- '01'B(40 )
    |         |_offsetFreq :  ---- dB0(15)
    |         |_cellsToAddModList :
    |           |_CellsToAddMod :
    |             |_cellIndex :  ---- 0x1(1)
    |             |_physCellId :  ---- 0x63(99)          邻区列表信息
    |             |_cellIndividualOffset :  ---- dB0(15)
    |_reportConfigToAddModList :
    |  |_ReportConfigToAddMod :
    |     |_reportConfigId :  ---- 0x1(1)
    |     |_reportConfig                                报告配置
    |       |_reportConfigEUTRA :
    |         |_triggerType :
    |         |  |_event :
    |         |    |_eventId :
    |         |    |  |_eventA3 :
    |         |    |    |_a3-Offset :  ---- 0x0(0)
    |         |    |    |_reportOnLeave :  ---- FALSE(0)  切换触发和测量报
    |         |    |_hysteresis :  ---- 0x0(0)            告要求的参数配置
    |         |    |_timeToTrigger :  ---- ms0(0)
    |         |_triggerQuantity :  ---- rsrp(0)
    |         |_reportQuantity :  ---- sameAsTriggerQuantity(0)
    |         |_maxReportCells :  ---- 0x4(4)
    |         |_reportInterval :  ---- ms240(1)
    |         |_reportAmount :  ---- infinity(7)
    |_measIdToAddModList :
    |  |_MeasIdToAddMod :                               测量标识
    |     |_measId   ---- 0x1(1)
    |     |_measObjectId :  ---- 0x1(1)
    |     |_reportConfigId :  ---- 0x1(1)
    |_quantityConfig                                    测量量配置
    |  |_quantityConfigEUTRA :
    |     |_filterCoefficientRSRP :  ---- fc6(6)
    |     |_filterCoefficientRSRQ :  ---- fc6(6)
    |_s-Measure   ---- 0x0(0)
    |_speedStatePars :
       |_release :  ---- (0)                            服务小区测量门限控制
```

图 5-14 测量配置信元实例

表 5-3 measObject 公共参数

参　　数	定　　义
carrierFreq	E-UTRAN 承载频率
allowedMeasBandwidth	表示允许测量带宽。配置值范围为 0～5，分别对应 1.4MHz(6RB)、3MHz(15RB)、5MHz(25RB)、10MHz(50RB)、15MHz(75RB)、20MHz(100RB)
presenceAntennaPort1	当前天线端口
neighCellConfig	表示配置的相邻邻区数目，为十六进制数值
offsetFreq	频间偏移值，是影响小区间重选的偏移值 $Q_{OffsetFreq}$，配置值范围为 0～30，分别对应的实际取值：enum (－24，－22，－20，－18，－16，－14，－12，－10，－8，－6，－5，－4，－3，－2，－1，0，1，2，3，4，5，6，8，10，12，14，16，18，20，22，24)dB。图 5-14 中配置值为 15，对应偏移值为 0dB
cellsToRemoveList	相邻小区删除列表
cellsToAddModList	相邻小区添加/修改列表，包括所有邻区的 Cell ID、PCI、a3Offset 等信息

表 5-4　reportConfig 公共参数

参　　数	定　　义
triggerType	报告触发类型，分为事件型和周期型
a3-Offset	表示触发 A3 事件的偏移量
hysteresis	表示进行切换判决时的迟滞范围，被应用于 Ms 或 Mn。取值范围 0～30，分别对应(0,0.5,…,15)dB，步长 0.5dB
timeToTrigger	监测到事件发生的时刻到事件上报的时刻之间的时间差，其含义是只有当特定测量事件条件在一段时间即触发时间(Time To Trigger，TTT)内始终满足事件条件才上报该事件，取值范围 0～15，对应的实际取值 enum(0,40,64,80,100,128,160,256,320,480,512,640,1024,1280,2560,5120)ms。默认事件 A2 或 A3 为 40ms
triggerQuantity	表示事件触发的测量指标，可选 RSRP、RSRQ 或两者皆有。配置值为 0～1，分别对应测量的指标 enum(rsrp, rsrq)。ANR 仅允许 RSRP
reportQuantity	表示测量报告的上报指标，意义同上
maxReportCells	表示最大上报小区数目，对应可配置的数目为 1～8 个，ANR 配置为 8
reportInterval	事件触发周期报告间隔，配置范围 0～12，对应的配置值 enum(120ms，240ms，480ms，640ms，1024ms，2048ms，5120ms，10240ms，1min，6min，12min，30min，60min)。用来控制当发送的测量报告没有收到响应时，测量报告重发的频率
reportAmount	事件触发周期报告次数。配置范围 0～7，分别对应的值为(1,2,4,8,16,32,64,Infinity)次。用来控制当发送的测量报告没有收到响应时，测量报告重发的次数

2）测量报告

测量报告触发方式分为周期性触发和事件触发。UE 会将满足切换事件的所有小区的测量结果上报给 eNodeB。需要注意的是，LTE 中 UE 上报的测量报告不一定是邻区配置里下发的邻区，所以在分析问题时可以使用测量报告值及测量配置信元中的邻区信息来对比判断是否为漏配邻区。Measurement Report 信令消息解析如图 5-15 所示，UE 通过测量报告上报源小区的 RSRP、RSRQ 值，以及目标小区的 PCI、RSRP、RSRQ 测量值，以供 eNodeB 判决是否执行切换。

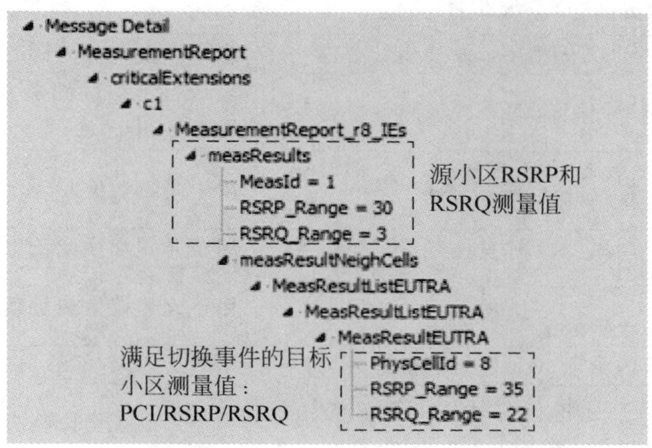

图 5-15　测量报告信令消息解析

图 5-15 中的 RSRP_Range 换算成以 dBm 为单位的 RSRP 计算式为 RSRP(dBm)＝RSRP_Range－140，以源小区 RSRP 计算为例，其 RSRP 值为 30－140＝－110dBm。上报的 RSRQ_Range 与 RSRQ 真实值对应如表 5-5 所示。

表 5-5　RSRQ_Range 与 RSRQ 真实值对应

RSRQ_Range	RSRQ 真实值/dB	RSRQ_Range	RSRQ 真实值/dB
RSRQ_00	RSRQ＜－19.5	RSRQ_32	－4≤RSRQ＜－3.5
RSRQ_01	－19.5≤RSRQ＜－19	RSRQ_33	－3.5≤RSRQ＜－3
RSRQ_02	－19≤RSRQ＜－18.5	RSRQ_34	－3≤RSRQ
…	…	…	…

3）测量执行

UE 总是对当前服务小区进行测量，并根据 RRC 配置消息 RRC Connection Reconfiguration 中的 s-Measure 信元判断是否需要执行对相邻小区的测量。当 UE 测量值低于此 s-Measure 门限值的情况下，UE 才会进行同频、异频、异系统邻区的测量。s-Measure 取值范围[－140，－44]，步长为 1，通常情况均需要 UE 进行邻区测量，因此建议设置为 0，系统不下发此参数，UE 默认对邻区进行测量。

5.2.2　切换事件

LTE 定义了一系列事件作为 UE 触发测量报告的条件，这些事件在 3GPP 规范 TS 36.331[13]中有详细描述。LTE 支持的切换事件分为 A 类和 B 类，其中系统内切换事件采用 A1～A5 标识，系统间切换时间采用 B1～B2 标识，各切换事件的简单介绍如表 5-6 所示，3GPP[13]定义了各事件的进入和离开条件，如表 5-7 所示。A5 事件为 A2 和 A4 事件的组合。针对每个事件，测量量都是可配置的，可以是 RSRP 或 RSRQ。

表 5-6　LTE 各测量事件简介

LTE 的同频/异频/异系统测量事件		作　用
A1	服务小区测量值大于门限值，UE 发送测量报告	用于停止正在进行的异频/异系统测量
A2	服务小区测量值小于门限值，UE 发送测量报告	表示当前小区的覆盖较差，可以开始异频/异系统测量
A3	邻小区测量值大于服务小区测量值一定偏移量，UE 发送测量报告	用于同频切换
A4	邻小区测量值大于门限值，UE 发送测量报告	用于异频切换或负载均衡
A5	服务小区测量值小于门限 1，同时邻小区信道质量大于门限 2，UE 发送测量报告	用于异频切换或负载均衡
B1	邻小区测量值大于门限值，UE 发送测量报告	用于 LTE 到 GSM 或 WCDMA 的 CSFB
B2	服务小区测量值小于门限 1，同时异系统邻区的测量值大于门限 2，UE 发送测量报告	用于异系统切换判决

表 5-7　LTE 各测量事件的判决条件

测量事件	判 决 条 件
A1	事件进入条件：Ms－Hys＞Thresh
	事件离开条件：Ms＋Hys＜Thresh
A2	事件进入条件：Ms＋Hys＜Thresh
	事件离开条件：Ms－Hys＞Thresh
A3	事件进入条件：Mn＋Ofn＋Ocn－Ofs－Ocs－Off＞Ms＋Hys
	事件离开条件：Mn＋Ofn＋Ocn－Ofs－Ocs－Off＜Ms－Hys
A4	事件进入条件：Mn＋Ofn＋Ocn－Hys＞Thresh
	事件离开条件：Mn＋Ofn＋Ocn＋Hys＜Thresh
A5	事件进入条件：Ms＋Hys＜Thresh1 & Mn＋Ofn＋Ocn－Hys ＞Thresh2
	事件离开条件：Ms－Hys＞Thresh1 or Mn＋Ofn＋Ocn＋Hys＜Thresh2
B1	事件进入条件：Mn＋Ofn－Hys＞Thresh
	事件离开条件：Mn＋Ofn＋Hys＜Thresh
B2	事件进入条件：Ms＋Hys＜Thresh1 & Mn＋Ofn－Hys ＞Thresh2
	事件离开条件：Ms－Hys＞Thresh1 or Mn＋Ofn＋Hys ＜Thresh2

每个事件都可以配置一系列的参数，这些参数是由 RRC Connection Reconfiguration 消息中的 measConfig 信元进行传递。网络优化中最常用的切换参数有三个：切换触发门限、延迟触发时间和小区偏置。

由表 5-6 和表 5-7 可知，事件 A1、A2、A4、A5、B1、B2 采用绝对门限，而事件 A3 采用相对门限。表 5-7 中，各参数含义如下：

Mn：邻小区的测量结果，不考虑计算任何偏置。

Ofn：该邻区频率特定的偏置值（在 measObjectEUTRA 中 offsetFreq 被定义为对应于邻区的频率偏置）。

Ocn：该邻区的小区特定偏置值（measObjectEUTRA 中的 Cell Individual Offset），同时如果没有为邻区设置该值，则该值设置为零。

Ms：没有计算任何偏置下的服务小区的测量结果。

Ofs：服务频率上频率特定的偏置值（measObjectEUTRA 中的 offsetFreq）。

Ocs：服务小区的小区特定偏置（measObjectEUTRA 中的 Cell Individual Offset），若没有为服务小区设置该值，该值设置为 0。

Hys：该事件的迟滞值（reportConfigEUTRA 中的 hysteresis）。

Off：该事件的偏置值（对应 A3 事件，即 reportConfigEUTRA 的 a3-Offset）。由判决条件可以知，该值用于控制切换的难易程度。如果正值会增加 A3 事件的触发难度而延迟切换，延迟切换容易引起掉话；反之会降低事件触发难度而导致过早切换，如果偏置设的过小容易引起乒乓切换。

一般来说，A3 事件主要用于同频切换判决，A4 事件主要用于异频切换判决，A5 事件用于触发频间重定向，B1 事件用于由 LTE 切换到 WCDMA 或 GSM 的 CSFB，B2 事件用于系统间切换判决。

1. A1 事件算法

A1 事件用于停止异频/异系统测量。当服务小区质量高于一个绝对门限，关闭正在进行的频间测量，A1 事件的判决公式为：

$$\text{事件进入条件：} Ms - Hys > Thresh \tag{5-4}$$

$$\text{事件离开条件：} Ms + Hys < Thresh \tag{5-5}$$

如图 5-16 所示，Thresh 代表 A1 事件触发门限；当触发类型为 RSRP 时，触发门限由 a1ThresholdRsrp 决定；当触发类型为 RSRQ 时，触发门限由 a1ThresholdRsrq 决定；若触发类型设为 BOTH 时，服务小区的质量在延迟触发时间 timeToTriggerA1 内一直高于 a1ThresholdRsrp 加 A1 事件触发迟滞值 hysteresisA1 或 a1ThresholdRsrq 门限值加 A1 事件触发迟滞值 hysteresisA1，UE 将上报 A1 事件，开启异频/异系统测量。但是，如果要停止异频/异系统测量，则需要服务小区 Ms 测量值 RSRP 和 RSRQ 叠加迟滞值后都大于对应的门限才可以。

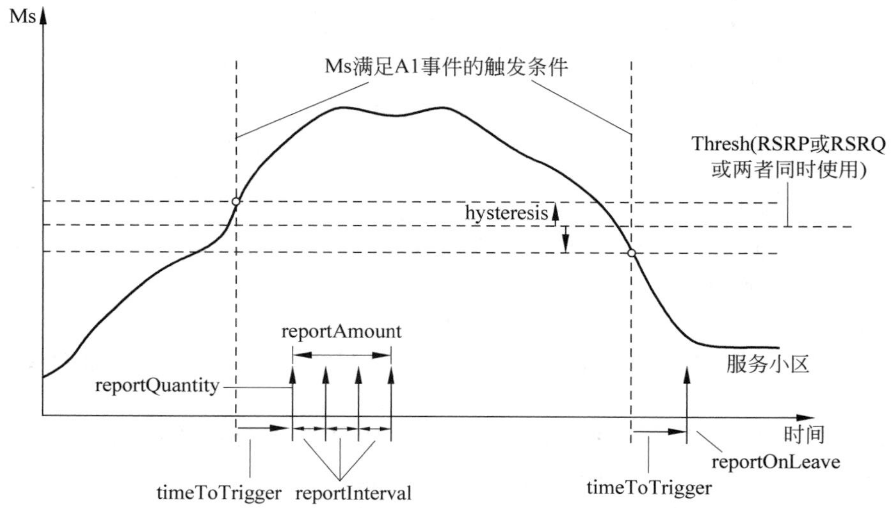

图 5-16　A1 事件算法

2. A1 事件参数

A1 事件参数如表 5-8 所示。

表 5-8　A1 事件主要参数

参数名称	参数含义	取值范围及设置建议
A1 事件触发 RSRP 门限值 a1ThresholdRsrp	A1 事件触发的 RSRP 门限值，当 UE 测量小区 RSRP 值大于此门限＋hysteresisA1 时，并满足触发时间，触发 A1 事件	取值范围：[－140，－44]dBm，步长为 1dB。A1 事件表示 UE 进入比较好的覆盖区域，因此门限设置越高，事件越难触发，默认值－136dBm

续表

参数名称	参数含义	取值范围及设置建议
A1 事件触发 RSRQ 门限值 a1ThresholdRsrq	A1 事件触发的 RSRQ 门限值，当 UE 测量小区 RSRQ 值大于此门限＋hysteresisA1 时，并满足触发时间，触发 A1 事件	取值范围：[－195，－30]dB，单位为 0.1dB。此门限设置越高，事件越难触发，默认值－195
A1 事件触发迟滞值 hysteresisA1	A1 事件触发的迟滞值	取值范围：[0，150]，步长为 5，单位为 0.1dB。此迟滞值越大，越不容易触发 A1 事件，反之则越容易发生。为了防止 UE 频繁地进入和离开 A1 事件，默认值 10，建议设置为 30，即 3dB
A1 事件触发时间 timeToTriggerA1	如果 A1 事件条件满足时间达到 timeToTriggerA1，则触发 A1 事件	取值范围：[0,15]，对应的实际取值 enum(0,40,64,80,100,128,160,256,320,480,512,640,1024,1280,2560,5120)ms。触发时间越短，判断窗口越小，容易导致不合理的事件上报，反之则可能导致 A1 事件上报不及时，因此建议设置较为折中的值，建议设为 11(640ms)

3. A2 事件算法

A2 用于启动异频/异系统测量。如图 5-17 所示，当服务小区质量低于一个绝对门限(serving＜threshold)，UE 上报 A2 事件，打开频间测量。A2 事件的判决公式为：

$$\text{事件进入条件：} Ms + Hys < Thresh \tag{5-6}$$

$$\text{事件离开条件：} Ms - Hys > Thresh \tag{5-7}$$

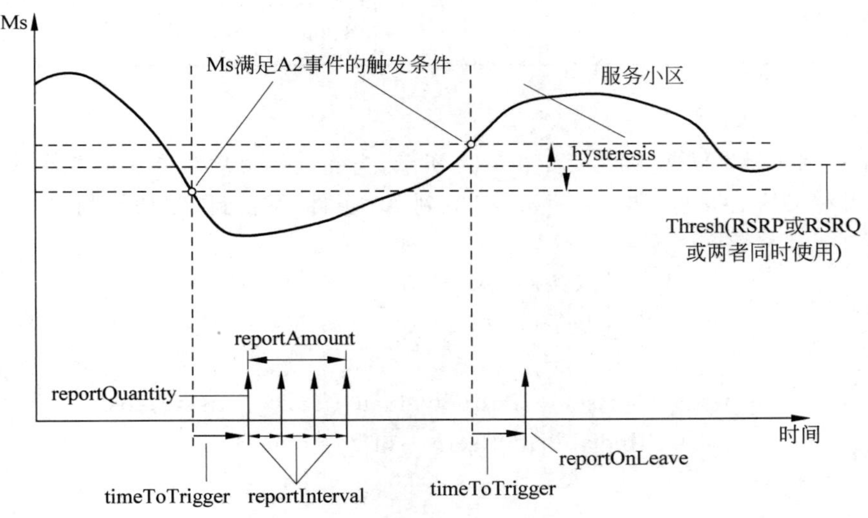

图 5-17　A2 事件算法

4. A2 事件参数

A2 事件参数如表 5-9 所示。

表 5-9 A2 事件主要参数

参 数 名 称	参 数 含 义	取值范围及设置建议
A2 事件触发 RSRP 门限值 a2ThresholdRsrp	A2 事件触发的 RSRP 门限值，当 UE 测量小区 RSRP 值小于此门限＋hysteresisA2 时，并满足触发时间，触发 A2 事件	取值范围：[－140，－44]dBm，步长为 1dB。A2 事件表示 UE 进入比较差的覆盖区域，因此门限设置越高，事件越容易触发。默认值－140dBm
A2 事件触发 RSRQ 门限值 a2ThresholdRsrq	A2 事件触发的 RSRQ 门限值，当 UE 测量小区 RSRQ 值小于此门限＋hysteresisA2 时，并满足触发时间，触发 A2 事件	取值范围：[－195，－30]dB，单位为 0.1dB。此门限设置越高，事件越容易触发。默认值－195
A2 事件触发迟滞值 hysteresisA2	A2 事件触发的迟滞值	取值范围：[0，150]，步长为 5，单位为 0.1dB。此迟滞值越大，越不容易触发 A2 事件，反之则越容易发生。为了防止 UE 频繁地进入和离开 A2 事件，默认值 10，建议设置为 30，即 3dB
A2 事件触发时间 timeToTriggerA2	如果 A2 事件条件满足时间达到 timeToTriggerA2，则触发 A2 事件	取值范围：[0,15]，对应的实际取值 enum(0,40,64,80,100,128,160,256,320,480,512,640,1024,1280,2560,5120)ms。触发时间越短，判断窗口越小，容易导致不合理的事件上报，反之则可能导致 A2 事件上报不及时，因此建议设置较为折中的值，建议设为 11(640ms)

5. A3 事件算法

A3 事件用于触发同频切换。如图 5-18 所示，当邻区信号质量高于服务小区信号质量一定偏置量时 UE 上报 A3 事件。eNodeB 收到 A3 事件后进行同频切换判决。A3 的判决公式为：

$$\text{事件进入条件：} Mn + offset > Ms + Hys \tag{5-8}$$

$$\text{事件离开条件：} Mn + offset < Ms - Hys \tag{5-9}$$

式中：

$$offset = - a3offset - CellIndividualOffsets - offsetFreqs + CellIndividualOffsetn + offsetFreqn \tag{5-10}$$

6. A3 事件参数

A3 事件参数如表 5-10 所示。

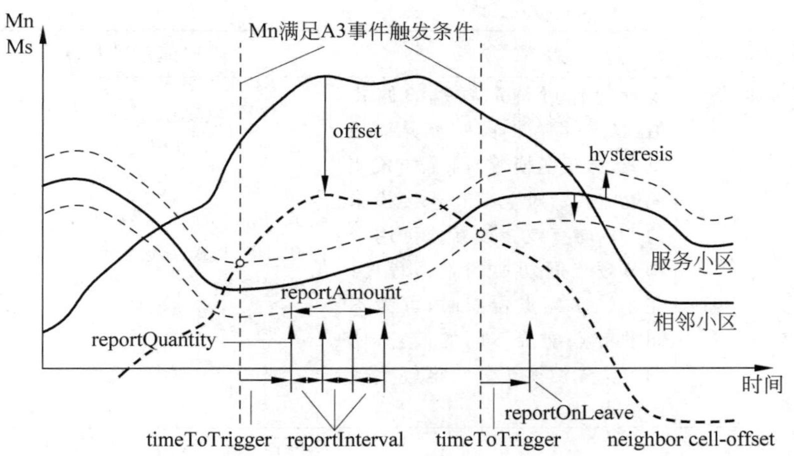

图 5-18　A3 事件算法

表 5-10　A3 事件主要参数

参 数 名 称	参 数 含 义	取值范围及设置建议
A3 事件偏置值 a3offset	进行 A3 事件判断时主服务小区的偏置值。在 A3 事件中，a3Offset 和 HysteresisA3 一起确定出相对门限的大小，相当于 WCDMA 系统中的 1G 事件中的迟滞门限	取值范围：[－150,150]，步长为 5，单位为 0.1dB。此偏置值越大，UE 越不容易离开原服务小区，否则，则越容易离开原服务小区。为防止主服务小区信号快速衰落而引起的不合适切换，且保证正常的切换发生，建议设置为 30(3dB)
A3 事件迟滞值 hysteresisA3	进行 A3 事件判断的迟滞值	取值范围：[0,150]dB，步长为 5，单位为 0.1dB。此迟滞值越大，UE 越不容易发生切换，反之则越容易发生。为了防止乒乓切换，又保证切换发生及时，默认值为 10(1dB)
小区偏置 cellIndividualOffsets（服务小区） cellIndividualOffsetn（邻区）	针对不同小区的偏置值，小区偏置起到类似 WCDMA 中的 CIO 的作用，不过 LTE 系统中维度更为精细，不仅考虑同一频率下的不同小区的差别，也考虑了同一小区中不同频点的差异，更考虑了异频组网场景下不同频率不同小区的差异	取值范围：[－24,24]dB，步长 2dB，此参数的优点在于可以针对每一个小区进行偏置的设置。默认设置为 0。事件 A3、A4、A5、B1、B2 均用到小区频率偏置参数

续表

参数名称	参数含义	取值范围及设置建议
小区频率偏置 offsetFreqs(服务小区) offsetFreqn(邻区)	设置的针对特定频率的偏置值，在进行事件评估(如异频的重选，异频切换等)时需加入此偏置值。针对空闲和连接状态的 UE 均有效。该参数可用于调节频点间切换的难易程度；在小区多频点覆盖时，可为不同的频点配置不同的偏置，使用户优先切换至邻小区轻负载的频点上	取值范围：[－24,24]dB，步长 2dB，默认设置为 0。事件 A3、A4、A5、B1、B2 均用到小区频率偏置参数
A3 事件触发时间 timeToTriggerA3	如果 A3 事件条件满足时间达到 timeToTriggerA3，则触发 A3 事件	取值范围：[0,15]，对应的实际取值 enum(0,40,64,80,100,128,160,256,320,480,512,640,1024,1280,2560,5120)ms。触发时间越短，判断窗口越小，容易导致不合理的事件上报，反之则可能导致 A3 事件上报不及时，建议设为 11(640ms)

7. A4 事件算法

A4 事件用于触发异频切换或基于负载的切换。如图 5-19 所示，当邻小区质量高于一个绝对门限时 UE 上报 A4 事件。eNodeB 收到 A4 事件后进行切换判决，判决公式为：

$$\text{事件进入条件：} Mn + Ofn + Ocn - Hys > Thresh \tag{5-11}$$

$$\text{事件离开条件：} Mn + Ofn + Ocn + Hys < Thresh \tag{5-12}$$

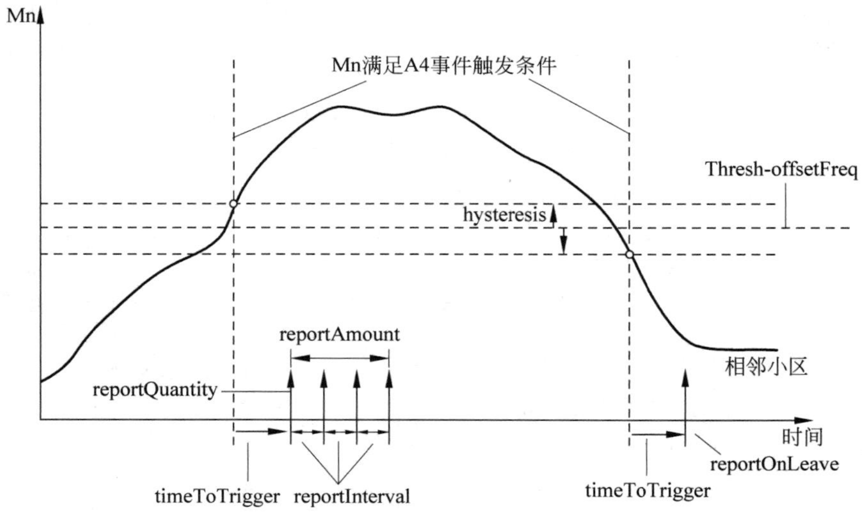

图 5-19　A4 事件算法

8. A4 事件参数

A4 事件参数如表 5-11 所示。

表 5-11　A4 事件主要参数

参数名称	参数含义	取值范围及设置建议
基于覆盖的异频 RSRP 触发门限 InterFreqHoA4ThdRsrp	表示基于覆盖的异频测量事件的 RSRP 触发门限值。当 RSRP 测量结果超过该门限时，将触发异频测量事件的上报	取值范围：[－140，－44]dBm，步长为 1dB。该值越大，A4 事件触发难度增加，延缓切换，影响用户感受；若该值太小，触发 A4 事件难度降低，容易导致误判和乒乓切换。默认值－105dBm
基于覆盖的异频 RSRQ 触发门限 InterFreqHoA4ThdRsrq	表示基于覆盖的异频测量事件的 RSRQ 触发门限值。当 RSRQ 测量结果超过该门限时，将触发异频测量事件的上报	取值范围：[－20，－3]dB，步长为 0.5dB。该值越大，A4 事件触发难度增加，延缓切换，影响用户感受；若该值太小，触发 A4 事件难度降低，容易导致误判和乒乓切换。默认值－20dB
基于负载的异频 RSRP 触发门限 InterFreqLoadBasedHoA4ThdRsrp	该参数表示基于负载或频率优先级的异频测量事件的 RSRP 触发门限值。当 RSRP 测量结果超过该门限时，将触发异频测量事件的上报	取值范围：[－140，－44]dBm，步长为 1dB。默认值－103dBm
基于负载的异频 RSRQ 触发门限 InterFreqLoadBasedHoA4ThdRsrq	该参数表示基于负载或频率优先级的异频测量事件的 RSRQ 触发门限值。当 RSRQ 测量结果超过该门限时，将触发异频测量事件的上报	取值范围：[－20，－3]dB，步长为 0.5dB。默认值－18dB
A4 事件迟滞值 hysteresisA4	进行 A4 事件判断的迟滞值	取值范围：[0，150]dB，步长为 5，单位为 0.1dB。此迟滞值越大，UE 越不容易发生切换，反之则越容易发生。为了防止乒乓切换，又保证切换发生及时，默认值为 10(1dB)
相邻小区偏置 cellIndividualOffsetn（对应 A4 事件判决公式的 Ocn)	小区偏置起到类似 WCDMA 中 CIO 的作用，不过 LTE 系统中维度更为精细，不仅考虑同一频率下的不同小区的差别，也考虑了同一小区中不同频点的差异，更考虑了异频组网场景下的不同频率不同小区的差异	取值范围：[－24，24]dB，步长 2dB，此参数的优点在于可以针对每一个小区进行偏置设置。默认设置为 0。事件 A3、A4、A5、B1、B2 均用到小区频率偏置参数

续表

参数名称	参数含义	取值范围及设置建议
相邻小区频率偏置 offsetFreqn(对应 A4 事件判决公式的 Ofn)	针对特定频率的偏置值,在进行事件评估(如异频的重选、异频切换)时需加入此偏置值。针对空闲和连接状态的 UE 均有效。该参数可用于调节频点间切换的难易程度;在小区多频点覆盖时,可以为不同的频点配置不同的偏置,使用户优先切换至邻小区轻负载的频点上	取值范围:[-24,24]dB,步长 2dB,默认设置为 0。事件 A3、A4、A5、B1、B2 均用到小区频率偏置参数
A4 事件触发时间 TimeToTriggerA4	如果 A4 事件条件满足时间达到 TimeToTriggerA4,则触发 A4 事件	取值范围:[0,15],对应的实际取值 enum(0,40,64,80,100,128,160,256,320,480,512,640,1024,1280,2560,5120)ms。触发时间越短,判断窗口越小,容易导致不合理的事件上报,反之则可能导致 A4 事件上报不及时,建议设为 11(640ms)

9. A5 事件算法

如图 5-20 所示,服务小区质量低于一个绝对门限 1 并且邻小区质量高于一个绝对门限 2 时上报 A5 事件。A5 事件用于频内/频间基于覆盖的切换,也可用于负载平衡,与移动到低优先级的小区重选相似。A5 事件判决公式为:

事件进入条件:$Ms + Hys < Thresh1 \; \& \; Mn + Ofn + Ocn - Hys > Thresh2$ (5-13)

事件离开条件:$Ms - Hys > Thresh1 \; or Mn + Ofn + Ocn + Hys < Thresh2$ (5-14)

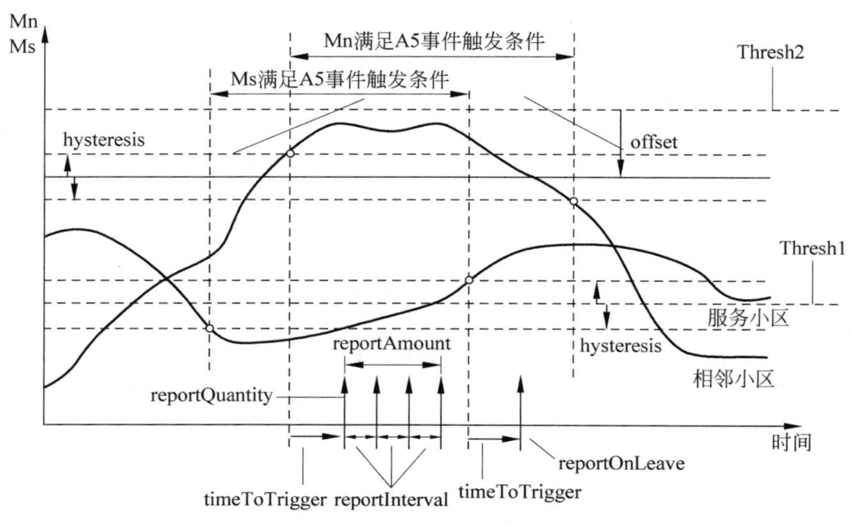

图 5-20 A5 事件算法

10. A5 事件参数

A5 事件参数如表 5-12 所示。

表 5-12　A5 事件主要参数

参数名称	参数含义	取值范围及设置建议
A5 事件触发 RSRP 门限 1 a5Threshold1Rsrp	触发 A5 事件的第 1 个门限值，当主服务小区低于这一 RSRP 门限加上迟滞，即满足 A5 事件的第 1 个条件	取值范围：[－140，－44]dBm，步长为 1dB。如果此参数值设置过小，则不容易满足条件 1，即很难触发 A5 事件，建议设置为－110dBm
A5 事件触发 RSRQ 门限 1 a5Threshold1Rsrq	触发 A5 事件的第 1 个门限值，当主服务小区低于这一 RSRQ 门限加上迟滞，即满足 A5 事件的第 1 个条件	取值范围：[－20，－3]dB，步长为 0.5dB。如果此参数值设置过小，则不容易满足条件 1，即很难触发 A5 事件，建议设置为－15dB
A5 事件触发 RSRP 门限 2 a5Threshold2Rsrp	触发 A5 事件的第 2 个门限值，当邻小区高于这一 RSRP 门限加上迟滞，即满足 A5 时间的第 2 个条件	取值范围：[－140，－44]dBm，步长为 1dB。如果此参数值设置过大，则不容易满足条件 2，也很难触发 A5 事件，建议设置为－100dBm
A5 事件触发 RSRQ 门限 2 a5Threshold2Rsrq	触发 A5 事件的第 2 个门限值，当邻小区低于这一 RSRQ 门限加上迟滞，即满足 A5 事件的第 2 个条件	取值范围：[－20，－3]dB，步长为 0.5dB。如果此参数值设置过大，则不容易满足条件 2，很难触发 A5 事件，建议设置为－10dB
A5 事件迟滞值 hysteresisA5	进行 A5 事件判断的迟滞值	取值范围：[0，150]dB，步长为 5，单位为 0.1dB。此迟滞值越大，UE 越不容易发生切换，反之则越容易发生。为了防止乒乓切换，又保证切换发生及时，默认值为 10(1dB)
相邻小区偏置 CellIndividualOffsetn(对应 A5 事件判决公式的 Ocn)	小区偏置起到类似 WCDMA 中 CIO 的作用，不过 LTE 系统中维度更为精细，不仅考虑同一频率下的不同小区的差别，也考虑了同一小区中不同频点的差异，更考虑了异频组网场景下的不同频率不同小区的差异	取值范围：[－24，24]dB，步长 2dB，此参数的优点在于可以针对每一个小区进行偏置的设置。默认设置为 0
相邻小区频率偏置 offsetFreqn(对应 A5 事件判决公式的 Ofn)	设置的针对特定频率的偏置值，在进行事件评估(如异频的重选，异频切换等)时需加入此偏置值	取值范围：[－24，24]dB，步长 2dB，默认设置为 0
A5 事件触发时间 TimeToTriggerA5	如果 A5 事件条件满足时间达到 TimeToTriggerA5，则触发 A5 事件	取值范围：[0，15]，对应的实际取值 enum(0，40，64，80，100，128，160，256，320，480，512，640，1024，1280，2560，5120)ms。触发时间越短，判断窗口越小，容易导致不合理的事件上报，反之则可能导致 A5 事件上报不及时，建议设为 11(640ms)

11. B1 事件算法

如图 5-21 所示，当邻小区信号质量比绝对门限好时，触发 B1 事件上报。B1 事件用于高优先级的异系统小区的测量，判决公式为：

$$\text{事件进入条件：} Mn + Ofn - Hys > Thresh \tag{5-15}$$

$$\text{事件离开条件：} Mn + Ofn + Hys < Thresh \tag{5-16}$$

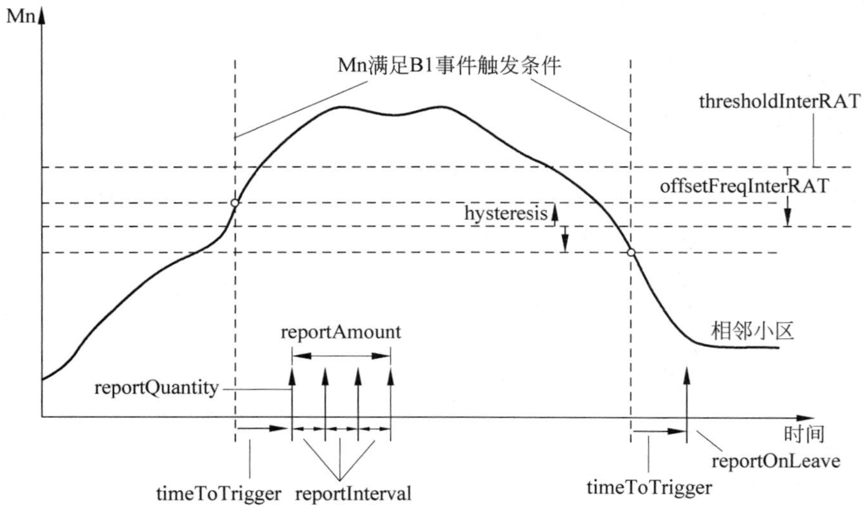

图 5-21 B1 事件算法

12. B1 事件参数

B1 事件参数如表 5-13 所示。

表 5-13 B1 事件主要参数

参数名称	参数含义	取值范围及设置建议
B1 邻小区 RSSI 门限 b1ThresholdGeran	当 GSM 邻区的 RSSI 测量结果超过该门限加迟滞时，将触发 B1 事件的上报	取值范围：[−110，−47]dBm，步长为 1dB。该值越大，B1 事件触发难度增加，延缓切换，影响用户感受；若该值太小，触发 B1 事件难度降低，容易导致误判和乒乓切换。建议设置为−110dBm
B1 邻小区 RSCP 门限 b1ThresholdRscpUtra	当 WCDMA 邻区的 RSCP 测量结果超过该门限加迟滞时，将触发 B1 事件的上报	取值范围：[−120，−24]dBm，步长为 1dB。该值越大，B1 事件触发难度增加，延缓切换，影响用户感受；若该值太小，触发 B1 事件难度降低，容易导致误判和乒乓切换。建议设置为−115dBm

续表

参 数 名 称	参 数 含 义	取值范围及设置建议
B1 邻小区 EcNo 门限 b1ThresholdEcNoUtra	当 WCDMA 邻区的 EcNo 测量结果超过该门限加迟滞时，将触发 B1 事件的上报	取值范围：[−245,0]dB，单位为 0.1dB。该值越大，B1 事件触发难度增加，延缓切换，影响用户感受；若该值太小，触发 B1 事件难度降低，容易导致误判和乒乓切换。建议设置为−240(−24dB)
B1 事件迟滞值 hysteresisB1	进行 B1 事件判断的迟滞值	取值范围：[0，150]dB，步长为 5，单位为 0.1dB。此迟滞值越大，UE 越不容易发生切换，反之则越容易发生。为了防止乒乓切换，又保证切换发生及时，默认值为 10(1dB)
相邻小区频率偏置 offsetFreqn(对应 B1 事件判决公式的 Ofn)	设置的针对特定频率的偏置值	取值范围：[−24,24]dB，步长 2dB，默认设置为 0
B1 事件触发时间 TimeToTriggerB1	如果 B1 事件条件满足时间达到 TimeToTriggerB1，则触发 B1 事件	取值范围：[0,15]，对应的实际取值 enum(0,40,64,80,100,128,160,256,320,480,512,640,1024,1280,2560,5120)ms。触发时间越短，判断窗口越小，容易导致不合理的事件上报，反之则可能导致 B1 事件上报不及时，因此建议设置较为折中的值，建议设为 11(640ms)

13. B2 事件算法

如图 5-22 所示，当服务小区信号质量小于门限 1，同时异系统邻区的信号质量大于门限 2，触发 B2 事件上报。B2 事件用于相同或低优先级的异系统小区的测量，判决公式为：

事件进入条件：$Ms + Hys < Thresh1 \ \& \ Mn + Ofn - Hys > Thresh2$　　(5-17)

事件离开条件：$Ms - Hys > Thresh1 \text{ or } Mn + Ofn + Hys < Thresh2$　　(5-18)

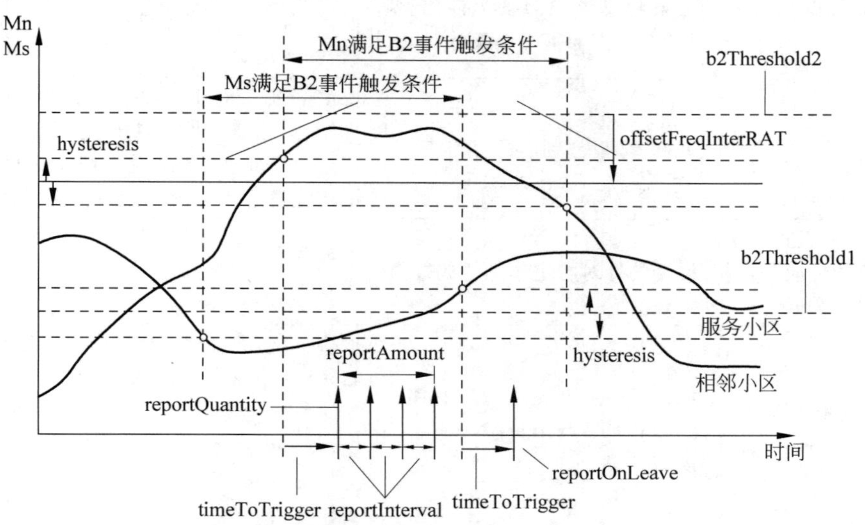

图 5-22　B2 事件算法

14. B2 事件参数

B2 事件参数如表 5-14 所示。

表 5-14　B2 事件主要参数

参数名称	参数含义	取值范围及设置建议
B2 事件触发 RSRP 门限 1 b2Threshold1Rsrp	触发 B2 事件的第 1 个门限值，当主服务小区低于这一 RSRP 门限加迟滞，即满足 B2 事件的第 1 个条件	取值范围：[－140，－44]dBm，步长为 1dB。如果此参数值设置过小，则不容易满足条件 1，即很难触发 B2 事件，默认设置为－140dBm
B2 事件触发 RSRQ 门限 1 b2Threshold1Rsrq	触发 B2 事件的第 1 个门限值，当主服务小区低于这一 RSRQ 门限加迟滞，即满足 B2 事件的第 1 个条件	取值范围：[－20，－3]dB，步长为 0.5dB。如果此参数值设置过小，则不容易满足条件 1，即很难触发 B2 事件，默认设置为－20dB
B2 邻小区 RSSI 门限 b2Threshold2Geran	触发 B2 事件的第 2 个门限值，当 GSM 邻区的 RSSI 测量结果超过该门限加迟滞时，满足 B2 事件的第 2 个条件	取值范围：[－110，－47]dBm，步长为 1dB。该值越大，B2 事件触发难度增加，延缓切换，影响用户感受；若该值太小，触发 B2 事件难度降低，容易导致误判和乒乓切换。建议设置为－110dBm
B2 邻小区 RSCP 门限 b2Threshold2RscpUtra	触发 B2 事件的第 2 个门限值，当 WCDMA 邻区的 RSCP 测量结果超过该门限加迟滞时，满足 B2 事件的第 2 个条件	取值范围：[－120，－24]dBm，步长为 1dB。该值越大，B2 事件触发难度增加，延缓切换，影响用户感受；若该值太小，触发 B2 事件难度降低，容易导致误判和乒乓切换。建议设置为－115dBm
B2 邻小区 EcNo 门限 b2Threshold2EcNoUtra	触发 B2 事件的第 2 个门限值，当 WCDMA 邻区的 EcNo 测量结果超过该门限加迟滞时，满足 B2 事件的第 2 个条件	取值范围：[－245，0]dB，单位为 0.1dB。该值越大，B2 事件触发难度增加，延缓切换，影响用户感受；若该值太小，触发 B2 事件难度降低，容易导致误判和乒乓切换。建议设置为－240(－24dB)
B2 事件迟滞值 hysteresisB2	进行 B2 事件判断的迟滞值	取值范围：[0，150]dB，步长为 5，单位为 0.1dB。此迟滞值越大，UE 越不容易发生切换，反之则越容易发生。为了防止乒乓切换，又保证切换发生及时，默认值为 10(1dB)
相邻小区频率偏置 offsetFreqn(对应 B2 事件判决公式的 Ofn)	设置的针对特定频率的偏置值	取值范围：[－24，24]dB，步长 2dB，默认设置为 0
B2 事件触发时间 TimeToTriggerB2	如果 B2 事件条件满足时间达到 TimeToTriggerB2，则触发 B2 事件	取值范围：[0，15]，对应的实际取值 enum(0，40，64，80，100，128，160，256，320，480，512，640，1024，1280，2560，5120)ms。触发时间越短，判断窗口越小，容易导致不合理的事件上报，反之则可能导致 B2 事件上报不及时，因此建议设置较为折中的值，建议设为 11(640ms)

5.2.3　切换流程

TD-LTE 系统内切换包括 eNodeB 内切换、基于 X2 接口的切换以及基于 S1 接口的切换，均包括以下几个步骤：

(1) 网络侧发起切换测量控制。

(2) UE 根据网络配置的测量信息，对相邻小区进行测量，测量结果经过处理后，上报给网络侧。

(3) 网络侧根据测量报告的信号质量、负载情况，确定是否需要进行切换。

(4) 在下发切换命令前，目标 eNodeB 生成自身切换信息（例如 AS 配置等）发送给源 eNodeB，源 eNodeB 将该信息透明转发给 UE。

(5) UE 根据网络侧下发的切换命令，在第一个可用的 RACH 时隙尝试进行接入。

系统间切换的情形是发生在 UE 在 LTE 小区与非 LTE 小区之间的切换，切换过程中涉及到的信令流主要集中在核心网。接下来重点对系统内切换流程进行介绍。

1. eNodeB 内切换

eNodeB 内切换过程比较简单，因为切换源小区和目标小区都在一个基站内，所以切换在基站内部进行判决，不需要向核心网申请更换数据传输路径。eNodeB 内切换流程如图 5-23 所示，信令交互流程如下：

(1) eNodeB 发送 RRC Connection Reconfiguration 消息给 UE，该消息包含测量配置信元 MeasConfig（信元详细内容如图 5-14 所示）。

(2) UE 依据 measGapConfig 周期来进行测量，当 UE 检测到 RSRP 的值低于 s-Measure 值的时候，则触发上报测量报告 Measurement Report，该消息主要携带了当前服务小区的 RSRP 和 RSRQ 以及邻区的 PCI、CGI、TAC、PLMN、RSRP 和 RSRQ。

(3) eNodeB 基于测量报告和无线资源管理信息作出 UE 切换的判决，若 eNodeB 认为切换有必要，就确定一个合适的目标小区。

(4) UE 收到来自 eNodeB 的切换命令，切换命令指的是含有切换信息 mobilityControlInfo 的 RRC Connection Reconfiguration 消息。mobilityControlInfo 包含目标小区 ID、载频、测量带宽、给用户分配的 C-RNTI、通用 RB 配置信息（包括各信道的基本配置、上行功率控制的基本信息等）、给用户配置的专用随机接入参数，避免用户接入目标小区时有竞争冲突。UE 接收到包含 MobilityControlInfo 的 RRC Connection Reconfiguration 消息后，中断与源小区的无线连接，并开始同目标小区建立新的无线连接。在这段时间内，数据传输被中断。这其中包括下行同步建立、定时提前、数据发送等步骤。

(5) UE 在目标小区使用源小区在切换命令中携带的接入配置进行接入（MSG1 消息）。

(6) eNodeB 回应随机接入响应（Random Access Response，RAR）信息 MSG2，其中包含 UL_Grant 和 Timing Advance。UL_Grant 用于 UE 发送上行数据，Timing Advance 用于 UE 进行时间调整。

(7) 当 UE 成功接入到目标小区，UE 发送 RRC Connection Reconfiguration Complete 信息到目标小区指示切换完成，该消息包含在 MSG3 中发送。

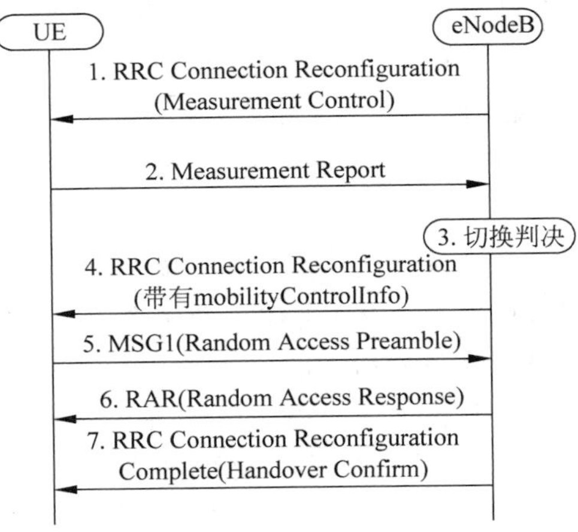

图 5-23 eNodeB 内切换流程

2. 基于 X2 接口的切换

基于 X2 接口的切换发生在同一 MME 的不同 eNodeB 间，且源 eNodeB 和目标 eNodeB之间有 X2 接口连接。UE 与源 eNodeB 和目标 eNodeB 之间的切换命令与同 eNodeB 内切换命令相同，携带的信息内容也相同；不同的是基于 X2 接口的切换需要在 X2 接口完成基站间信息交互，并需要 S1 接口完成路径改变相应消息的传递。基于 X2 接口的切换流程如图 5-24 所示。信令交互流程简介如下：

(1) 源 eNodeB 在接到测量报告后进行切换判决，决定进行切换后，需要先通过 X2 接口向目标 eNodeB 发送切换申请 Handover Request（对应图 5-24 第 4 步），启动 $T_{\mathrm{RELOCprep}}$ 定时器。

(2) 目标 eNodeB 进行接纳控制（对应图 5-24 第 5 步），如果目标 eNodeB 至少能够满足一个 E-RAB 的 QoS 信息，则根据相应的 E-RAB QoS 的要求进行资源准备以及生成一个 C-RNTI 和专用 RACH Preamble，并且发送 Handover Request Ack 消息给源 eNodeB（对应图 5-24 第 6 步）；否则，如果目标 eNodeB 无法满足任何一个 E-RAB 的 QoS 要求或者在切换准备过程中有错误发生，则目标 eNodeB 发送 Handover Preparation Failure 消息给源 eNodeB。在 Handover Request Ack 消息中携带一个透明的容器，其中保存着 UE 在新小区的 C-RNTI、目标 eNodeB 安全算法、专用的 RACH 前导以及访问参数、系统信息等。

(3) UE 收到来自源 eNodeB 的切换命令（对应图 5-24 第 7 步），即含有切换信息 mobilityControlInfo 的 RRC Connection Reconfiguration 消息，该消息中携带了 UE 在目标 eNodeB 的新 C-RNTI、安全算法、专有 RACH 前导以及系统信息等。

(4) 源 eNodeB 向目标 eNodeB 发送带有数据包缓存、数据包缓存编号等信息的 SN Status Transfer 消息（对应图 5-24 第 8 步）。

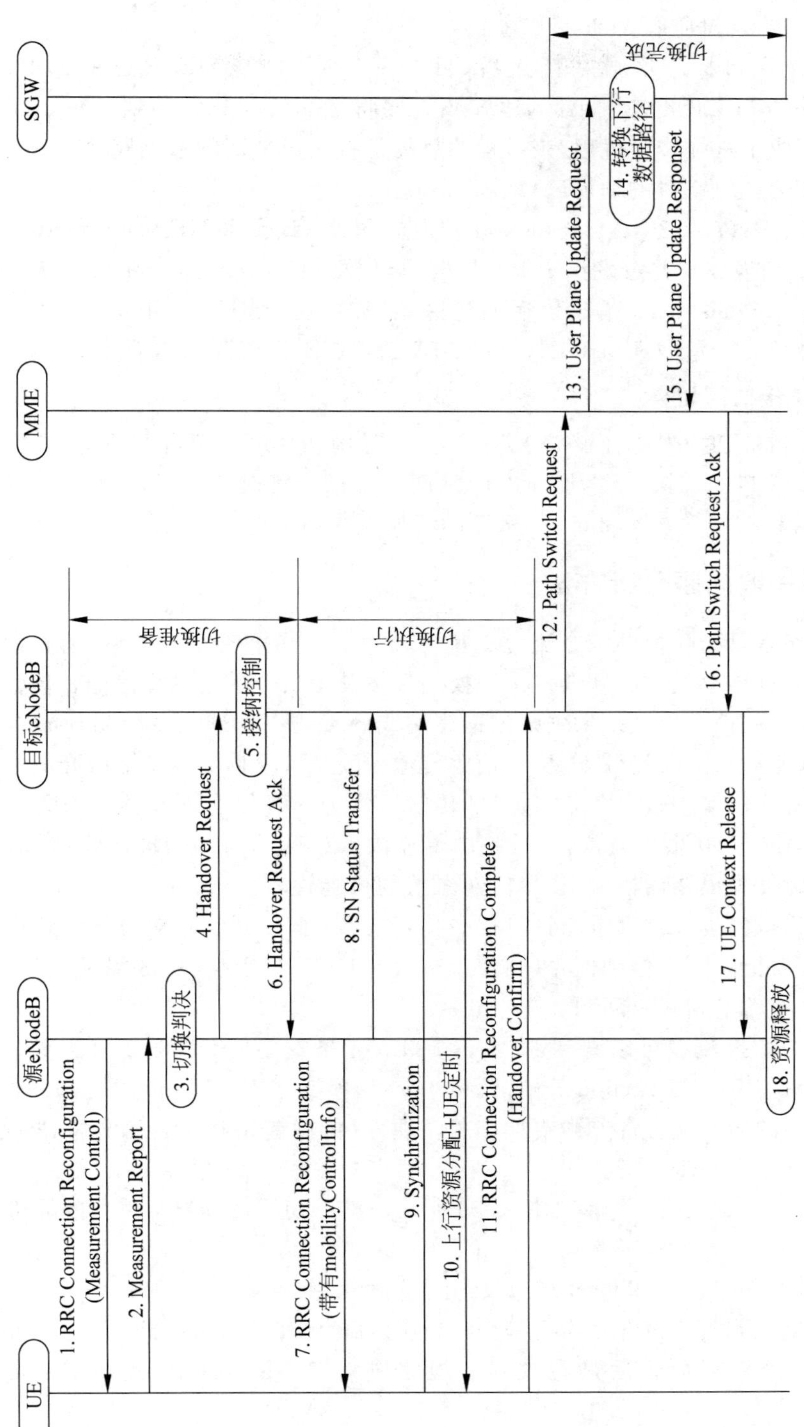

图 5-24　基于 X2 接口的切换流程

(5) UE 接收到 RRC Connection Reconfiguration 消息后，UE 与目标 eNodeB 同步并且进行 RACH 接入(对应图 5-24 第 9 步)。

(6) 待 UE 在目标小区成功接入后，目标 eNodeB 向 MME 发送一个 Path Switch Request 消息来告知 UE 更换了小区，通知核心网将终端的业务转移到目标小区。图 5-24 第 12～16 步完成了路径转换过程，该过程的目的是将用户平面的数据路径从源 eNodeB 转到目标 eNodeB。此时空口的切换已经成功完成。

(7) 图 5-24 第 17～18 步：目标 eNodeB 向源 eNodeB 发送 UE Context Release 消息，通知源 eNodeB 切换成功并触发源 eNodeB 资源释放。目标 eNodeB 在收到从 MME 发回的 Path Switch Request Ack 消息以后发送这条消息。收到 UE 上下文释放消息之后，源 eNodeB 可以释放无线承载和与 UE 上下文相关的控制平面资源。

3. 基于 S1 接口的切换

基于 S1 接口的切换发生在没有 X2 接口且非站内切换的有邻区关系的小区之间，基本流程和基于 X2 接口的切换一致，但所有的站间交互信令都是通过核心网 S1 接口转发，时延比基于 X2 接口的切换大。基于 S1 接口的切换流程如图 5-25 所示。

5.2.4 切换失败问题分析方法

切换失败通常是指切换的信令流程交互失败，关注点在信令的交互，只有在信令交互出现丢失或信令处理结果失败时才会发生切换失败。其中信令丢失是指信令在传输过程中出错或不能到达对端，信令处理结果失败是指终端或网络侧在处理信令时出现异常导致流程不能正常进行(例如切换时资源不足)。信令传输失败又可根据信令传输媒介的不同分为无线传输失败和有线传输失败，X2、S1 接口的传输通常为有线传输，Uu 接口为无线传输。对于 X2、S1 接口消息交互出现异常，通常是由传输失败或基站内部处理出错造成，实际网优过程中基站内部处理出错的概率很小，传输失败的可能性较大，但比较难以定位，需要在传输的两端抓包确认。本节内容重点针对空中接口(Uu 接口)信令异常的分析处理。对于空口问题定位，需要把问题定位到覆盖(弱覆盖、越区覆盖等)、干扰、邻区漏配、切换不及时等几类，再采用相应的措施解决问题。

结合上节的切换流程可以看到，在 Uu 接口有三条重要信令：测量报告 Measurement Report、切换命令 RRC Connection Reconfiguration、切换完成 RRC Connection Reconfiguration Complete。所有的异常流程都首先要检查基站硬件、传输链路状态是否异常，排除基站、传输等问题后再进入下一步分析。

Uu 接口信令异常的分析过程如图 5-26 所示。整个切换过程异常情况的分析可以分为三个步骤：

(1) 测量报告发送后，eNodeB 是否收到测量报告 Measurement Report。

(2) eNodeB 收到测量报告后，UE 是否收到切换命令 RRC Connection Reconfiguration。

(3) UE 收到切换命令后是否收到切换完成消息 RRC Connection Reconfiguration Complete。

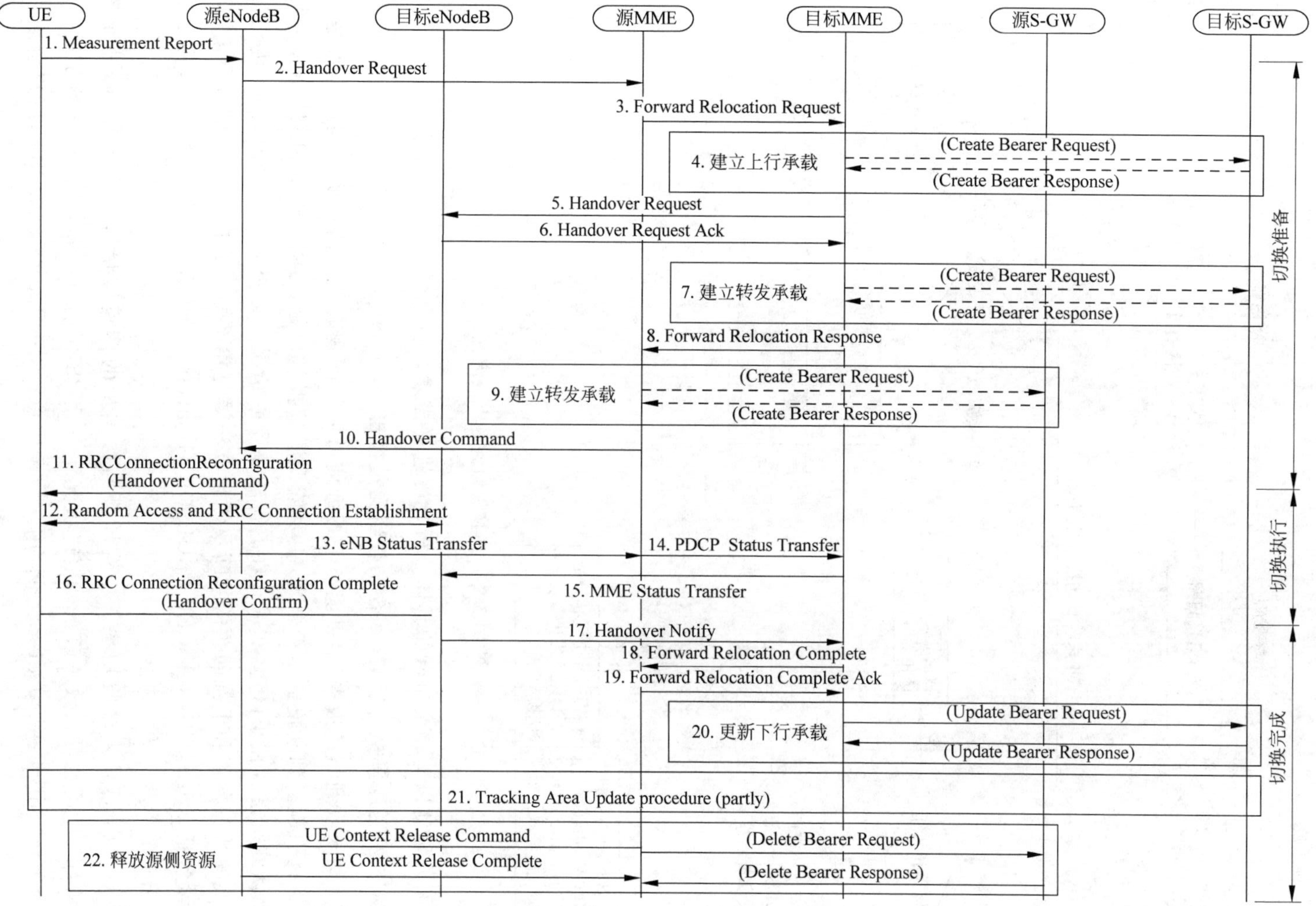

图 5-25　基于 S1 接口的切换流程

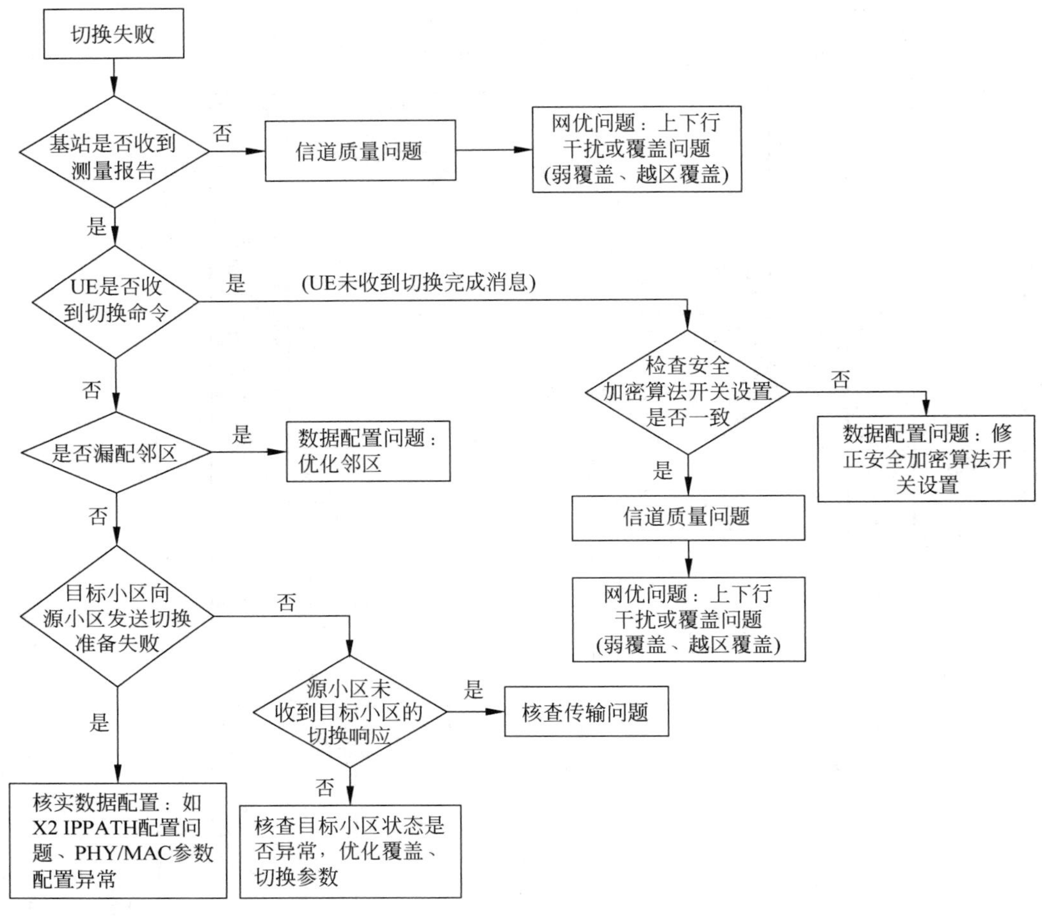

图 5-26　切换失败问题定位流程

下面分别就以上三个步骤的具体分析过程进行描述。

1. UE 发送测量报告后 eNodeB 未收到测量报告

若基站未收到测量报告，很可能与上下行信道质量问题有关。信道质量问题通常是由覆盖或干扰引起。判断覆盖是否合理，主要依据测量报告反馈的 RSRP 和 SINR 指标进行判断，确认终端是否在小区边缘，或存在上行功率受限情况。如果属于覆盖差，则应优化覆盖及切换参数。覆盖和干扰问题的判断及优化方法详见第 7 章。判断上下行信道质量，具体观察量包括 RSRP、SINR、IBLER 和 UL/DL_Grant，接下来分别描述这些观察量。

1）RSRP

RSRP 为下行导频接收功率。尽管导频与数据域的信道质量有一定差异，通过导频 RSRP 和 SINR 还是可大致了解数据信道状况。一般 RSRP 大于－85dBm，用户位于近点；RSRP 介于－85dBm 和－95dBm 之间，用户位于中点；RSRP 小于－105dBm，用户位于远点。在网络有负载的情况下，通过判断用户近、中、远点并不能完全判断用户的信道质量，这时还需要依据SINR等指标来综合判断信道质量。

2）SINR

通过导频SINR可以大致推断数据信道状况。如果下行SINR<0dB，则说明下行信道质量较差；当下行SINR<－3dB，则说明下行信道质量恶劣，处于解调门限附近，容易造成切换信令丢失，导致切换失败。上行SINR可以通过后台用户性能跟踪获得。

3）IBLER

正常情况下，IBLER应该收敛到目标值（目标值一般设定为10%，当信道质量很好时IBLER接近于0）；如果IBLER偏高，则说明信道质量较差，数据误码较多，很容易造成掉话、切换失败或较大的切换时延。下行IBLER可从路测软件观察获得，而上行IBLER可通过后台用户性能跟踪获得。

4）UL/DL_Grant

从DL_Grant可以得知UE正确解调PDCCH的个数。当上/下行数据源足够（如上/下行以UDP最大能力灌包）时，eNodeB每个TTI均调度用户，PDCCH个数为1000左右。若DL _Grant偏低，则说明PDCCH解调有错，信道质量可能比较差。

有时不能完全根据上行或下行信令丢失来直观判断是上行还是下行信道质量问题。例如，下行信道质量差不仅会影响下行信令的解调，也会影响上行调度，造成上行信令丢失（例如下行PDCCH解调错误会影响上行调度，导致上行信令丢失）。通过RSRP、SINR、IBLER、DL/UL_Grant等信息，并配合网络侧的信令跟踪，可综合判断出上、下行信道质量的问题。

2. eNodeB收到测量报告后UE未收到切换命令

对UE未收到来自eNodeB的切换命令的情况进行如下分析：

（1）首先确认目标小区是否为漏配邻区。漏配邻区可直接结合后台信令跟踪进行判断，如果基站在收到测量报告后未向目标小区发送切换请求，则判断为漏配邻区。漏配邻区也可在路测软件前台进行判断，首先检查测量报告中给源小区上报的PCI，检查接入或切换至源小区时RRC Connection Reconfiguration测量控制命令中的MeasObjectToModList字段的邻区列表中是否存在UE测量报告上报的PCI，具体方法可参考5.2.5节；如果确认为漏配邻区，则需要优化邻区关系。

（2）在配置了邻区后基站若收到测量报告，源基站会通过X2接口或者S1接口向目标小区发送切换请求。此时需要检查目标小区是否向源小区发送切换响应（图5-24第6步Handover Request Ack），或者目标小区向源小区发送信令Handover Preparation Failure，若发生这两种情况，源小区也不会向终端发送切换命令，此时需要从以下三个方面定位：①目标小区向源小区发送切换准备失败Handover Preparation Failure，可能是PHY/MAC参数配置异常或X2接口IPPATH配置问题；②源小区未收到来自目标小区下发的切换响应（图5-24第6步Handover Request Ack），可能是由于传输链路异常，造成目标小区未下发切换响应；③目标小区状态异常，也会造成目标小区无响应。

3. UE收到切换命令后UE未收到切换完成信令分析

对UE未收到切换完成信令情况做如下分析：

(1) 检查安全加密算法开关设置是否一致。如果源 eNodeB 侧与目标 eNodeB 侧安全加密算法开关设置不一致,会导致目标侧小区 L2 对切换完成消息的完整性校验失败,上报 L3 将 UE 释放。目的侧基带收到切换完成消息,但上层由于完整性校验失败没有解出来;从信令跟踪看,UE 发出了切换完成消息,但是 eNodeB 没有收到,如果这种现象发生,需要检查安全加密算法开关配置,修正源小区与目标小区配置的算法一致。

(2) 检查信号质量是否存在问题。分析上行、下行信道质量,可预先查看相应的 SINR 数值是否为负值、IBLER 是否收敛,由此判断干扰大小、信道质量好坏。例如,通过查看源小区和邻区信号质量,若邻区信号强度陡升,会对服务小区造成很大干扰;若此时源小区下行 SINR 很低,则 UE 将不能正确解调切换信令而导致空口信令丢失。

5.2.5 典型案例分析

接下来对切换的典型案例进行分析。

1. 邻区漏配案例

邻区漏配是指 UE 发送测量报告后,测量报告中上报的目标切换小区没有在系统侧配置的邻区表内。在 LTE 系统中,UE 并不根据邻区列表进行测量,而是对全频段所有可测量到的小区进行测量,并根据测量对比结果上报前几个最强的且超过切换门限的小区(上报小区个数由系统参数控制)。

漏配邻区问题可能造成 SINR 差、下载速率低、发生 RRC 重建等问题,甚至会导致掉线(多次测量报告无响应后引起失步掉话)或者接入失败。如图 5-27 所示,在多次测量报告均未触发切换命令的情况下,可以明显看出由于未及时切换导致 SINR 变差和业务速率降低。

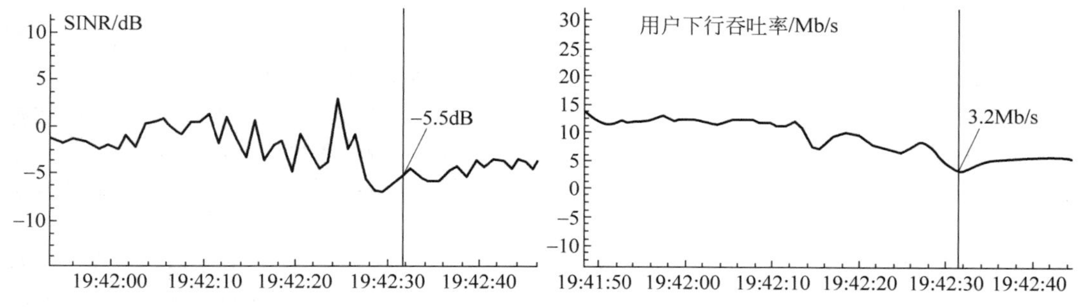

图 5-27　邻区漏配带来的影响

漏配邻区一般可通过对比最新的无线参数表与路测数据进行检查,或者可以在后台直接通过信令跟踪确认收到测量报告后源小区是否向目标小区发生切换请求来确认,这两种方法进行邻区漏配确认比较方便。但某些场景下不易取得最新的无线参数表,且不方便进行后台信令跟踪,下面重点介绍单纯依据前台路测结果来分析邻区漏配的方法,这一方法虽然比较原始且稍嫌烦琐,但对于 RF 优化工程师却比较实用。

在 LTE 网络中,终端上报测量报告中会按照 A3 事件的判断原则进行上报,上报的小区不受测量控制中是否为邻区的影响。实际操作时,可根据 UE 获取的路测数据,在路测信令中找到多次上报测量报告但没有成功切换的小区，与服务小区之前下发测量控制信息中的邻区来对比即可确认是否为漏配邻区，下面列举一个漏配邻区导致掉话的典型案例。如图 5-28 所示，邻区漏配具备三个特征：

特征 1：UE 上报了多次测量报告，但没有收到切换指令。此时观察服务小区的 RSRP 或 SINR，已经低于邻区中的某个或某几个小区最少 2dB，并且持续时间较长。

特征 2：打开其中一条测量报告的内容，查看 UE 上报的具体小区测量结果。可以看到本案例中测量报告是 PCI 为 232 小区的 A3 报告，然后确认当前的服务小区及下发的测量控制中是否包含此小区。

特征 3：打开之前下发测量控制的 RRC Connection Reconfiguration 消息，确认邻区列表是否包含测量上报小区(本案例对应 PCI 232 小区)。

可以看到服务小区 PCI 是 37(CellsToAddModList 第一个小区就是当前服务小区)，下发的测量控制并没有包含 PCI 为 232 的小区，可以确认小区 232 和小区 37 属于漏配邻区。为稳妥起见，可以再检查现网邻区配置数据进行确认。

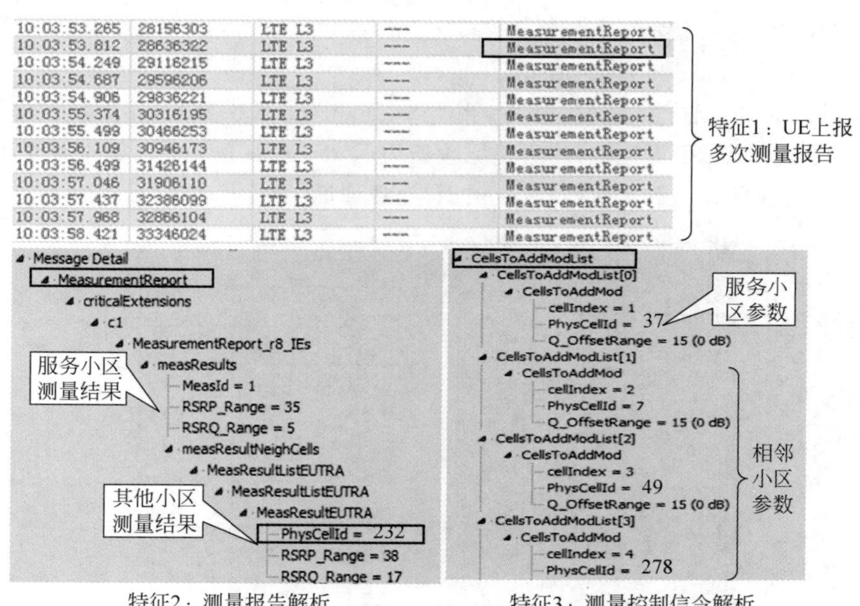

图 5-28　邻区漏配分析

2. 上行失步导致掉话案例

在同步保持阶段，eNodeB 对于物理层两个连续同步指示的时间间隔为 160ms，eNodeB 在收到 N_OUTSYNC_IND 个连续失步指示后，将启动“无线链路失败定时器”T_RLFAILURE，在收到 N_SYNC_IND 个同步状态指示后，eNodeB 将停止和复位无线链路失败定时器 T_RLFAILURE。如果 T_RLFAILURE 超时，eNodeB 则认为是上行无线链路失步。上行失步会认为无线链路失败(Radio Link Failure,RLF),需要发起 RRC 重建流程,可能造成 UE 最终掉话。接下来举例对某上行失败导致掉话的案例进行分析。

1）现象描述

终端在某区域经常出现 RRC 重建 RRC Connection Reestablishment Request 被拒,后续发生接入不成功和切换后异常掉话现象。

2）问题分析

针对问题区域做定点测试,信令记录如图 5-29 所示：

(1) 检查信令,在 RRC 重建之前发送了两次测量报告,但没有收到切换命令,导致终端失步和 RRC 重建被拒。

(2) 打开诊断信令,发现 UE 在发送测量报告前已发送 SR 申请调度,但一直没有收到 PDCCH 反馈调度信息,即 SR 申请失败,SR 达到最大重传次数说明 UE 在发送测量报告时没有收到下行调度反馈；直到 SR 达到最大重传次数后,为恢复上行链路 UE 在源小区发起了随机接入,查询 MAC RACH Trigger 信令,发现随机接入的原因值为 UL Data Arrival。

(3) 整个随机接入过程在源小区发送多次 MSG1(即 Random Access Preamble)都未收到 RAR(即 Random Access Response)。

(4) 通过高通分析软件 QCAT 查看,当 MSG1 发送最大次数后(8 次),在源小区恢复上行链路失败,进入 RRC 重建流程,重建原因值为 Radio link failure。重建需要小区选择,但选择的小区没有终端上下文信息,重建被拒,导致掉话。

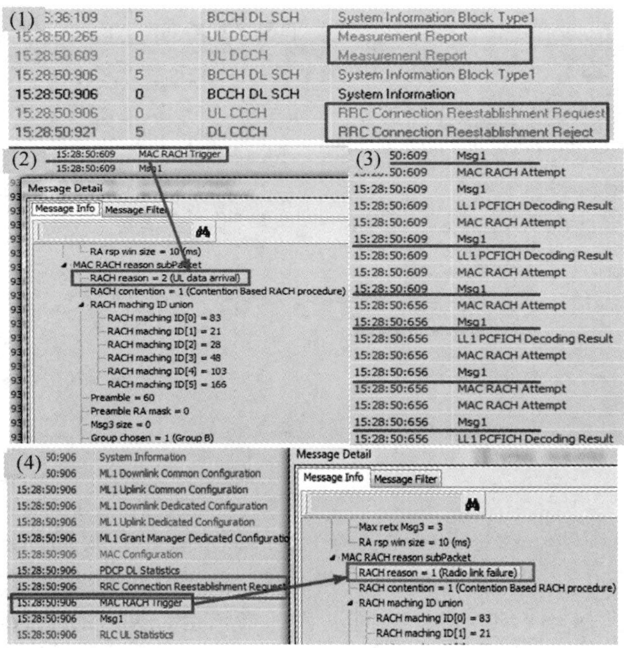

图 5-29　上行失步信令分析

3）解决方法

综合以上分析，本案例中，eNodeB 未收到测量报告不是因为上行信道质量差导致的上行信令丢失，而是下行信道质量差，导致 UE 解调 PDCCH 出错，没有收到下行调度反馈导致测量报告没有发出去；是由下行信道质量差导致的上行信令丢失。

查询问题点 RSRP 和 SINR 变化情况，发现源小区在很短的时间内 RSRP 陡降，邻区 RSRP 则是短时间陡升，如图 5-30 所示。此时调整小区偏置效果不明显，故减小切换触发时间(TimeToTriggerA3)，使其尽早触发切换。当前 TimeToTriggerA3 配置为 320ms，尝试修改为 256ms，缩短 A3 事件判决时间，修改后经多次测试，问题解决。

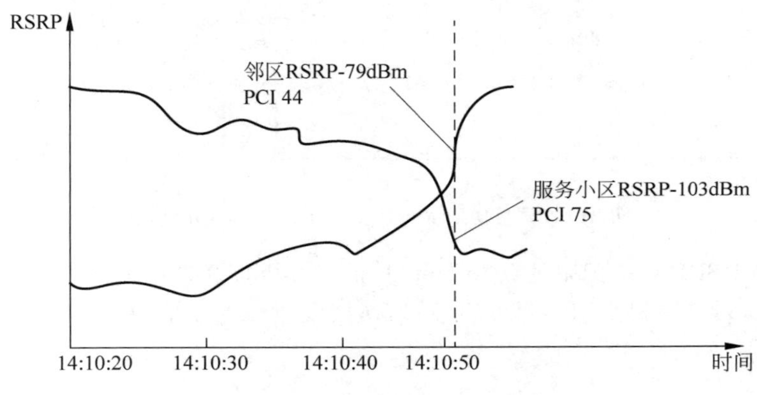

图 5-30 问题区域 RSRP 变化情况

由本案例可见，通过信令的解析可以定位切换绝大部分常见问题，在解决问题时需要灵活根据现场情况进行参数调整，达到优化目的。UL Data Arrival 问题一般出现在源小区弱场强的情况，若是信号陡降导致切换不及时，则可以通过提前切换到其他信号质量较好小区解决(调整 A3 切换参数如切换触发时间 TimeToTriggerA 3 及小区偏置 CellIndividualOffset)；若是下行干扰或上行干扰，则需要通过覆盖调整或进一步排查干扰问题解决。

3. 乒乓切换案例

乒乓切换主要是指在切换带内进行的两个或多个小区之间反复进行切换，并且切换时间较短，一般情况下切换带定义为车速与切换触发时间 TimeToTriggerA3 计算距离的 1.5 倍范围内，切换发生 3 次以上。乒乓切换造成的影响一般表现为下载速率较低、SINR 较差，并可能导致切换失败和掉线。

1）现象描述

如图 5-31 所示，测试过程中，UE 先占用 Cell4 的信号，信号正常，随着 UE 不断向前移动，UE 检测到邻区 Cell154 的信号，UE 在 Cell4 和 Cell154 两个小区间发起多次切换，期间 Cell154 向 Cell4 出现了一次切换失败的现象。

2）问题分析

问题区域处于这两个小区的边缘位置，RSRP 值在某些时间内波动范围较大，Cell4 和

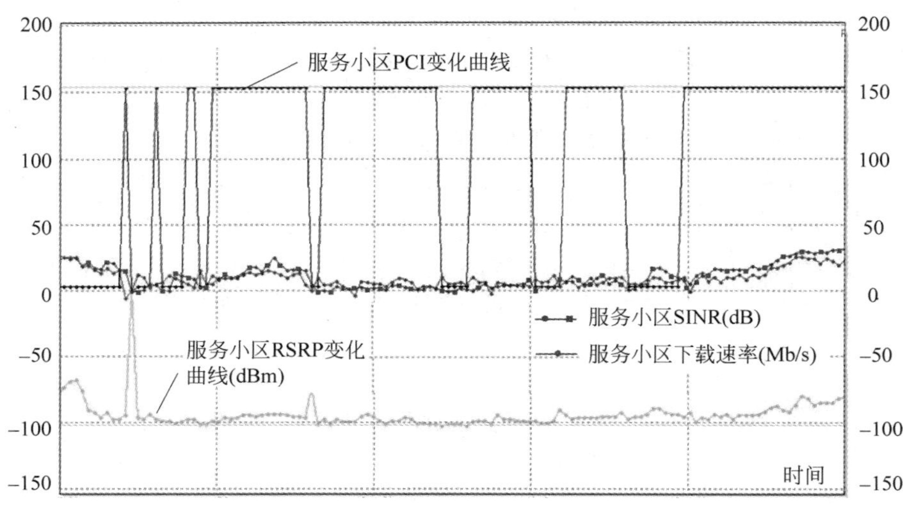

图 5-31　乒乓切换优化后服务小区信号变化情况

Cell154 之间的 RSRP 切换门限值(a3offset)目前为 3dB,A3 事件迟滞值(hysteresisA3)目前设置为 1dB。可考虑提高切换测量门限、切换门限值和迟滞值,只允许必要的切换发生,避免乒乓切换。

3）解决方法

将 Cell4 的 A3 事件迟滞值参数由 1dB 调整为 2dB。调整后在原先问题路段进行复测,如图 5-32 所示,原先乒乓切换的现象已经明显有所好转,原问题区域未发现乒乓切换的现象。同时,数据下载速率以及 SINR 指标值有较大幅度提高。

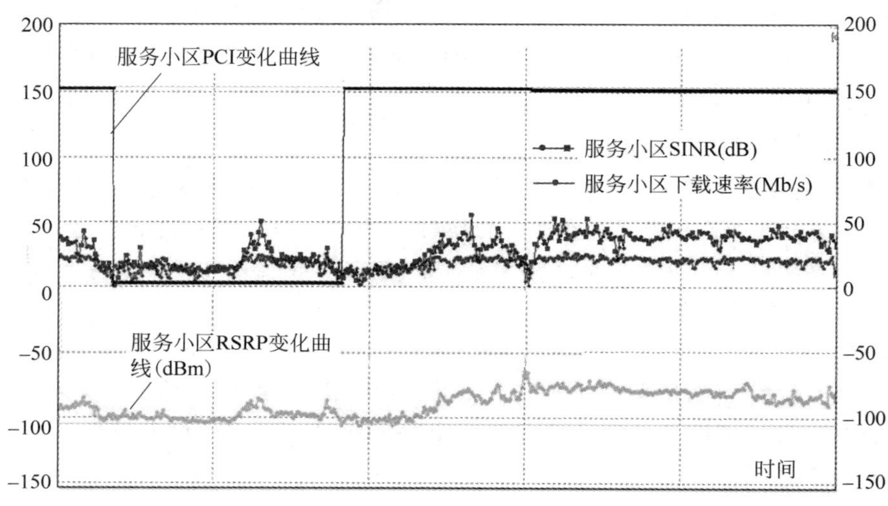

图 5-32　乒乓切换优化后服务小区信号变化情况

第 6 章

LTE 网络优化方法和流程

LTE 无线网络的优化是面向网络参数、网络结构或网络部署进行优化的过程，通过研究与网络优化相关的覆盖、容量、质量问题，以便充分发挥现有网络资源的作用，使网络覆盖、业务质量和系统容量尽可能提高，同时尽可能降低网络运行成本和网络优化成本。在前面的章节中阐述了 LTE 网络优化所需的基本原理、信令流程、关键算法和参数设置，本章将在这个基础上描述网络优化涉及的各个阶段，总结 LTE 网络优化的具体方法和流程。

如图 6-1 所示，按照网优的阶段划分，可分为 LTE 的商用前优化和商用后优化两个阶段。商用前优化是指在网络建设期的优化工作，一般发生在网络建设完成后和放号前，又称为工程优化。商用前优化主要是对网络规划设计的结果进行调整，以满足规划设计的要求。商用前优化的典型方法是路测数据和信令分析，通过 RF 调整和无线参数优化来定位问题和解决问题。商用后优化则是为了适应用户行为变化和性能考核的需要，基于 OMC 性能统计数据(话统数据)进行分析。商用后优化主要集中在降低掉话率、提高接入成功率、提高接入速率、减少接入时延等关键性能指标，以及改善和加强覆盖、均衡话务负载，通过优化手段来提升网络性能指标、提高客户满意度，同时在充分利用现有网络资源的基础上使系统容量和覆盖性能最大化。商用后优化的网优手段也有了不同，话统数据、告警数据和用户投诉数据将会成为重点分析对象。

按照网优工作的具体内容划分，可分为单站验证和优化、RF 优化、性能参数优化三部分。

单站验证是网络优化的第一阶段，重点是解决设备功能问题和工程安装问题，为随后的 RF 优化和性能参数优化打下良好的基础。单站验证和优化主要检查基站的基础数据配置是否正确、硬件是否正常(有无天线接反、硬件告警等)、信号覆盖(RSRP、SINR)与系统功能是否正常(接入、切换、PING、FTP 上传下载业务等)。涉及硬件告警、天馈线连接错误、基础数据配置错误、工程参数错误以及业务功能性问题需要在这个阶段进行解决。

RF 优化的主要目的是优化网络覆盖、调整网络结构和提高切换成功率，主要针对覆盖、切换、接入进行优化，同时需要解决可能存在的外部干扰问题。一般情况下，RF 优化主要结合路测数据和信令进行分析，重点分析覆盖问题、切换失败问题、干扰问题和接入问题(接入失败和接入时延)，并提出相应的调整措施(主要是天馈等工程参数调整及邻区优化)。

参数优化和 RF 优化的划分是从调整的思路和优化措施出发，RF 优化调整的主要措施是工程参数调整(也可能会涉及切换优化时的邻区优化以及 PCI 参数调整)，主要目标解决切换、掉话、数据速率等问题，而参数优化调整的主要措施是无线资源管理参数，主要目标在

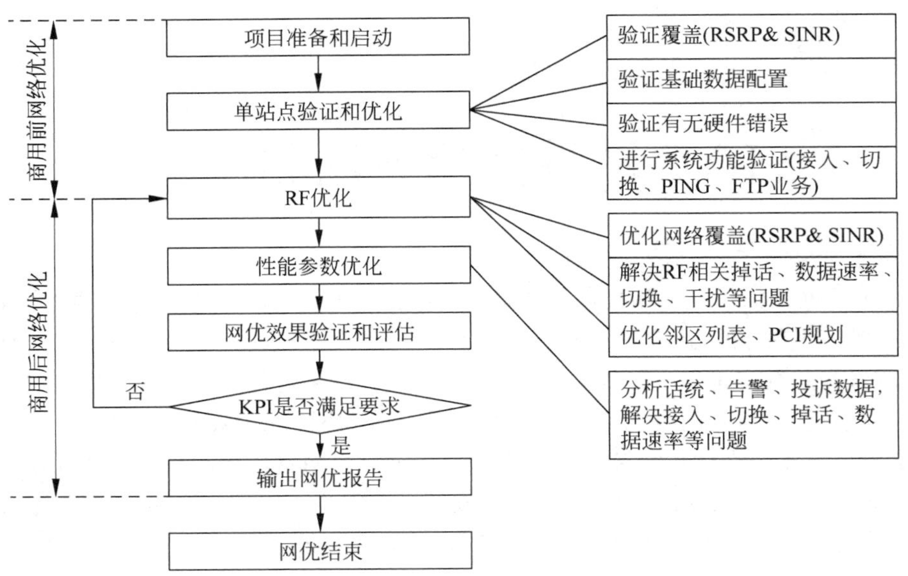

图 6-1　LTE 网络优化流程

于通过结合路测数据、话统数据、告警数据、投诉数据以及参数配置数据进行分析，从全网优化角度提出优化措施来提高网络的性能。此外，对于重点的问题可能需要结合信令跟踪进行断定。下面分开来描述网络优化的各个步骤。

6.1　网优项目准备和启动

在网优项目开展之前，需要进行相关准备工作，在这个阶段需要完成的主要工作如图 6-2 所示。

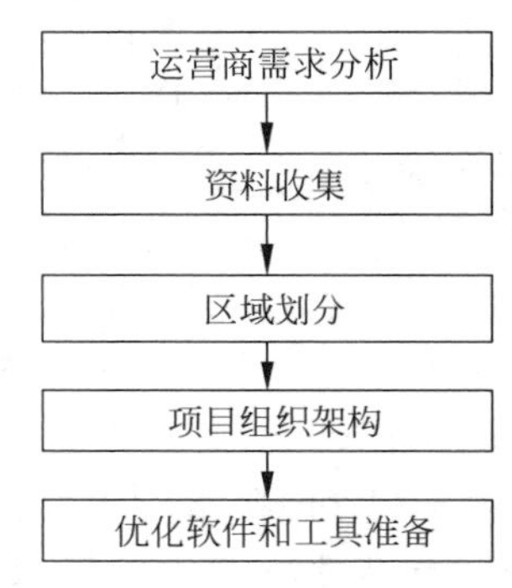

图 6-2　LTE 网优项目准备和启动

6.1.1　运营商需求分析

首先进行的第一项工作就是运营商需求分析，它的目的在于获取项目具体信息以及运营商对本期网络优化效果的要求，同时对目前网络亟待解决的问题做到心中有数。需求分析阶段一般需要了解以下信息：

（1）了解优化区域的具体范围、重点覆盖区域范围以及环境等信息，尤其是数据接入有特殊需求的区域信息。

（2）了解运营商反映的现有网络中存在的严重问题，也就是运营商最不能容忍的问题，可以在优化过程中给予重点关注和解决。

（3）了解各项目的验收标准，该标准应该在网优合同中体现，或者在合同审核阶段有所了解，需求分析阶段需要进行确认。

（4）了解运营商对测试的具体要求，如时间段要求、测试过程中测试点和路线的选择标准、测试方式设置要求等，侧重了解运营商对项目验收的相关测试要求。

（5）确认和运营商的分工界面，明确运营商应该承担的工作及运营商需要提供的资源。

6.1.2　网络基本数据收集

明确运营商的需求之后，接下来需要搜集网络基本数据，以便为网络性能评估和分析做准备。需要搜集的网络基本数据如表 6-1 所示，其中针对已经商用后的网络，如果是商用前的网络，则着重收集表中的 1～4 项。

表 6-1　需要搜集的网络基本数据

序号	资料名称	备注
1	××地区最新基站信息表	包括站名、经纬度、站型、天线类型、挂高、方位角、下倾角、发射功率、中心频点、系统带宽、PCI、ICIC、PRACH 等
2	××地区 LTE 网络基础数据	包括网络结构、路由组织
3	××地区网络设备的型号和参数	包括 LTE 网络所采用的设备型号和技术参数、软硬件版本号等
4	××地区网络参数设置	包括无线侧系统参数设置
5	××地区最新的终端情况	包括终端类型的在网比例等
6	××地区网管告警统计	包括告警类型统计和解决情况
7	××地区最近一个月的话统数据	包括 OMC 及其下属各基站的数据（忙时）
8	××地区最近一年的统计报表	以月为单位，包括各主要 KPI 统计趋势
9	××地区最近半年的用户投诉统计	包括不同投诉类型、解决情况等
10	××地区最近三个月的路测和点测报告	包括原始数据和测试报告
11	××地区最近半年的主要网优报告	包括各期网优主要解决的问题，优化措施、实施情况和效果等

6.1.3　区域划分和网优项目组织架构

在对运营商需求分析和已收集到资料分析的基础上，对现有网络进行区域划分、成立网优组织架构、建立清晰的职责划分和质量监控机制。图 6-3 所示是某区域 LTE 网优团队的项目组织架构实例，实际可根据网络优化的任务和需求进行调整。在这个实例中采用了“网优总负责人”—“网优小组负责人”—“网优工程师”三级架构，将每个网优小组按照职能分为三个部分：“单站验证/RF 优化分析组”“性能参数和 KPI 优化组”以及“Trouble Shooting 分析组”，各级及各组职责功能定义如下：

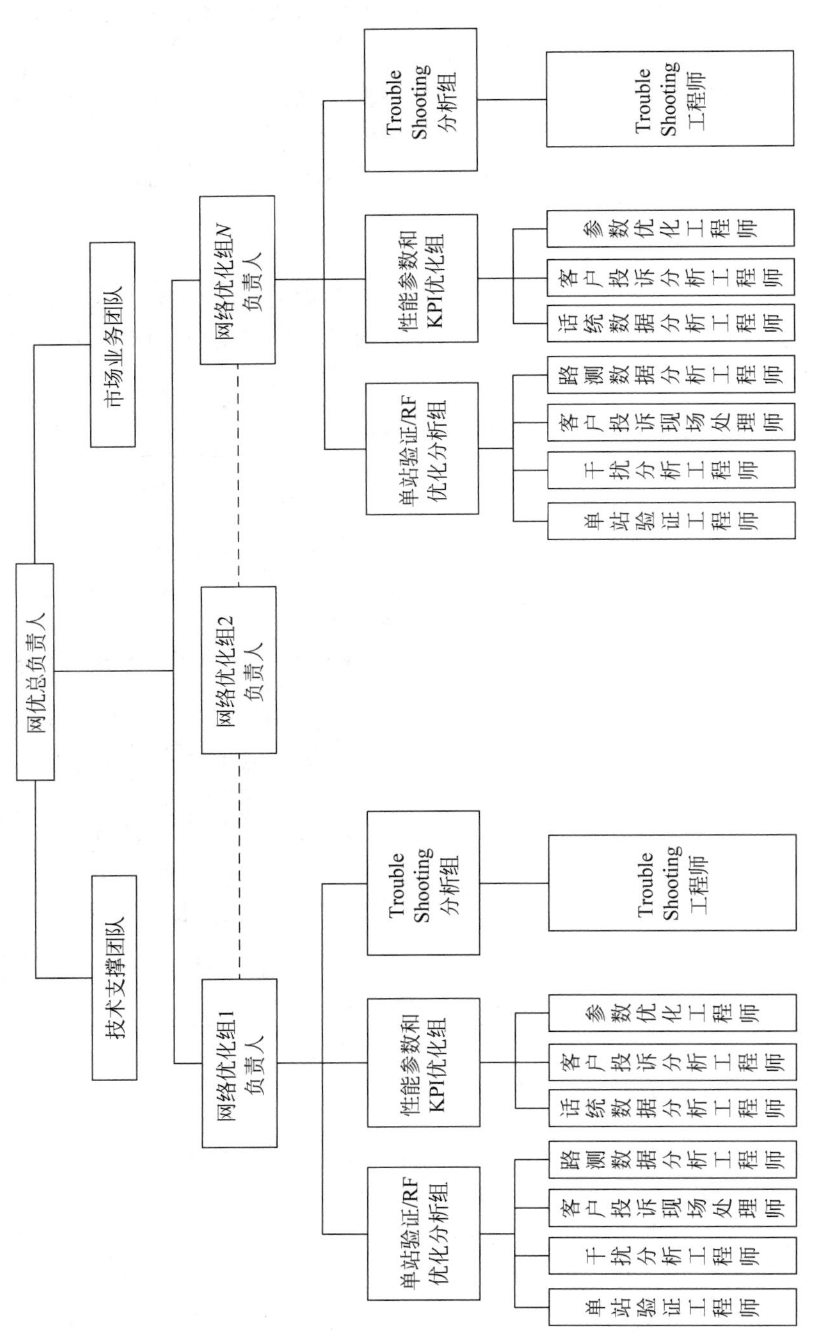

图 6-3 LTE 网优项目组织架构

（1）网优总负责人职责：负责项目的实施，制定网优工作计划，制定日报、周报和月报；负责整个项目的进度控制并负责整个项目的质量审核及控制。作为项目接口人，负责项目沟通工作。

（2）技术支撑团队职责：负责项目审核和技术支持；负责技术交流和重大技术问题解决；不定期地进行项目现场支撑工作。

（3）市场业务团队职责：负责商务谈判、合同签订，处理客户投诉、申告与建议处理。

（4）网络优化小组负责人职责：负责网络优化小组的工作实施，制订小组工作计划，制定日报和周报；负责整个项目的进度控制。作为网优小组技术负责人，负责该小组网优工作的质量审核及控制；作为网优小组接口人，负责项目沟通、任务分工及协调。

（5）单站验证/RF 优化分析组职责：单站验证组负责单站开通完成之后的优化，包括单站的功能性验证测试数据采集和分析以及单站验证报告的编写；RF 优化组负责路测数据采集与分析，完成邻区优化、覆盖优化（天馈调整、越区覆盖整改、增选站点等），解决覆盖、切换、接入问题，提出网络调整建议并完成相关报告；负责维护和更新基站工程参数表。此外，该组还需负责两项工作：①干扰定位及分析；②用户投诉的现场处理。

（6）性能参数和 KPI 优化组职责：负责分析 OMC 话统数据，根据话统数据对性能较差的小区进行分析，提出网优建议并跟踪实施效果，完成话统分析网优报告。重点解决切换、掉话、数据速率等问题，使网络达到 KPI 目标。该组还负责用户投诉信息采集及分析，并制定相关解决方案。

（7）Trouble Shooting 组职责：负责对所辖区域焦点和关键网优问题进行分析和定位并给出解决方案，对性能参数和 KPI 优化组提出的参数修改进行审核，提供网优专家级服务。

6.1.4　网优工具和软件准备

网络优化所需工具和软件如表 6-2 所示。

表 6-2　网络优化所需工具和软件

序号	资料名称	备　注
1	LTE 扫频仪	如 JDSU E6474A、PCTEL、罗德施瓦茨 R&STSME 等
2	LTE 测试终端及数据卡	用于路测，如华为 B593s、华为 E398s 等
3	GPS 及连接数据线、USB Hub	用于路测
4	前台路测数据采集及后台路测数据分析软件	根据运营商要求选择，如 CDS LTE6.1、中兴的 CNT/CNA、华为的 GenexProbe2.3、大唐的 Outum 8.0 等
5	YBT250	用于频谱分析以查找干扰
6	笔记本电脑	用于路测和数据处理
7	勘察工具	数码相机、指北针、天线倾角测量仪
8	车载逆变器	从车辆点烟器取电，为计算机、Scanner 和测试终端提供电源
9	电子地图	为测试提供地理信息
10	测试车辆	具备点烟器或者蓄电池供电装置

6.2 单站验证和优化

单站验证用于检查设备功能是否正常，为随后的RF优化和性能参数优化打下良好的基础，测试的重点是验证和解决设备功能问题和工程安装问题。在网优工作开始前，首先针对需要优化区域的站点信息进行重点参数核查，确认小区配置参数与规划结果是否一致；然后通过测试终端完成空闲模式和连接模式的验证任务，包括空闲模式下的配置参数检查（频率、PCI、TA等）、小区重选功能验证，以及连接模式下的测试结果分布（RSRP、SINR、PCI等）、数据业务接入、切换等功能验证，如图6-4所示。简单来说，单站验证的输入是三个表：网络规划工程参数表、OMC网络数据配置表、网络告警信息表，输出也是三个表：单站验证结果表、工程参数汇总表、问题记录跟踪表。

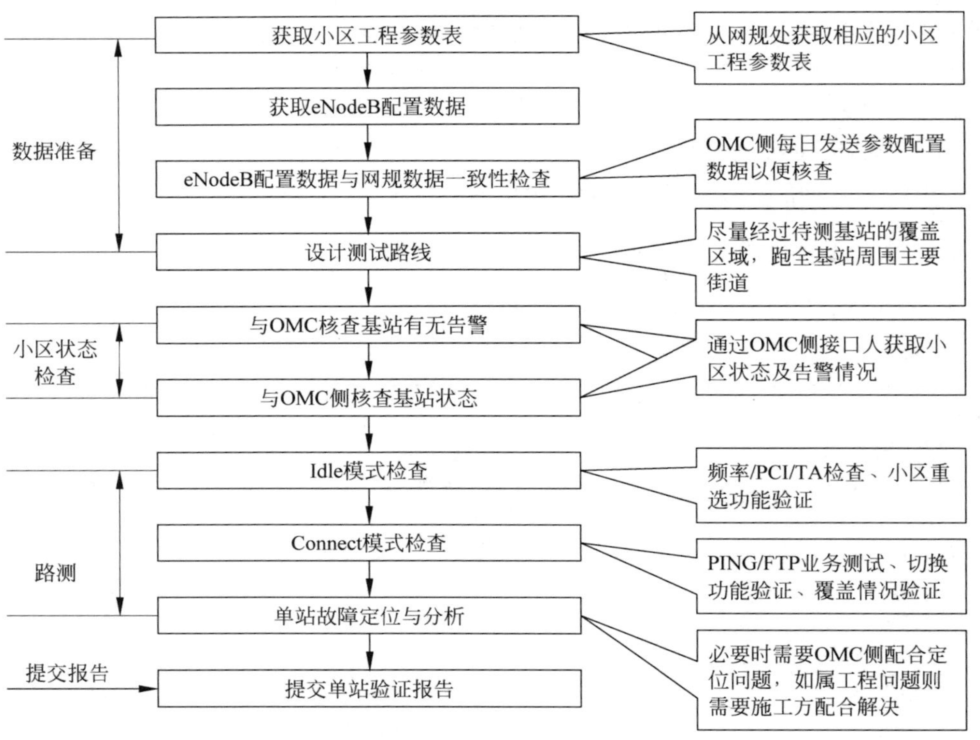

图6-4 单站验证和优化

6.2.1 单站验证的数据准备

单站验证阶段需要获取的数据包括：①单站验证的站点清单；②相关小区的工程参数表；③OMC 侧获取小区参数配置数据。

获取数据的来源包括：①单站验证的站点清单和相关小区的工程参数表一般从无线网优接口人处获得；②OMC 侧参数配置数据从 OMC 侧接口人处获得。

需要完成的工作包括：①及时更新路测软件导入小区表；②更新小区工程参数表；③根据 OMC 侧参数配置数据，检查实际配置的数据与网络规划数据是否一致。

每日维护最新的路测软件导入小区表和小区工程参数表、检查 OMC 侧配置数据与网规数据的一致性是这个过程完成的主要工作。如果 OMC 配置数据有问题，则需要反馈给 OMC 侧接口人进行更正。比较常见的问题为数据配置错误或者疏漏，如 eNodeB ID、Cell ID、频点、PCI 配置错误，以及漏配邻区数据等。

在确定需要验证的站点后设计合理的测试路线和准备相应的测试工具和车辆。测试工具配备方面，目前使用的某些类型路测软件在硬件连接方面容易出现故障，测试人员须在测试之前对测试软件进行试测，确保测试设备正常。测试手提电脑、测试手机、Scanner、GPS 都需要供电。手提电脑、手机可以用电池，但往往电池性能不能满足长时间测试的需求，因此在租用车辆时需确保汽车点烟器工作正常，测试人员配备 12V 直流电到 220V 交流电逆变器及电源插板 1 套。

6.2.2 单站验证的小区状态检查

在每日进行站点测试前，首先需要准备待测区域多个基站或单个基站的小区清单，并确认这些待测基站状态正常。基站状态，包括站点是否存在硬件告警、传输告警、驻波告警、闭锁等情况，license 是否完整，小区是否激活。必须保证基站所有状态正常才开始测试工作，以避免不必要的重复工作。

按照正常流程，在基站开通之后和单站验证之前，监理方应该进行施工后的初步检验，包括对基本数据业务拨打等功能验证，以及确保无告警。但实际限于工程质量以及初步检验工作的严谨性有所局限，在单站验证出发前对小区状态的告警以及状态检查是非常必要的，需要从 OMC 侧接口人那里查询小区有无告警信息、有无闭塞等，确认正常后再进行单站验证，以提高单站验证的测试效率。

6.2.3 单站测试内容

单站测试时需要对每个小区的空闲状态、连接状态进行相关测试，核查参数配置、业务功能、覆盖性能是否正常。单站验证内容如表 6-3 所示。

表 6-3　单站验证内容

分　　类	序号/分项	验 证 内 容
空闲状态	1	eNodeB ID、Cell ID、频点、TA、PCI 配置是否正确
	2	小区选择和重选参数是否与规划参数一致
	3	邻区列表是否正确配置
	4	小区重选功能是否正常
连接状态	路测	基站附近是否满足 RSRP＞－85dBm
		基站附近是否满足 SINR＞15dB
		上下行数据接入平均速率是否满足要求
		切换是否正常
	定点测试	PING 时延验证
		FTP 上传与下载峰值速率验证
一般项	1	天线是否接反
	2	整体性能和覆盖区域是否符合规划要求

路测的主要输出结果包括基站 PCI 分布、基站各小区 RSRP、SINR 和 FTP 上传/下载速率分布图。定点测试时，极好点、好点、中点、差点、极差点(无覆盖)的具体定义分别为：①极好点：RSRP＞－85dBm；②好点：RSRP＝－85～－95dBm；③中点：RSRP＝－95～－105dBm；④差点：RSRP＝－105～－115dBm；⑤极差点：RSRP＜－115dBm。

根据某运营商《TD-LTE 无线子系统工程验收规范》[14][15]中关于单站测试内容中的要求，单站验证要求达到的主要指标参考值如表 6-4 所示。

表 6-4　单站验证要求达到的主要指标

编号	测　试　项	评 判 标 准
1	PING 时延	32byte 小包：时延小于 30ms，成功率大于 95% 1500byte 小包：时延小于 40ms，成功率大于 95%
2	FTP 下载均值	平均速率大于 20Mb/s
3	FTP 下载峰值	极好点速率大于 60Mb/s、好点速率大于 40Mb/s、中点速率大于 20Mb/s、差点速率大于 4Mb/s
4	FTP 上传均值	平均速率大于 8Mb/s
5	FTP 上传峰值	极好点速率大于 15Mb/s、好点速率大于 10Mb/s、中点速率大于 6Mb/s、差点速率大于 3Mb/s

6.3　RF 优化流程

RF 优化是 LTE 网络优化的主要阶段之一，主要手段以路测数据分析和信令分析为主，主要工作包括覆盖优化、干扰优化、切换优化以及掉话、数据吞吐率优化等。可以说，RF 优化是一个测试、发现和分析问题、优化调整、再测试验证的重复过程，直到 RF 优化的目标 KPI 达标为止。

从 RF 优化的范围来分，通常可分为簇优化(Cluster)、区域优化和全网优化。簇的大小一般是 20～30 个站点。根据基站开通情况，对于密集城区和一般城区，基站开通数量大于 80％的簇即可进行优化；对于郊区和农村，只要开通的站点连成线，即可开始簇优化。在所划分区域内的各个簇优化工作结束后，进行整个区域的优化工作，区域优化的重点是簇边界以及覆盖盲点。全网优化即针对整网进行整体的网络道路测试(Drive Test，DT)，整体了解网络的覆盖及业务情况，并针对客户提供的重点道路和重点区域进行覆盖和业务优化。从流程来看，簇优化、区域优化和全网优化基本相同，如图 6-5 所示。

由图 6-5 可知，在 RF 优化阶段，主要的流程包括测试准备、数据采集、问题分析、调整实施这四个部分。其中数据采集、问题分析、优化调整需要根据优化目标要求和实际优化现状，反复进行，直至网络情况满足优化目标 KPI 要求为止。包括如下主要的工作内容：

(1) 覆盖优化。覆盖优化包括几个部分的内容，一方面是对覆盖空洞和弱覆盖区域的优化，保证网络中导频信号的连续覆盖；另一方面是对主导小区的优化，保证各主导小区的覆盖面积没有过多和过少的情况，主导小区边缘清晰，尽量减少主导小区交替变化的情况。此外，还要注意对越区覆盖小区的控制。

(2) 导频污染优化。LTE 中主要是通过对 RSRP 的研究来定义导频污染的。导频污染是指某一地方存在过多强度相当的导频(大于 4 个)且没有一个主导导频。即同时满足两个条件：①RSRP 大于－100dBm(天线放置车外时为－95dBm)的小区个数大于等于 4 个；②信号最强小区的 RSRP 与信号排序第四强小区的 RSRP 之差不大于 6dB。

导频污染会导致下行干扰增大、频繁切换导致掉话、网络容量降低等一系列问题，需要通过工程参数调整加以解决。

(3) 切换问题优化。一方面检查邻区漏配情况，验证和完善邻区列表，解决因此产生的切换、掉话和下行干扰等问题；另一方面通过调整合理的工程参数，优化切换带的 SINR 值。

RF 优化主要围绕路测数据的测试和分析展开，主要在于优化信号覆盖、调整网络结

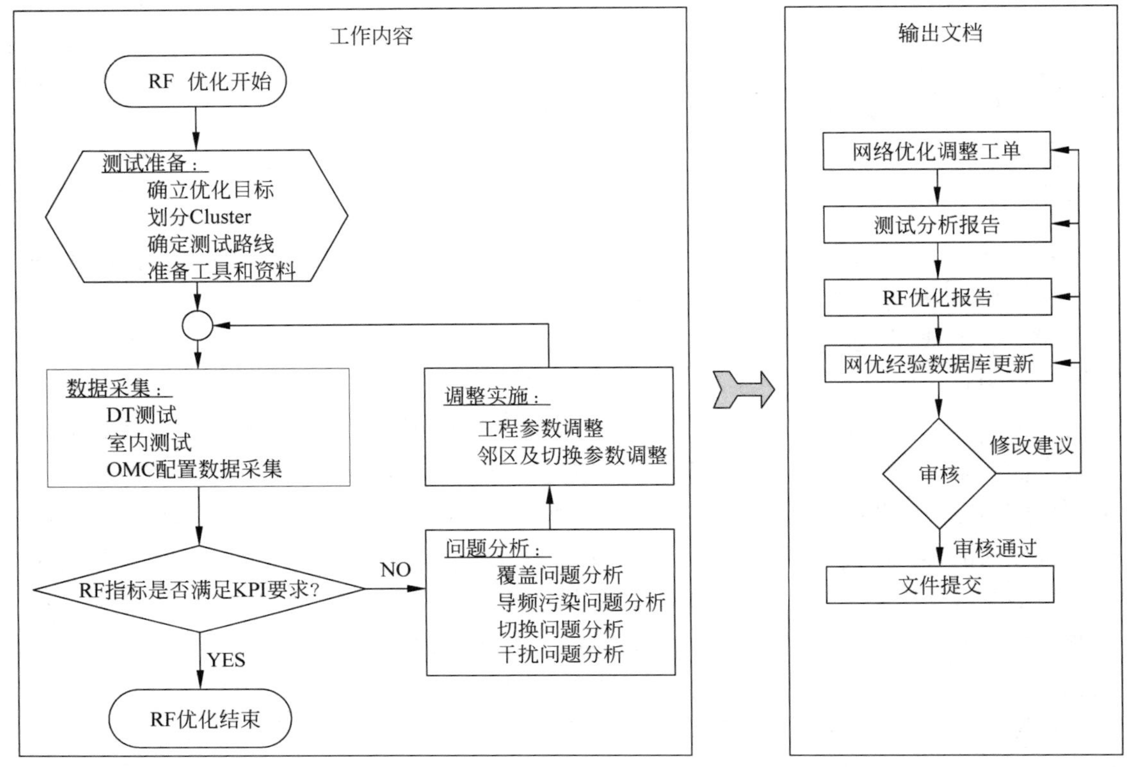

图 6-5　RF 优化流程

构、提高切换成功率等。关于 RF 优化的具体方法，将在第 7 章的路测数据分析方法内容中进行详细描述。

6.4　参数优化流程

在整个优化过程中，当 RF 优化结束后进入参数优化阶段。RF 优化的目的是解决覆盖相关问题，使网络具有合理的网络结构和顺畅的切换关系。而参数优化的目的是使网络指标最终满足验收标准要求。在参数优化阶段，调整建议主要是无线参数方面，但也不排除涉及天馈参数、硬件配置等调整的可能性；在数据采集方面，结合 OMC 话统数据、路测数据、告警数据以及投诉数据进行分析，进一步解决网络中存在的问题使之达到 KPI 的验收要求。性能参数优化阶段可根据采集的数据进行专题分析，如掉话问题分析、接入问题分析、切换问题分析、数据接入速率分析等，以期达到预期的指标要求。性能参数优化的具体流程如图 6-6 所示。性能参数优化是在熟悉 LTE 各项关键算法和参数的基础上，结合话统数据和其他数据进行综合分析的过程，OMC 话统数据的各项关键性能指标(Key Performance Indicator，KPI)的定义将在第 8 章进行详细描述。

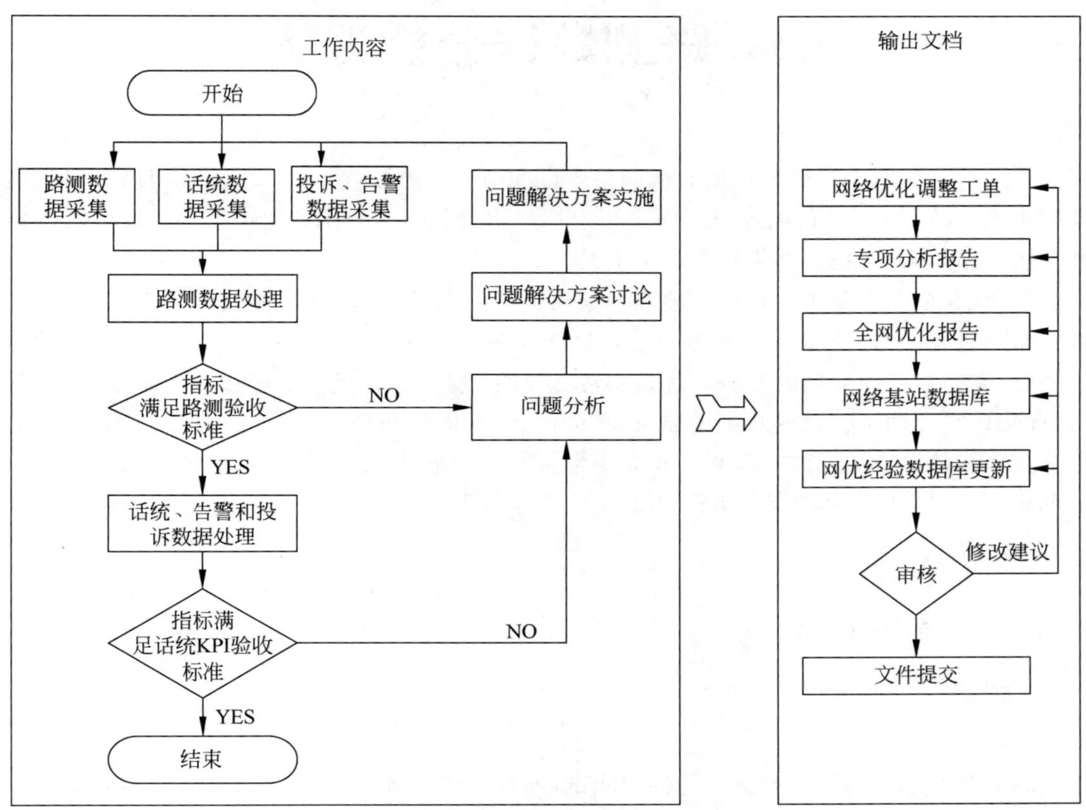

图 6-6　性能参数优化流程

LTE 路测数据分析方法

良好的无线覆盖是保障移动通信网络质量和指标的前提，由于 TD-LTE 网络一般采用同频组网，若不加控制和规避则网络同频干扰严重，因此，进行 RF 优化以达到良好的覆盖和干扰控制效果，对提高网络性能意义重大。

RF 优化的重点是解决信号覆盖和导频污染等问题，同时进行切换优化和干扰优化，并解决路测过程中与 RF 相关的数据传输和掉话问题。路测(Drive Test，DT)是 RF 优化的主要手段，掌握对路测数据的分析方法是非常必要的。通常 RF 优化要经过数据采集、数据分析、优化调整和网络验收这几个过程，在簇优化、区域优化和全网优化的过程中，RF 优化都是非常重要的环节。同时，RF 优化也是参数优化或专题优化前最重要、最基础的一步。接下来将着重对 RF 优化的路测数据分析方法进行详细描述。

7.1 路测数据采集

路测是对现网运行站点进行的性能测试，通过测试手机、扫频仪等设备沿着设定的路线对网络的主要性能指标进行测试，记录相关数据(如下行 RSRP、SINR 等)，并记录相关的信令和事件，获取用以进行网络性能分析的数据，从而达到预定的测试目的。

根据路测的目的不同可以将路测大致分为几类：①无线网络优化测试；②网络性能对比测试；③网络性能评估测试；④传播模型校正测试。网络评估和网络性能对比测试主要用于评估同一个运营商或者不同运营商的网络性能，这两种测试不需对路测数据进行详细分析，重点在于根据模板生成相关的路测 KPI 对比报告即可，一般来说不需提出优化建议。通过传播模型校正测试获取模式调校的测试数据，用规划仿真工具(如 AIRCOM 仿真软件)进行模式调校得到相应的传播模型，用于网络规划和仿真预测。通过无线网络优化测试获得的路测数据是需要经过仔细分析的，对其中的问题区域和路测 KPI 需要进行详细分析，并需要提出详细的网优分析报告。

通过对路测数据进行采集和分析，可将问题确切地定位到具体的道路和地点，因此能够直观地在路测中找到现网存在的问题，得到第一手的原始测试数据。通过路测的方式对现网进行测试也有其不足之处，表现在：不能对上行接收电平进行测试、不能了解到具体的切换原因、测试具有偶然性(有些事件是不可重复的)、少量的测试数据具有典型意义但不具有统计意义、测试数据的获取成本较高等。基于以上的原因,路测数据分析的主要任务是优化无线网络的覆盖和切换性能,定位内外部干扰、解决与 RF 相关的数据流量、掉话和切换失败,对于复杂问题的解决则往往需要结合话统分析数据和信令跟踪等手段。

7.1.1　簇划分和测试路线规划

在完成单站验证优化后,对 LTE 网络进行优化是按簇(Cluster)进行的,测试之前需要与运营商协商对 Cluster 进行合理划分。这样才能够确保在优化时是将同频邻区干扰考虑在内的。在对一个站点进行优化调整之前,为了防止调整后对其他站点造成负面影响,必须事先详细分析该项调整对相邻站点的影响。

Cluster 内基站优化时需通盘考虑,在对 Cluster 进行划分时的主要依据为地形地貌、区域环境特征、相同的跟踪区域等。通常的考虑因素包括:

(1) Cluster 内基站数量应根据实际情况,20～30 个基站为一簇,不宜过多或过少。

(2) Cluster 划分要考虑不同的地形或地势对信号的传播造成的影响。山脉会阻碍信号传播,是 Cluster 划分时的天然边界。河流会导致无线信号传播的更远,在河流较窄的情况下应尽量将河流两岸的站点划到同一个 Cluster 内以便统一进行优化;如果河流较宽,这种情况下通常两岸交通不便,需要根据实际情况以河道为界划分 Cluster。

(3) 可参考运营商已有网络工程维护用的 Cluster 划分。当优化网络覆盖区域属于多个行政区域时,按照不同行政区域划分 Cluster 是一种容易被客户接受的做法。

(4) 需考虑路测工作量因素影响。在划分 Cluster 时,需要考虑每一 Cluster 中的路测工作量最好可以在一天内完成,通常以一次路测大约 4 小时为宜。

某 LTE 网络的 Cluster 划分实例如图 7-1 所示,Cluster1、Cluster2 属于密集市区,Cluster3、Cluster4 属于普通市区,Cluster5、Cluster6 属于郊区,Cluster7 属于高速公路覆盖场景。

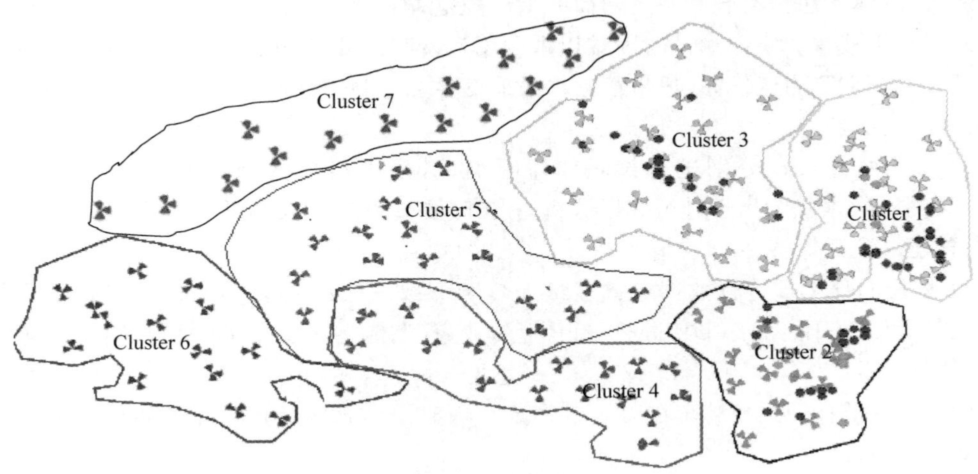

图 7-1　Cluster 划分

路测路线的确定需要尽量包括重点覆盖的区域，郊区必须包括重要的交通干线、高速公路、国道、省道以及重要旅游景点沿线等，市区的测试应包括中心密集区、市区主干道、次主干道、重要区域、人流量较大的区域等。测试路线应该经过与相邻基站簇的重叠区域，以便测试基站簇交叠区域的网络性能，包括验证邻区关系的正确性。测试路线应该标明车辆行驶的方向，并尽量考虑当地的行车习惯。测试路线图通常用 Mapinfo 的 tab 格式保存，以便后续进行优化验证测试时能保持同样的测试路线。

在实际 RF 优化过程中，影响测试路线设计的一个重要因素就是基站簇内站点的开通比例（一般簇内基站开通比例大于 80%后可开始 RF 优化）。测试路线在设计时需要尽量避免经过那些没有开通站点的目标覆盖区域，尽量保证测试路线有连续覆盖。实际情况下，对于实测数据中包含一些覆盖空洞区域的异常数据（这些数据对应本簇内基站尚未开通的区域），直接影响覆盖和业务性能的测试结果的，在对路测数据进行统计和后处理分析的时候需要滤除。

7.1.2 测试方法

RF 优化阶段主要的测试手段是 DT 室外测试和室内拨打测试，以 DT 测试为主。通过 DT 测试，采集 Scanner 和 UE 的无线信号数据，用于对室外信号覆盖、切换、干扰等问题进行分析。室内测试主要针对室内覆盖区域（如楼内、商场、地铁等）、重点场所（体育馆、机场、政府机关大楼等）等进行信号覆盖测试，以便发现、分析和解决这些场所出现的 RF 问题，并用于优化室内、室内室外同频、异频或者异系统之间的切换关系。

在进行具体测试前，需要提前进行工具准备和确认基站的工作状态。基站工作状态确认的目的是了解和保证测试区域内的每一个站点的状态，如具体站点的地理位置、站点是否开通、站点是否正常运行且没有告警、站点的逻辑邻区关系等相关工程参数的配置情况、站点的目标覆盖区域等。测试前进行的工具准备在 6.1 节中已经描述，在此不再赘述。

测试的具体方法需符合相关运营商的测试规范，测试业务类型包括语音长呼和短呼、数据业务上传、下载等。室内测试时因难以取得 GPS 信号，测试前需要获取待测区域的平面图，测试方式同 DT 测试任务，呼叫跟踪数据采集要求与 DT 测试相同。下面给出某运营商典型 DT 测试要求：

（1）采用两部 UE 分别进行长呼和短呼测试，采用扫频仪（Scanner）进行导频测试（Scanner 测试数据主要用于进行邻区分析）；长呼测试设置建议通话保持在 1h 以上，短呼测试设置建议通话保持 90s，空闲 20s。

（2）采用两部 UE 进行数据业务连续上传和下载测试：一部 UE 进行 FTP 下载业务（下载文件大于 1GB），一部 UE 进行 FTP 上传业务（上传文件大于 500MB），测试间隔 15s，使用 5 线程下载。

（3）如无特别说明，测试车在市区或密集市区时应结合实际道路交通条件以中等速度（30～40km/h）行驶。

中国 TD-SCDMA 研究开发和产业化项目专家组 TD-LTE 工作组在 2011 年 5 月已制

定了完善的 TD-LTE 规模技术试验规范，对测试环境下开展 TD-LTE 无线网络性能和网络质量的测试内容进行了具体规定，感兴趣的读者可阅读参考文献[14]。中国移动通信集团公司 2012 年 2 月发布了《中国移动 TD-LTE 无线子系统工程验收规范》[15]，其中的性能测试验收规范部分也可作为测试参考。

7.2 路测数据分析基础

路测数据分析处理流程如图 7-2 所示，在 RF 优化阶段，对网络的覆盖性能进行优化，形成合理的网络结构和覆盖效果；结合路测数据的分析和处理，着重分析覆盖性能、切换性能、系统内外干扰，对邻区进行优化，并解决与 RF 相关的切换失败和掉话问题。掉话、接入和流量问题在 RF 优化阶段可重点从 RF 角度查找原因进行分析，若涉及更深层次的信令和参数分析，在全网优化和专项优化时进行解决。RF 优化的措施以工程参数和邻区列表调整为主，涉及少量的功率、切换、重选参数优化。工程参数的调整措施按照施工的复杂度大致分为如下顺序（排在前面的建议优先采用）：①调整天线下倾角；②调整天线方向；③调整天线高度；④调整天线位置；⑤调整波瓣宽度（波束赋形）或更换天线类型；⑥更换站点位置（重新选点）；⑦新增射频拉远（RRU）或新增站点。

7.2.1 路测重要指标解读

路测数据分析的重要指标包括 RSRP、RSRQ、RSSI、RS-CINR/RS-SINR、PDCCH-SINR，接下来分别对它们一一进行解读。

1. RSRP

参考信号接收功率（Reference Signal Received Power，RSRP）在协议 3GPP 36.214[9] 中的定义为：在测量带宽内承载参考信号（Reference Signal，RS，即下行公共导频）的所有资源单元（Resource Element，RE，对应频域上的一个子载波或时域上的一个 OFDM 符号）功率的线性平均值（即每个 RE 上的功率）。当存在多根接收天线时，需要对多根天线上的测量结果进行比较，上报值不低于任何一个分支对应的 RSRP 值。RSRP 反映了下行链路当前 RS 的接收功率，用于小区覆盖的测量、小区选择/重选和切换。RSRP 在 UE 的测量参考点为天线连接器，UE 的测量状态包括系统内、系统间的 RRC 空闲状态和 RRC 连接状态。

在下行链路预算中，RSRP＝参考信号发射功率＋扇区侧天线增益－传播损耗－建筑物穿透损耗－人体损耗－线缆损耗－阴影衰落＋终端天线增益。TD-LTE 设备的 RSRP 灵敏度在－124dBm 左右，考虑一定的衰落和干扰余量，在实际优化过程中，满足通信的最低 RSRP 可以按照大于等于－105dBm 来考虑。

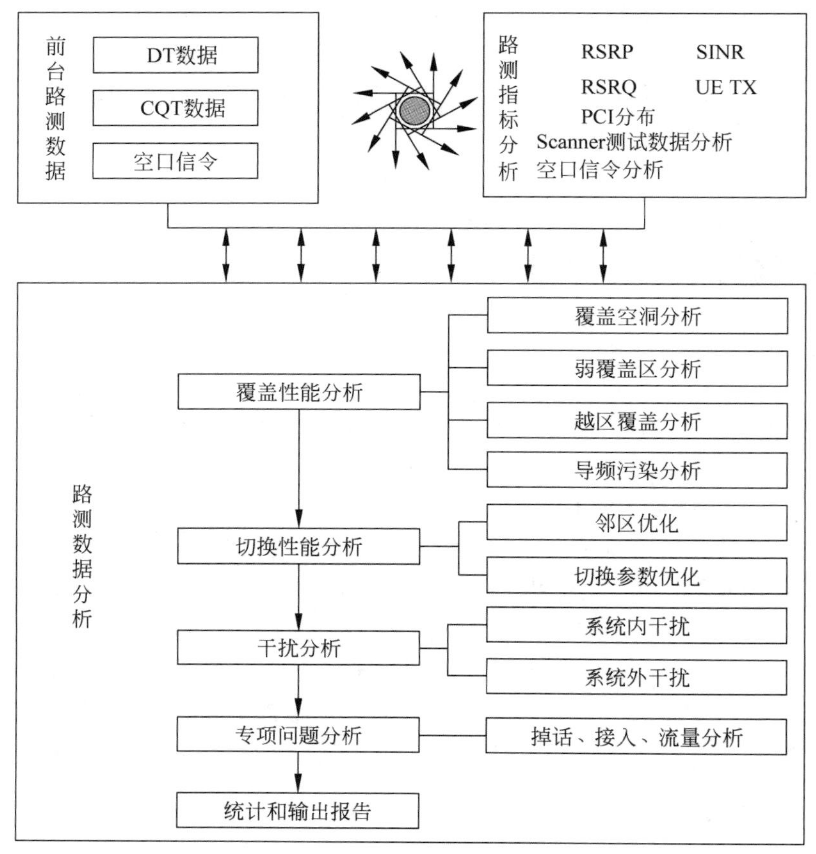

图 7-2　路测数据分析流程

2. RSSI

载波接收信号强度指示(Received Signal Strength Indicator,RSSI)在协议[12]中的定义为：UE测量带宽内一个OFDM符号所有RE上的总接收功率。对于20M的系统带宽，当没有下行数据时，RSSI为200个导频RE上接收功率总和；当有下行数据时，RSSI为1200个RE上接收功率总和，包括服务小区和非服务小区信号、相邻信道干扰、系统内部热噪声等。RSSI即为总功率($S+I+N$)，反映当前信道的接收信号强度和干扰程度，其中I为干扰功率，N为噪声功率。当存在多根接收天线时，需要对多根天线上的测量结果进行比较，上报值不低于任何一个分支对应的RSSI值。

对比RSRP和RSSI的定义可知，RSRP是单个RE上的参考信号功率，RSSI是一个OFDM符号上所有RE的总接收功率。

3. RSRQ

参考信号接收质量(Reference Signal Received Quality,RSRQ)在协议[12]中的定义为：

$N\times$RSRP/RSSI，即 RSRQ(dB)=$10\log_{10}(N)$+RSRP−RSSI，其中 N 为 UE 测量系统带宽内 RB 的数目，RSRP 为 UE 所处位置接收到主服务小区的参考信号接收功率，RSSI 指包含 RS 的一个 OFDM 符号上所有 RE 的总接收功率。

由上述定义可知，RSRQ 不但与承载参考信号的 RE 功率相关，还与承载用户数据的 RE 功率相关，以及邻区的干扰相关，因而 RSRQ 是随着网络负载和干扰发生变化，网络负载越大，干扰越大，RSRQ 测量值越小。实际优化过程中，一般要求 RSRQ>−13.8dB。

4. RS-CINR/RS-SINR

载波干扰噪声比(Carrier to Interference plus Noise Ratio，CINR)定义为 RS 有用信号与干扰加噪声强度的比值。RS-CINR = $\text{RSRP}_\text{S}/\sum\text{RSRP}_\text{N}+N$，$\text{RSRP}_\text{S}$ 为服务小区的 RSRP，$\sum\text{RSRP}_\text{N}$ 为相邻小区 RSRP 之和，N 为热噪声功率。

RS-CINR 是指示信道覆盖质量好坏的指标，与网络负载相关。网络负载越高，RS-CINR 越低(差)。因此，在不同的网络加载下的 RS-CINR 优化目标不同。按照实际测试结果，一般要求 RS-CINR 大于 0dB。仿真结果表明，RSRQ 大于−13.8dB 与 RS-CINR 大于 0dB 的统计比例基本一致。需要指出的是，部分测试软件将 RS-CINR 标记为 RS-SINR，两者在意义上是相同的。

5. PDCCH-SINR

信号与干扰加噪声比(Signal to Interference plus Noise Ratio，PDCCH-SINR)是指接收到的 PDCCH 有用信号的强度与接收到的干扰信号(噪声和干扰)强度的比值，即 UE 测量带宽内的信号功率与干扰噪声功率的比值，即为 $S/(I+N)$，其中信号功率为所属最佳服务小区的 PDCCH 信道的接收功率，$I+N$ 为非服务小区、相邻信道干扰和系统内部热噪声功率总和。PDCCH-SINR 反映当前 PDCCH 信道的链路质量，是衡量 UE 性能参数的一个重要指标。

一般计算公式为

PDCCH-SINR=所属最佳服务小区的信道接收功率/
覆盖小区信道在该处的干扰与噪声功率

3GPP 协议 36.101[3] 中定义了 TD-LTE PDCCH 信道解调门限，如表 7-1 所示。

表 7-1 PDCCH/PCFICH 最低性能要求

序号	系统带宽/MHz	聚合等级	参考信道	参考值	
				Pm-dsg	SINR/dB
1	10	8 CCE①	R.15 TDD	1%	−1.6
2	10	4CCE	R.17 TDD	1%	1.2
3	10	2CCE	R.16 TDD	1%	4.2

① PDCCH 资源映射设计以信道控制单元(Channel Control Element，CCE)为单位，一个 CCE 由 9 个 REG(即 36 个 RE)构成，一个 REG 由 4 个连续的非占用 RE 构成。根据承载的 DCI 比特长度和信道状况，基站可选择使用 1、2、4、8 个 CCE 承载一个 DCI 成为 CCE 聚合等级。

在 TD-LTE 系统中，PDCCH 的 CCE 聚合度是根据信道质量自适应的，在信道持续恶化情况下会采用 8CCE 的配置方式，那么 PDCCH-SINR 满足大于－1.6dB 即可。

7.2.2 良好的 RF 环境定义

在对路测数据进行分析之前，首先对“良好的 RF 环境”进行定义，典型 RF 环境分类如表 7-2 所示，供参考。良好的 RF 环境满足以下条件：RSRP 不低于－85dBm 且 RS-SINR 不低于 5dB。

表 7-2 RF 环境分类

指标分类	RSRP/dBm	RS-SINR/dB
好	≥－85	≥5
一般	≥－95 且≤－85	≥0 且≤5
差	<－95	<0

7.2.3 路测网络评估的 KPI 定义

路测过程中需要进行评估的关键指标可分为四类：覆盖性能指标、接入性能指标、保持性能指标、移动性能指标，与 OMC 侧的定义不同（OMC 话统 KPI 定义请参考第 8 章的相关内容）。一般来说，不同的运营商或厂家对于路测评估 KPI 的定义可能有所不同，而且目标值要求也不同，下面的定义取自某海外运营商，可供读者参考。

1. 覆盖性能指标

覆盖性能指标主要包括覆盖率、导频污染比例等。具体定义如下：

$$覆盖率=\frac{(\text{RSRP}\geqslant -100\text{dBm 且 RS-SINR}\geqslant -3\text{dB})的采样点数}{路测采集的总采样点数}\times 100\%$$

$$导频污染比例=\frac{判定为导频污染的采样点数}{路测采集的总采样点数}\times 100\%$$

2. 接入性能指标

接入性能指标主要为 ATTACH 成功率、无线接通率、RRC 连接建立成功率、E-RAB 连接建立成功率，反映 UE 接入无线网络的性能。短呼测试用于对接入性能指标进行测量。RRC 连接建立成功意味着 UE 与网络建立了信令连接。RRC 连接建立可以分两种情况：一种是与业务相关的 RRC 连接建立；另一种是与业务无关（如紧急呼叫、系统间小区重选、注册等）的 RRC 连接建立。前者是衡量呼叫接通率的一个重要指标，后者可用于考察系统负载情况。

$$\text{ATTACH 成功率}=\frac{\text{ATTACH 成功次数}}{\text{ATTACH 请求次数}}\times 100\%$$

$$\text{RRC 连接建立成功率}=\frac{\text{RRC 连接建立成功次数}}{\text{RRC 连接请求次数}}\times 100\%$$

$$\text{E-RAB 连接建立成功率}=\frac{\text{E-RAB 连接建立成功次数}}{\text{E-RAB 连接请求次数}}\times 100\%$$

$$\text{无线接通率}=\text{E-RAB 连接建立成功率}\times\text{RRC 连接建立成功率}\times 100\%$$

以终端发起 Attach Request 作为一次附着请求，到 UE 发送 Attach Complete 作为一次附着成功。RRC 连接建立成功次数和 RRC 连接建立尝试次数对应的信令分别为：eNodeB 接收到 UE 发送的 RRC Connection Setup Complete 消息和 eNodeB 接收到 UE 发送的 RRC Connection Request 消息。

3. 保持性能指标

保持性能指标主要从掉话率(或时间掉话比)和掉话次数上反映，长呼测试均可用于对掉话率和掉话次数进行测量。

$$\text{时间掉话比}=\frac{\text{掉话次数}}{\text{测试时长(分钟)}}\times 100\%$$

$$\text{掉话率}=\frac{\text{掉话次数}}{\text{E-RAB 连接建立成功次数}}\times 100\%$$

目前没有标准和统一的信令来表示掉话事件，不同的测试软件在统计掉话事件的方法可能会有不同，后续在第 10 章专题优化分析方法中将专门针对不同厂家的掉话定义及原因进行分析。中国移动关于掉话的定义为：测试过程中在已经接收到了一定数据的情况下，超过 3 分钟没有任何数据传输。而中兴公司测试软件 CNT/CAN 关于掉话事件是统计如下两种情况：

(1) UE 发送 RRC Connection Reestablishment Request 但无对应的 RRC Connection Reestablishment Complete 消息。

(2) 出现 RRC Connection Release 消息，但不包括如下三种情况：①系统间切换网络侧释放；②用户未激活，网络侧释放资源(User Inactivity)；③CSFB 的网络侧释放。

4. 移动性能指标

移动性能指标主要是 LTE 网内切换成功率，长呼测试均可用于对网内切换成功率进行测量。

$$\text{网内切换成功率}=\frac{\text{网内切换成功次数}}{\text{网内切换请求次数}}\times 100\%$$

网内切换请求次数的统计信令为 RRC Connection Reconfiguration，切换成功次数的统计信令为 RRC Connection Reconfiguration Complete。

不同的厂家和运营商对路测性能指标的定义和要求可能不同。具体定义要视网络运营的不同阶段确定。表 7-3 列举了某海外运营商商用初期的网络路测性能指标要求。

表 7-3 路测 KPI 目标值

路测 KPI	目标值
覆盖率(长呼)	≥98%
接通率(短呼)	≥98%
RRC 连接建立成功率(短呼)	≥98%
E-RAB 连接建立成功率(短呼)	≥98%
单用户 PDCP 下行平均速率(长呼)	25Mb/s
单用户 PDCP 上行平均速率(长呼)	6Mb/s
掉话率(短呼)	≤4%
掉话次数(长呼)	—
切换成功率(长呼)	≥98%

7.3 覆盖问题分析与优化

良好的无线覆盖和干扰控制是保障移动通信网络质量和指标的前提，结合合理的参数配置才能得到一个高性能的无线网络。因此，覆盖优化非常重要，并贯穿网络建设和优化的整个过程。无线网络覆盖问题产生的原因是各种各样的，主要归纳为四类：

(1) 无线网络规划准确性。无线网络规划直接决定了后期覆盖优化的工作量和网络所能达到的最佳性能。影响无线网络规划准确度的因素主要包括传播模型调校的准确性、电子地图精确度、规划仿真软件参数设置和规划仿真软件的可靠性。

(2) 实际站址与规划站点位置存在偏差。规划的站点位置是经过仿真能够满足覆盖要求，在基站选址过程中由于各种原因无法获取到合理的站点，导致网络在建设阶段产生覆盖问题。

(3) 工程参数和规划参数间的不一致。由于施工质量问题，出现天线挂高、方位角、下倾角、天线类型与规划参数不一致，使网络在开站后出现了覆盖问题。

(4) 覆盖区无线环境或覆盖需求发生变化。原来预规划的无线覆盖环境在网络建设过程中发生了变化，部分区域增加或减少了建筑物，部分区域在建设过程中属于新增的覆盖需求。另外，街道效应和水域的反射效果是在规划仿真过程中不能精确预测的，实际建设后容易形成越区覆盖和导频污染。

LTE 网络中涉及的覆盖问题主要表现为覆盖空洞、弱覆盖、越区覆盖、导频污染等几个方面。实际在覆盖优化实施过程中，一般遵循以下几个原则：

(1) 先优化 RSRP，后优化 RS-SINR。

（2）优先优化弱覆盖、越区覆盖，合理控制基站覆盖范围，再优化导频污染。

（3）优先调整基站的工程参数而后调整 RS 发送功率，即优先调整天线的下倾角、方位角、天线挂高、基站搬迁迁站及新加站点，最后考虑调整 RS 的发射功率。

本节先对 LTE 的覆盖特性进行分析，以便建立覆盖优化的整体概念；然后介绍覆盖优化的主要手段，并结合覆盖优化相关案例，介绍覆盖问题的典型解决方法。

7.3.1　TD-LTE 覆盖特性分析

通过链路预算可得出 eNodeB 对应各类型业务的覆盖半径。链路预算是通过对上、下行信号传播途径中各种影响因素的分析来估算覆盖能力，从而得到在一定信号质量情况下所允许的最大传播损耗。链路预算是网络规划的前提，通过计算信道最大允许传播损耗，求得一定传播模型下小区的覆盖半径，从而确定满足连续覆盖条件下的基站规模。

以下行链路预算为例，链路预算的总体流程如图 7-3 所示。在给定的用户目标速率条件下，首先结合系统的资源配置（如天线配置、时隙比例等），确定边缘用户分配的 RB 数目；当业务速率和 RB 数确定后，所需的最低调制编码方案（Modulation and Coding Scheme，MCS）等级即可确定下来。MCS 等级（MCS index）和分配的 RB 数确定后，可以查表获得边缘用户的目标信噪比 SINR，该表可由链路级仿真获得。边缘用户的目标 SINR 与解调门限、调制解调方式（MCS 等级）以及天线传输方案相关。通过对一系列增益和损耗参数进行计算，可得到接收机的灵敏度和最大允许路径损耗，最后结合传播模型计算得到系统的覆盖半径。

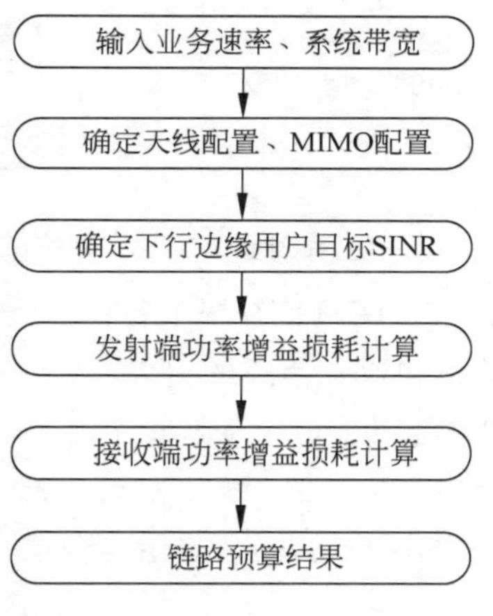

图 7-3　LTE 下行链路预算具体过程

这里简单介绍一下确定 MCS 等级的方法：首先根据业务速率及 TD-LTE 子帧配置获得传输块大小（Transport Block Size，TBS）应满足的最小值，然后查询 3GPP 协议 36.213[11] 中的表 7.1.7.2-1 获取 TBS 索引（TBS index）；获取 TBS index 后，再查询 3GPP 协议 36.213[11] 表 7.1.7.1-1 和表 8.6.1-1（分别对应下行和上行）来获得 MCS 等级。

下面结合大唐电信公司的研究成果，定性分析两个主要因素对下行覆盖的影响：功率、天线技术。本节以下分析中，TD-LTE 系统链路预算参数的取值如表 7-4 所示。

表 7-4　TD-LTE 系统链路预算参数

参　　数	取　　值	参　　数	取　　值
系统带宽/MHz	20	eNodeB	
系统最大可调度 RB 数目	100	系统工作频率/MHz	2350
系统时隙比例	2DL2UL	天线增益/dBi	14

续表

参　　数	取　　值	参　　数	取　　值
阴影衰落方差/dB	10	馈线损耗/dB	0
边缘覆盖效率	75%	基站天线数	不同情况配置不同
阴影衰落余量/dB	6.7	接收机噪声系数/dB	5
室内穿透损耗/dB	20	UE	
路径损耗公式	COST-231 HATA	最大发射功率/dBm	24
热噪声密度/(dBm/Hz)	−174	人体损耗/dB	0
上行干扰余量/dB	3	终端天线增益/dBi	0
系统负载因子	50%	终端天线数量	1T2R
下行边缘用户目标 SINR/dB	根据业务速率和用户分配的 RB 数目查表确定	接收机噪声系数/dB	9

1. 功率因素对下行覆盖的影响

TD-LTE 系统下行信道由于不采用功率控制，增加发射机功率可以直接扩大下行控制信道和业务信道的覆盖半径。对于下行业务信道，根据不同的业务速率，系统可采用不同的功率配置(取三种典型配置 40dBm、43dBm、46dBm)，相应的 EIRP 的计算值如表 7-5 所示。由表 7-5 可知，提升发射功率带来了用户链路的等效全向发射功率(Effective Isotropic Radiated Power，EIRP)的同等提升。

表 7-5　不同业务速率的下行功率配置及 EIRP

目标用户业务速率	eNodeB 功率等级选项		
	40dBm	43dBm	46dBm
低(64kb/s)	42.5	45.5	48.5
中(250kb/s)	47.8	50.8	53.8
高(500kb/s)	50.5	53.5	56.5
超高(1Mb/s)	53.5	56.5	59.5

通过链路预算，对不同的发射功率对应的 TD-LTE 系统的下行业务覆盖能力作了对比，如表 7-6 所示。由表 7-6 可知，提升发射功率带来了最大允许路径损耗的同等提升，提升发射功率直接也扩大了业务信道的覆盖距离。关于发射功率提升幅度与覆盖距离的扩大关系，有如下分析：发射功率的提升可带来最大允许路径损耗的同等提升，对于覆盖距离定量的提升影响需要考虑传播模型。

表 7-6　TD-LTE 系统不同 eNodeB 发射功率下的业务信道覆盖能力对比

目标用户业务速率		eNodeB 功率等级选项		
		40dBm	43dBm	46dBm
低(64kb/s)	室外最大允许路径损耗/dB	151.2	154.2	157.2
	室内最大允许路径损耗/dB	131.2	134.2	137.2
	室外最大覆盖距离/m	2211.1	2696.6	3288.7
	室内最大覆盖距离/m	588.7	718	875.6
中(250kb/s)	室外最大允许路径损耗/dB	152.6	155.6	158.6
	室内最大允许路径损耗/dB	132.6	135.6	138.6
	室外最大覆盖距离/m	2421.7	2953.4	3601.9
	室内最大覆盖距离/m	644.8	786.3	959
高(500kb/s)	室外最大允许路径损耗/dB	153.1	156.1	159.1
	室内最大允许路径损耗/dB	133.1	136.1	139.1
	室外最大覆盖距离/m	2500.6	3049.7	3719.3
	室内最大覆盖距离/m	665.8	812	990.3
超高(1Mb/s)	室外最大允许路径损耗/dB	152.7	155.7	158.7
	室内最大允许路径损耗/dB	132.7	135.7	138.7
	室外最大覆盖距离/m	2443	2979.5	3633.7
	室内最大覆盖距离/m	650.5	793.3	967.5

选择 COST-231 HATA 模型，路径损耗计算为

$$PL(\text{dB}) = 46.3 + 33.9\log f_c - 13.82\log h_{te} - \alpha(h_{re}) + (44.9 - 6.55\log h_{te})\log R + C_{cell} + C_{terrain} + C_M \tag{7-1}$$

式中各个参数的意义如下：

f_c：系统工作频率(MHz)。

h_{te}：基站天线有效高度(m)，定义为基站天线实际海拔高度与基站沿传播方向实际距离内的平均地面海拔高度之差。

h_{re}：移动台有效天线高度(m)，定义为移动台天线高出地表的高度。

R：基站天线和移动台天线之间的水平距离(km)。

$\alpha(h_{re})$：有效天线修正因子，是覆盖区大小的函数

$$\alpha(h_{re}) = \begin{cases} (1.11\log f_c - 0.7)h_{re} - (1.56\log f_c - 0.8) & \text{中小城市} \\ \left.\begin{array}{ll} 8.29(\log 1.54h_{re})^2 - 1.1 & (f_c \leqslant 300\text{MHz}) \\ 3.2(\log 11.75h_{re})^2 - 4.97 & (f_c \geqslant 300\text{MHz}) \end{array}\right\} & \text{大城市、郊区、乡村} \end{cases} \tag{7-2}$$

C_{cell}：小区类型校正因子，在不同情况下取不同的值

$$C_{cell} = \begin{cases} 0 & \text{城市} \\ -2[\log(f_c/28)]^2 - 5.4 & \text{郊区} \\ -4.78(\log f_c)^2 + 18.33\log f_c - 40.98 & \text{乡村} \end{cases} \tag{7-3}$$

C_{terrain}：地形校正因子。其中地形分为水域、海、湿地、郊区开阔地、市区开阔地、绿地、树林、40m 以上高层建筑群、20～40m 规则建筑群、20m 以下高密度建筑群、20m 以下中密度建筑群、20m 以下低密度建筑群、郊区乡镇以及城市公园。地形校正因子反映一些重要的地形环境因素对路径损耗的影响，如水域、树木、建筑等，合理的地形校正因子取值可以通过传播模型的测试和校正得到。

C_{M}：大城市中心校正因子

$$C_{\text{M}} = \begin{cases} 0\text{dB} & \text{中等城市和郊区} \\ 3\text{dB} & \text{大城市中心} \end{cases} \tag{7-4}$$

由于发射功率的提升会带来最大允许路径损耗的同等提升，根据式(7-1)中的路径损耗计算公式，可以得到在同等覆盖场景下(例如市区)最大路径损耗提升量 ΔPL 与覆盖距离 ΔR 的关系为

$$\Delta PL = (44.9 - 6.55\log h_{\text{re}})\log \Delta R \tag{7-5}$$

由式(7-5)可得到覆盖距离提高比例为

$$\Delta R = 10^{\Delta PL/(44.9-6.55\log h_{\text{re}})} \tag{7-6}$$

假定基站天线高度为 35m，则式(7-6)可简化为

$$\Delta R = 10^{\Delta PL/34.8} \tag{7-7}$$

以基站天线高度 35m 为例，TD-LTE 系统功率提升与下行覆盖距离扩大的关系如图 7-4 所示。

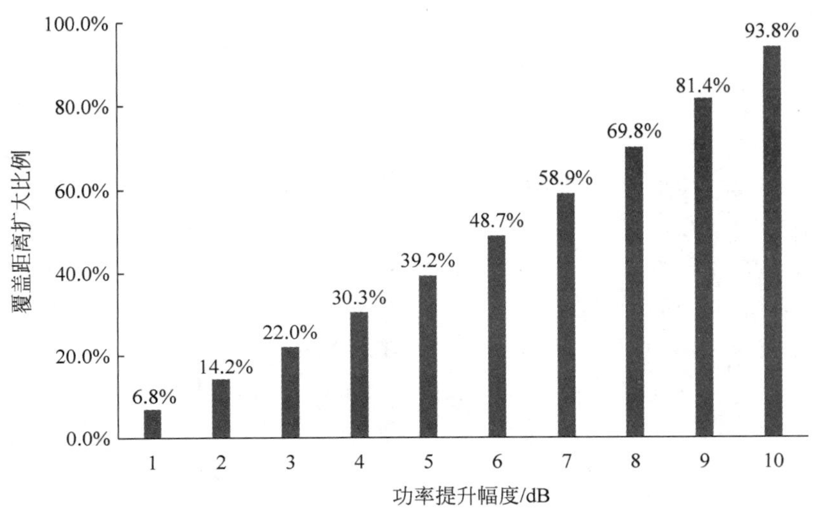

图 7-4　功率提升与下行覆盖距离扩大的关系(假定基站天线高度为 35m)

在 TD-LTE 系统室外覆盖场景中，通常是上行链路覆盖受限，因此，单纯提高基站功率不意味着小区实际覆盖面积的扩大，还需考虑上下行链路的覆盖平衡。

由于 COST-231 HATA 理论模型不太适合直接应用到规划软件的覆盖预测中，在工程中常用变化后的宏蜂窝传播模型，仿真软件公司 AIRCOM 提供了变化后的 HATA 传播模型，该模型在模式调校后获得 K_1 到 K_7 参数，其通用表达式为

$$PL(\mathrm{dB}) = K_1 + K_2\log(d_{\mathrm{km}}) + K_3 H_{\mathrm{meff}} + K_4\log(H_{\mathrm{meff}}) + K_5\log(H_{\mathrm{eff}}) + K_6\log(H_{\mathrm{eff}})\log(d_{\mathrm{km}}) + K_7 + K_{\mathrm{clutters}} \tag{7-8}$$

式中，K_1 为衰减常数；K_2 为距离衰减系数；K_3 和 K_4 为移动台天线高度修正系数；K_5 和 K_6 为基站天线高度修正系数；K_7 为绕射修正系数；K_{clutters} 为地物衰减修正值；d_{km} 为基站与移动台之间的距离(km)；H_{eff} 为基站天线的有效高度(m)；H_{meff} 为移动台天线的有效高度(m)。

对式(7-8)进行模式调校后，结合链路预算参数，也能计算得到图 7-4 系统功率提升与下行覆盖距离扩大的类似结果。

2. 天线技术对下行覆盖的影响

在 TD-LTE 系统中下行可以支持单天线、两天线、四天线和八天线的发射模式，考虑以下四种天线模式下覆盖能力的对比：

(1) 当基站发射天线数目为 1，考察一种 MIMO 发射模式，即 SIMO。

(2) 当基站发射天线数目为不超过 2，考察两种 MIMO 发射模式，即 2×2 空频块码传输分集(Space Frequency Block Code，SFBC)和 2×2 空分复用(Spatial Division Multiplexing，SDM)。

(3) 当基站发射天线数目为 8 天线，考察波束赋形(Beamforming，BF)的发射模式，即 8×2 波束赋形。

以 64kb/s 为覆盖目标速率为例，通过链路预算，四种天线模式下 TD-LTE 系统的覆盖能力对比如表 7-7 所示。

表 7-7　不同天线模式下 TD-LTE 系统覆盖能力对比

天线配置	单天线	2 天线		8 天线
	SIMO	SDM	SFBC	8×2BF
下行边缘用户目标 SINR/dB	−7.3	−4.2	−9.1	−15.8
EIRP/dBm	48.5	46	48.5	48.5
用户 RB 配置	7	4	7	7
室外最大允许路径损耗/dB	155	150.6	157.2	161.38
室内最大允许路径损耗/dB	135	130.6	137.2	141.38
室外最大覆盖半径/m	2853	2130.5	3288	4339
室内最大覆盖半径/m	759.8	567.3	875.6	1155.27

由表 7-7 可以看出：

(1) 由于采用单数据流发送，SIMO、2×2 空频块码传输分集(SFBC)、8×2 波束赋形这

三种天线传输方式占用的频率资源相同(RB数目相同),而采用双流发送的2×2MIMO空分复用(SDM)方式下,占用的频率资源减少约一半。

(2) 采用双流发送的2×2MIMO空分复用方式对用户SINR要求最高,SIMO和2×2空频块码传输分集(SFBC)两种方式较低,而8×2波束赋形技术的用户解调门限最低。

(3) 4种天线模式下,8×2波束赋形覆盖距离最大,可见波束赋形技术的干扰消除效果对于覆盖有良好的效果。

(4) 2×2空频块码传输分集覆盖距离大于2×2MIMO空分复用,SFBC不仅采用单流传输,而且可以获得一定的分集增益,较之SIMO和SDM方式有着较好的覆盖性能。2×2MIMO空分复用覆盖距离较小,主要因双流传输削弱了每个流的功率,需要较高的解调门限。

7.3.2 覆盖优化手段:通过理想预测查找"有害小区"

阿朗公司提出的理想预测方法值得参考。所谓理想预测,是通过分析测试数据,找出网络中的"纯干扰小区"和"低效小区",合并此二类小区为"有害小区",并针对这些"有害小区"进行调整和测试,从而使网络实现较好的覆盖效果。

(1) 纯干扰小区:在测试过程中,只作为邻区出现的小区,这些小区对测试路段的贡献是纯干扰。

(2) 低效小区:在测试过程中,作为服务小区占用很少,但作为邻区出现的次数很多;作为服务小区时,RSRP高于-86dBm,且SINR低于10dB(说明占用路段存在其他小区对该路段的较强覆盖)。

纯干扰小区的识别方法为:过滤服务小区占用数为0,且作为邻区采样点大于一定门限的小区,这些小区即为纯干扰小区。纯干扰小区的筛选如表7-8所示。

表7-8 纯干扰小区的识别表格

PCI	NeibCount	NeibAvgRSRP /dBm	NeibAvgSINR	ServingCount	ServingAvgRSRP /dBm	ServingAvgSINR /dB
164	280	-92.63		0		
110	207	-87.10		0		
172	196	-97.99		0		
245	171	-97.50		0		
86	163	-102.84		0		

低效小区的识别方法为:过滤作为服务小区的采样点占用数大于0且小于一定门限,并且作为邻区采样点大于一定门限的小区;同时满足作为服务小区时,RSRP高于-86dBm,且SINR低于10dB。低效小区的筛选如表7-9所示,很明显,表中标灰色的两行为低效小区。

表 7-9　低效小区的识别表格

PCI	NeibCount	NeibAvgRSRP /dBm	NeibAvgSINR	ServingCount	ServingAvgRSRP /dBm	ServingAvgSINR /dB
396	373	−96.76		3	−77.96	21.83
338	494	−94.50		6	−78.25	4.46
409	105	−90.50		8	−79.17	4.01
420	142	−97.69		8	−99.17	6.89
358	50	−104.74		16	−97.49	3.84

针对“有害小区”进行优化调整，可采用天线下倾角调整、方位角调整、RS 功率调整等优化手段，使得网络性能逐渐逼近最佳。

7.3.3　覆盖优化手段：天线下倾角调整

天线下倾角(Downtilt)是常用的增强主服务区信号电平、减小对其他小区干扰的重要手段。通常天线的下倾方式有机械下倾、预制电下倾和可调电下倾(电调天线)三种方式。机械下倾是通过调节天线支架将天线压低到相应位置来设置下倾角；而电下倾是通过改变天线振子的相位来控制下倾角，预制电下倾天线的下倾角出厂后不可调整，可调电下倾天线则没有这种限制。在采用电下倾角的同时也可以结合机械下倾一起进行。

1. 机械下倾与电下倾效果对比

电调天线在调整天线下倾角过程中，是通过电信号调整天线振子的相位，改变合成分量场强强度，使天线辐射能量偏离原来的零度方向。天线每个方向的场强同时增大或减小，从而保证了在改变倾角后，天线方向图形状变化不大，水平半功率宽度与下倾角的大小无关。而机械方式调整天线下倾角度时，需要通过调整天线背面支架的位置，改变天线的倾角。倾角较大时，虽然天线主瓣方向的覆盖距离明显变化，但与天线主瓣垂直方向的信号几乎没有改变，所以天线方向图严重变形，水平波束宽度随着下倾角的增大而增大。预置电下倾天线与电调天线原理基本相似，只是其预置倾角是固定不能调整的(可调节机械下倾)。成本方面，电调天线最高，预置电下倾天线次之，机械下倾天线最低。

可见，电调天线的优点是：在下倾角度很大时，天线主瓣方向覆盖距离明显缩短，天线方向图形状变化不大，能够减小干扰。而机械下倾会使水平方向图变形，倾角越大变形越严重，干扰不容易得到控制。此外，电调下倾与机械下倾在对后瓣的影响方面也不同，电调下倾会使得后瓣的影响得到进一步的控制，而机械下倾可能会使后瓣的影响扩大。机械下倾和电调下倾的水平方向图效果对比如图 7-5 所示。

如图 7-5 所示，当机械下倾角达到 8°以上时，天线水平方向的波形图严重畸变，容易导致乒乓切换和额外干扰，而电下倾则是各个方向波形图的同步收缩。在 LTE 网络中，若存在机械下倾角超过 8°的天线，建议更换为电下倾的天线。实际工程中，大部分天馈的电下倾倾角设置最大值为 10°，少数能调整到 12°。

在密集市区和普通市区，为了控制干扰，要求下倾角调整范围较大，因此选择天线时要

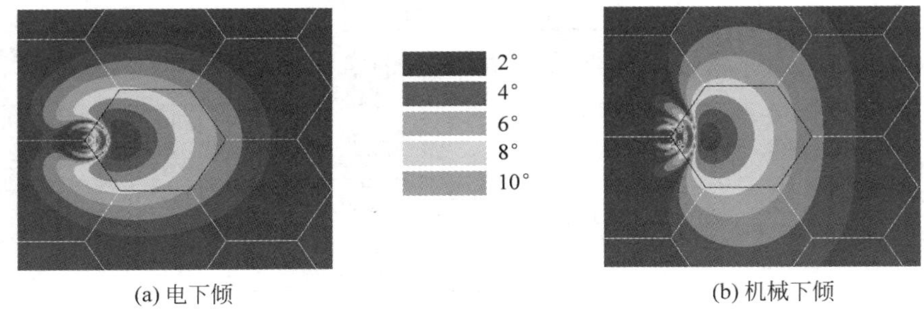

图 7-5 机械下倾和电调下倾水平方向图

优先考虑电下倾定向天线。如果考虑成本无法选用电下倾定向天线，则可优先选用预置电下倾定向天线。在郊区和农村，主要考虑较远距离覆盖，下倾角一般比较小，可选用机械下倾定向天线。如果某些站点比较高，可选用预置电下倾定向天线。对于高速公路等狭长地形，可选用机械下倾定向天线。

现网由于环境限制，市区经常使用多频多极化天线，同一副天线同时支持多个系统，例如 2G/3G/LTE 共用。由于不同系统的频段不同，覆盖特性不同，此时建议采用电下倾天线实现对不同系统的电下倾角分别调整，而机械下倾天线无法做到这一点。

此外，在进行网络优化时，若需要调整天线下倾角，使用电调天线时整个系统不需要关机，可利用远程控制单元，监测和控制天线倾角进行调整，保证天线下倾角度为最佳值。电调天线调整倾角的步进度数精度可为 0.1°，而机械天线调整倾角的步进度数为 1°或以上。

2. 天线下倾角的优化

对定向天线来说，在不同的应用场合，对下倾角的调整范围有不同的要求，下倾角规划从覆盖受限和容量受限两种不同的场景进行分析。假设所需覆盖半径为 R(m)，天线高度为 H(m)，下倾角为 α，垂直半功率角为 θ，则天线主瓣波束与地平面的关系如图 7-6 所示。

从图 7-6 可以看出，当天线倾角为 0°时天线波束主瓣（即主要能量）沿水平方向辐射；当天线下倾 α°时，主瓣中心方向的延长线最终必将与地面一点（A 点）相交，天线半功率角上波瓣方向延长线与地面相交于 B 点。根据天线技术性能特点，在半功率角内，天线增益下降缓慢；超过半功率角后，天线增益迅速下降。因此在考虑天线倾角大小时可以认为半功率角延长线到地平面交点（B 点）内为该天线的实际覆盖范围（R）。

根据上述分析以及三角几何原理，可以推导出天线高度、下倾角、覆盖距离三者之间的关系为

$$\tan(\alpha - \theta/2) = H/R \rightarrow \alpha = \tan^{-1}(H/R) + \theta/2 \tag{7-9}$$

式(7-9)可以用来估算下倾角调整后的覆盖距离。但应用该式时有限制条件：下倾角必须大于半功率角的一半。垂直半功率角 θ 可以查具体天线技术指标或计算得出。如果选用预制电下倾的天线，注意在设定机械下倾角时需扣除电下倾部分。如果需要的下倾角小于预制电下倾角度，则可以应用机械上倾得到所需的下倾角度。

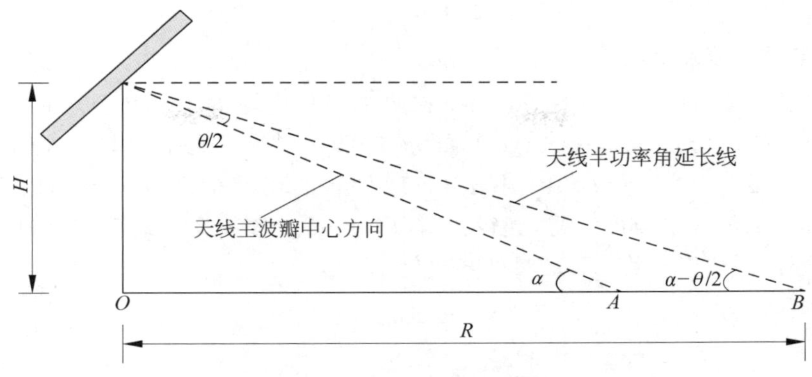

图 7-6　天线下倾角计算示意

7.3.4　覆盖优化手段：RS 功率调整

在覆盖优化过程中，当通过调整天线方位角、下倾角、更换站址位置和新增基站等无法解决覆盖问题时才考虑增大或减小 RS 的发射功率。减小 RS 的发射功率常用于解决导频污染和越区覆盖问题，但同样也会降低室外信号对室内的深度覆盖。增大 RS 的发射功率则需要根据具体的信令流程判断是否属于下行功率受限，对于下行功率受限的情况可通过增大 RS 发射功率进行优化。判断是下行受限还是上行受限，在业务状态下，可以通过判断 UE 还是 eNodeB 的发射功率先达到上限来进行确定。

对于目前 2 通道的 LTE RRU，单个通道发射功率为 20W，每个天线端口按照发射功率 20W 计算；对于 8 通道的 RRU，单个通道发射功率为 5W，在 2 天线端口配置下，每个天线端口发射功率对应的是 4 个通道阵元，总功率为 4×5W＝20W。RS 承载在不同的 RE 上，不承载 RS 的 RE 仍需承载业务数据，同样需要分享功率。因此，RS 的功率一般取总功率线性分布在频域上 RE 的均值。不同系统带宽配置情况下，RS 功率计算如式(7-10)所示，不同系统带宽配置下的 RS 最大功率设置如表 7-10 所示，根据覆盖要求，RS 发射功率可在不超过该表的最大范围内调整。

$$P_{RS} = 10\log_{10}(P \times 100) - 10\log_{10}(N) \tag{7-10}$$

表 7-10　不同系统带宽配置下的 RS 最大功率设置

系统带宽/MHz	RB 数目(M)	RE 数目(N)	天线端口功率(P)/W	RS 建议最大功率(P_{RS})/dBm
5	25	300	20	10log(20＊1000)－10log(300)＝18.2
10	50	600	20	10log(20＊1000)－10log(600)＝15.2
20	100	1200	20	10log(20＊1000)－10log(1200)＝12.2

7.3.5　下行覆盖优化分析

下行覆盖分析主要考察 RF 覆盖情况，基于路测获得的 RSRP 数据分布图为主进行分析，并结合最佳小区分布进行小区主导性分析。

1. RSRP 覆盖强度分析

通常情况下，覆盖区域内各点 Scanner 接收的最佳小区的 RSRP 要求在－110dBm 以上。通过分析 RSRP for 1st Best ServiceCell 分布图可以得到弱覆盖区域分布情况，如图 7-7 所示，在某些道路上出现了 RSRP 小于－110dBm 的弱覆盖区域。导频的 RSRP 根据 Scanner 和 UE 测试数据均可获得，建议最好从 Scanner 的数据来进行判断，因为 Scanner 可以避免因邻区漏配而导致 UE 测量的导频信息不完整的情况。

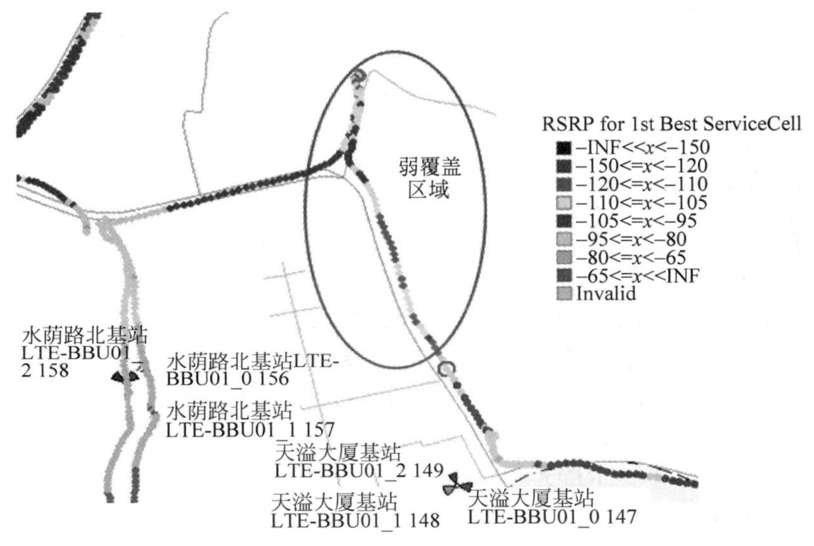

图 7-7 最佳服务小区的 RSRP 分布

对于覆盖差和大片连续覆盖较弱的区域需要标识出来，以便进一步分析。对于标识出来的下行覆盖空洞区域，分析其与相邻基站的远近关系以及周边环境，检查相邻站点的 RSRP 分布是否正常，是否可以通过调整天线下倾角和方向角改善覆盖。在天线调整时需要重点关注是否会为了解决某一覆盖空洞调整天线而导致新的覆盖空洞出现或引发其他覆盖问题。对于无法通过天线调整解决的覆盖空洞问题，给出加站建议予以解决。

2. 小区主导性分析

小区主导性分析是对 DT 测试获得的小区 PCI 信息进行分析。主要通过查小区 PCI 分布情况，查看占用的小区是否存在越区覆盖问题或超远覆盖，并检查目前网络中是否存在无主导小区的区域。

如图 7-8(a)所示，通过查看 PCI for the 1st Best ServiceCell 分布图，如果存在多个最佳服务小区频繁变化的区域，则认为是无主导小区。通常情况下，由于高站导致的越区覆盖或某些区域的导频污染以及覆盖区域边缘出现的覆盖空洞，都容易发生无主导小区的情况，从而产生同频干扰，导致乒乓切换，影响业务覆盖的性能。可结合具体分析通过调整天馈以及调整切换门限等相应参数的手段在问题区域确定相应的主控小区。

由图 7-8(b)所示服务小区占用分布可以看到每个小区在相应服务区域的连线，连线表示该采样点为哪个服务小区覆盖。如果某一小区的信号分布很广，在正常覆盖范围之外仍有其信号存在，说明小区越区覆盖。越区覆盖的小区会对邻近小区造成干扰，从而导致容量下降。对于存在越区覆盖问题的小区，可以通过调整天线方向角、下倾角、天线挂高等措施来控制其覆盖范围，确保其覆盖范围与设计目标大致相同。在解决越区覆盖问题时需要注意是否会产生覆盖空洞和弱覆盖的负面影响。

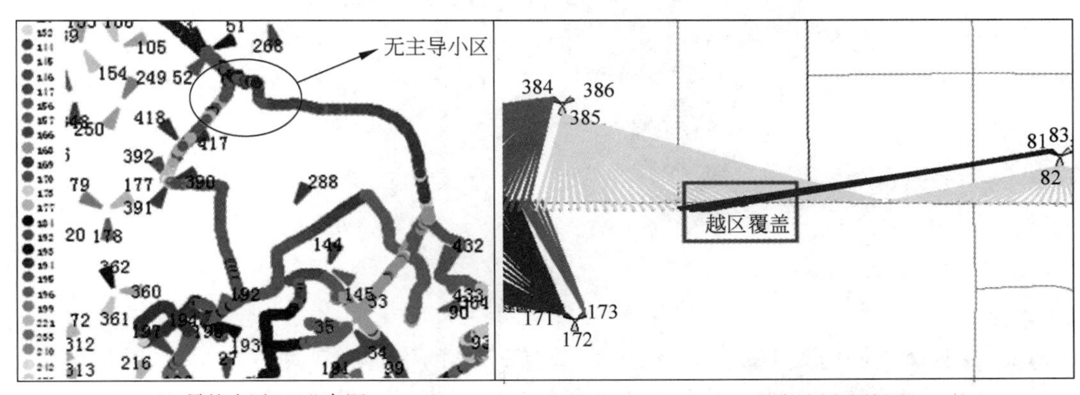

(a) 最佳小区PCI分布图 (b) 服务小区连线图

图 7-8 主导小区分布

7.3.6 上行覆盖优化分析

上行覆盖分析重点结合 UE 发射功率的分布、上行频段扫频测试以及上行每 PRB 子载波干扰噪声数据进行分析。

1. UE 发射功率分析

UE 的发射功率分布反映了上行干扰和上行路径损耗的分布情况。从图 7-9 可以看出，UE 发射功率正常情况下一般低于 10dBm，只有当存在上行干扰或 UE 处于覆盖区域边缘的情况下，UE 发射功率会急剧攀升，超过 10dBm。

对于 UE 发射功率指标差的区域，首先应区分是掉话导致的 UE 发射功率攀升还是上行覆盖差导致的发射功率抬高，前者在地理化显示时通常只是一个突然攀升的点并伴有掉话事件发生，后者在地理化显示时是一片连续覆盖的区域且不一定导致掉话。

对于上行覆盖差的区域需要标识出来，以便进一步分析。对于标识出来的上行覆盖空洞区域，对比分析是否下行 RSRP 覆盖也存在空洞。对于上下行覆盖均弱的情况，在下行覆盖分析中归属到弱覆盖加以解决。对于只有上行覆盖弱的情况，在排除上行电磁背景干扰影响后，通过调整天线的方向角和下倾角、增加塔放等方式优化上行覆盖，加以解决。

2. 上行干扰分析

上行干扰的分析可结合上行频谱扫描路测数据和后台上行干扰实时监测数据来进行

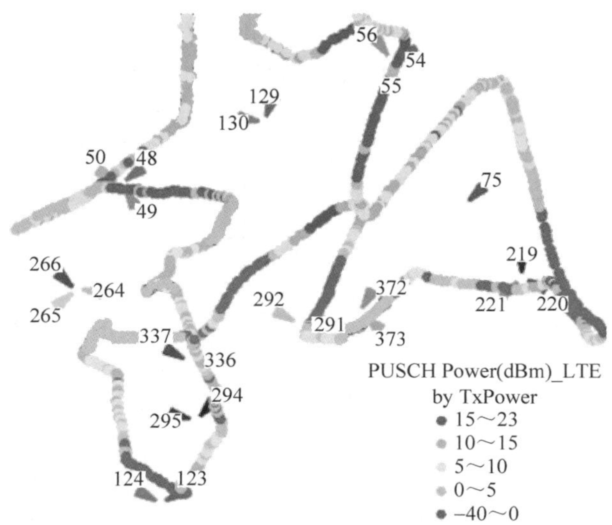

图 7-9 UE 发射功率分布

判断：

(1) 在测试区域内无 UE 接入的情况下，对 LTE 的上行频段进行扫频测试，可用来确定是否存在上行系统外干扰。如果某一小区的底噪过高，则可确认存在上行干扰问题。从图 7-10 所示可清楚看到某频段存在系统干扰导致底噪上升至－107dBm 左右。

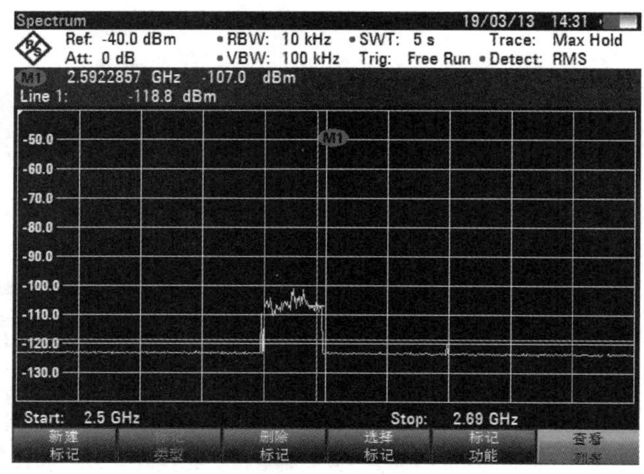

图 7-10 扫频测试排查干扰噪声示意

(2) 在测试区域有 UE 接入情况下，可在后台对小区进行忙时上行干扰话统跟踪，分析系统上行每个 PRB 上检测到的子载波级干扰噪声的平均值(dBm)。

7.3.7 弱覆盖问题及案例分析

弱覆盖一般是指导频信号强度 RSRP 低于－105dBm 的区域。如果 RSRP 能够满足最低接入门限要求，但由于同频干扰的增加，SINR 不能满足业务的最低要求，将导致数据业务接入困难、掉话等问题；如果导频信号 RSRP 低于手机的最低接入门限，则手机通常无法驻留小区，无法发起位置更新和位置登记而出现“掉网”情况。

判定弱覆盖通常采用如下原则：观察路测数据中利用扫描仪获取的最佳 RSRP 分布图，如图 7-7 所示，如果有信号质量较差区域（例如 RSRP 低于－105dBm），再结合小区主导性分析（如图 7-8 所示），找出具体是哪些 PCI 的信号较差导致弱覆盖。

1. 原因分析

弱覆盖的原因不仅与系统技术指标如频率、灵敏度、功率等有直接的关系，而且与工程质量、地理因素、电磁环境等也有直接的关系。如果系统所处的无线环境比较恶劣、维护不当、工程质量问题，则可能会造成基站的覆盖范围减小。在网络规划阶段考虑不周，可能导致在基站开通后存在弱覆盖或覆盖空洞。发射机输出功率减小或接收机的灵敏度降低、天线的方位角发生变化、天线的倾角发生变化、天线进水、馈线损耗等对网络覆盖均会造成影响。综上所述，引起弱覆盖的原因主要有以下几个方面：①无线网络结构不合理或网络工程参数规划不合理；②设备故障；③工程质量问题；④建筑物等引起的阻挡；⑤RS 发射功率配置不合理。

2. 解决措施

通常网络结构（站址分布）的不合理是应当在规划阶段避免的，而选择合适的站址除了保证网络的导频 RSRP 强度达到一定水平，还要保证网络处于一定负载下的 SINR 不低于业务的最低要求。对于弱覆盖或覆盖空洞区域可通过调整规划方案、优化工程参数予以解决，根据实际情况采取如下措施：

(1) 调整基站工程参数如天线方位角和下倾角，增加天线高度或更换高增益天线，优化覆盖效果。优先调整电调下倾，再调整机械下倾，最后选择调整天线方位角。对于因天线受阻挡的情况可调整天线安装位置或更改站址。考虑到物业、设备安装等条件的限制，不理想的站址肯定存在，当出现了弱覆盖或覆盖空洞区域较大，可以考虑新建射频拉远单元（Radio Remote Unit，RRU）来增强覆盖。

(2) 对于重要场所、高大建筑物的室内、城中村、隧道等区域，既要保证覆盖，又要保证质量，可采用新增射频拉远单元（RRU）或新增室内分布系统、泄漏电缆等覆盖方式解决弱覆盖问题。

(3) 在通过工程参数调整对弱覆盖或 SINR 不能有效改善的情况下，可以通过调整 RS 功率（增加最强的，减弱其他的），以产生主导小区。

(4) 根据实际网络规划需要在覆盖弱区和盲区增加新的基站时，需要注意避免产生新的干扰问题。

3. 弱覆盖优化案例

1) 现象描述

如图 7-11 所示，检查路测数据发现有一片区域的 RSRP 低于－110dBm。查看相应的

SINR 分布图,发现该区域 SINR 较差(低于－5dB)。

2) 问题分析

如图 7-11 所示,弱覆盖区域距离 PCI 242、PCI 312、PCI 248 三个小区较远,都在 500m 以上,对该区域进行实地勘察,判定通过调整附近几个小区的工程参数无法解决该区域的弱覆盖问题,并且该问题路段有较大的高度起伏。

3) 解决方法

结合实际无线环境,考虑在弱覆盖区附近是校园,需要进行深度覆盖,建议进行新增 RRU 的方式来改善覆盖情况。

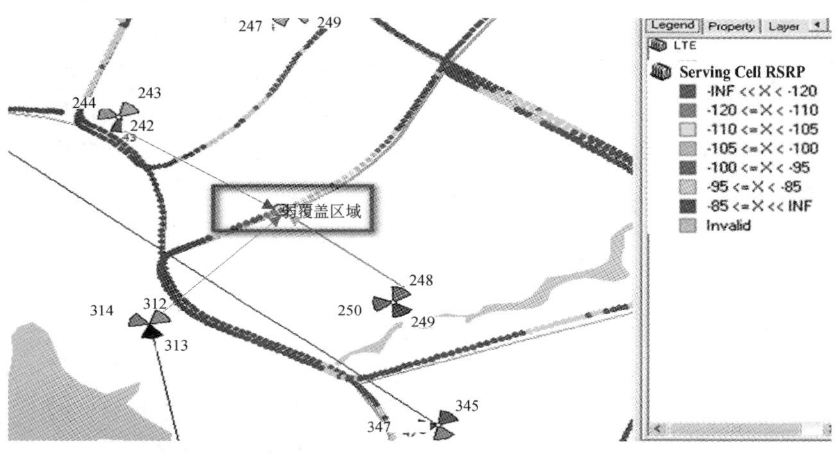

图 7-11　弱覆盖区域示意

7.3.8　越区覆盖问题及案例分析

1. 原因分析

某些基站的覆盖区域超过了规划的覆盖范围,在其他基站覆盖区域形成不连续的主导覆盖区域,形成越区覆盖。如图 7-12 所示,Cell 1 的覆盖范围跨过第一圈邻区,在 Cell 8 的区域形成越区覆盖。在越区基站的覆盖区域内,容易对周边小区形成干扰;如果周边的小区没有定义与该越区覆盖基站的相邻关系,无法切换到其他小区,就容易产生“孤岛效应”,导致掉话。

越区覆盖的产生主要有以下原因:

(1) 天线挂高过高引起越区覆盖。一般发生在建网初期只考虑满足覆盖需求的情况下,选择的站址过高引起。

(2) 在市区站间距较小、站点密集的情况下,下倾角设置不够大会使该小区信号覆盖比较远,导致越区覆盖。

(3) 站点选择在比较宽阔的街道旁边,由于街道波导效应使信号沿街道传播很远,导致越区覆盖。

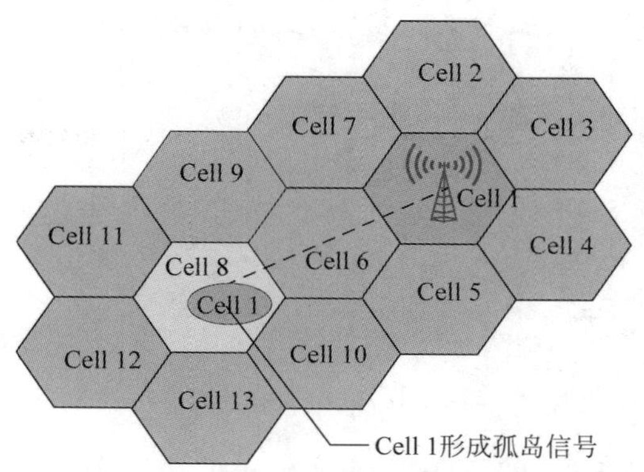

图 7-12　越区覆盖示意

(4) 城市中有大面积的水域，如湖泊或穿城而过的江河等，由于信号在水面的传播损耗很小，在此环境下由于水面反射覆盖过远导致越区覆盖。

对越区覆盖的测试和判断最好是借助扫频仪，其对邻区的测量不受相邻小区列表的限制。即便是为越区覆盖的小区配置了邻区，由于“孤岛”信号的覆盖距离过远，随着无线信号的波动容易造成切换不及时而掉话。

为避免越区覆盖对网络的不良影响，LTE 网络对站址规划有严格的要求。如图 7-13 和图 7-14 所示，理想蜂窝结构和不规则蜂窝结构相比，用户处于高速率的比例明显较高。在站址规划时，应对现网高站、偏离度较高的站址进行详细排查分析，当共站达不到规划要求时应选择新建站，尽量保证基站建设符合蜂窝结构。根据现网统计，周边有高站(站址高度大于 40m)情况下，其邻区的载波速率相比周边无高站情况下降 20%左右，说明高站会较大程度影响周边小区的吞吐量。

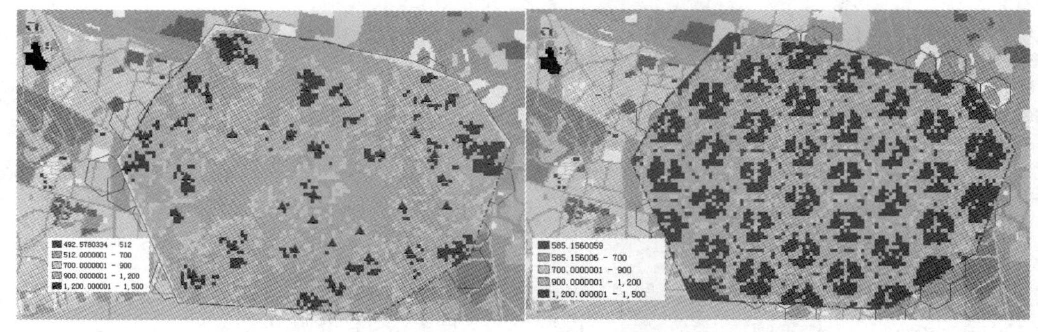

不规则蜂窝结构　　　　理想蜂窝结构

图 7-13　理想蜂窝结构和不规则蜂窝结构下行速率对比

2. 解决措施

越区覆盖的解决思路非常明确，就是减弱越区覆盖小区的覆盖范围，使之对其他小区的

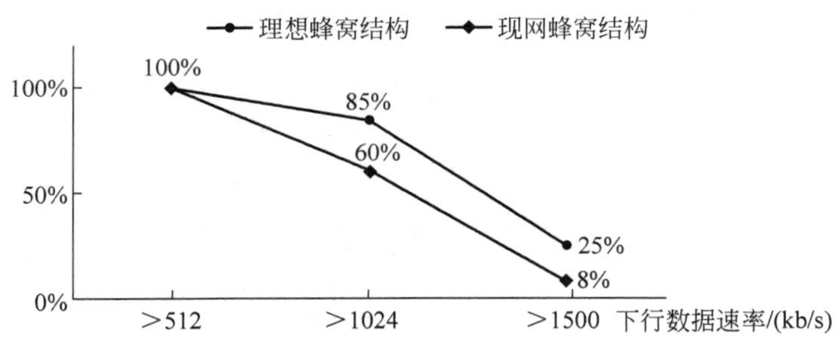

图 7-14 不同网络结构下容量性能仿真分析

影响减到最小。优化调整之前要对路测数据进行分析，优化调整后再验证越区覆盖的解决处理效果，一般需要经过两到三次调整验证，所有的调整都要在保证满足小区覆盖目标的前提下进行：

（1）最为有效的措施就是对天馈系统参数进行调整，合理控制覆盖范围。主要是天线方位角和下倾角，也可配合降低发射功率的手段对信号覆盖范围进行有效控制。对于高站通过天馈调整和功率调整不能得到有效控制的情况下，比较有效的方法是更换站址，并尽量避免天线主波瓣沿道路方向传播，利用周边建筑物的遮挡效应，减少越区覆盖。

（2）在覆盖范围不能有效缩小时，考虑增强越区覆盖区域的最近距离基站信号，使其成为主服务小区，避免越区基站成为主服务小区。

在上述两种方法都无效时，再考虑采用配置单边邻区和互配邻区的方法进行规避。在孤岛形成的影响区域较小时，可以设置单边邻小区解决，即在越区小区中的邻小区列表中增加该孤岛附近的小区，而孤岛附近小区的邻小区列表中不增加孤岛小区；在越区形成的影响区域较大时，在 PCI 不冲突的情况下，可以通过互配邻小区的方式解决，但需谨慎使用。

3. 越区覆盖优化案例

1）现象描述

如图 7-15 所示，测试过程中由南向北行驶至 28 基站附近时下行数据速率下降到小于 1Mb/s，该路段主服务小区 110-0 信号 RSRP 在－81dBm 左右，SINR 在－17.5dB 左右，邻区 28-0 的 RSRP 在－84.2dBm 左右。

2）问题分析

从路测信息列表中发现该路段主服务小区占用 110-0 小区（PCI 为 120），RSRP 为－81dBm，该小区距离问题区域超过 1.5km；其邻区 28-0（PCI 为 132）RSRP 为－84dBm，两小区 RSRP 差值小于 6dBm，产生 PCI 模 3 干扰（7.4 节将提到模三干扰概念），该干扰除 PCI 本身原因外，主要考虑 110-0 小区的越区覆盖问题。

3）解决方法

根据实际情况作了如下调整：降低 110-0 小区的发射功率，将该路段由 28-2 小区作为主服务小区，来规避越区覆盖和降低模三干扰。

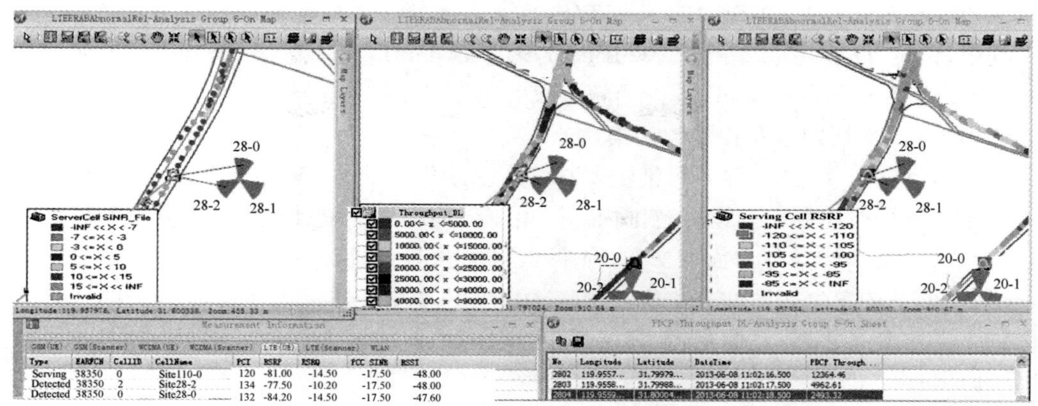

图 7-15　越区覆盖优化案例

处理结果：优化后复测结果如图 7-16 所示，原问题区域下行数据速率 27.4Mb/s，28-2 小区 RSRP 在 −80dBm 左右，SINR 达到 10dB 左右，110-0 小区已不能越区覆盖到此区域。

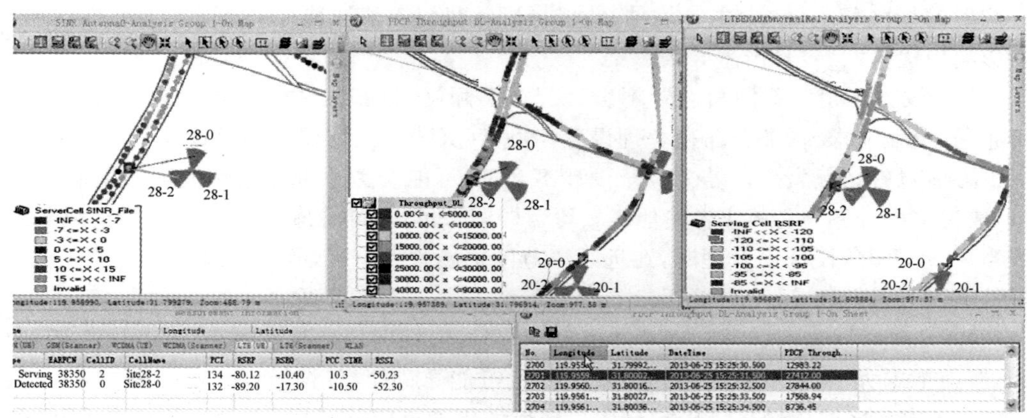

图 7-16　越区覆盖优化效果

7.3.9　导频污染问题及案例分析

接下来对导频污染的主要成因、优化措施进行描述，并分享导频污染优化案例。

1. 原因分析

LTE 主要是通过 RSRP 来定义导频污染的。不同厂家对于导频污染的定义有所区别，此处列举中兴公司对于导频污染的定义供读者参考。

导频污染定义为：在某一点存在过多的导频信号，但却没有一个足够强的主导频。当满足下面所述条件时，判定该点存在导频污染：

（1）满足 RSRP＞$Thr_{\mathrm{RSRP\_Absolute}}$ 的导频个数大于 Thr_{N} 个。

（2）满足 $\mathrm{RSRP}_{\mathrm{Best}}-\mathrm{RSRP}_{Thr_{\mathrm{N}}+1}<Thr_{\mathrm{RSRP\_Relative}}$。

其中，设定 $Thr_{\mathrm{RSRP\_Absolute}}=-100\mathrm{dBm}$，$Thr_{\mathrm{N}}=3$，$Thr_{\mathrm{RSRP\_Relative}}=6\mathrm{dB}$，则上述原则可解释为：当前满足 RSRP＞－100dBm 的导频个数大于 3 个，且最强导频强度与第四强导频的强度之差小于 6dB 时，判定存在导频污染。

由导频污染定义可知，导频污染主要是多个基站作用的结果。在理想的状况下，各个小区的信号应该严格控制在其设计范围内。但由于无线环境的复杂性，包括地形地貌、建筑物分布、街道分布、水域等各方面的影响，使得信号非常难以控制，无法达到理想的状况。因此，导频污染主要发生在基站分布比较密集的市区环境中。容易发生导频污染的几种典型的区域为高楼密集区域、宽的街道、高架桥、十字路口、水域周围区域。导频污染的产生主要有以下原因：

（1）小区布局不合理。由于站址选择的限制和复杂的地理环境，可能出现小区布局不合理的情况。不合理的小区布局可能导致部分区域出现弱覆盖，而在部分区域会出现多个导频强信号覆盖，导致导频污染发生。实际网络中经常发生的小区布局导致导频污染的两种情况是：①多个基站布局围成一个环形，在环形的中心位置距离各基站较远，周围基站到中心位置的场强相当，缺少主导信号，造成导频污染；②基站选址太高容易导致越区覆盖，从而影响周边基站，容易产生导频污染。

（2）天线方位角和下倾角设置不合理。在实际网络中，天线的方位角应该根据全网的基站布局、覆盖需求、话务分布来合理设置，各扇区天线之间方位角的设计应是互为补充，尽量减少方向对打情况发生。若方位角设计不合理，可能会造成部分扇区同时覆盖相同的区域，形成过多的导频覆盖；或者其他区域覆盖较弱，没有主导导频。这些都可能造成导频污染。当天线下倾角设计不合理时，在远距离范围也能收到其较强的覆盖信号，造成了对其他区域的干扰，这样就会造成导频污染。

（3）RS 功率设置不合理。当基站密集分布时，若规划的覆盖范围小，而设置的 RS 功率过大，覆盖范围大于规划的小区覆盖范围时，也可能导致导频污染问题。

（4）受覆盖区域周边环境影响。周边环境的影响，可以归纳为高大建筑物/山体对信号的阻挡、街道或水域使信号的传播延伸较远，或是高大玻璃建筑物对信号的反射，可能会造成导频污染。

导频污染可能会导致以下的网络问题：

（1）系统容量降低。导频污染的情况出现时，由于下行干扰增大，会导致系统控制信道和业务信道 SINR 降低，导致数据吞吐量降低。

（2）频繁切换引起掉话率上升。存在三个以上的强导频，或多个弱导频中没有主导导频，则在这些导频之间容易发生频繁切换，从而可能造成切换掉话。

（3）接通率下降。在存在导频污染的区域，由于手机无法稳定驻留于一个小区，导致频繁进行小区重选，在手机起呼过程中会不断地更换服务小区，易发生起呼失败。

如图 7-17 所示为 LTE 网络在重叠覆盖情况下引起网络性能下降的仿真结果，可以看到重叠覆盖引起终端的下载速率和 SINR 变差。在网络规划过程中，在满足基本覆盖的条件下避免重叠覆盖，可提高网络质量。

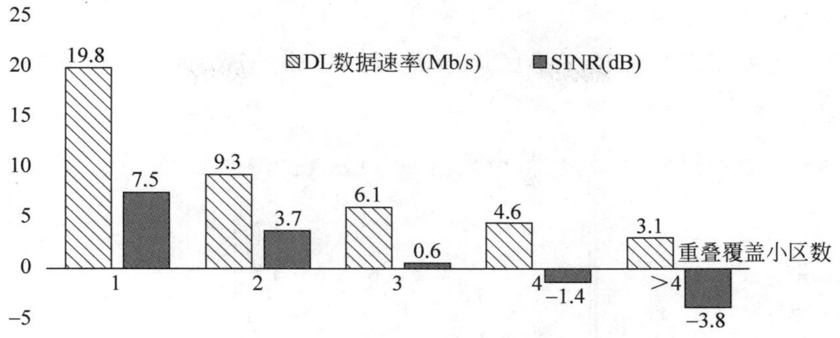

图 7-17 重叠覆盖对下载速率和 SINR 产生的影响

2. 解决措施

解决导频污染问题的基本思路是：在导频污染区域增强主导频、减弱其他导频，以提高网络性能。在网络规划阶段就应该关注导频污染问题的规避，在进行站点规划时，尽量避免出现几个站点的环形分布情况。在进行规划仿真的过程中，注意结合仿真结果，调整规划布局，并通过调整 RS 的功率实现最佳的扇区仿真覆盖，尽量避免多小区重叠覆盖区域出现。导频污染的优化措施主要包括工程参数调整、导频功率调整和采用 RRU 引入强导频。

1）工程参数调整

结合实际测试的情况，通过调整天线的方位角、下倾角来改变污染区域的各导频信号强度，从而改变导频信号在该区域的分布状况。调整的原则是增强主导导频，减弱其他导频。有些导频污染区域可能无法通过上述的调整来解决，可能根据具体情况考虑替换天线型号，改变天线安装位置和挂高或改变基站位置等措施。

2）导频功率调整

当天线下倾角增大到一定程度，再增大会导致天线波瓣图畸变时，为缩小导频覆盖范围，可以减小导频功率；当天线下倾角减小到一定程度，再减小会导致越区覆盖时，为扩大导频覆盖范围，可以增大导频功率。功率调整可以和工程参数调整配合使用。

3）采用射频拉远单元(RRU)引入强导频

在某些导频污染严重的地方，可以考虑采用双通道 RRU 拉远来单独增强该区域的覆盖，使得该区域只出现一个足够强的导频。若遇到因高大建筑或者山体阻挡导致某些区域没有强导频信号存在，这种情况下，调整天线下倾角对优化导频污染效果不明显，可根据实际需要通过增加 RRU 予以解决。

除了调整网络布局和天线参数、优化导频功率的方法，在不影响容量的条件下，合并基站的扇区或删除冗余的邻区也可以减少导频污染的发生。需要强调的是，通过调整工程参数消除多个互相干扰的强导频，或引入主导频信号，是进行导频污染优化的首选手段。增删邻区只是在实际网络环境中由于各种条件的限制无法消除导频污染时，而采取的一种备选手段。

3. 导频污染优化案例

1）现象描述

如图 7-18 所示，UE 占用 12-2 小区信号，RSRP 值为－75.1dBm，SINR 为－6.1dB，下行数据速率 6Mb/s 左右。

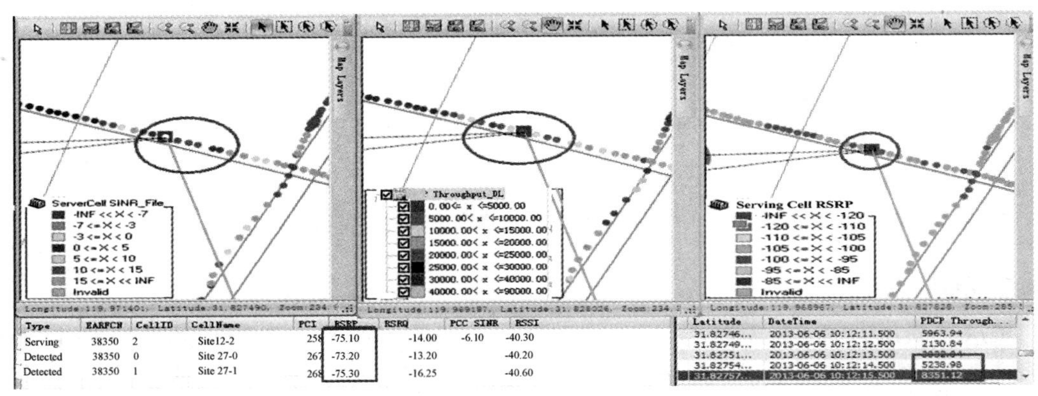

图 7-18　导频污染优化案例

2）问题分析

由邻区列表可知，该区域有多个小区 RSRP 值与主服务小区差值在 6dB 以内，形成导频污染导致 SINR 差和低数据速率。

3）解决方法

增大 12-2 小区天线下倾角由 5°到 8°，调整 27-1 小区方位角由 N120°到 N150°，同时增大天线下倾角由 5°到 7°，突出 27-0 小区为主导频小区。优化后下行数据速率达到 15Mb/s 左右，SINR 值为 10dB 左右，具体复测情况如图 7-19 所示。

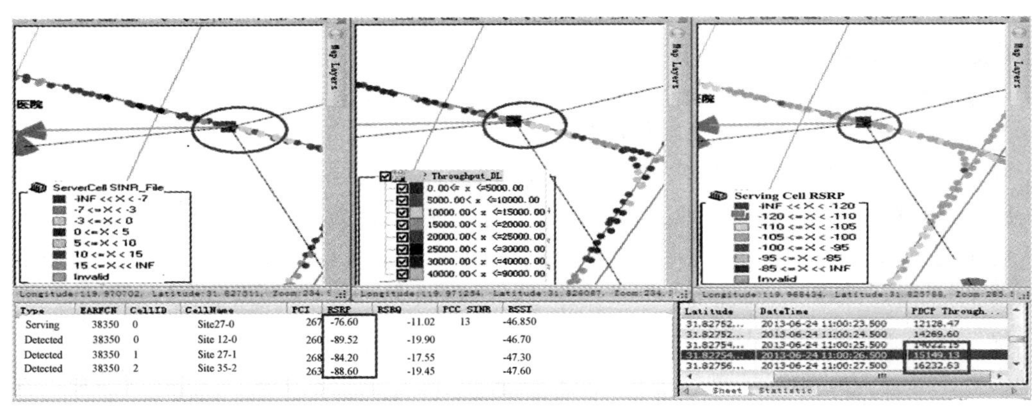

图 7-19　导频污染优化效果

7.4　PCI优化

在TD-LTE系统中，PCI是LTE网络规划的重要参数，不合理的PCI规划会引起网络干扰。接下来将重点介绍PCI基本概念、分配策略，以及PCI优化的实际案例。

1. PCI基本概念

在第5章描述小区搜索过程的时候曾提到唯一标识小区的物理层小区标识(Physical Cell Identity，PCI)。LTE系统共有504个PCI，取值范围[0,503]，分成168组，每组包含3个小区ID。UE通过检测辅同步信道识别168个小区ID组中的哪一组，通过检测主同步信道识别是该组内3个小区ID中的哪一个ID。

在特定的地理区域内，各个小区的PCI各不相同，PCI可以作为一个很好的小区标识相互区分，并同时用于小区特定加扰、安全密钥(Security Key)的生成等。PCI在同一个地区同一个频点内需要尽量保持唯一，同一个频点不同PLMN的情况也需要保持唯一，否则可能出现PCI冲突(具有相同PCI的小区出现在同覆盖区域)或者PCI混淆(某小区存在两个或以上具有相同PCI邻区)。

2. PCI分配策略

网络规划时面临的问题是如何分配504个PCI，以满足系统干扰抑制的要求。如果两个相邻小区有相同的PCI，将会导致UE不能区分这两个小区，并导致邻区之间的干扰无法随机化。因此，需要保证PCI具有一定的复用距离。以中国联通为例，现网中PCI分配可按照如下策略进行：

(1) 保留一定数量的PCI给CSG小区使用(Closed Subscriber Group，通常指异构小区HetNBs)，参考中国联通的设置，预留50个PCI用于CSG小区[454,503]。

(2) 对于不同厂家的边界，给出预留的策略，预留50个PCI用于边界PCI规划[404,453]。

(3) 预留50个PCI用于室内覆盖及微基站系统[354,403]。

(4) 预留12个PCI用于出现不能自动分配PCI的人工设定[342,353]。

(5) 其余342个PCI用于室外基站(宏基站小区)[0,341]。

(6) 不同载频可以用相同的PCI。

3. PCI规划原则

PCI规划必须完全满足两个条件：①PCI无冲突：避免相同PCI的小区出现在同一覆盖区域；②PCI无混淆：一个小区不能有相同PCI的邻区。

在满足PCI分配策略的前提下，PCI在规划过程中采用下面的原则：

(1) 共站小区PCI不同。

(2) 邻区和邻区的邻区 PCI 不同。

(3) 同一个站点的小区 PCI 之间保证模三不等，本小区与邻区尽量模三不等。原理是邻区必须采取不同的 PSS 序列，否则将严重影响下行同步性能：

$$\mathrm{mod}(\mathrm{PCI}_1, 3) \neq \mathrm{mod}(\mathrm{PCI}_2, 3)$$

(4) 若基站有超过三个小区的情况，将该基站虚拟地分成多个基站，其中每基站包含不超过三个小区，然后对这几个基站进行 PCI 分配。

4. 模三干扰优化思路

(1) 变更小区 PCI。可彻底解决某一区域的模三干扰，但由于避免模三干扰仅有三种可供选择，因此变更 PCI 往往是解决了这里的模三干扰，但在另一个地方会出现模三干扰。这种方法虽好，却只有在少数情况下能用上。

(2) 调整天馈。一方面可以调整方向角使干扰小区的覆盖范围发生变化，另一方面可以调整下倾角缩小两个小区的重叠覆盖区域。在基站共天馈的情况下，调整天馈需考虑对其他系统的影响。

(3) 降低干扰小区发射功率，相当于降低了干扰信号电平，使得 SINR 得以提升，进而优化用户速率，这种方法在现网优化中最为常用，但会影响小区的覆盖能力。

5. PCI 模三干扰优化案例

1) 现象描述

如图 7-20 所示，在 RSRP 较好的情况下(−87dBm)，SINR 非常差(平均值为 0.75dB)，且出现一次掉话，问题路段收到 PCI77、PCI38、PCI2 的小区信号，且 PCI 模三相等。

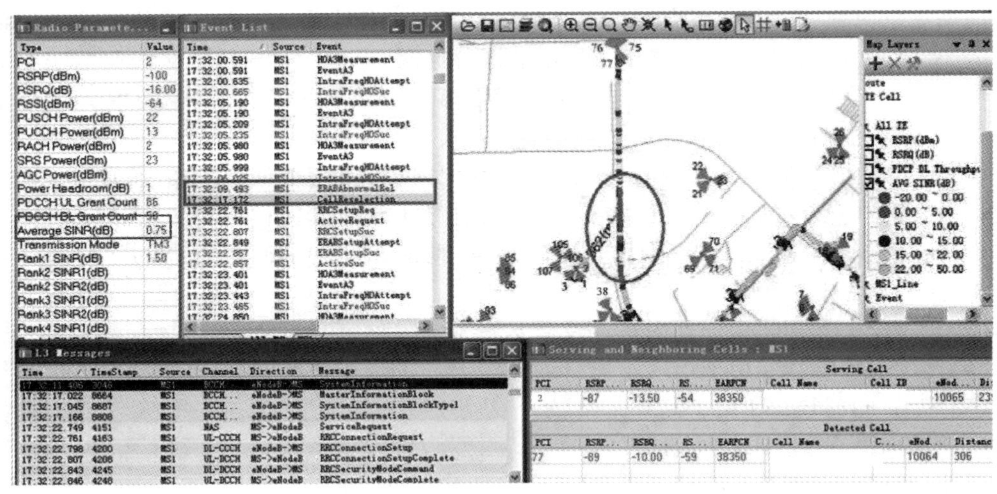

图 7-20　模三干扰案例

2) 问题分析

终端在移动过程中先占用 PCI77 小区，后切换至 PCI2 小区，再切换到 PCI38 小区，问题路段位于此三个扇区切换带区域，RSRP 良好，但 SINR 非常差，对 PCI 进行模三排查发现，此三扇区 PCI 模三相等，问题路段在三个扇区的切换带上，模三干扰严重，SINR 甚至出现小于零的情况。

3）解决方法

将 PCI77 的 PCI 调整为 75，PCI75 小区的 PCI 调整为 77。修改 PCI 后问题路段 SINR 改善明显，均大于 15dB，且无掉话情况发生，如图 7-21 所示。

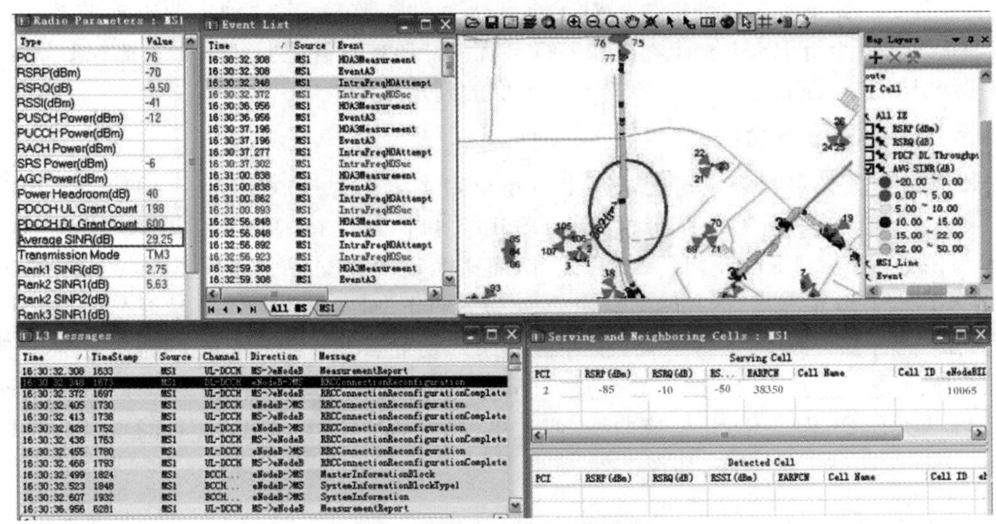

图 7-21　模三干扰优化效果

7.5　干扰问题分析与优化

干扰是影响网络质量的关键因素之一，对网络接入、切换、掉话、数据吞吐量均有显著影响。如何降低或消除干扰是网络规划和优化的重要任务。本节给出了干扰原因分析定位方法和解决措施，并给出干扰的具体案例供读者参考。

LTE 系统的干扰主要分为两个大的方面：系统内干扰和系统外干扰。系统内干扰主要是同频干扰，TD-LTE 系统不存在同小区的同频干扰，同频干扰都来自于邻小区。由于 TD-LTE 系统采用 TDD 双工方式，会产生 LTE TDD 帧失步（GPS 失锁）、TDD 超远干扰、数据配置错误导致干扰等 TDD 系统特有干扰。系统外干扰主要来自于异系统（如 PHS/WCDMA/GSM/WLAN/CDMA2000/TD-SCDMA 等）的杂散、阻塞或者互调干扰，网外干扰源如电视台、大功率电台、微波、雷达、高压电力线、模拟基站、军用或警用无线设备等也会带来外部干扰。目前针对上行干扰可采取 OMC 上行干扰跟踪进行定位，针对下行干扰可采取测试终端扫频或者扫频仪扫频的方式进行判断。

7.5.1 干扰判定标准

要解决干扰，改善通话质量，首先就是要发现干扰，然后采取适当的手段定位干扰，最后是排除或降低干扰。在 LTE 系统中可以用来发现干扰的方法有：①检查话统，进行小区干扰性能监控；②路测；③频谱扫描。对于小区干扰性能监控，有两种主要方式监控小区的上行干扰水平：上行 RSSI 统计监控和上行干扰统计监控。在进行小区干扰监控时，优先使用干扰统计监控。下面主要介绍检测上行干扰的判定标准。

1. 上行 RSSI 统计监控

RSSI 统计监控可从频域角度观察上行系统带宽上的总接收功率(有用信号＋干扰信号)。部分厂家除支持上行系统带宽上的 RSSI 统计外，还支持 PRB 级别的 RSSI 统计。例如，华为设备可支持 PRB 级别的 RSSI 统计，而诺西设备仅支持上行系统带宽上的 RSSI 统计。在小区空载的情况下，或在网络商用前，可以通过 RSSI 统计监控观察是否存在上行干扰。

一般厂家的 OMC 均支持 RSSI 统计监控跟踪功能，RSSI 统计监控的跟踪结果实例如图 7-22 所示。可以将 RSSI 数据导出成 CSV 格式，统计某时段所有时刻每个 PRB 的平均值，然后将所有 PRB 的 RSSI 绘成曲线，或者单独绘制某一时刻所有 PRB 的 RSSI 曲线，用以观察干扰在频域上的分布，如图 7-23 所示。

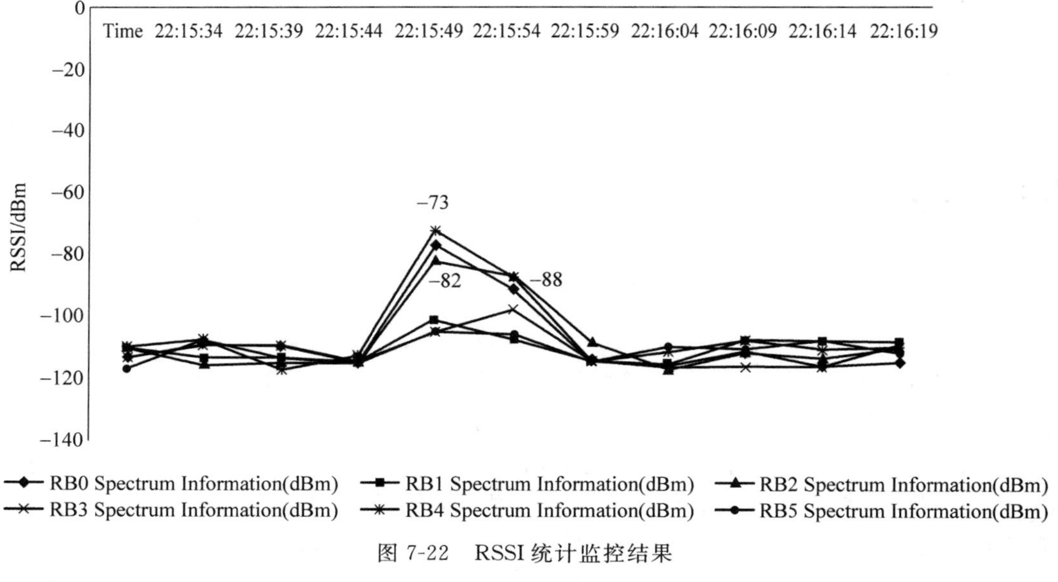

图 7-22 RSSI 统计监控结果

RSSI 理论计算值为

$$RSSI = 174 + 10 \times \log_{10} BW + NF + AD \qquad (7\text{-}11)$$

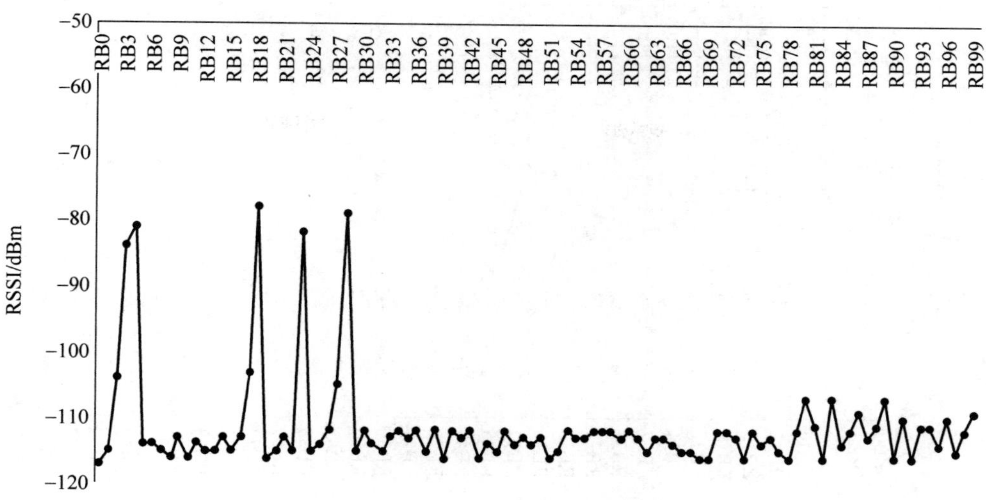

图 7-23　PRB 级 RSSI 监控结果

式中，BW 为系统带宽；NF 为噪声系数；AD 为模数量化误差。

对于 TD-LTE 系统，各系统带宽下，在网络空载时的 RSSI 典型值如表 7-11 所示（实际可能会有所偏差，约 ±2dB）。对于 20MHz 系统带宽，RSSI 正常值应小于 −97dBm。对以 RSSI 为指标进行干扰判断的标准为：当系统空载时的 RSSI 比表 7-11 中对应带宽的 RSSI 大 8dB 时，则认为此时存在干扰。当存在多根接收天线时，可监测每根天线的平均接收功率。通过分析不同天线端口的 RSSI 之间的差值，还可以初步分析设备是否存在问题。

表 7-11　TD-LTE 系统带宽与 RSSI 对应关系

带宽/MHz	RSSI/dBm	带宽/MHz	RSSI/dBm
1.4	−109	10	−100
3	−105	15	−98
5	−103	20	−97

2. 上行干扰统计监控

上行干扰统计监控同 RSSI 统计监控一样从频域的角度观察干扰，能对干扰做较准确的判断，不受小区是否有负载影响。对于华为设备来说，上行干扰统计监控能够将当前每个 PRB 上的干扰功率记录下来，小区级干扰轮询结果可显示小区中每个 PRB 上检测到的干扰噪声的平均值，可以用来判定上行干扰的分类。对于诺西设备来说，上行干扰统计监控不能支持 PRB 级干扰统计，统计的是整个系统带宽的平均干扰值，不能判定干扰分类。以华为设备为例，由 OMC 获得的上行干扰统计监控的跟踪结果（每个 PRB 上检测到的干扰噪声的平均值）如图 7-24 所示，上行 PRB 级干扰统计监控结果如图 7-25 所示。

如图 7-25 所示，PRB 级干扰统计监控统计的是子载波级的干扰信号强度（Interference Noise Power，IN），在没有干扰的情况下，考虑噪声系数（NF）为 4dB，则监控统计的背景噪

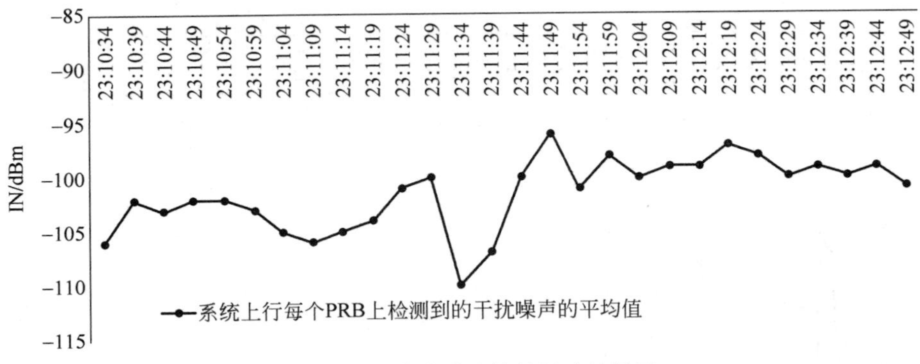

图 7-24　干扰统计监控的跟踪结果图

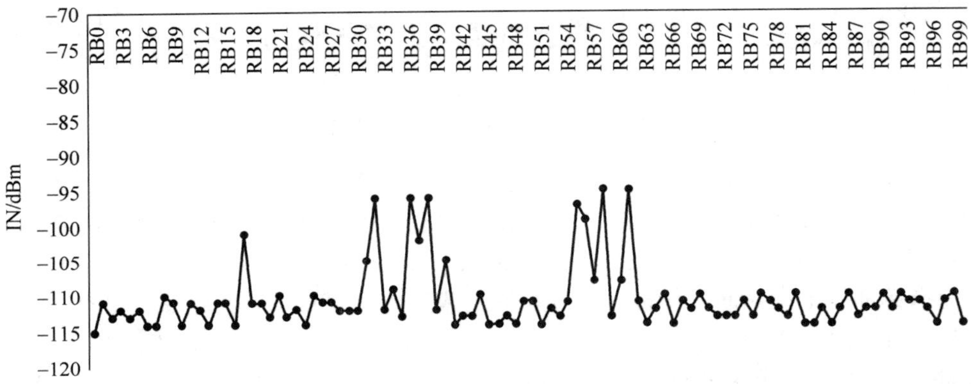

图 7-25　PRB 级干扰统计监控的跟踪结果图

声依据式(7-11)计算为

$$-174+10\log_{10}1500+4=-128.2\text{dBm}$$

对以 PRB 级干扰统计为指标进行干扰判断的标准为：当检测到 IN 比背景噪声大 8dB 时(约为－120dBm)，则认为此时存在干扰。干扰强度判定标准如表 7-12 所示，以中国移动集团的要求为例，超过－110dBm 即达到中度干扰等级，则认为存在干扰，需要进行干扰处理。

表 7-12　TD-LTE PRB 级干扰等级分类

TD-LTE 上行 PRB 级检测到的干扰噪声平均值/dBm	上行近点吞吐率/(Mb/s)	干扰等级
＞－90	2～3	重度干扰
[－90，－110]	小于 8	中度干扰
(－110～－120]	小于 9	轻度干扰
＜－120	大于 9	无干扰

7.5.2　干扰分析总体流程

以华为设备为例，借助小区级上行干扰查询和 PRB 级干扰查询，上行干扰分析的典型流程如图 7-26 所示，主要包括以下步骤：

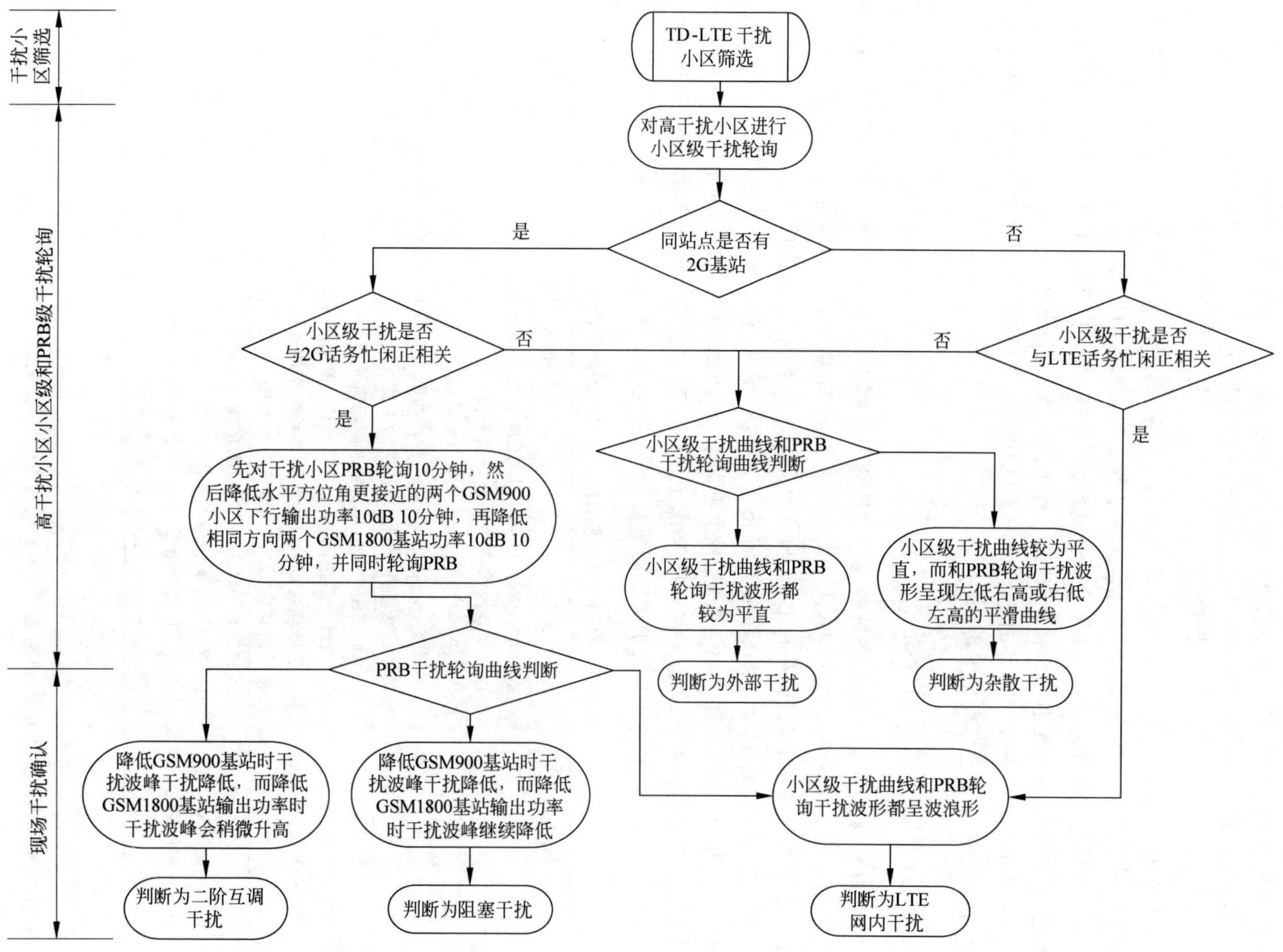

图 7-26　TD-LTE 上行干扰分析总体流程

(1) 干扰小区筛选。根据一定的条件筛选出 TD-LTE 高干扰小区。例如,在 7×24(即连续的 168 个小时)小区级干扰统计数据中,挑选出大于等于−105dBm 不小于 9 小时的小区。TD-LTE 上行小区级干扰为一个小时内所有 PRB 平均干扰最大 PRB 的平均干扰值,时域单位为 1 小时。

(2) 对高干扰小区进行 7×24 小时小区级干扰轮询,小区级干扰轮询结果显示的是小区中平均干扰最大 PRB 的平均干扰值,而不是整个载波的平均干扰值。

(3) 根据小区级干扰数据,在干扰较高的时间段内对 TD-LTE 高干扰小区进行 PRB 级干扰轮询,以绘制高干扰小区所有 PRB 的上行干扰曲线,进行分析。

(4) 获取到小区的 7×24 小时小区级干扰和 PRB 级干扰后,就可以对高干扰小区进行分析,必要时还需要进行现场干扰排查。

7.5.3 异系统干扰原因分析

现网中的无线通信系统越来越多,在 LTE 部署策略上,多数运营商存在多个系统共存的情况,如 LTE 与 GSM、WCDMA、CDMA2000、TD-SCDMA、WLAN 等一个或多个系统共存。由于安装条件的限制,存在 LTE 与其他无线通信系统共站址的情况。当不同系统的设备不可避免地安装在同一个铁塔或天面上,在距离很近时,若不进行合理规避,不同系统之间将产生相互干扰。因此,如何避免、减少不同系统共站址时相互之间的干扰就成为网络规划和优化时值得重视的问题。表 7-13 列出了 TD-LTE 主流频段上行容易受到的干扰情况。本节对 LTE 与主要系统的干扰原因进行分析,并给出了相应的规避措施。

表 7-13 TD-LTE 主流频段上行可能的异系统干扰

TD-LTE 频段	可能的异系统干扰
F 频段 (1880～1900MHz)	GSM900/GSM1800 系统和 PHS 系统带来的阻塞干扰 GSM900 系统带来的二阶互调干扰 GSM1800 系统和 1.8FDD-LTE 系统带来的杂散干扰 PHS 系统、手机信号屏蔽器和其他电子设备带来的外部干扰 因基站过覆盖带来的 LTE 网内干扰
D 频段 (2575～2635MHz)	GSM900/GSM1800 系统带来的阻塞干扰 800M Tetra 系统和 CDMA800MHz 系统带来的三阶互调干扰 手机信号屏蔽器和其他电子设备带来的外部干扰 因基站过覆盖带来的 LTE 网内干扰
E 频段 (2320～2370MHz)	GSM900/GSM1800 系统带来的阻塞干扰 WLAN AP 带来的杂散和阻塞干扰 手机信号屏蔽器和其他电子设备带来的外部干扰 因基站过覆盖带来的 LTE 网内干扰

1. 杂散干扰

杂散发射是在必要带宽外某段频率上的发射,一般来说,发射信号落在系统发射带宽

±250%处或以外的发射都认为是杂散发射，如图 7-27 所示。杂散干扰是指杂散发射信号在被干扰接收机工作频段产生的加性干扰，包括干扰源的带外功率泄漏、放大的底噪、发射谐波产物等，杂散干扰使被干扰接收机的信噪比恶化。

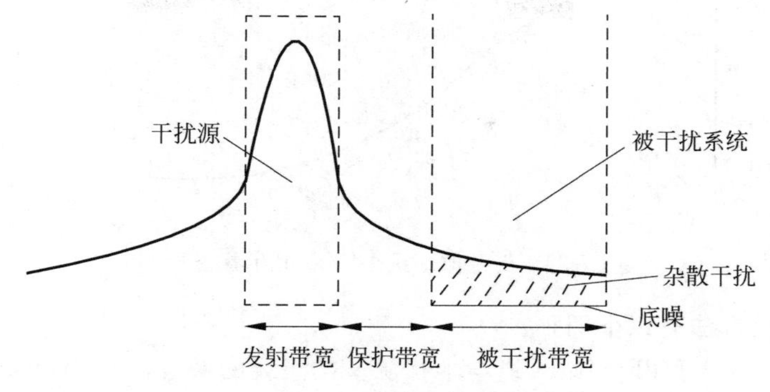

图 7-27　杂散干扰示意图

LTE 系统为了避免来自其他系统的杂散干扰，需要一定的系统隔离度来避免接收机灵敏度恶化严重。所谓系统间隔离度就是在不同系统共存时，在各系统满足各自的技术指标前提下，各系统均能可靠工作而不相互干扰所需要采取的必要防护度。

杂散干扰典型特征：

(1) 小区级干扰平均干扰电平曲线一般较为平直，波动一般在 1dB 左右，如图 7-28 所示。

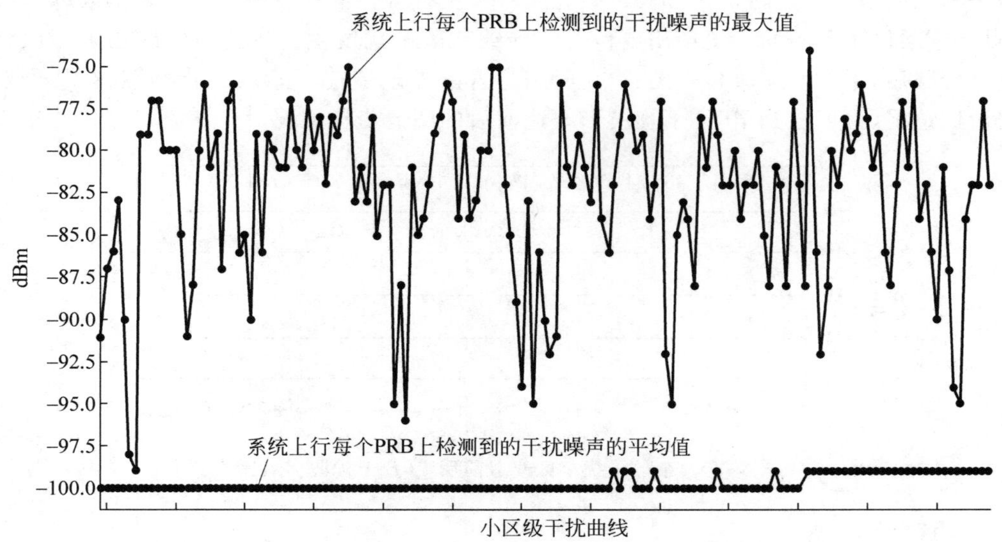

图 7-28　受杂散干扰小区小区级干扰曲线(7×24 小时，时域单位为 1 小时)

(2) PRB 级干扰呈现的特点是频率靠近干扰源发射频段的 PRB 更容易受到干扰，且干扰电平值呈现左高右低或左低右高的频谱特性。如图 7-29 所示，可以看出该站点受到低于自身频段的杂散干扰。

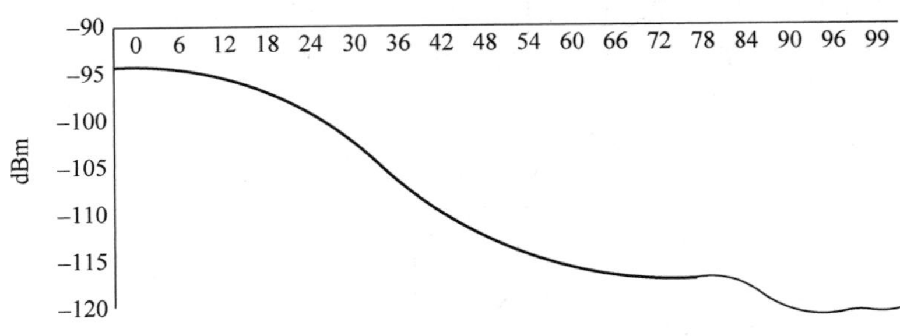

图 7-29 受杂散干扰小区 PRB 干扰波形

杂散干扰整治方法有以下两种：

(1) 通过增大 TD-LTE 基站天线与干扰源基站天线的系统间的隔离度，以达到降低干扰的目的，一般可以将水平隔离改为垂直隔离(一般情况下相同隔离距离的垂直隔离度大于水平隔离度 10dB 以上)。

(2) 通过在干扰源基站加装带通滤波器来降低杂散干扰。

为避免不达标设备的杂散干扰，建议新建基站优先采用垂直隔离。如果无法使用垂直隔离消除杂散干扰，就必须在干扰源基站上安装带通滤波器。

举例说明杂散干扰的情况。某 TD-LTE 小区与 GSM1800 系统采用电桥进行合路，并共用一套天馈系统。电桥由于隔离度较差(30dB 左右)，基本一般用于同系统不同载频的合路，对于本案例由于不同系统使用电桥合路导致杂散干扰发生。将合路器改用多频段合路器进行合路后，干扰明显改善。图 7-30 所示是合路器改造前后杂散干扰站点 PRB 干扰波形的对比情况，可以看到 PRB 干扰波形改造前后的明显变化情况。

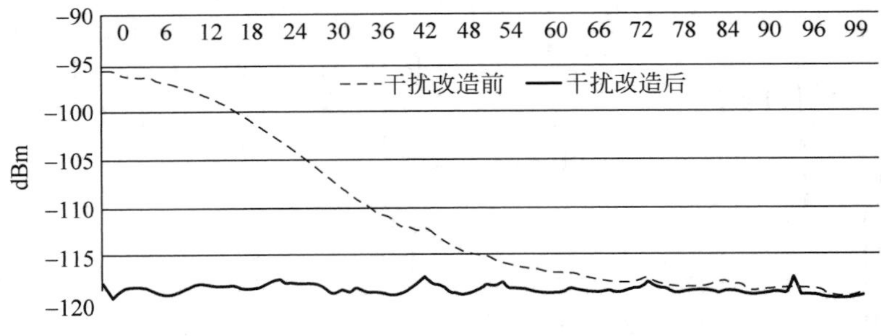

图 7-30 杂散干扰小区改造前后 PRB 干扰波形对比

2. 阻塞干扰

接收机通常工作在线性区，当有一个强干扰信号进入接收机时，接收机会工作在非线性状态下或导致接收机饱和失真，严重时将无法正常接收有用信号，称这种干扰为阻塞干扰。阻塞干扰可以导致接收机增益的下降与噪声电平的增加。

当较强功率加于接收机端时，可能导致接收机过载，而当接收机处于过载状态时，它的放大增益是下降的(或者说被抑制)。为了防止接收机过载，从干扰基站接收到的总的载波功率电平需要低于它的 1dB 压缩点[①](P_{1dB})。

阻塞干扰典型特征：

(1) 小区级平均干扰电平跟干扰源话务关联大，干扰源话务忙时 TD-LTE 干扰越大。小区级干扰曲线如图 7-31 所示。

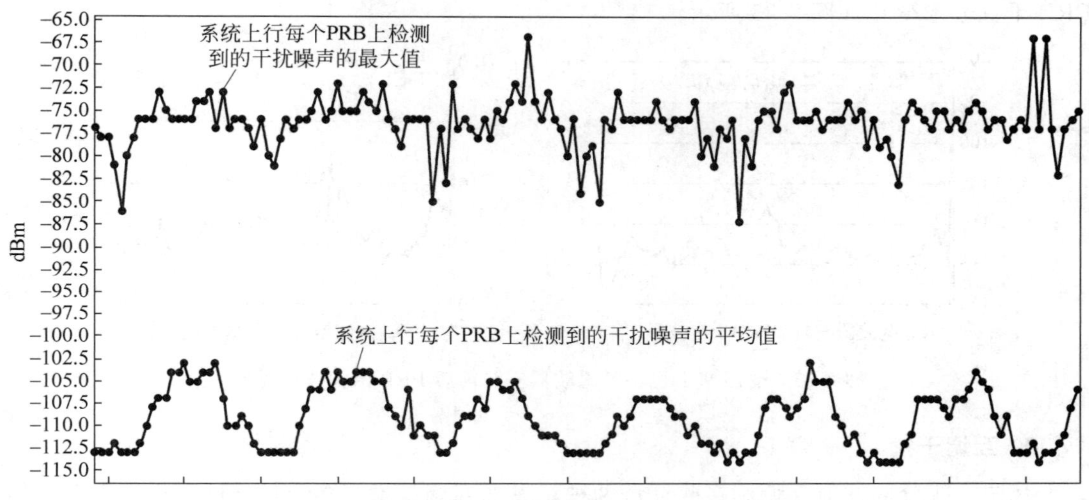

图 7-31　受阻塞干扰小区小区级干扰曲线(7×24 小时，时域单位为 1 小时)

(2) PRB 级干扰呈现的特点是 PRB10 之前有一个明显凸起，凸起的 PRB 后没有明显的高干扰波形。从图 7-32 所示 PRB 级干扰曲线可以看出该小区 PRB1 左右存在较大的上行干扰。

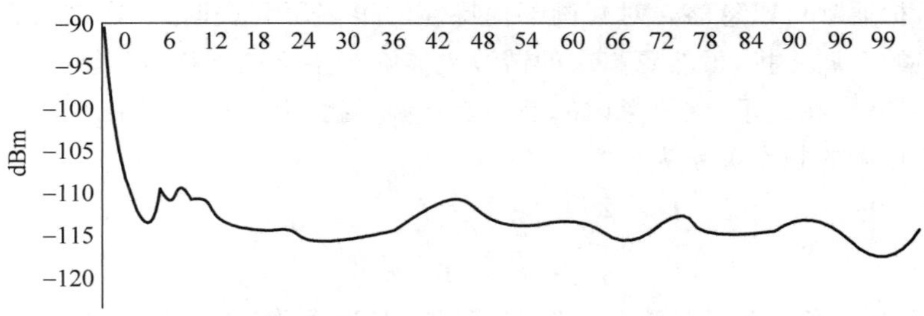

图 7-32　受阻塞干扰小区 PRB 干扰波形

① 在低功率时，放大器的功率增益是一个定值，称为线性增益。在输出功率增加到一定值后，增益开始减小，当低于线性增益 1dB 时，对应的输出功率称为输出 1dB 压缩点，输入功率为输入 1dB 压缩点。通常所说的 1dB 压缩点，是输出 1dB 压缩点的简称。

阻塞干扰整治方法包括：①在受干扰 TD-LTE 基站上安装相应频段的滤波器；②增大 TD-LTE 基站天线与干扰源基站天线的系统间的隔离度，如通过升高或降低干扰源基站或受干扰基站的天线高度，使其从水平隔离变为垂直隔离；③将受干扰的 TD-LTE 基站的 RRU 更换为抗阻塞能力更强的 RRU。

下面举例说明阻塞干扰的情况。某 TD-LTE 小区 RRU 因受到 2G 小区的阻塞干扰，安装滤波器后，阻塞干扰从 −100dBm 下降到了 −108dBm，下降了约 8dB，安装滤波器前后 PRB 干扰波形变化如图 7-33 所示。

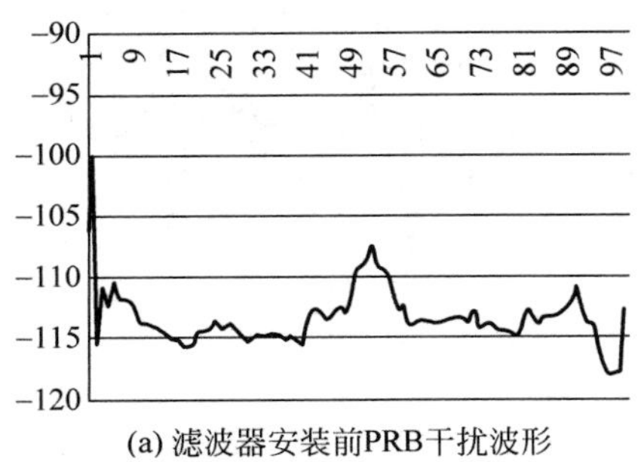

(a) 滤波器安装前PRB干扰波形

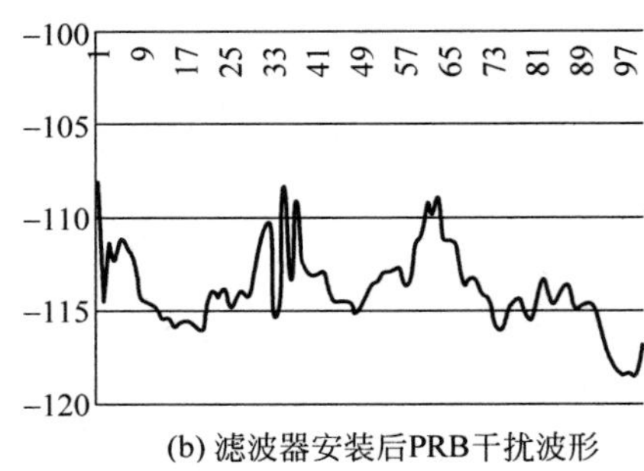

(b) 滤波器安装后PRB干扰波形

图 7-33　受阻塞干扰小区滤波器安装前后 PRB 干扰波形对比

3. 互调干扰

互调干扰分为发射互调和接收互调两种。发射互调是指当多个信号同时进入发射机的非线性电路时，产生互调产物(新的频率输出)，互调产物落在被干扰接收机有用频带内造成干扰。接收互调是指当多个信号同时进入接收机时，在接收机前端非线性电路作用下产生互调产物，互调产物频率落入接收机有用频带内造成的干扰。

当产生互调干扰时，可能产生多种互调分量，值得注意的是奇次谐波产生的干扰，偶次谐波产生的干扰通常可以忽略。对互调干扰特性的很多研究表明，三次谐波产生的三阶互调干扰是最强的互调干扰，虽然更高次的谐波也能够产生互调干扰，但是它们的电平通常很低，所以可以忽略。在这里，主要考虑的是三阶互调干扰(由三次谐波引起的)。

构成三阶互调的频率关系为

$$\left.\begin{aligned} 2f_A - f_B &= f_C \\ f_A + f_B - f_C &= f_D \end{aligned}\right\} \tag{7-12}$$

式中，第一个式子为两信号形成三阶互调的频率关系，第二个式子为三信号形成三阶互调的频率关系。如式(7-12)所示，当输入信号的两频率之和或者一频率的两倍与输入的另一频率之差正好等于右边信道频率时，则该信道(如 f_C 或 f_D)可能受这两个(或三个)信号的互调干扰。将式(7-12)做一下变化，更容易看出三阶互调干扰形成的条件：

$$\left.\begin{aligned} f_A - f_B &= f_C - f_A \\ f_A - f_C &= f_D - f_B \end{aligned}\right\} \tag{7-13}$$

式(7-13)可以解释为：在四个频率中，若任意两个之差等于另外两个之差时，它们之间就构成互调干扰的频率关系。

三阶互调干扰对于接收机的性能有着不利的影响。一般来说，互调产物电平应不超过杂散干扰规避的要求，为防止互调产物造成干扰，天线间必需的隔离度要求与规避杂散干扰要求相同。

实际网络中，由于无源器件长期工作出现性能下降，或本身互调抑制指标差等导致产生互调干扰的现象比较普遍。现网干扰排查时，经常发现天线性能差、天馈接头存在工程质量等问题是产生互调的主要原因。抑制互调主要通过更换互调抑制指标好的无源器件或者提高天馈工程质量。

互调干扰典型特征：

(1) 小区级平均干扰电平与干扰源话务关联大，干扰源话务忙时 TD-LTE 干扰越大。小区级干扰曲线如图 7-34 所示。

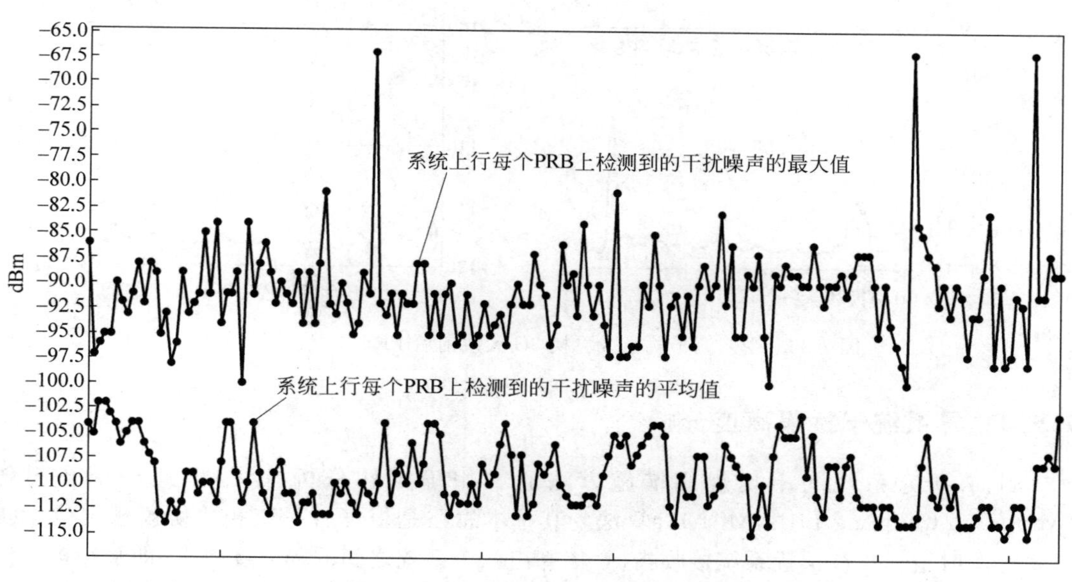

图 7-34　受互调干扰小区小区级干扰曲线(7×24 小时，时域单位为 1 小时)

(2) PRB 级干扰呈现的特点是有一个或多个干扰凸起，且受干扰的 PRB 所对应的频率与同一扇区的干扰源小区频点产生的二阶/三阶互调或二次谐波所对应的频率相同。如图 7-35 所示，从 PRB 级干扰可以看出该小区在 PRB25 和 PRB93 左右存在明显干扰。

互调干扰整治方法主要包括两种：

(1) 增大 TD-LTE 基站天线与干扰源基站天线的系统间的隔离度，将干扰源基站天线与受干扰 TD-LTE 基站天线由水平隔离改造为垂直隔离。

(2) 干扰源基站和被干扰基站天线在水平距离达到 2m 以上，或本就是垂直隔离的情况下，可针对性将干扰源基站天线更换为二阶互调/三阶互调抑制度更高的天线。

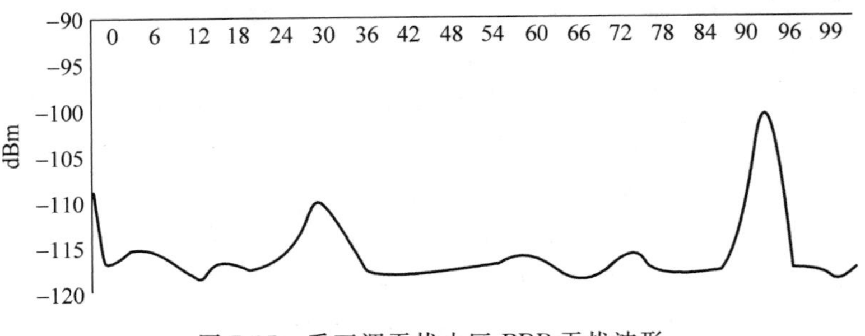

图 7-35　受互调干扰小区 PRB 干扰波形

下面举例说明互调干扰的情况。某 TD-LTE 小区受到了 2G 小区的互调干扰，更换 2G 双频 4 口天线为互调抑制度更高天线后，互调干扰从 −105dBm 下降到了 −116dBm，下降了约 11dB。更换天线前后受干扰小区 PRB 干扰波形对比如图 7-36 所示。

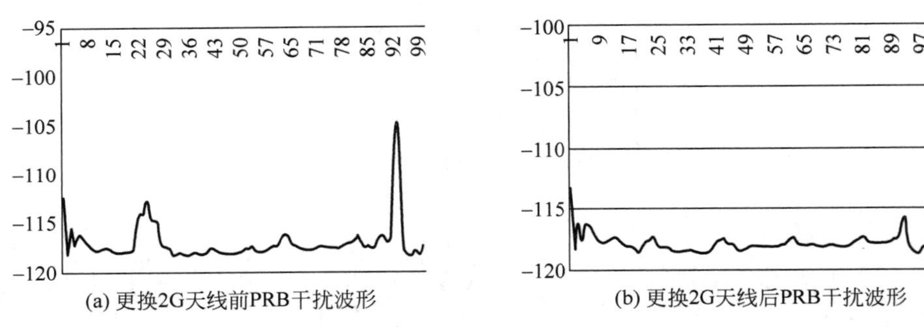

图 7-36　受互调干扰小区更换 2G 天线前后 PRB 干扰波形对比

7.5.4　异系统干扰隔离度分析

目前，研究系统间干扰规避措施方法通常用确定性分析方法，即最小耦合损耗(Minimum Coupling Loss，MCL)计算法。其基本思路是根据各系统相应协议规定的干扰源系统发射指标和被干扰系统接收指标，核算出两个系统之间的隔离度要求，即最小耦合损耗(MCL)。MCL 计算法研究在最恶劣情况下的系统共存干扰问题，通过计算两系统间的最小耦合损耗来确定系统间干扰情况。在这种情况下，干扰者以最大的功率发射。当研究基站与基站间干扰时可以采用此方法。MCL 计算法适用于理论上的估计和分析，得出的结论比较悲观，不太符合实际的复杂系统，但该方法简单高效，可以从理论上估算系统的干扰大小，从理论极限的角度研究系统的干扰共存问题，且对工程施工有实际指导意义。

一般每个无线通信系统，在协议或标准中对系统(基站或终端)的接收机灵敏度、杂散辐射、互调、阻塞等指标都作了详细的规定，可以根据这些协议中的规定计算出不被其他系统影响所需的隔离度。

下面讨论的是两种系统共站址时 B 系统对 A 系统的影响。假设 A 和 B 系统不在一个频段。如果两种系统在同一个频段，共站址时将形成强干扰，系统将可能无法工作。下面的分析中都没有计算插入损耗(如合路器的插入损耗),由于实际中馈线长度不同总的馈线损耗也不同,所以暂时没有计算,若需要考虑时可将插损作为隔离度的余量来考虑。此外,也没有考虑多阶混频产物对被干扰系统其他频段的影响。

1. 杂散干扰隔离度分析

杂散干扰隔离度计算的思路是：首先确定 A 系统在接收频段所能容忍的最大干扰信号,然后根据 B 系统在这个频段的杂散数据,考虑 B 系统在这个频段上的抑制就可以推算出所需的天线隔离度。具体过程如下：

(1) 假设 A 系统的接收灵敏度为 A dBm,载干比取 B dB(即需要 B dB 的解调门限),再考虑加 C dB 的余量,则要求落入 A 系统接收带内的干扰信号应低于 $A-B-C$(dBm)。

(2) 假设 B 系统在 A 系统的接收频段带外杂散 D dBm,如果 B 系统在 A 系统的接收频段不能抑制这个杂散,则需要天线隔离为 $D-(A-B-C)$(dB),如果 B 系统存在干扰抑制设备如合路器或滤波器,假设其抑制为 E(dB),则需要的天线隔离为 $D-E-(A-B-C)$(dB)。

举例：A 系统：GSM900(上行链路工作频段：890～915MHz)

B 系统：TD-LTE(工作频段：1880～1900MHz)

计算共站址时规避 B 系统对 A 系统杂散干扰的隔离度。

(1) 对 GSM 接收机底噪要求：－113dBm/200 kHz(GSM 协议要求基站设备的接收灵敏度为－104dBm,载干比取 9dB),因此要求落入接收带内的干扰信号应低于－104－9－7＝－120dBm/200kHz(考虑加入 7dB 的余量),所以 TD-LTE 带外杂散辐射落在 GSM 接收频段电平应＜－120dBm/200kHz。

(2) 按照 TD-LTE 与其他系统共存时的杂散发射指标,TD-LTE 在此频段带外杂散－96dBm/100kHz(折合－93dBm/200 kHz),所以规避 TD-LTE 对 GSM900 杂散干扰需要的天线隔离度为－93－(－120)＝27dB。

2. 互调干扰隔离度分析

对于发射互调,假设 A 系统的最大发射功率为 A dBm,互调衰减为 B dB(相对于发射功率),B 系统在 A 系统的发射频段杂散辐射为 C dBm,如果 $C<(A-B)$,不用考虑 B 系统对 A 系统的发射互调干扰,如果 $C>(A-B)$,则要求的天线隔离是 $C-(A-B)$ (dB)。

对于接收互调特性,假设 A 系统按照协议要求落在接收机前的干扰信号：$\leqslant A$ dBm,如果 B 系统的发射信号为落在 A 系统接收频段的杂散辐射为 B dBm,所以要求系统间最大的隔离是 $B-A$ (dB),如果 A 系统接收端对 B 系统的发射信号在此频段有 C dB 的抑制,要求天线间隔离是 $B-A-C$ (dB)。

一般 B 系统的带外杂散远低于其发射信号,可以不用考虑 B 系统的带外杂散对 A 系统的互调影响。

3. 阻塞干扰隔离度分析

假如 A 系统接收机对阻塞的要求是：带内(最高要求)$\leqslant A1$ dBm,带外$\leqslant A2$ dBm；对 A 系统带内,B 系统在此频段的杂散$\leqslant B1$ dBm,所以天线隔度要求 $B1-A1$(dB)；对 A 系统带外主要考虑是B系统的发射信号，B系统发射最大功率 $B2$ dBm，A系统接收滤波器带外抑制最小 $A3$ dB，所以天线隔离要求 $B2-A3-A2$(dB)。

举例：A系统：TD-LTE(工作频段：1880～1900MHz)

B系统：WLAN(工作频段：2400～2483.5MHz)

计算共站址时规避B系统对A系统阻塞干扰的隔离度。

A系统接收机对阻塞的要求是：带内(最高要求)≤－15dBm，B系统在A系统工作频段的发射功率为27dBm，则规避A系统被B系统阻塞干扰的隔离度为27－(－15)＝42dB。

在实际工程规划中，当分析不同系统基站共存干扰时，大多使用杂散干扰和阻塞隔离度干扰指标，邻频干扰和互调干扰往往归入杂散干扰的范畴。在工程实施时，应该采取相应措施来满足系统间的隔离度要求，这些可能的措施包括：

(1) 不同系统天线间的空间隔离(水平隔离或垂直隔离)，隔离距离的大小取决于各个干扰需要的最大隔离度，主要是通过调整天线的位置或方位角达到的。

(2) 合理利用地形地物阻挡或使用隔离板。

(3) 在基站发射端或接收端安装带通滤波器提供隔离度，抑制带外强信号的功率，抑制杂散、底噪以及发射互调产物，降低干扰。

(4) 修改频率规划，保留适当保护带，或者降低干扰源的功率。

实际运用时，可根据实施阶段、条件等具体情况，采取其中一项或几项措施。在网络初步设计阶段主要考虑以上第1～3项措施，其中合理利用天线空间隔离是最有效的手段；在系统调测阶段可根据具体情况，在部分基站采用以上第3、4项措施。

4. 空间隔离度计算

天线的空间隔离是最常用亦是最行之有效的一种干扰保护手段，通过增加发射机与接收机之间的距离达到系统间所需要的最小耦合损耗(MCL)，从而有效降低干扰信号的影响。图7-37所示为基站间天线水平、垂直以及混合隔离示意图。

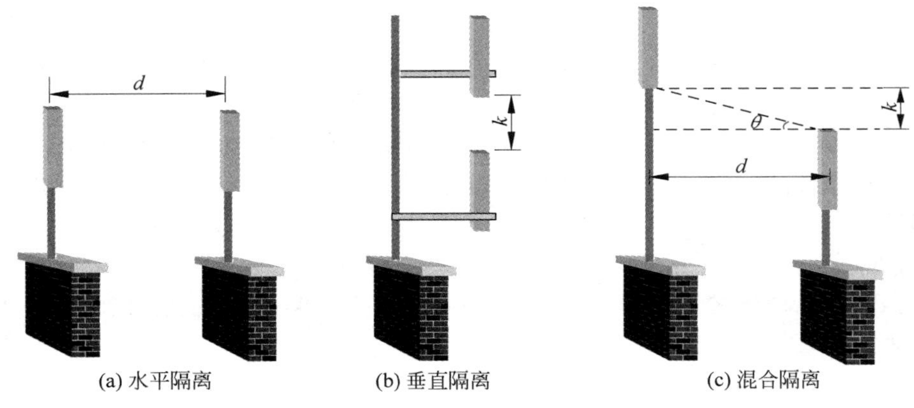

图7-37　天线水平、垂直以及混合隔离示意

根据天线的近、远场损耗原理，可得到系统共存时的基站天线间水平隔离度为

$$I_H = 22 + 20\lg\left(\frac{d}{\lambda}\right) - G_1 - G_2 \tag{7-14}$$

式中，I_H 表示水平隔离度；λ 表示中心频率对应的载波波长(m)；G_1 与 G_2 分别表示两天线直线连线方向上天线1的增益(dBi)与天线2的增益(dBi)；d 为天线水平间距(m)。

当水平放置的两天线主瓣方向成一定角度时，需要考虑如何计算 G_1 与 G_2，此时式(7-14)变化为

$$I_H = 22 + 20\lg\left(\frac{d}{\lambda}\right) - G_{1\text{-MAX}} - G_{2\text{-MAX}} - SL_1 - SL_2 \tag{7-15}$$

式中，$G_{1\text{-MAX}}$ 为天线1最大辐射方向增益，天线1在 α_1 角度方向的副瓣电平为 SL_1；α_1 为天线1的最大辐射方向与天线1和天线2的连线方向夹角；SL_1 单位是dBp，是天线1在 α_1 角度相对于最大辐射方向的增益下降值，取负值；$G_{2\text{-MAX}}$ 为天线2最大辐射方向增益，天线2在 α_2 角度方向的副瓣电平为 SL_2，α_2 为天线2的最大辐射方向与天线2和天线1的连线方向夹角，SL_2 单位是dBp，是天线2在 α_2 角度相对于最大辐射方向的增益下降值，取负值。当任一天线为全向天线时，相应天线相对于最大辐射方向的增益下降值 SL 取0即可。

式(7-14)和式(7-15)的隔离距离公式只适用于远场条件，即两天线距离必须满足

$$d > \frac{2 \times (L_1 + L_2)}{\lambda} \tag{7-16}$$

式中，L_1、L_2 为两个天线的最大尺寸，满足式(7-16)时，式(7-15)的计算误差约为±0.5dB。当两个天线距离较近不满足式(7-16)时，利用式(7-15)计算误差较大，会比实测隔离度偏小6～10dB。

为举例说明如何计算两天线的隔离度计算过程，选定典型定向天线半功率角65°、90°和120°天线各角度增益表，如表7-14所示，三种定向天线的增益假设均为15dBi。下面以表7-14的天线数据为基准，举例说明如何计算两定向天线的隔离度。

表7-14　天线各角度相对增益表

角度 α	65°天线	90°天线	120°天线
0°	0/dB	0/dB	0/dB
±5°	−0.1	0	0
±10°	−0.3	−0.2	−0.1
±15°	−0.7	−0.4	−0.2
±20°	−1.2	−0.7	−0.3
±25°	−1.9	−1.1	−0.5
±30°	−2.7	−1.5	−0.7
±35°	−3.6	−2	−0.9
±40°	−4.6	−2.6	−1.2
±45°	−5.8	−3.3	−1.6
±50°	−7	−4	−2

续表

角度 α	65°天线	90°天线	120°天线
±55°	−8.3	−4.8	−2.4
±60°	−9.7	−5.7	−2.9
±65°	−11.2	−6.6	−3.5
±70°	−12.6	−7.6	−4.1
±75°	−14	−8.6	−4.7
±80°	−15.4	−9.7	−5.5
±85°	−16.5	−10.8	−6.3
±90°	−17.6	−11.9	−7.1
±95°	−18.5	−12.8	−7.8
±100°	−19.5	−14	−8.5
±105°	−20.5	−15.3	−10.1
±110°	−21.5	−16.7	−11.7
±115°	−22.4	−18.3	−14.2
±120°	−23.5	−20	−16.5
±125°	−24.7	−21.8	−18.6
±130°	−26.8	−23.4	−20
±135°	−27.7	−25	−21.6
±140°	−29.2	−26.2	−22.9
±145°	−30.1	−26.6	−22.9
±150°	−31.6	−26.4	−22.7
±155°	−30.5	−26.1	−22.5
±160°	−30.8	−26	−22.4
±165°	−29.9	−26.3	−22.7
±170°	−28.8	−26.4	−22.9
±175°	−27.9	−26.4	−23.0
±180°	−27.0	−26.4	−23.1

例：假设定向天线 1 工作中心频率为 943.5MHz，定向天线 2 工作中心频率为 1890MHz，定向天线 1（半功率角 90°，15dBi），定向天线 2（半功率角 120°，15dBi），两定向天线水平距离为 300m，$\alpha_1=90°$，$\alpha_2=60°$，计算定向天线 1 发射时与定向 2 天线间的隔离度。天线放置如图 7-38 所示。

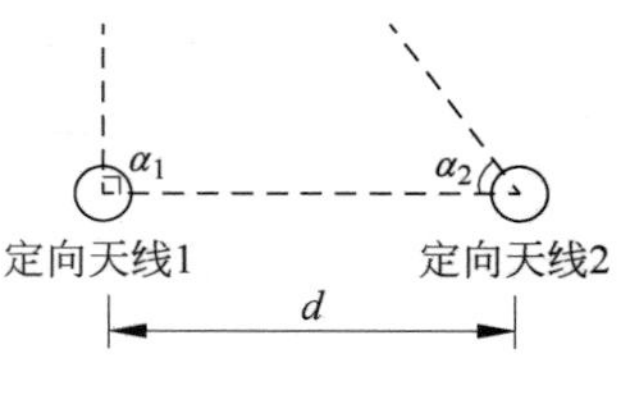

图 7-38　定向天线相对位置示意图

解：$G_{1\text{-MAX}}=15$，$SL_1=-11.9$（从表 7-14 中可查出），天线水平距离 $d=300$，$G_{2\text{-MAX}}=15$，$SL_2=-2.9$（从表 7-14 中可查出），$\lambda=3\times10^8\,(\text{m/s})/943.5\times10^6\,\text{Hz}=0.318\text{m}$，代入式（7-15）可得天线隔离度为

66.3dB。

垂直隔离度为

$$I_V = 28 + 40\lg\left(\frac{d}{\lambda}\right) \tag{7-17}$$

式中，I_V 表示垂直隔离度；λ 表示中心频率对应的载波波长(m)；d 为两天线垂直间距(m)。

混合隔离度为

$$I_E = I_H + (I_V - I_H) \times \theta/90 \tag{7-18}$$

式中，I_H 表示水平隔离度；I_V 表示垂直隔离度；θ 为两天线之间的垂直夹角(度)，如图 7-38 所示。

通过外场测试验证，混合隔离度经典计算[式(7-18)]与实际测试值有一定差距，在应用时需要留 10dB 以上的余量。建议在工程处理时，视距距离内的混合隔离度均按水平隔离度方法计算。

5. TD-LTE 与不同系统隔离要求

根据前面所述的干扰隔离度分析方法，得出 TD-LTE 与不同系统间的隔离度要求如表 7-15～表 7-17 所示，表中给出了两系统天线最大辐射方向平行放置情况下的隔离距离，当现网两天线既有垂直距离，又有水平距离时，或辐射方向有其他各种夹角时，实际计算的隔离度(MCL)只要满足隔离度标准要求数值即可。表 7-15～表 7-17 中的垂直隔离或水平隔离距离，只要满足其一即可。表 7-15～表 7-17 中对应的各系统工作频率分别为：

(1) DCS1800：1710～1755MHz(上行)，1805～1850MHz(下行)。

(2) CDMA2000：1920～1935MHz(上行)，2110～2125MHz(下行)。

(3) CDMA800：825～835MHz(上行)，870～880MHz(下行)。

(4) WCDMA：1940～1955MHz(上行)，2130～2145MHz(下行)。

(5) TD-SCDMA：1880～1900MHz(F 频段)，2010～2025MHz(A 频段)。

(6) WLAN：2400～2483.5MHz。

TD-LTE 典型工作频率取 D 频段、E 频段和 F 频段为例，分别对应频率为：①D 频段，1880～1900MHz，一般用于覆盖室外；②F 频段，2575～2615MHz，一般用于覆盖室外；③E 频段，2330～2370MHz，一般用于覆盖室内。

表 7-15　TD-LTE E 频段与不同系统间的隔离度要求

隔离度要求	GSM900	DCS1800	TD-SCDMA (F/A 频段)	WCDMA	WLAN
TD-LTE 作为干扰系统的隔离度要求/dB	38	46	31	58	87
TD-LTE 作为被干扰系统的隔离度要求/dB	31	31	31	33	87
最终隔离度需求/dB	38	46	31	58	87

表 7-16　TD-LTE F 频段与不同系统间的隔离度要求

干扰系统	GSM900	DCS1800	CDMA800	CDMA2000	WCDMA	TD-SCDMA（A 频段）
被干扰系统	TD-LTE（F 频段）	TD-LTE（F 频段）	TD-LTE（F 频段）	TD-LTE（F 频段）	TD-LTE（F 频段）	TD-LTE（F 频段）
杂散干扰隔离度/dB	31	31	80	31	31	31
阻塞干扰隔离度/dB	38	46	73	65	30	30
需要的隔离度/dB	38	46	80	65	31	31
垂直隔离距离/m	0.3	0.3	2	0.7	0.2	0.2
水平隔离距离/m	0.5	0.7	32	6	0.5	0.5

表 7-17　TD-LTE D 频段与不同系统间的隔离度要求

干扰系统	GSM900	DCS1800	CDMA800	CDMA2000	WCDMA	TD-SCDMA（A 频段）
被干扰系统	TD-LTE（D 频段）	TD-LTE（D 频段）	TD-LTE（D 频段）	TD-LTE（D 频段）	TD-LTE（D 频段）	TD-LTE（D 频段）
杂散干扰隔离度/dB	31	31	81	87	31	31
阻塞干扰隔离度/dB	38	46	76	65	30	30
需要的隔离度/dB	38	46	81	87	31	31
垂直隔离距离/m	0.3	0.3	1.6	2.7	0.2	0.2
水平隔离距离/m	0.5	0.7	27	54	0.5	0.5

结合以上分析，在异系统共存情况下的干扰规避时，给出以下建议：

（1）在可能的情况下，应尽量实施垂直隔离。

（2）混合隔离情况下，当水平距离较小时，效果不如垂直隔离但优于水平隔离，当水平距离较大时，混合隔离效果近似于水平隔离。

（3）在实际实施过程中，应根据实际情况和隔离度要求进行计算，考虑天线隔离方法。

（4）采用空间隔离方法无法满足系统间干扰隔离度的，可考虑结合加装发射滤波器或接收滤波器的方法。

7.5.5　系统内干扰识别及规避

系统内干扰主要包括 LTE TDD 帧失步（上行）、TDD 超远同频干扰（上行）、数据配置错误导致干扰（上下行）、越区覆盖导致干扰（下行）等。

对于频点配置错误（异频配成同频情况）、邻区漏配、PCI 配置错误都可以在基站侧通过配置核查和告警查询等功能实现，这里不再赘述。越区覆盖会表现在被干扰小区 RSRP 好，但是 SINR 很差，甚至在被干扰小区内 UE 切换比例增大。越区覆盖的原因和解决措施在本章前面已有详细描述。

1. 帧失步（GPS 失锁）造成的干扰

TD-LTE 系统是时分双工系统，对系统的时钟同步要求很高。若网络中的某基站与周围其他基站的时钟不同步(即发生帧失步),会造成该基站的下行信号被周围的基站接收到,故而干扰到了周围基站的上行接收。由本书第 2 章的 TD-LTE 的帧结构可知,特殊子帧的上下行保护时隙之间的 GP 就是为上行和下行失步留出的保护带,GP 实际设置的值从 100～700μs 不等,如果帧失步时间超过 100～700μs,就会造成基站间干扰。如图 7-39 所示,时钟不同步的 B 小区发射信号干扰到了 A 小区的上行接收,并且超过了 GP 的时间间隔,因而引起干扰。

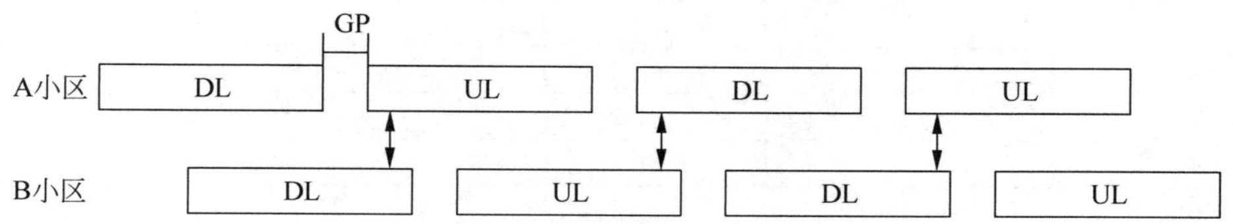

图 7-39　帧失步干扰示意

由 GSP 时钟不同步造成的干扰通常影响范围比较严重,且覆盖范围比较广。可能在 GPS 失锁基站周围的一大片基站都受到干扰,导致这些基站覆盖范围内的 UE 无法正常发起业务,甚至在接收 RSRP 很好的情况下,UE 也无法接入网络。通常情况下,在这些 GPS 失锁基站侧跟踪上行 RSSI 值,会发现发生 GPS 失锁基站的 RSSI 值可能比正常值高出 10～20dB,甚至更高。一般来说,基站 GPS 一旦失锁,都会有相应的告警。引起 GPS 失锁的原因包括:①GPS 安装不规范,导致无法搜到足够的卫星;②GPS 受到干扰;③星卡异常。

当判断为 GPS 失锁造成干扰后,需要对怀疑区域内基站的 GPS 同步情况进行检查,并排除 GPS 失锁的故障,同时通过定期的对全网的 GPS 情况进行巡检,确保不再出现类似 GPS 失锁现象。

2. TDD 超远干扰

TDD 超远干扰出现的场景为:干扰源基站和被干扰基站之间的无线传播环境非常好。干扰源基站信号经过远距离传播,到达被干扰基站的时候,因为传播环境很好,信号衰减就比较小,同时因为传播过程中的时延导致干扰站的 DwPTS 与被干扰站的 UpPTS 对齐(严重的甚至会落到被干扰基站的上行子帧),导致干扰源基站发射信号对被干扰基站接收产生干扰,如图 7-40 所示。其中,DwPTS 为下行保护时隙,UpPTS 为上行保护时隙,GP 为保护间隔,主要是用于下行到上行转换时的保护。

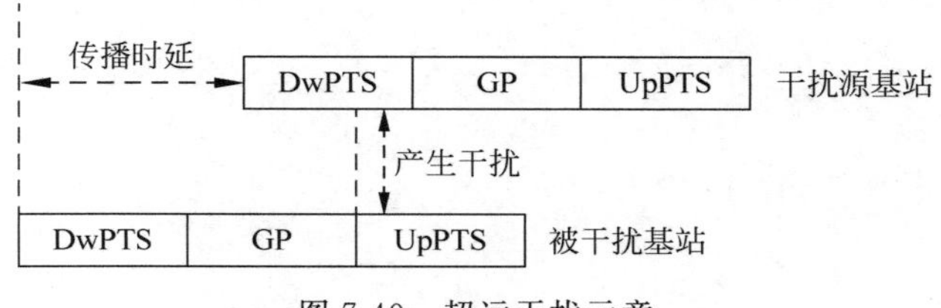

图 7-40　超远干扰示意

特殊子帧中的GP决定了下行发射不会干扰上行接收的最小距离。根据表7-18特殊子帧GP长度可以算出保护距离从21.4km到214.3km不等。当基站间无线传播环境很好且配置的特殊子帧的GP很小时,有可能造成TDD超远干扰。

表7-18 子帧配比和上下行保护距离

特殊子帧配置	DwPTS	GP	UpPTS	保护距离/km
0	3	10	1	214.3
1	9	4	1	85.7
2	10	3	1	64.3
3	11	2	1	42.9
4	12	1	1	21.4
5	3	9	2	192.9
6	9	3	2	64.3
7	10	2	2	42.9
8	11	1	2	21.4

TDD超远干扰可能导致以下问题:①UE在被干扰小区边缘不能进行随机接入;②邻区UE不能切换到被干扰小区;③严重的TDD超远干扰会出现下行业务和上行业务速率都大幅下降。

针对TDD超远干扰有如下处理措施:①如果有多余频点可用,则将干扰源基站或被干扰基站的频点错开使用;②如果没有多余频点,则在尽量保证覆盖的基础上,通过调整方位角错开干扰方向,并调整下倾角减小干扰功率。

第 8 章

LTE 网络关键性能指标体系

网络关键性能指标(Key Performance Indicator,KPI)体系反馈了网络的运行情况,KPI 结果的好坏也是判断一个网络运行能力、质量的重要依据和客观标准。对 KPI 进行监控是发现网络问题的重要手段;对 KPI 的监控与优化操作主要集中在运维期间,网络问题不能靠用户投诉来解决,对一些异常的事件必须第一时间发现并提出相应解决方案,这样才能为用户提供良好的服务。鉴于此,KPI 是网络优化的重点考核项。本章将对 TD-LTE 的关键性能指标进行分类及解释,为 KPI 分析工作奠定基础。

网络 KPI 包括路测 KPI 和话统 KPI,路测 KPI 是指通过外场路测测得的关键性能指标,这一部分内容已经在第 7 章进行了详细介绍,在此不再赘述。话统 KPI 是指通过后台运营维护中心(Operation Maintenance Center,OMC)统计得到的 KPI。通过对 KPI 数据进行分析,可得到各种指标的当前状态,作为评估网络性能的重要参考。当前我们关注的指标主要有呼叫保持性能、呼叫接入性能、移动管理性能、系统容量等。根据上述各类指标的当前值,可判断并定位问题发生的区域、问题发生的范围以及问题严重程度。

在网络建设初期,网络优化重点关注工程优化,主要围绕路测 KPI 为主进行 RF 优化。这是由于初期在网用户少,且存在工程质量问题的可能性大,在这个阶段话统 KPI 优化没有太大的意义。网络进入运维时期后,除常规进行路测 KPI 优化外,重点将转向话统 KPI 优化,也即是通常说的参数优化。通过各种参数的联合调整来优化某项指标,以满足客户的要求。接下来将以话统 KPI 为重点内容进行介绍。在第 6.4 节曾经描述了参数优化的流程,参数优化是通过结合话统 KPI 数据、告警数据、用户投诉数据以及路测数据联合进行分析定位,最终给出优化方案的。而熟悉话统 KPI 的定义是进行 KPI 分析的基础。不同运营商对于 KPI 定义不尽相同,这里介绍的 KPI 定义参考中国移动 TD-LTE 的网管指标定义(详见参考文献[16])。由于篇幅的限制,对于各计数器的定义及对应的信令触发点不进行具体叙述,具体可查阅各厂家的性能指标参考或性能计数器参考文件。

主要话统 KPI 根据指标相关性分类如表 8-1 所示,包括呼叫接入类、呼叫保持类、移动性管理类、资源负载类、业务质量类等指标,呼叫保持类指标最重要的是掉话率指标,该类指标定义及优化方法将在第 10 章进行重点描述。针对重点 KPI 指标,将从指标定义、指标意义和指标计数器三个维度进行描述。此外,KPI 按照时间统计粒度可分为 15 分钟粒度、60 分钟粒度、24 小时粒度、周粒度、月粒度;按照统计对象主要可分为小区级和 eNodeB 级。

表 8-1　主要话统 KPI 根据指标相关性分类

指标大类	相关指标
呼叫接入类	RRC 连接建立成功率 E-RAB 建立成功率 无线接通率
呼叫保持类	E-RAB 掉话率(详见第 10 章)
移动性管理类	eNodeB 内切换成功率 X2 口切换成功率 S1 口切换成功率 系统间切换成功率(包含与 GSM/WCDMA/TD-SCDMA/CDMA 等系统的切换)
资源负载类	上行 PRB 平均利用率 下行 PRB 平均利用率 上行平均激活用户数 下行平均激活用户数 平均激活用户数
业务质量类	上行误块率 下行误块率 上行 MAC 层重传率 下行 MAC 层重传率

8.1　呼叫接入类指标

呼叫接入类指标包括 RRC 连接建立成功率、E-RAB 建立成功率和无线接通率，接下来分别介绍这些指标的计算公式及相应的计数器，如图 8-1～图 8-3 和表 8-2、表 8-3 所示。

<table>
<tr><td>性能指标名称</td><td>统计时间粒度</td><td>统计区域粒度</td></tr>
<tr><td>RRC 连接建立成功率</td><td>15 分钟、30 分钟、1 小时……1 天……</td><td>小区、eNodeB</td></tr>
<tr><td colspan="3">指标意义</td></tr>
<tr><td colspan="3">反映 eNodeB 或者小区的 UE 接纳能力，RRC 连接建立成功意味着 UE 与网络建立了信令连接，是进行其他业务的基础。</td></tr>
<tr><td colspan="3">指标定义</td></tr>
</table>

图 8-1　RRC 连接建立成功率相关信息

eNodeB 收到 RRC 建立请求之后决定是否建立 RRC 连接。 RRC 连接建立成功率用 RRC 连接建立成功次数和 RRC 连接建立尝试次数的比来表示，对应的信令分别为 eNodeB 收到的 RRC CONNECTION SETUP COMPLETE 次数和 eNodeB 收到的 RRC CONNECTION REQUEST 次数。 计算公式： RRC 连接建立成功率＝RRC 连接建立成功次数/RRC 连接建立尝试次数×100％
用到的计数器说明
RRC 连接建立成功次数＝： RRC 建立成功数目(mt-Access 类型) RRC 建立成功数目(mo-Signalling 类型) RRC 建立成功数目(mo-Data 类型) RRC 建立成功数目(highPriorityAccess 类型) RRC 建立成功数目(emergency 类型) RRC 连接建立尝试次数＝： RRC 建立请求数目(mt-Access 类型) RRC 建立请求数目(mo-Signalling 类型) RRC 建立请求数目(mo-Data 类型) RRC 建立请求数目(highPriorityAccess 类型) RRC 建立请求数目(emergency 类型)) 若统计 RRC 连接建立成功(业务相关)和 RRC 连接建立尝试(业务相关)，则只统计上述计数器中 RRC 建立成功数目和 RRC 建立请求数目中的“mt-Access 类型”和“mo-Data 类型”即可。

图 8-1 （续）

表 8-2　RRC 连接建立成功率与质量等级

序号	统 计 对 象	统计粒度	取值范围	质量等级
1	小区级/eNodeB	24 小时	小于 80％	差
2	小区级/eNodeB	24 小时	80％～98％	良
3	小区级/eNodeB	24 小时	大于 98％	优

性能指标名称	统计时间粒度	统计区域粒度
E-RAB 建立成功率	15 分钟、30 分钟、1 小时……1 天……	小区
指标意义		
E-RAB 建立成功率指 eNodeB 成功为 UE 分配了用户面的连接，反映 eNodeB 或小区接纳业务的能力。		
指标定义		
E-RAB 建立成功率＝E-RAB 建立成功次数(所有 QCI)/E-RAB 建立请求次数(所有 QCI)×100％ 其中： E-RAB 建立请求次数的来源是 E-RAB SETUP REQUEST 和 INITIAL CONTEXT SETUP REQUEST 消息； E-RAB 建立成功次数的来源是 E-RAB SETUP RESPONSE 和 INITIAL CONTEXT SETUP RESPONSE 消息。		

图 8-2　E-RAB 建立成功率相关信息

用到的计数器说明
E-RAB建立请求次数=： 上下文建立请求中的E-RAB建立请求数目(QCI=1) 上下文建立请求中的E-RAB建立请求数目(QCI=2) 上下文建立请求中的E-RAB建立请求数目(QCI=3) 上下文建立请求中的E-RAB建立请求数目(QCI=4) 上下文建立请求中的E-RAB建立请求数目(QCI=5) 上下文建立请求中的E-RAB建立请求数目(QCI=6) 上下文建立请求中的E-RAB建立请求数目(QCI=7) 上下文建立请求中的E-RAB建立请求数目(QCI=8) 上下文建立请求中的E-RAB建立请求数目(QCI=9) 承载建立请求中的E-RAB建立请求数目(QCI=1) 承载建立请求中的E-RAB建立请求数目(QCI=2) 承载建立请求中的E-RAB建立请求数目(QCI=3) 承载建立请求中的E-RAB建立请求数目(QCI=4) 承载建立请求中的E-RAB建立请求数目(QCI=5) 承载建立请求中的E-RAB建立请求数目(QCI=6) 承载建立请求中的E-RAB建立请求数目(QCI=7) 承载建立请求中的E-RAB建立请求数目(QCI=8) 承载建立请求中的E-RAB建立请求数目(QCI=9) E-RAB建立成功次数=： 上下文建立响应中的E-RAB建立成功数目(QCI=1) 上下文建立响应中的E-RAB建立成功数目(QCI=2) 上下文建立响应中的E-RAB建立成功数目(QCI=3) 上下文建立响应中的E-RAB建立成功数目(QCI=4) 上下文建立响应中的E-RAB建立成功数目(QCI=5) 上下文建立响应中的E-RAB建立成功数目(QCI=6) 上下文建立响应中的E-RAB建立成功数目(QCI=7) 上下文建立响应中的E-RAB建立成功数目(QCI=8) 上下文建立响应中的E-RAB建立成功数目(QCI=9) 承载建立响应中的E-RAB建立成功数目(QCI=1) 承载建立响应中的E-RAB建立成功数目(QCI=2) 承载建立响应中的E-RAB建立成功数目(QCI=3) 承载建立响应中的E-RAB建立成功数目(QCI=4) 承载建立响应中的E-RAB建立成功数目(QCI=5) 承载建立响应中的E-RAB建立成功数目(QCI=6) 承载建立响应中的E-RAB建立成功数目(QCI=7) 承载建立响应中的E-RAB建立成功数目(QCI=8) 承载建立响应中的E-RAB建立成功数目(QCI=9)

图8-2 （续）

表 8-3　小区 E-RAB 建立成功率与质量等级

序号	统 计 对 象	统计粒度	取值范围	质量等级
1	小区级	24 小时	小于 80％	差
2	小区级	24 小时	80％～98％	良
3	小区级	24 小时	大于 98％	优

性能指标名称	统计时间粒度	统计区域粒度
无线接通率	15 分钟、30 分钟、1 小时……1 天……	小区
指标意义		
反映小区对 UE 呼叫的接纳能力，直接影响用户对网络的使用感受。		
指标定义		
KPI 计算公式： 无线接通率＝E-RAB 建立成功率×RRC 连接建立成功率（业务相关）×100％		
用到的计数器说明		
见“RRC 连接建立成功率（业务相关）”和“E-RAB 建立成功率”的计数器。		

图 8-3　无线接通率相关信息

8.2　移动性管理类指标

移动性管理类指标包 eNodeB 内切换成功率、X2 口切换成功率、S1 口切换成功率、LTE 与其他系统间切换成功率（如 CDMA、WCDMA、GSM、TD-SCDMA），接下来分别介绍这些指标的计算公式及相应的计数器，如图 8-4～图 8-10 所示。

性能指标名称	统计时间粒度	统计区域粒度
eNodeB 内切换成功率	15 分钟、30 分钟、1 小时……1 天……	小区
指标意义		
反映了 eNodeB 内小区间同频切换的成功情况，保证用户在移动过程中使用业务的连续性，与系统切换处理能力和网络优化有关，是用户直接感受较为重要的指标之一。		

图 8-4　eNodeB 内同频切换成功率相关信息

指标定义
KPI计算公式： eNodeB内切换包含同频和异频两种情况，每种情况中包含切换入和切换出两个方向，都需要分别统计 eNodeB内同频切换出成功率＝eNodeB内同频切换出成功次数/eNodeB内同频切换出请求次数×100％ eNodeB内同频切换入成功率＝eNodeB内同频切换入成功次数/eNodeB内同频切换入请求次数×100％ eNodeB内异频切换出成功率＝eNodeB内异频切换出成功次数/eNodeB内异频切换出请求次数×100％ eNodeB内异频切换入成功率＝eNodeB内异频切换入成功次数/eNodeB内异频切换入请求次数×100％
用到的计数器说明
eNodeB内同频切换出成功次数＝： eNodeB内小区间同频切换出成功次数(基于非测量) eNodeB内小区间同频切换出成功次数(基于测量) eNodeB内同频切换入成功次数＝： eNodeB内小区间同频切换入成功次数(基于非测量) eNodeB内小区间同频切换入成功次数(基于测量) eNodeB内异频切换出成功次数＝： eNodeB内小区间异频切换出成功次数(基于非测量) eNodeB内小区间异频切换出成功次数(基于测量) eNodeB内异频切换入成功次数＝： eNodeB内小区间异频切换入成功次数(基于非测量) eNodeB内小区间异频切换入成功次数(基于测量) eNodeB内同频切换出请求次数＝： eNodeB内小区间同频切换出请求次数(基于非测量) eNodeB内小区间同频切换出请求次数(基于测量) eNodeB内同频切换入请求次数＝： eNodeB内小区间同频切换入请求次数(基于非测量) eNodeB内小区间同频切换入请求次数(基于测量) eNodeB内异频切换出请求次数＝： eNodeB内小区间异频切换出请求次数(基于非测量) eNodeB内小区间异频切换出请求次数(基于测量) eNodeB内异频切换入请求次数＝： eNodeB内小区间异频切换入请求次数(基于非测量) eNodeB内小区间异频切换入请求次数(基于测量)

图 8-4 (续)

性能指标名称	统计时间粒度	统计区域粒度
X2 口切换成功率	15 分钟、30 分钟、1 小时……1 天……	小区
指标意义		
反映了与其他 eNodeB 存在 X2 连接的情况下，UE 在基站间的切换成功情况，与系统切换处理能力和网络优化有关，是用户直接感受较为重要的指标之一。		
指标定义		
KPI 计算公式： X2 口切换包含同频切换和异频切换两种情况，对于每种情况，需要统计切换出和切换入两个指标： ① X2 口同频切换出 X2 口同频切换出成功率＝(X2 接口同频切换出执行成功次数/X2 接口同频切换出请求次数)×100% ② X2 口同频切换入 X2 口同频切换入成功率＝(X2 接口同频切换入执行成功次数/X2 接口同频切换入请求次数)×100% ③ X2 口异频切换出 X2 口异频切换出成功率＝(X2 接口异频切换出执行成功次数/X2 接口异频切换出请求次数)×100% ④ X2 口异频切换入 X2 口异频切换入成功率＝(X2 接口异频切换入执行成功次数/X2 接口异频切换入请求次数)×100%		
用到的计数器说明		
X2 接口同频切换出执行成功次数＝： X2 接口小区间同频切换出成功次数(基于非测量) X2 接口小区间同频切换出成功次数(基于测量) X2 接口同频切换入执行成功次数＝： X2 接口小区间同频切换入成功次数(基于非测量) X2 接口小区间同频切换入成功次数(基于测量) X2 接口异频切换出执行成功次数＝： X2 接口小区间异频切换出成功次数(基于非测量) X2 接口小区间异频切换出成功次数(基于测量) X2 接口异频切换入执行成功次数＝： X2 接口小区间异频切换入成功次数(基于非测量) X2 接口小区间异频切换入成功次数(基于测量) X2 接口同频切换出请求次数＝： X2 接口小区间同频切换出请求次数(基于非测量) X2 接口小区间同频切换出请求次数(基于测量) X2 接口同频切换入请求次数＝： X2 接口小区间同频切换入请求次数(基于非测量) X2 接口小区间同频切换入请求次数(基于测量) X2 接口异频切换出请求次数＝： X2 接口小区间异频切换出请求次数(基于非测量) X2 接口小区间异频切换出请求次数(基于测量) X2 接口异频切换入请求次数＝： X2 接口小区间异频切换入请求次数(基于非测量) X2 接口小区间异频切换入请求次数(基于测量)		

图 8-5　X2 口切换成功率相关信息

<table>
<tr><td>性能指标名称</td><td>统计时间粒度</td><td>统计区域粒度</td></tr>
<tr><td>S1 口切换成功率</td><td>15 分钟、30 分钟、1 小时……1 天……</td><td>小区</td></tr>
<tr><td colspan="3">指标意义</td></tr>
<tr><td colspan="3">当 eNodeB 根据 UE 测量上报决定 UE 要切换，且目标小区与 eNodeB 无 X2 连接，就进行通过核心网的 S1 切换。S1 口切换成功率反映了 eNodeB 与其他 eNodeB 通过核心网参与的 UE 切换成功情况，与系统切换处理能力和网络规划有关，是用户直接感受较为重要的指标之一。</td></tr>
<tr><td colspan="3">指标定义</td></tr>
<tr><td colspan="3">KPI 计算公式：
S1 接口切换包含同频切换和异频切换两种情况，对于每种情况，需要统计切换出和切换入两个指标：
① S1 接口同频切换出
S1 接口同频切换出成功率＝(S1 接口同频切换出执行成功次数/S1 接口同频切换出请求次数)×100%
② S1 接口同频切换入
S1 接口同频切换入成功率＝(S1 接口同频切换入执行成功次数/S1 接口同频切换入请求次数)×100%
③ S1 接口异频切换出
S1 接口异频切换出成功率＝(S1 接口异频切换出执行成功次数/S1 接口异频切换出请求次数)×100%
④ S1 接口异频切换入
S1 接口异频切换入成功率＝(S1 接口异频切换入执行成功次数/S1 接口异频切换入请求次数)×100%</td></tr>
<tr><td colspan="3">用到的计数器说明</td></tr>
<tr><td colspan="3">S1 接口同频切换出执行成功次数＝：
S1 接口小区间同频切换出成功次数(基于非测量)
S1 接口小区间同频切换出成功次数(基于测量)
S1 接口同频切换入执行成功次数＝：
S1 接口小区间同频切换入成功次数(基于非测量)
S1 接口小区间同频切换入成功次数(基于测量)
S1 接口异频切换出执行成功次数＝：
S1 接口小区间异频切换出成功次数(基于非测量)
S1 接口小区间异频切换出成功次数(基于测量)
S1 接口异频切换入执行成功次数＝：
S1 接口小区间异频切换入成功次数(基于非测量)
S1 接口小区间异频切换入成功次数(基于测量)
S1 接口同频切换出请求次数＝：
S1 接口小区间同频切换出请求次数(基于非测量)
S1 接口小区间同频切换出请求次数(基于测量)
S1 接口同频切换入请求次数＝：
S1 接口小区间同频切换入请求次数(基于非测量)
S1 接口小区间同频切换入请求次数(基于测量)
S1 接口异频切换出请求次数＝：
S1 接口小区间异频切换出请求次数(基于非测量)
S1 接口小区间异频切换出请求次数(基于测量)
S1 接口异频切换入请求次数＝：
S1 接口小区间异频切换入请求次数(基于非测量)
S1 接口小区间异频切换入请求次数(基于测量)</td></tr>
</table>

图 8-6　S1 口切换成功率相关信息

性能指标名称	统计时间粒度	统计区域粒度
系统间切换成功率(LTE＜－＞CDMA)	15 分钟、30 分钟、1 小时……1 天……	小区、eNodeB
指标意义		
反映了 LTE 系统与 CDMA 系统之间切换的成功情况，对于网规网优有重要的参考价值。也是用户直接感受的性能指标。表征了无线系统网络间切换(LTE＜－＞CDMA)的稳定性和可靠性，也一定程度反映出 LTE/CDMA 组网的无线覆盖情况。		
指标定义		
系统间切换针对 LTE 网络来说分为切换出成功率和切换入成功率。 KPI 计算公式： 系统间小区切换出成功率(LTE－＞CDMA)＝系统间分组域切换出成功率(EPS－＞CDMA)＝ (1-系统间分组域切换出失败次数(EPS－＞CDMA)/系统间分组域切换出请求次数(EPS－＞CDMA))×100% 系统间小区切换入成功率(CDMA－＞LTE)＝系统间分组域切换入成功率(CDMA－＞EPS)＝ (系统间分组域切换入成功次数(CDMA－＞EPS)/系统间分组域切换入请求次数(CDMA－＞EPS)) × 100%		
用到的计数器说明		
系统间分组域切换出失败次数(EPS－＞CDMA)＝： 系统间分组域切换出失败次数(EPS－＞CDMA)(基于测量_UE 回到源小区) 系统间分组域切换出失败次数(EPS－＞CDMA)(基于非测量_UE 回到源小区) 系统间分组域切换出失败次数(EPS－＞CDMA)(基于测量_等待 MME 的 UE CTX REL 超时) 系统间分组域切换出失败次数(EPS－＞CDMA)(基于非测量_等待 MME 的 UE CTX REL 超时) 系统间分组域切换出失败次数(EPS－＞CDMA)(基于测量_其他原因) 系统间分组域切换出失败次数(EPS－＞CDMA)(基于非测量_其他原因) 系统间分组域切换出请求次数(EPS－＞CDMA)＝： 系统间分组域切换出请求次数(EPS－＞CDMA)(基于测量) 系统间分组域切换出请求次数(EPS－＞CDMA)(基于非测量) 系统间分组域切换入成功次数(CDMA－＞EPS)＝： 系统间分组域切换入成功次数(CDMA－＞EPS)(基于测量) 系统间分组域切换入成功次数(CDMA－＞EPS)(基于非测量) 系统间分组域切换入请求次数(CDMA－＞EPS)＝： 系统间分组域切换入请求次数(CDMA－＞EPS)(基于测量) 系统间分组域切换入请求次数(CDMA－＞EPS)(基于非测量)		

图 8-7　LTE 与 CDMA 系统间切换成功率相关信息

<table>
<tr><td>性能指标名称</td><td>统计时间粒度</td><td>统计区域粒度</td></tr>
<tr><td>系统间切换成功率(LTE＜－＞GSM)</td><td>15 分钟、30 分钟、1 小时……1 天……</td><td>小区、eNodeB</td></tr>
<tr><td colspan="3">指标意义</td></tr>
<tr><td colspan="3">反映了 LTE 系统与 GSM 系统之间切换的成功情况，对于网规网优有重要的参考价值。也是用户直接感受的性能指标。表征了无线系统网络间切换(LTE＜－＞GSM)的稳定性和可靠性，也一定程度反映出 LTE/GSM 组网的无线覆盖情况。</td></tr>
<tr><td colspan="3">指标定义</td></tr>
<tr><td colspan="3">系统间切换针对 LTE 网络来说分为切换出成功率和切换入成功率。
KPI 计算公式：
系统间小区切换出成功率(LTE－＞GSM)＝系统间分组域切换出成功率(EPS－＞GSM)＝
(1-系统间分组域切换出失败次数(EPS－＞GSM)/系统间分组域切换出请求次数(EPS－＞GSM)) × 100%
系统间小区切换入成功率(GSM－＞LTE)＝系统间分组域切换入成功率(GSM－＞EPS)＝
(系统间分组域切换入成功次数(GSM－＞EPS)/系统间分组域切换入请求次数(GSM－＞EPS)) × 100%</td></tr>
<tr><td colspan="3">用到的计数器说明</td></tr>
<tr><td colspan="3">系统间分组域切换出失败次数(EPS－＞GSM)＝：
系统间分组域切换出失败次数(EPS－＞GSM)(基于测量_UE 回到源小区)
系统间分组域切换出失败次数(EPS－＞GSM)(基于非测量_UE 回到源小区)
系统间分组域切换出失败次数(EPS－＞GSM)(基于测量_等待 MME 的 UE CTX REL 超时)
系统间分组域切换出失败次数(EPS－＞GSM)(基于非测量_等待 MME 的 UE CTX REL 超时)
系统间分组域切换出失败次数(EPS－＞GSM)(基于测量_其他原因)
系统间分组域切换出失败次数(EPS－＞GSM)(基于非测量_其他原因)
系统间分组域切换出请求次数(EPS－＞GSM)＝：
系统间分组域切换出请求次数(EPS－＞GSM)(基于测量)
系统间分组域切换出请求次数(EPS－＞GSM)(基于非测量)
系统间分组域切换入成功次数(GSM－＞EPS)＝：
系统间分组域切换入成功次数(GSM－＞EPS)(基于测量)
系统间分组域切换入成功次数(GSM－＞EPS)(基于非测量)
系统间分组域切换入请求次数(GSM－＞EPS)＝：
系统间分组域切换入请求次数(GSM－＞EPS)(基于测量)
系统间分组域切换入请求次数(GSM－＞EPS)(基于非测量)</td></tr>
</table>

图 8-8　LTE 与 GSM 系统间切换成功率相关信息

<table>
<tr><td>性能指标名称</td><td>统计时间粒度</td><td>统计区域粒度</td></tr>
<tr><td>系统间切换成功率(LTE＜－＞WCDMA)</td><td>15 分钟、30 分钟、1 小时……1 天……</td><td>小区、eNodeB</td></tr>
<tr><td colspan="3">指标意义</td></tr>
<tr><td colspan="3">反映了 LTE 系统与 WCDMA 系统之间切换的成功情况，对于网规网优有重要的参考价值。也是用户直接感受的性能指标。表征了无线系统网络间切换(LTE＜－＞WCDMA)的稳定性和可靠性，也一定程度反映出 LTE/WCDMA 组网的无线覆盖情况。</td></tr>
<tr><td colspan="3">指标定义</td></tr>
<tr><td colspan="3">系统间切换针对 LTE 网络来说分为切换出成功率和切换入成功率。
KPI 计算公式：
系统间小区切换出成功率(LTE－＞WCDMA)＝系统间分组域切换出成功率(EPS－＞WCDMA)＝(1-系统间分组域切换出失败次数(EPS－＞WCDMA)/系统间分组域切换出请求次数(EPS－＞WCDMA))×100％
系统间小区切换入成功率(WCDMA－＞LTE)＝系统间分组域切换入成功率(WCDMA－＞EPS)＝(系统间分组域切换入成功次数(WCDMA－＞EPS)/系统间分组域切换入请求次数(WCDMA－＞EPS))×100％</td></tr>
<tr><td colspan="3">用到的计数器说明</td></tr>
<tr><td colspan="3">系统间分组域切换出失败次数(EPS－＞WCDMA)＝：
系统间分组域切换出失败次数(EPS－＞WCDMA)(基于测量_UE 回到源小区)
系统间分组域切换出失败次数(EPS－＞WCDMA)(基于非测量_UE 回到源小区)
系统间分组域切换出失败次数(EPS－＞WCDMA)(基于测量_等待 MME 的 UE CTX REL 超时)
系统间分组域切换出失败次数(EPS－＞WCDMA)(基于非测量_等待 MME 的 UE CTX REL 超时)
系统间分组域切换出失败次数(EPS－＞WCDMA)(基于测量_其他原因)
系统间分组域切换出失败次数(EPS－＞WCDMA)(基于非测量_其他原因)
系统间分组域切换出请求次数(EPS－＞WCDMA)＝：
系统间分组域切换出请求次数(EPS－＞WCDMA)(基于测量)
系统间分组域切换出请求次数(EPS－＞WCDMA)(基于非测量)
系统间分组域切换入成功次数(WCDMA－＞EPS)＝：
系统间分组域切换入成功次数(WCDMA－＞EPS)(基于测量)
系统间分组域切换入成功次数(WCDMA－＞EPS)(基于非测量)
系统间分组域切换入请求次数(WCDMA－＞EPS)＝：
系统间分组域切换入请求次数(WCDMA－＞EPS)(基于测量)
系统间分组域切换入请求次数(WCDMA－＞EPS)(基于非测量)</td></tr>
</table>

图 8-9　LTE 与 WCDMA 系统间切换成功率相关信息

性能指标名称	统计时间粒度	统计区域粒度
系统间切换成功率(LTE＜－＞TDS)	15 分钟、30 分钟、1 小时……1 天……	小区、eNodeB
指标意义		
反映了 LTE 系统与 TD-SCDMA 系统之间切换的成功情况，对于网规网优有重要的参考价值。也是用户直接感受的性能指标。表征了无线系统网络间切换(LTE＜－＞TDS)的稳定性和可靠性，也一定程度反映出 LTE/TD-SCDMA 组网的无线覆盖情况。		
指标定义		
系统间切换针对 LTE 网络来说分为切换出成功率和切换入成功率。 KPI 计算公式： 系统间小区切换出成功率(LTE－＞TDS)＝系统间分组域切换出成功率(EPS－＞TDS)＝ (1-系统间分组域切换出失败次数(EPS－＞TDS)/统间分组域切换出请求次数(EPS－＞TDS)) × 100% 系统间小区切换入成功率(TDS－＞LTE)＝系统间分组域切换入成功率(TDS－＞EPS)＝ (系统间分组域切换入成功次数(TDS－＞EPS)/系统间分组域切换入请求次数(TDS－＞EPS)) × 100%		
用到的计数器说明		
系统间分组域切换出失败次数(EPS－＞TDS)＝： 系统间分组域切换出失败次数(EPS－＞TDS)(基于测量_UE 回到源小区) 系统间分组域切换出失败次数(EPS－＞TDS)(基于非测量_UE 回到源小区) 系统间分组域切换出失败次数(EPS－＞TDS)(基于测量_等待 MME 的 UE CTX REL 超时) 系统间分组域切换出失败次数(EPS－＞TDS)(基于非测量_等待 MME 的 UE CTX REL 超时) 系统间分组域切换出失败次数(EPS－＞TDS)(基于测量_其他原因) 系统间分组域切换出失败次数(EPS－＞TDS)(基于非测量_其他原因) 系统间分组域切换出请求次数(EPS－＞TDS)＝： 系统间分组域切换出请求次数(EPS－＞TDS)(基于测量) 系统间分组域切换出请求次数(EPS－＞TDS)(基于非测量) 系统间分组域切换入成功次数(TDS－＞EPS)＝： 系统间分组域切换入成功次数(TDS－＞EPS)(基于测量) 系统间分组域切换入成功次数(TDS－＞EPS)(基于非测量) 系统间分组域切换入请求次数(TDS－＞EPS)＝： 系统间分组域切换入请求次数(TDS－＞EPS)(基于测量) 系统间分组域切换入请求次数(TDS－＞EPS)(基于非测量)		

图 8-10　LTE 与 TD-SCDMA 系统间切换成功率相关信息

8.3　资源负载类指标

资源负载类指标包括上下行 PRB 平均利用率、上下行平均激活用户数、平均激活用户数，接下来分别介绍这些指标的计算公式及相应的计数器，如图 8-11～图 8-15 所示。

<table>
<tr><td>性能指标名称</td><td>统计时间粒度</td><td>统计区域粒度</td></tr>
<tr><td>上行 PRB 平均利用率</td><td>15 分钟、30 分钟、1 小时……1 天……</td><td>小区</td></tr>
<tr><td colspan="3">指标意义</td></tr>
<tr><td colspan="3">反映系统无线资源利用情况，为系统是否需要扩容以及系统算法优化提供依据</td></tr>
<tr><td colspan="3">指标定义</td></tr>
<tr><td colspan="3">KPI 计算公式：
PUSH PRB 平均利用率＝统计周期内所有 TTI PUSCH PRB 利用率平均值
即等于小区载频 PUSCH PRB 占用数/小区上行占用 PRB 总数
其中 TTI PUSCH PRB 利用率＝每 TTI PUSCH PRB 使用数/每 TTI PUSCH PRB 总数</td></tr>
<tr><td colspan="3">用到的计数器说明</td></tr>
<tr><td colspan="3">小区载频 PUSCH PRB 占用数
小区上行占用 PRB 总数</td></tr>
</table>

图 8-11　上行 PRB 平均利用率相关信息

<table>
<tr><td>性能指标名称</td><td>统计时间粒度</td><td>统计区域粒度</td></tr>
<tr><td>下行 PRB 平均利用率</td><td>15 分钟、30 分钟、1 小时……1 天……</td><td>小区</td></tr>
<tr><td colspan="3">指标意义</td></tr>
<tr><td colspan="3">反映系统无线资源利用情况，为系统是否需要扩容以及系统算法优化提供依据</td></tr>
<tr><td colspan="3">指标定义</td></tr>
<tr><td colspan="3">KPI 计算公式：
PDSCH PRB 平均利用率＝统计周期内所有 TTI PDSCH PRB 利用率平均值
即等于小区下行占用 PRB 数/小区下行占用 PRB 总数
其中 TTI PDSCH PRB 利用率＝每 TTI PDSCH PRB 使用数/每 TTI PDSCH PRB 总数</td></tr>
<tr><td colspan="3">用到的计数器说明</td></tr>
<tr><td colspan="3">小区载频 PDSCH PRB 占用数
小区载频 PDSCH PRB 占用总数</td></tr>
</table>

图 8-12　下行 PRB 平均利用率相关信息

<table>
<tr><td>性能指标名称</td><td>统计时间粒度</td><td>统计区域粒度</td></tr>
<tr><td>上行平均激活用户数</td><td>15 分钟、30 分钟、1 小时……1 天……</td><td>小区</td></tr>
<tr><td colspan="3">指标意义</td></tr>
<tr><td colspan="3">反映系统无线资源利用情况，为系统是否需要扩容以及系统算法优化提供依据</td></tr>
<tr><td colspan="3">指标定义</td></tr>
<tr><td colspan="3">KPI 计算公式：
在小区范围内，以 1ms 为采样周期，采样所有 UE(已连接)，并判断其上行缓存是否有数据，得到此时有数据的用户数，在统计周期末，取这些采样值的平均值。
同时按 QCI 类型(QCI1～QCI9)统计，即同时统计不同 QCI 类型的上行平均激活用户数。
由于一个 UE 可能发起多个不同的 QCI 业务类型，故上行平均激活用户数(不分 QCI 统计)小于等于分 CQI 统计的上行平均激活用户数之和。</td></tr>
</table>

图 8-13　上行平均激活用户数相关信息

性能指标名称	统计时间粒度	统计区域粒度
下行平均激活用户数	15分钟、30分钟、1小时……1天……	小区
指标意义		
反映系统无线资源利用情况，为系统是否需要扩容以及系统算法优化提供依据		
指标定义		
KPI计算公式： 在小区范围内，以1ms为采样周期，采样所有UE(已连接)，并判断其下行缓存是否有数据，得到此时有数据的用户数，在统计周期末，取这些采样值的平均值。 同时按QCI类型(QCI1～QCI9)统计，即同时统计不同QCI类型的下行平均激活用户数。 下行平均激活用户数(不分QCI统计)小于等于分CQI统计的下行平均激活用户数之和。		

图 8-14　下行平均激活用户数相关信息

性能指标名称	统计时间粒度	统计区域粒度
平均激活用户数	15分钟、30分钟、1小时……1天……	小区
指标意义		
反映系统无线资源利用情况，为系统是否需要扩容以及系统算法优化提供依据		
指标定义		
KPI计算公式： 在小区范围内，以1ms为采样周期，采样所有UE(已连接)，并判断其上行或下行缓存是否有数据(UE上行和下行缓存同时有数据时，算作一个用户)，得到此时有数据的用户数，在统计周期末，取这些采样值的平均值。		

图 8-15　平均激活用户数相关信息

8.4　业务质量类指标

业务质量类指标包括上下行误块率、上下行MAC层重传率，接下来分别介绍这些指标的计算公式及相应的计数器，如图8-16～图8-19所示。

性能指标名称	统计时间粒度	统计区域粒度
上行误块率	15分钟、30分钟、1小时……1天……	小区
指标意义		
上行PUSCH信道误块率是反映无线接口信号传输质量的重要指标，是进行很多无线资源管理控制的依据，影响着系统的切换、功控、接纳等方面的性能。该指标体现了网络覆盖情况，还体现了组网干扰状况，是网络规划质量和相关算法质量的一个间接反映指标。		
指标定义		
KPI的计算公式为： 上行误块率=(收到的上行传输块CRC错误个数/收到的上行传输块总数)×100%		
用到的计数器说明		
收到的上行传输块中出现错块的个数=上行传输块错误个数 收到的上行传输块的总数=上行传输块总个数 此处的传输块是指完整TB块，不是码块分割的块。		

图 8-16　上行误块率相关信息

性能指标名称	统计时间粒度	统计区域粒度
下行误块率	15 分钟、30 分钟、1 小时……1 天……	小区
指标意义		
下行 PDSCH 信道误块率是反映无线接口信号传输质量的重要指标，是进行很多无线资源管理控制的依据，影响着系统的切换、功控、接纳等方面的性能。该指标体现了网络覆盖情况，还体现了组网干扰状况，是网络规划质量和相关算法质量的一个间接反映指标。		
指标定义		
KPI 的计算公式为： 下行误块率=(收到的下行传输块 CRC 错误个数/收到的下行传输块总数)×100%		
用到的计数器说明		
收到的下行传输块中出现错块的个数=下行传输块错误个数 收到的下行传输块的总数=下行传输块总个数 此处的传输块是指完整 TB 块，不是码块分割的块。		

图 8-17 下行误块率相关信息

性能指标名称	统计时间粒度	统计区域粒度
上行 MAC 层重传率	15 分钟、30 分钟、1 小时……1 天……	小区
指标意义		
表征了上行 MAC 层重传率，是分组业务的重要质量指标，也是分组业务网络优化的重要工作，表征 HARQ 性能。		
指标定义		
KPI 指标的计算公式为： 上行 MAC 层重传率=1-上行 MAC 层接收到经过确认的 PDU 数/上行 MAC 层接收到的 PDU 数		
用到的计数器说明		
上行 MAC 层接收到经过确认的 PDU 个数 上行 MAC 层接收到的 PDU 个数		

图 8-18 上行 MAC 层重传率相关信息

性能指标名称	统计时间粒度	统计区域粒度
下行 MAC 层重传率	15 分钟、30 分钟、1 小时……1 天……	小区
指标意义		
表征了下行 MAC 层重传率，是分组业务的重要质量指标，也是分组业务网络优化的重要工作，表征 HARQ 性能。		
指标定义		
KPI 指标的计算公式为： 下行 MAC 层重传率=1-下行 MAC 层接收到经过确认的 PDU 数/下行 MAC 层接收到的 PDU 数		
用到的计数器说明		
下行 MAC 层接收到经过确认的 PDU 个数 下行 MAC 层接收到的 PDU 个数		

图 8-19 下行 MAC 层重传率相关信息

8.5 KPI性能分析方法

常用的KPI性能分析方法包括：

(1) TOP小区分析法。按照所关注的话务统计指标(如E-RAB掉话率、连接建立成功率、切换失败率等)，根据需要取忙时平均值或全天平均值，找出最差的N个小区作为故障分析和优化的重点，可以据此排定优化工作的优先顺序。

(2) 时间趋势图法。根据指标统计的趋势进行分析是话务分析的常用方法，分析工程师可以按小时、天或周作出全网、簇(Cluster)或者单小区的单个或多个指标的变化趋势图，从中发现话务统计指标的变化规律。

(3) 区域定位法。网络性能指标的变化往往发生在部分区域，由于话务量增长、话务模型变化、无线环境改变、少数基站故障或上下行干扰造成了这些区域的指标变差，从而影响到全网的性能指标，可以对比变化前后的网络性能指标，在电子地图上标出网络性能变化最大的基站或扇区，围绕问题区域重点分析。

(4) 对比法。一项话务统计指标往往受多方面因素的影响，某些方面改变，其他方面可能没有变化，可以适当选择比较对象，证实问题的存在，并分析问题产生的原因。看指标时，不能只关注指标的绝对数值是高是低，关心的应该是指标的相对高低情况。

在接下来的第9章和第10章，将分别对吞吐率、掉话率相关的关键KPI问题进行专题定位分析。

专题优化分析方法：吞吐率问题定位及优化

LTE网络是一个建立在纯数据业务上的网络，所以反映数据上传下载能力的上下行吞吐率就成为衡量LTE系统性能的极其重要的指标。本章从介绍理论峰值吞吐率的计算方法入手，分析影响吞吐率的相关因素，并结合常见吞吐率问题的排查方法、后台指标和经验案例，为网优工程师进行吞吐率异常问题定位和分析提供参考。

9.1 理论峰值吞吐率计算

在商用网络测试时，经常需要进行理论峰值吞吐率的测试。接下来将介绍理论峰值吞吐率的计算方法以及影响因素，并给出典型情况下的上下行理论峰值吞吐率数值，以方便网优测试时进行对比。

在简化条件下(不考虑UE能力限制、不考虑公共信道开销等)LTE物理层上下行小区峰值吞吐率快速计算通过四个步骤即可：

(1) 根据系统带宽，确定可用的RB数量。

(2) 确定调制编码方式。LTE一共有28种调制编码方案(Modulation and Coding Scheme，MCS)，当UE处在不同的无线信道环境时，系统会以目标BLER值做参考，选择一种MCS。根据协议TS 36.213[11]的表7.1.7.1-1和表8.6.1-1，由MCS索引和调制阶数分别可以查出上行PUSCH和下行PDSCH的TBS索引，如表9-1和表9-2所示。

(3) 根据RB数量和传输块大小(Transport Block Size，TBS)索引，查询协议TS36.213[11]的表7.1.7.2.1-1，即可查到单流情况下对应的传输块大小(TBS)，相应数值对应1个子帧传输的比特数(对应1ms)。节选该表一部分内容，如表9-3所示。如果是双流，需要查询TS 36.213[11]的7.1.7.2.2节得到针对单双流转换的TBS，如表9-4所示。

(4) 理论上下行峰值吞吐率就是根据一定条件下计算得到的1ms时间内传输的上下行TBS比特数换算得到。

下面举例计算20MHz系统带宽下TD-LTE的下行峰值速率。

表 9-1　PDSCH MCS 与 TBS 索引对照表

MCS 索引 I_{MCS}	调制阶数 Q_m	TBS 索引 I_{TBS}	MCS 索引 I_{MCS}	调制阶数 Q_m	TBS 索引 I_{TBS}
0	2	0	16	4	15
1	2	1	17	6	15
2	2	2	18	6	16
3	2	3	19	6	17
4	2	4	20	6	18
5	2	5	21	6	19
6	2	6	22	6	20
7	2	7	23	6	21
8	2	8	24	6	22
9	2	9	25	6	23
10	4	9	26	6	24
11	4	10	27	6	25
12	4	11	28	6	26
13	4	12	29	2	保留
14	4	13	30	4	
15	4	14	31	6	

表 9-2　PUSCH MCS 与 TBS 索引对照表

MCS 索引 I_{MCS}	调制阶数 Q_m	TBS 索引 I_{TBS}	MCS 索引 I_{MCS}	调制阶数 Q_m	TBS 索引 I_{TBS}
0	2	0	16	4	15
1	2	1	17	4	16
2	2	2	18	4	17
3	2	3	19	4	18
4	2	4	20	4	19
5	2	5	21	6	19
6	2	6	22	6	20
7	2	7	23	6	21
8	2	8	24	6	22
9	2	9	25	6	23
10	2	10	26	6	24
11	4	10	27	6	25
12	4	11	28	6	26
13	4	12	29	保留	
14	4	13	30		
15	4	14	31		

表 9-3　TBS 查询

I_{TBS}	N_{PRB}(PRB 数量)									
	71	72	73	74	75	76	77	78	79	80
0	1992	1992	2024	2088	2088	2088	2152	2152	2216	2216
1	2600	2600	2664	2728	2728	2792	2792	2856	2856	2856
2	3240	3240	3240	3368	3368	3368	3496	3496	3496	3624
3	4136	4264	4264	4392	4392	4392	4584	4584	4584	4776
4	5160	5160	5160	5352	5352	5544	5544	5544	5736	5736
5	6200	6200	6456	6456	6712	6712	6712	6968	6968	6968
6	7480	7480	7736	7736	7736	7992	7992	8248	8248	8248
7	8760	8760	8760	9144	9144	9144	9528	9528	9528	9912
8	9912	9912	10 296	10 296	10 680	10 680	10 680	11 064	11 064	11 064
9	11 064	11 448	11 448	11 832	11 832	11 832	12 216	12 216	12 576	12 576
10	12 576	12 576	12 960	12 960	12 960	13 536	13 536	13 536	14 112	14 112
11	14 112	14 688	14 688	14 688	15 264	15 264	15 840	15 840	15 840	16 416
12	16 416	16 416	16 416	16 992	16 992	17 568	17 568	17 568	18 336	18 336
13	18 336	18 336	19 080	19 080	19 080	19 848	19 848	19 848	20 616	20 616
14	20 616	20 616	20 616	21 384	21 384	22 152	22 152	22 152	22 920	22 920
15	22 152	22 152	22 152	22 920	22 920	23 688	23 688	23 688	24 496	24 496
16	22 920	23 688	23 688	24 496	24 496	24 496	25 456	25 456	25 456	26 416
17	25 456	26 416	26 416	26 416	27 376	27 376	27 376	28 336	28 336	29 296
18	28 336	28 336	29 296	29 296	29 296	30 576	30 576	30 576	31 704	31 704
19	30 576	30 576	31 704	31 704	32 856	32 856	32 856	34 008	34 008	34 008
20	32 856	34 008	34 008	34 008	35 160	35 160	35 160	36 696	36 696	36 696
21	35 160	36 696	36 696	36 696	37 888	37 888	39 232	39 232	39 232	40 576
22	37 888	39 232	39 232	40 576	40 576	40 576	42 368	42 368	42 368	43 816
23	40 576	40 576	42 368	42 368	43 816	43 816	43 816	45 352	45 352	45 352
24	43 816	43 816	45 352	45 352	45 352	46 888	46 888	46 888	48 936	48 936
25	45 352	45 352	46 888	46 888	46 888	48 936	48 936	48 936	51 024	51 024
26	52 752	52 752	55 056	55 056	55 056	55 056	57 336	57 336	57 336	59 256

续表

I_{TBS}	N_{PRB}（PRB 数量）									
	91	92	93	94	95	96	97	98	99	100
0	2536	2536	2600	2600	2664	2664	2728	2728	2728	2792
1	3368	3368	3368	3496	3496	3496	3496	3624	3624	3624
2	4136	4136	4136	4264	4264	4264	4392	4392	4392	4584
3	5352	5352	5352	5544	5544	5544	5736	5736	5736	5736
4	6456	6456	6712	6712	6712	6968	6968	6968	6968	7224
5	7992	7992	8248	8248	8248	8504	8504	8760	8760	8760
6	9528	9528	9528	9912	9912	9912	10 296	10 296	10 296	10 296
7	11 064	11 448	11 448	11 448	11 448	11 832	11 832	11 832	12 216	12 216
8	12 576	12 960	12 960	12 960	13 536	13 536	13 536	13 536	14 112	14 112
9	14 112	14 688	14 688	14 688	15 264	15 264	15 264	15 264	15 840	15 840
10	15 840	16 416	16 416	16 416	16 992	16 992	16 992	16 992	17 568	17 568
11	18 336	18 336	19 080	19 080	19 080	19 080	19 848	19 848	19 848	19 848
12	20 616	21 384	21 384	21 384	21 384	22 152	22 152	22 152	22 920	22 920
13	23 688	23 688	23 688	24 496	24 496	24 496	25 456	25 456	25 456	25 456
14	26 416	26 416	26 416	27 376	27 376	27 376	28 336	28 336	28 336	28 336
15	28 336	28 336	28 336	29 296	29 296	29 296	29 296	30 576	30 576	30 576
16	29 296	30 576	30 576	30 576	30 576	31 704	31 704	31 704	31 704	32 856
17	32 856	32 856	34 008	34 008	34 008	35 160	35 160	35 160	35 160	36 696
18	36 696	36 696	36 696	37 888	37 888	37 888	37 888	39 232	39 232	39 232
19	39 232	39 232	40 576	40 576	40 576	40 576	42 368	42 368	42 368	43 816
20	42 368	42 368	43 816	43 816	43 816	45 352	45 352	45 352	46 888	46 888
21	45 352	46 888	46 888	46 888	46 888	48 936	48 936	48 936	48 936	51 024
22	48 936	48 936	51 024	51 024	51 024	51 024	52 752	52 752	52 752	55 056
23	52 752	52 752	52 752	55 056	55 056	55 056	55 056	57 336	57 336	57 336
24	55 056	57 336	57 336	57 336	57 336	59 256	59 256	59 256	61 664	61 664
25	57 336	59 256	59 256	59 256	61 664	61 664	61 664	61 664	63 776	63 776
26	66 592	68 808	68 808	68 808	71 112	71 112	71 112	73 712	73 712	75 376

表 9-4　单双流 TBS 转换表

TBS_L1	TBS_L2	TBS_L1	TBS_L2	TBS_L1	TBS_L2	TBS_L1	TBS_L2
1544	3112	3752	7480	10 296	20 616	28 336	57 336
1608	3240	3880	7736	10 680	21 384	29 296	59 256
1672	3368	4008	7992	11 064	22 152	30 576	61 664
1736	3496	4136	8248	11 448	22 920	31 704	63 776
1800	3624	4264	8504	11 832	23 688	32 856	66 592
1864	3752	4392	8760	12 216	24 496	34 008	68 808
1928	3880	4584	9144	12 576	25 456	35 160	71 112
1992	4008	4776	9528	12 960	25 456	36 696	73 712
2024	4008	4968	9912	13 536	27 376	37 888	76 208
2088	4136	5160	10 296	14 112	28 336	39 232	78 704
2152	4264	5352	10 680	14 688	29 296	40 576	81 176
2216	4392	5544	11 064	15 264	30 576	42 368	84 760
2280	4584	5736	11 448	15 840	31 704	43 816	87 936
2344	4776	5992	11 832	16 416	32 856	45 352	90 816
2408	4776	6200	12 576	16 992	34 008	46 888	93 800
2472	4968	6456	12 960	17 568	35 160	48 936	97 896
2536	5160	6712	13 536	18 336	36 696	51 024	101 840
2600	5160	6968	14 112	19 080	37 888	52 752	105 528
2664	5352	7224	14 688	19 848	39 232	55 056	110 136
2728	5544	7480	14 688	20 616	40 576	57 336	115 040
2792	5544	7736	15 264	21 384	42 368	59 256	119 816
2856	5736	7992	15 840	22 152	43 816	61 664	124 464
2984	5992	8248	16 416	22 920	45 352	63 776	128 496
3112	6200	8504	16 992	23 688	46 888	66 592	133 208
3240	6456	8760	17 568	24 496	48 936	68 808	137 792
3368	6712	9144	18 336	25 456	51 024	71 112	142 248
3496	6968	9528	19 080	26 416	52 752	73 712	146 856
3624	7224	9912	19 848	27 376	55 056	75 376	149 776

20MHz 系统带宽下 RB 数量为 100，在计算峰值速率时，由表 9-1，系统为 UE 选择最高阶调制编码方式 MCS 阶数为 28，对应的 TBS 索引是 26。查询表 9-3 可知，在 RB 为 100 和 TBS 索引是 26 情况下，单流情况下 TBS 为 75 376bit。假定 TD-LTE 上下行时隙配比为 2∶3，其中一个 5ms 的 TD-LTE 半帧包含 2 个下行子帧和 1 个特殊子帧，假设特殊时隙也传输数据，特殊子帧的数据按照 0.75 倍的正常下行速率计算。则

5ms 半帧内包含的数据比特数为

$$75\,376 \times (2 + 0.75) = 207\,284(\text{bit})$$

则下行峰值速率为

$$207\,284\text{bit} \div 0.005\text{ms} = 41.4568\text{Mb/s}$$

以上为简化处理情况下的小区峰值吞吐率计算过程。实际上，LTE物理层峰值吞吐率还与以下因素有关：①UE能力限制；②调制编码方式(QPSK/16QAM/64QAM)；③最大编码速率(下行有此限制，计算下行峰值速率时编码速率不超过0.93)；④天线层数(单流还是双流)；⑤上下行时隙配比和特殊时隙配比；⑥公共信道开销；⑦物理层分块。

此外，鉴于LTE协议的不同分层，还需考虑数据分层传输的情况，不同协议层上定义的吞吐率也不同。9.1.1节给出了各层数据开销的计算；9.1.2节给出了详细计算LTE峰值吞吐率需考虑的各主要因素；9.1.3节给出了上行和下行单用户理论峰值吞吐率的计算实例；9.1.4节分别给出了典型情况下的上下行单用户峰值吞吐率的计算结果。

9.1.1 协议栈及各层开销

由于数据经过不同协议层进行传输，每协议层数据包的头开销不同，因此在LTE不同协议层上定义的吞吐率不同。数据从高层到低层需要经过应用层、IP层、RLC层、MAC层和物理层，相应就体现了不同层的吞吐率：应用层速率、IP层速率、RLC层速率、MAC层速率、物理层速率。各层间的差异主要体现在各层的包头开销和重传差异。

在网络侧，对于下行传输来说，数据按PDCP－＞RLC－＞MAC－＞PHY的方向传输，每经过一层，都会进行一次封装，添加对应协议层的头开销。而本层的头开销对于下面一层来说，就体现为数据量，应计算入数据吞吐率中。各协议层吞吐率包含的开销情况如图9-1所示。

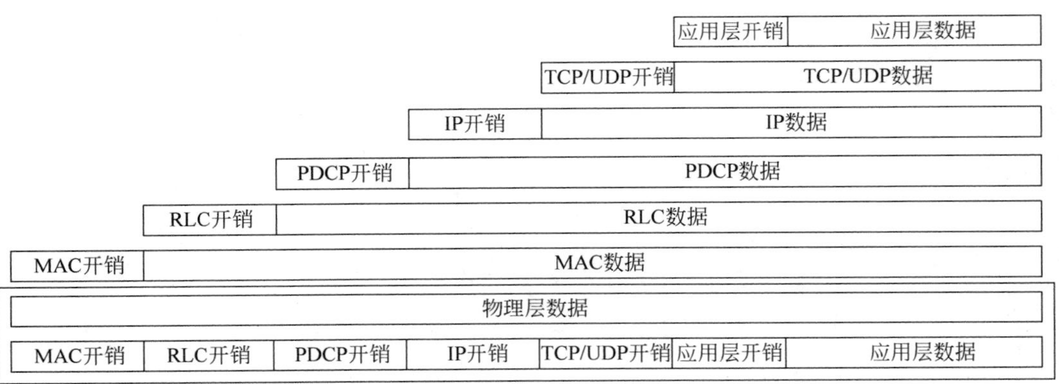

图9-1 各协议层吞吐率开销示意

各层头开销的比特数相对固定，头开销的比例和应用层的数据包大小是相关的：应用层包字节越大，则头开销比例越小。此外，在LTE系统中，根据协议TS 36.213[11]，如表9-3所示，MAC层的传输块的大小是由MCS阶数以及所分配的RB个数决定的，其变化的范围非常大。表9-5给出了各层包头开销的情况估计，其中各个协议层的包都是一一对应的情况下的头开销估计(此处为了简化，暂不考虑详细分析RLC层、MAC层都可能存在的分片和级联)，即一个RLC SDU对应一个RLC PDU，一个MAC SDU对应一个MAC PDU，另外PDCP/RLC/MAC的头部都按2B的开销计算。

表 9-5　各层开销统计示意

各层开销估计	AM(确认模式)	UM(非确认模式)
应用层数据包大小/B	X	X
TCP 包头/B	20	20
IP 包头/B	20	20
PDCP 包头/B	2	2 或 1
RLC 包头/B	2 或更多	1 或 2 或更多
MAC 包头/B	2 或 3 或更多	2 或 3 或更多
物理层数据包大小/B	$X+46$($X+47$ 或更多)	$X+45$($X+47$ 或更多)
开销比例	$1-X/(X+46)$	$1-X/(X+45)$

结合表 9-5 的统计，表 9-6 给出了不同应用层数据包情况下累计开销比例测算。可以看到当应用层采用最大 1460B 的数据包时，协议栈的开销在 3.05%。实际上在峰值吞吐率测试时，RLC 层会做级联，多个 RLC 包映射为一个 MAC 包，开销会比表 9-6 统计情况有所降低。

表 9-6　不同应用层数据包情况下物理层累计开销比例测算

应用层数据包大小/B	物理层数据包大小/B	累计开销比例	物理层有效传输效率
60	106	43.40%	56.60%
160	206	22.33%	77.67%
360	406	11.33%	88.67%
560	606	7.59%	92.41%
960	1006	4.57%	95.43%
1460	1506	3.05%	96.95%

根据表 9-5 和表 9-6，上下行各层峰值速率均可依据不同开销比例进行换算(峰值情况下不考虑各层的错误概率)。鉴于此，下面只给出物理层峰值吞吐率的计算过程。

9.1.2　物理层峰值吞吐率计算考虑因素

与物理层峰值吞吐率有关的因素包括系统带宽、上下行时隙配比和特殊子帧配置、UE 能力限制、公共信道开销和编码速率限制，下面进行详细描述。

1. 系统带宽

LTE 系统的不同带宽决定了系统的总 RB 数，如表 9-7 所示。

表 9-7　不同系统带宽下的 RB 数量

系统带宽/MHz	1.4	3	5	10	15	20
RB 数量	6	15	25	50	75	100
子载波数量	72	180	300	600	900	1200

2. 上下行时隙配比和特殊子帧配置

为更清晰地考虑时隙配比和特殊子帧配置，在第 2 章基础上进一步详细描述一下 LTE

的帧结构。LTE 在空中接口上支持两种帧结构：Type1 和 Type2，其中 Type1 用于 FDD；Type2 用于 TDD。LTE 帧结构分为三层结构：

（1）无线帧：长度为 10ms，用于各种物理过程的周期性操作，如测量、寻呼等。

（2）子帧：1 个无线帧包含 10 个子帧，LTE 的 TTI 长度为 1 个子帧，即 1ms。

（3）符号：1 个子帧包含 14 个 OFDM 符号，用于区分数据信道和控制信道。

FDD-LTE 和 TD-LTE 的无线帧结构如图 9-2 所示。在 FDD 中 10ms 的无线帧分为 10 个长度为 1ms 的子帧，每个子帧由两个长度为 0.5ms 的时隙组成。在 TDD 中 10ms 的无线帧由两个长度为 5ms 的半帧组成，每个半帧由 5 个长度为 1ms 的子帧组成，其中有 4 个普通的子帧和 1 个特殊子帧。普通子帧由两个 0.5ms 的时隙组成，特殊子帧由 3 个特殊时隙（UpPTS、GP 和 DwPTS）组成。

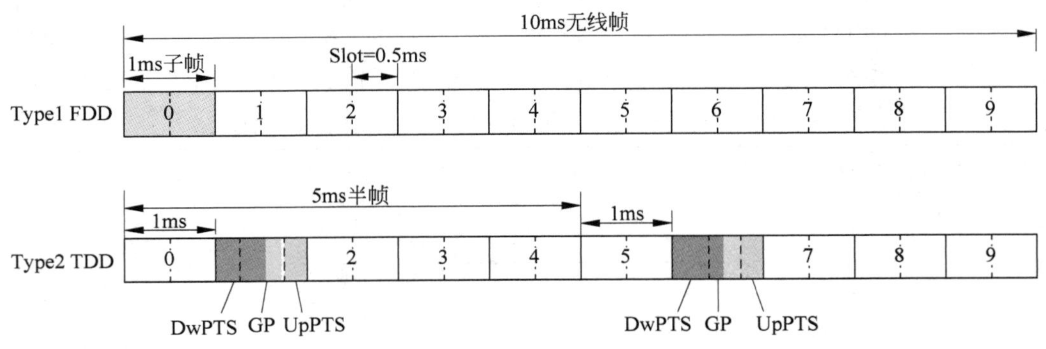

图 9-2　LTE 无线帧结构

在 TDD 帧结构中存在 1ms 的特殊子帧，特殊子帧时隙结构如图 9-3 所示。DwPTS 的长度可配置为 3～12 个 OFDM 符号，其中主同步信道位于第三个符号。UpPTS 的长度可配置为 1～2 个 OFDM 符号，因为资源有限，UpPTS 不能传输上行信令或数据；GP 用于上下行转换的保护。

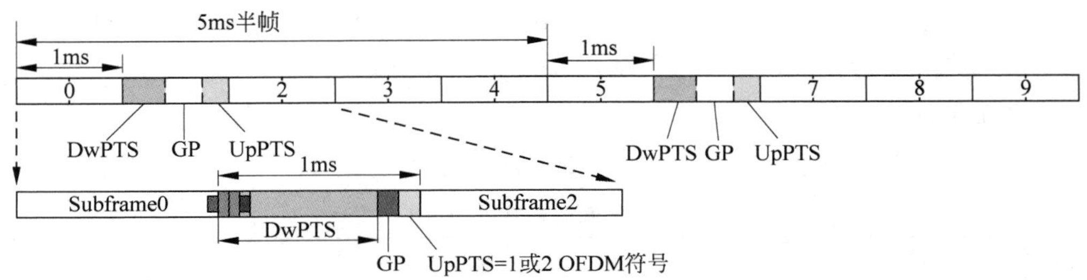

图 9-3　TD-LTE 特殊子帧时隙结构设计

特殊时隙长度的配置选项如表 9-8 所示。TD-LTE 可以根据传输环境不同而选择对应的特殊时隙配置方案。对于常规 CP，有 9 种配置方案，扩展 CP 只有 7 种。表 9-8 中的特殊时隙配置方案中，若 DwPTS 的符号数大于等于 9，DwPTS 时隙就能传输下行数据，根据参考文献 TS 36.213[11]，DwPTS 传输的传输块大小按照常规子帧的 75%来计算（例如对于 20MHz 系统带宽，就是按照 100RB×75%，根据表 9-3 去查 75 个 RB 对应获得的传输块长度）。

表 9-8　特殊时隙配比方案

配置选项	常规 CP 下特殊时隙的长度（符号）			扩展 CP 下特殊时隙的长度（符号）		
	DwPTS	GP	UpPTS	DwPTS	GP	UpPTS
SSP0	3	10	1	3	8	1
SSP1	9	4	1	8	3	1
SSP2	10	3	1	9	2	1
SSP3	11	2	1	10	1	1
SSP4	12	1	1	3	7	2
SSP5	3	9	2	8	2	2
SSP6	9	3	2	9	1	2
SSP7	10	2	2	—	—	—
SSP8	11	1	2	—	—	—

无线帧按上下行转换周期的不同分为 5ms 和 10ms 两种无线帧，TD-LTE 支持如表 9-9 所示的 7 种不同的上下行子帧配比选项，其中 D 表示下行子帧，S 表示特殊子帧，U 表示上行子帧。对于 5ms 周期帧结构，分为 4∶1、3∶2、2∶3、5∶5 四种下行/上行配比，其中子帧 0 和子帧 5 固定为下行子帧，子帧 2 和子帧 7 固定为上行子帧，子帧 1 和子帧 6 为特殊子帧。对于 10ms 周期帧结构，分为 7∶3、8∶2、9∶1 三种下行/上行配比，10ms 周期时，子帧 1 为特殊子帧，子帧 0 和子帧 5 固定为下行子帧。在 TD-LTE 系统中，通过灵活地配置一个无线帧中的上下行子帧的个数满足不同应用场景下的各类业务需要的上下行速率要求，通过配置不同的特殊子帧结构满足小区应用场景需要的小区覆盖半径。TD-LTE 上下行子帧配置如图 9-4 所示。

表 9-9　TD-LTE 上下行子帧配置

上下行子帧配置	上下行转换周期/ms	子帧编号									
		0	1	2	3	4	5	6	7	8	9
SA 0	5	D	S	U	U	U	D	S	U	U	U
SA 1	5	D	S	U	U	D	D	S	U	U	D
SA 2	5	D	S	U	D	D	D	S	U	D	D
SA 3	10	D	S	U	U	U	D	D	D	D	D
SA 4	10	D	S	U	U	D	D	D	D	D	D
SA 5	10	D	S	U	D	D	D	D	D	D	D
SA 6	5	D	S	U	U	U	D	S	U	U	D

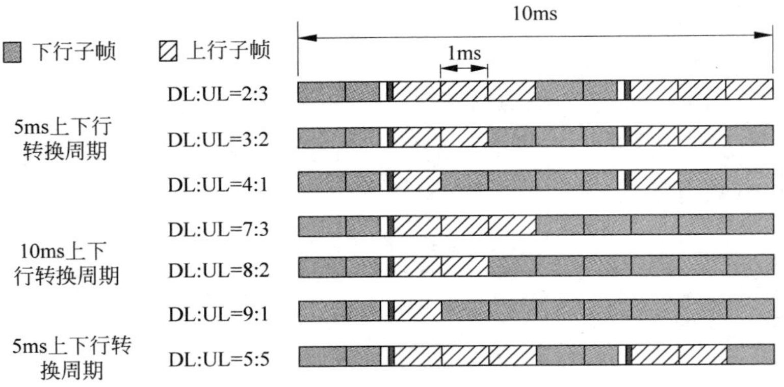

图 9-4　TD-LTE 上下行子帧配比

3. UE 能力限制

计算单用户峰值吞吐率时，需要考虑 UE 能力的限制，不同类型 UE 具备不同的上下行峰值速率。3GPP TS36.306[17]协议规定了 UE 类别，定义了 UE 上行和下行组合的能力。表 9-10 和表 9-11 分别示出了每种 UE 类别的下行和上行物理层参数。

表 9-10　不同 UE 类别的下行物理层参数值

UE 类别	一个 TTI 内 DL-SCH 传输块比特的最大数目	一个 TTI 内在 DL-SCH 上的一个传输块包含的最大比特数	软信道比特总数	支持下行空分复用的最大层数
CAT 1	10 296	10 296	250 368	1
CAT 2	51 024	51 024	1 237 248	2
CAT 3	102 048	75 376	1 237 248	2
CAT 4	150 752	75 376	1 827 072	2
CAT 5	299 552	149 776	3 667 200	4
CAT 6	301 504	149 776 (4 layers) 75 376 (2 layers)	3 654 144	2 或 4
CAT 7	301 504	149 776 (4 layers) 75 376 (2 layers)	3 654 144	2 或 4
CAT 8	2 998 560	299 856	35 982 720	8

表 9-11　不同 UE 类别的上行物理层参数值

UE 类别	一个 TTI 内 UL-SCH 传输块比特的最大数目	一个 TTI 内在 UL-SCH 上的一个传输块包含的最大比特数	上行是否支持 64QAM
CAT 1	5160	5160	No
CAT 2	25 456	25 456	No
CAT 3	51 024	51 024	No
CAT 4	51 024	51 024	No
CAT 5	75 376	75 376	Yes
CAT 6	51 024	51 024	No
CAT 7	102 048	51 024	No
CAT 8	1 497 760	149 776	Yes

单个时隙(TTI)能发送的最大传输块大小取决于系统能够发送的最大能力和终端每TTI 能够处理的最大数据量,取二者中的最小值来计算峰值吞吐率。其中,上下行系统能够发送的最大传输块大小可以根据 MCS 阶数及 RB 数量查表 9-1～表 9-4 获得;终端上下行每 TTI 能够处理的最大数据量可分别根据表 9-10 和表 9-11 获得,第二列和第三列分别对应多码字和单码字传输。

4. 公共信道开销

公共信道的开销进一步决定了用户可以实际使用的资源,其中下行主要包括 PDCCH、PBCH、SSS、PSS、CRS(对于 BF 还有 DRS)等开销,上行主要包括 PUCCH、DMRS、PRACH 等开销。这些开销中,PBCH、SSS、PSS 是固定的;其他的开销要考虑具体的参数设置,如 PDCCH 符号数、PUCCH/PRACH 占用的 RB 个数,以及考虑特殊子帧配比、CRS 映射到 2 端口还是 4 端口等。

这里讲一下控制格式指示(Control Format Indicator,CFI)的概念。下行物理信道 PCFICH 用于指示在一个子帧中传输 PDCCH 所使用的 OFDM 符号个数,PCFICH 携带的信息为 CFI,CFI 取值范围如表 9-12 所示。当下行系统带宽 RB 数量大于 10 时,PDCCH 所使用的 OFDM 符号个数为 1(CFI=1)或 2(CFI=2)或 3(CFI=3),即等于 CFI 值;当下行系统带宽 RB 数量小于或等于 10 时,PDCCH 所使用的 OFDM 符号个数为 2(CFI=1)或 3(CFI=2)或 4(CFI=3),即等于 CFI 值加 1。

表 9-12　CFI 值

CFI 值	分配给 PDCCH 的 OFDM 符号数	
	$N_{RB}^{DL}>10$	$N_{RB}^{DL}\leqslant 10$
1	1	2
2	2	3
3	3	4

5. 编码速率限制

根据协议 TS 36.213[11]要求下行传输块的编码速率不能超过 0.93,这实际上限制了在某些场景下能够调度的最高 MCS 阶数。如果码率大于 0.93,则初次传输不解码,直接恢复 NACK,进行重传。这就降低了下行峰值速率,因此计算下行峰值速率时要求码率小于 0.93,若码率大于 0.93,则需要降低 MCS 阶数,直到等效码率小于 0.93 为止。

9.1.3　上下行物理层峰值吞吐率计算实例

综合考虑上节影响物理层峰值吞吐率的各个因素,接下来描述上下行物理层峰值吞吐率的具体计算思路。

(1) 计算每个子帧最大可用的 RE 数。根据协议规定的物理层资源分布,扣除每个子帧里的系统开销。

(2) 计算理论上每个子帧可携带的比特数 T_{MAX}。每个子帧可携带的比特数 T_{MAX}=可用 RE 数×调制系数，对于调制系数，QPSK 为 2，16QAM 为 4，64QAM 为 6。

(3) 查表选择每子帧可实际传输的传输块大小 TBS。根据最高 MCS 阶数和调制阶数，查表 9-1 和表 9-2 获取 TBS 索引；依据系统带宽计算可用的 RB 数，结合 TBS 索引，查表 9-3 和表 9-4 得到每个子帧的实际最大传输块比特数 TBS_1。此时还应结合 UE 类别，查询表 9-10 和表 9-11 得到 UE 每 TTI 能够处理的最大数据量 TBS_2，取 TBS_1 和 TBS_2 二者中的最小值来作为每个子帧实际最大传输块比特数 TBS。

对于下行，根据协议，物理层会把超过 6144bits 的 TBS 进行分块，给每块加上 24 比特的 CRC 字段，最后整个 TBS 还要加上一个 CRC，然后核算编码速率 CR 是否超过 0.93：

$$\mathrm{CR}=(\mathrm{TBS}+\mathrm{CRC})/T_{\mathrm{MAX}}$$

若当前 MCS 阶数满足编码速率(CR)不超过 0.93，每下行子帧可传输的传输块大小为 TBS；如果编码速率超过 0.93，MCS 阶数就要降阶后重新查表 9-1 和表 9-2 获取 TBS 索引，并且根据可用 RB 数查表 9-3 重新查询得到每个子帧的最大传输块比特数 TBS，直到验证编码速率不超过 0.93 为止，再选定该编码速率不超过 0.93 的 TBS。

1. 下行物理层峰值吞吐率计算实例

假设系统带宽为 20MHz，2×2 MIMO，UE 为 CAT3，上下行子帧配比为 SA1(即上下行时隙配比为 2∶3)，特殊时隙配比为 SSP7(即 DwPTS∶GP∶UpPTS=10∶2∶2)，CFI=1(一个子帧中传输 PDCCH 使用 1 个 OFDM 符号)。

解：20MHz 带宽下，RB 数量为 100。由表 9-9 可知，上下行时隙配比为 2∶3，则在下行传输数据的子帧有 0、1、4、5、6、9。

第一步：计算每个子帧最大可用的 RE 数，分别计算子帧 0、1、4、5、6、9 的可用 RE 数。

(1) 子帧 0 可用 RE 数

子帧 0 可用 RE 数=12×14×100【总 RE 数】−(12×1×100)【PDCCH 开销】−(12×1×100)【CRS 开销】−(12×3+8)×6【PBCH 开销】−12×6【SSS 开销】=14 064

开销比例为

$$[12\times1\times100+12\times1\times100+(12\times3+8)\times6+12\times6]/(12\times14\times100)=16.3\%$$

(2) 子帧 1 可用 RE 数

子帧 1 可用 RE 数=12×10×100【总 RE 数】−(12×1×100)【PDCCH 开销】−(8×1×100)【CRS 开销】−12×6【PSS 开销】=9928

(3) 子帧 4 可用 RE 数

子帧 4 可用 RE 数=12×14×100【总 RE 数】−(12×1×100)【PDCCH 开销】−(12×1×100)【CRS 开销】=14 400

子帧 5、子帧 6 和子帧 9 分别与子帧 0、子帧 1 和子帧 4 计算相同。

第二步：计算理论上每个子帧可携带的比特数。理论上下行最大编码方式可采用 64QAM，每个子帧分别对应承载的比特数为：①子帧 0：14 064×6＝84 384；②子帧 1：9928×6＝59 568；③子帧 4：14 400×6＝86 400。

第三步：查表选择每子帧可实际传输的传输块大小 TBS。查表 9-11 可知 CAT3 UE 支持的最大处理能力为双流共计 102 048bits，单流每 TTI 可传输的单个下行子帧的最大传输块大小为 TBS_2＝102 048/2＝51 024bits。

查表 9-3 可知在 MCS 阶数为 28（对应 TBS 索引为 26）、RB 为 100 情况下，每个子帧的实际最大传输块比特数 TBS_1＝75 376bits。

综合选取每下行子帧可实际传输的传输块大小为

$$TBS = MIN(TBS_1, TBS_2) = 51\,024$$

特殊子帧查表的 RB 数是分配 RB 数的 75%，即 RB＝75，以对应特殊子帧可用 RE 数的减少。利用 RB 为 75 查表，MCS 阶数 28 对应的 TBS 为 55 056，虽然计算出的编码速率小于 0.93，但由于大于单流的 CAT3 UE 最大传输比特数的能力 51 024，故降阶选择 MCS 阶数为 27，对应 TBS 查表得到 46 888。

考虑物理层 TBS 分块和 CRC 校验字段，实际上每 TTI 内可传输的最大资源块大小为：

(1) 子帧 0：51 024＋[取整(51 024/6144)＋1]×24＋24＝51 264。

(2) 子帧 1：46 888＋[取整(46 888/6144)＋1]×24＋24＝47 104。

(3) 子帧 4：51 024＋[取整(51 024/6144)＋1]×24＋24＝51 264。

检验各子帧编码速率 CR＝(TBS＋CRC)/理论可携带比特数，看是否大于 0.93：

(1) 子帧 0：51 264/84 384＝0.608＜0.93。

(2) 子帧 1：47 104/59 568＝0.79＜0.93。

(3) 子帧 4：51 264/86 400＝0.59＜0.93。

若码率大于 0.93，则需要降低 MCS，直到等效码率小于 0.93 为止。

考虑到双流，需要查表 9-4 得到双流时的 TBS，对应 51 024 和 46 888 的双流 TBS 分别为 101 840 和 93 800，不一定是单流 TBS 的 2 倍。因此，各下行子帧可实际传输的传输块大小为①子帧 0：101 840；②子帧 1：93 800；③子帧 4：101 840。

第四步：计算得到下行峰值吞吐率。

$$\begin{aligned}\text{下行峰值吞吐率} &= \frac{\text{子帧 }0+\text{子帧 }1+\text{子帧 }4+\text{子帧 }5+\text{子帧 }6+\text{子帧 }9}{0.01}\\ &= \frac{101\,840+93\,800+101\,840+101\,840+93\,800+101\,840}{0.01}\\ &= 59.496(\text{Mb/s})\end{aligned}$$

2. 上行物理层峰值吞吐率计算实例

假设系统带宽为 20MHz，1×2 SIMO，UE 为 CAT5，上下行子帧配比为 SA1（即上下行时隙配比为 2∶3)。

解:查表 9-11,可知 CAT5 的条件下,上行 UE 每 TTI 最大可传输的资源块为 TBS=75 376bits,上行最大支持 64QAM。上下行时隙配比为 2∶3,在上行传输数据的子帧有 2、3、7、8。

上行需要考虑扣除的开销没有下行那么复杂,只需要在时域考虑每个子帧扣除 2 个符号的 DMRS,频域考虑扣除 PUCCH 占用 16 个 RB,PRACH 周期 5ms 为例计算,再扣除 6 个 RB,并假设 PRACH 位于子帧 3 和子帧 8。DMRS 在 PUCCH 和 PUSCH 信道上传输,用于上行控制和数据信道的相关解调,DMRS 放在每 0.5ms 时隙中第 4 块中,一个子帧中有 2 个 DMRS。

第一步:计算每个子帧最大可用的 RE 数。

子帧 2 可用 RE 数=每 RB12 个子载波×(符号数-DMRS 符号数)×(总 RB 数-PUCCH)
=12×(14-2)×(100-16)
=12 096

子帧 3 可用 RE 数=每 RB12 个子载波×(符号数-DMRS 符号数)×(总 RB 数-PUCCH-PRACH)
=12×(14-2)×(100-16-6)
=11 232

子帧 7 和子帧 8 分别与子帧 2 和子帧 3 计算相同。

第二步:计算理论上每个子帧可携带的比特数。理论上 UE CAT5 上行最大编码方式可采用 64QAM,每个子帧对对应承载的比特数为

子帧 2:12 096×6=72 576

子帧 3:11 232×6=67 392

子帧 7:12 096×6=72 576

子帧 8:11 232×6=67 392

第三步:查表选择每子帧可实际传输的传输块大小 TBS。查表 9-3 可得与子帧 2 的 72 576bit 最相近的 TBS 选择 61 664(MCS 对应 28 阶,RB 数为 84);与子帧 3 的 67 392bit 最相近的 TBS 选择 57 336(MCS 对应 28 阶,RB 数为 78)。上行无最大编码速率限制。

第四步:计算上行单用户峰值吞吐率。

$$\text{上行单用户峰值吞吐率}=\frac{\text{子帧 }2+\text{子帧 }3+\text{子帧 }7+\text{子帧 }8}{0.01}$$

$$=\frac{61\,664+57\,336+61\,664+57\,336}{0.01}$$

$$=23.8(\text{Mb/s})$$

9.1.4　上下行单用户物理层峰值吞吐率计算结果

表 9-13 和表 9-14 分别列出了典型情况下上下行单用户物理层峰值吞吐率计算结果，供参考。

表 9-13　上行单用户峰值吞吐率

系统带宽/MHz	单用户上行理论峰值/(Mb/s)(单流)					
	子帧配比	特殊子帧配比	PRACH 周期/ms	CAT3	CAT4	CAT5
10	0	10：02：02	10	16.4256	16.4256	22.0176
	1	10：02：02	10	10.9504	10.9504	14.6784
	2	10：02：02	10	5.4752	5.4752	7.3392
	5	10：02：02	10	2.7376	2.7376	3.6696
20	0	10：02：02	5	30.6144	30.6144	35.5536
	1	10：02：02	5	20.4096	20.4096	23.7024
	2	10：02：02	5	10.2048	10.2048	11.8512
	5	10：02：02	10	5.1024	5.1024	5.9256

表 9-14　下行单用户峰值吞吐率

系统带宽/MHz	单用户下行理论峰值/(Mb/s)(双流)				
	子帧配比	特殊子帧配比	CAT3	CAT4	CAT5
10	0	10：02：02	24.1536	25.6288	25.6288
	1	10：02：02	38.8320	40.3072	40.3072
	2	10：02：02	53.5104	54.9856	54.9856
	5	10：02：02	63.4512	64.1888	64.1888
20	0	10：02：02	39.1648	52.1728	52.1728
	1	10：02：02	59.496	82.3232	82.3232
	2	10：02：02	79.9840	112.4736	112.4736
	5	10：02：02	91.0160	131.6128	131.6128

9.2　影响吞吐率的因素

在讨论上下行吞吐率问题的分析方法之前，先来分析一下实际网络中影响吞吐率的主要因素。与吞吐率相关的参数如图 9-5 所示，主要包括五类参数：无线参数、终端反馈参数、HARQ 参数、资源调度参数和功率参数。

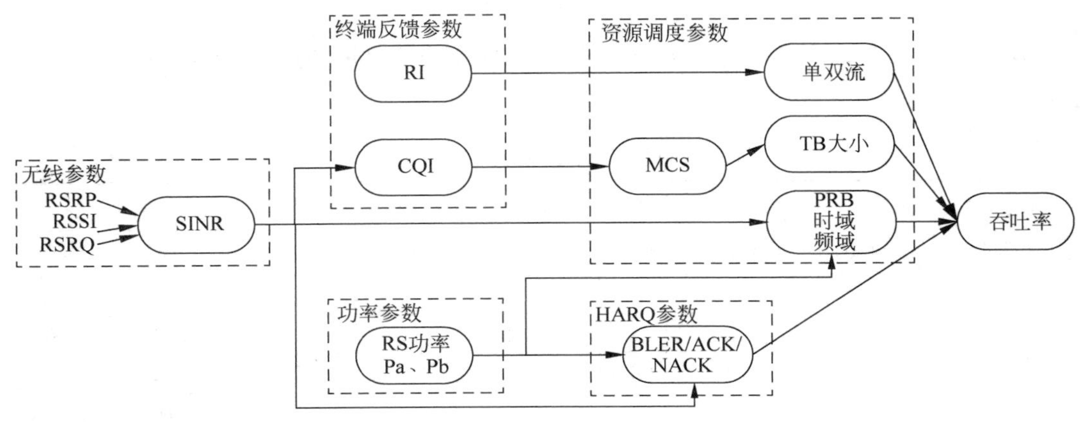

图 9-5　与吞吐率相关的参数

9.2.1　无线参数

无线参数(SINR)与吞吐率有较强的相关性,TD-LTE 网络和 2G/3G 相比对信号质量更为敏感,与 SINR 相关的 RSRP、RSRQ、RSSI 等无线指标定义请参见第 7 章中相关部分。

SINR 和吞吐率对应关系与厂家算法有密切的关系,SINR 和吞吐率的相关性如图 9-6 所示。由于 3GPP 协议没有规定怎样测量 SINR 以及如何根据 SINR 得到相应的信道质量指示(Channel Quality Indication,CQI)和调制编码方案(MCS),所以在具体实现时由厂家自有算法决定。UE 负责测量下行链路的 SINR,UE 对 SINR 的测量是基于资源块(RB)进行的,每个资源块都要计算出 SINR,然后转换成 CQI 数据上报给 eNodeB。UE 上报 CQI 时同时考虑了 UE 自身的能力,因此 UE 并不上报实际的 SINR 数值,而是报告它能解码的最高 MCS(确保传输块的错误率 BLER 不超过 10%)。MCS 的选择属于厂家的核心算法,eNodeB 根据 CQI 为每个 RB 选择适当的 MCS。结合表 9-1～表 9-3,根据 MCS 查找到相应的传输块大小,进而影响系统吞吐率。

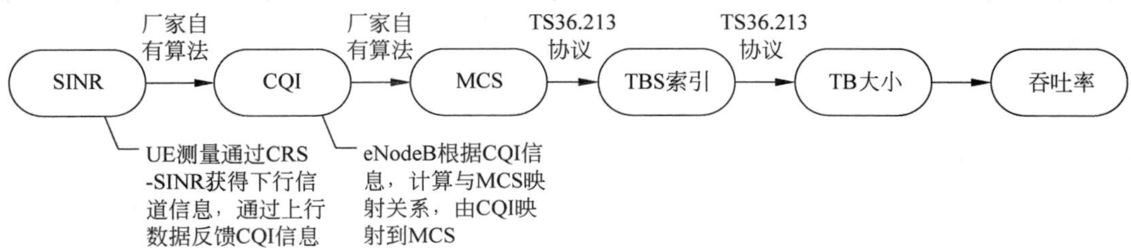

图 9-6　SINR 和吞吐率的相关性

9.2.2　终端反馈参数

终端反馈参数主要包括 CQI 和 RI。

1. CQI

信道质量指示(CQI)指满足某种性能(如 10%的 BLER)时对应的信道质量。

为什么要引入 CQI？在 LTE 系统中，CQI 由 UE 测量所得，用于确定 MCS，最终影响到下载速率。当基站收到 CQI 后，会通过自身的算法，映射到相应的 MCS，进而确定了在 TTI 内实际可传输的最大 TBS 大小。

CQI 的计算过程为：①测量 CRS 得到 CRS-SINR；②确定等效 SNR 阈值(BLER＝10%)(小于或等于 SINR 的最大 SNR 阈值)；③查表 9-15 找到对应的 CQI 级数。

表 9-15　CQI 对应关系表

CQI 级数	调制方式	编码效率×1024	频谱效率[①]	等效 SINR 阈值 (BLER＝10%)
0	不涉及			
1	QPSK	78	0.1523	－6.71
2	QPSK	120	0.2344	－5.11
3	QPSK	193	0.377	－3.15
4	QPSK	308	0.6016	－0.87
5	QPSK	449	0.877	0.71
6	QPSK	602	1.1758	2.529
7	16QAM	378	1.4766	4.606
8	16QAM	490	1.9141	6.431
9	16QAM	616	2.4063	8.326
10	64QAM	466	2.7305	10.3
11	64QAM	567	3.3223	12.22
12	64QAM	666	3.9023	14.01
13	64QAM	772	4.5234	15.81
14	64QAM	873	5.1152	17.68
15	64QAM	948	5.5547	19.61

CQI 主要用于调制阶数选择，由表 9-1 和表 9-3 可知，协议映射的 I_{TBS}表格有 27 个区间段(0～26)，对应的 TBS 大小也不一样。但 UE 上报的 CQI 只有 0～15，因此还需要某种算法来映射，即将 4bit 的 CQI 转换为 0～28 级的 MCS，这个映射由设备商自己提供的算法来实现。举例说明某厂家的 CQI 与 MCS 对应表格如表 9-16 所示，通过 CQI 确定 MCS，根据 MCS 查表 9-1 和表 9-3 确定调制方式和 TBS，从而确定下行速率。

---

① 表中的频谱效率通常是由仿真或现场试验得出，对应每个 RE 能承载的信息比特数。例如，一个 RE 能承载的信息比特数为 5.554，其余为 Turbo 冗余比特(使用 64QAM 调制，每个 RE 的信道比特或者说物理比特为 6)，这种情况下频谱效率为 5.554。

表 9-16　CQI 与 MCS 对应表

MCS	CQI	频谱效率	MCS	CQI	频谱效率
0	2	0.2344	15	9	2.4063
1		0.3057	16		2.5684
2	3	0.377	17		2.5684
3		0.4893	18	10	2.7305
4	4	0.6016	19		3.0264
5		0.7393	20	11	3.3223
6	5	0.877	21		3.6123
7		1.0264	22	12	3.9023
8	6	1.1758	23		4.2129
9		1.3262	24	13	4.5234
10		1.3262	25		4.8193
11	7	1.4766	26	14	5.1152
12		1.6954	27		5.335
13	8	1.9141	28	15	5.5547
14		2.1602			

2. RI

秩指示(Rank Indication,RI)：RANK 为 MIMO 方案中天线矩阵中的秩,表示 N 个并行的有效的数据流。由 UE 计算并反馈给 eNodeB,基站用 RI 仅作为选择单双流的一个参考(单双流由 Codeword＝1 或 2 决定),实际选择的 Codeword 值还要考虑其他因素。

9.2.3　HARQ 参数

BLER 即误块率,主要包括 IBLER 和 RBLER,分别表示初始传输误块率和残留传输误块率。误块率主要考虑 IBLER,HARQ 重传以后,RBLER 通常较低,因此只考虑初次传输的 IBLER。

一般情况下,IBLER 在一定的合理范围内,在打开 AMC 的情况下,不一定会造成性能损失(一定次数重传后可以解调正确),而且由于利用了 HARQ 的重传增益,还可以达到系统吞吐量性能最优的目的。但是如果有 RBLER,则说明经过 HARQ 重传过程后仍存在 CRC 解错,将会影响吞吐率。

9.2.4　资源调度参数

资源调度参数主要包括 N_{PRB}、MCS、TBS、单双流。MCS、TBS(传输块大小)在前面已提到,在此不再赘述。单双流由 Codeword 是 1 或 2 来确定,决定 TBS 的大小,进而影响下行吞吐率。N_{PRB}是 UE 下行传输所需 PRB 资源数,由业务速率和频谱效率共同决定：

$$N_{\mathrm{PRB}} = \mathrm{TrafficRate}/\mathrm{FrequencyEfficiency}$$

式中,TrafficRate 为业务速率,与 UE 能力等级、网络侧的调度优先级及调度策略等因素有关；FrequencyEfficiency 是频谱效率，由 CQI 根据表 9-15 查得。

N_{PRB}表征下行频域资源分配的饱和度，而下行时域资源分配的饱和度可由 DL_Grant 表示。

9.2.5　功率参数

TD-LTE 下行功率控制采用固定功率分配和动态功率控制两种方式，如表 9-17 所示。对于小区参考信号、同步信号、PBCH、PCFICH 以及承载小区公共信息的 PDCCH、PDSCH，其发射功率需保证小区的下行覆盖，采用恒定的发射功率。基于信道质量，基站通过高层信令指示发射功率数值。对于 PHICH 以及承载 UE 专用信息的 PDCCH、PDSCH 等信道，其功率控制要在满足用户 QoS 的同时，降低干扰、增加小区容量和覆盖，采用动态功率控制。

表 9-17　下行功率控制方式

类　　别	固定功率分配	动态功率控制
小区参考信号(RS)	√	×
同步信号(SS)	√	×
PBCH	√	×
PCFICH	√	×
PDCCH(承载小区公共信息的调度信息)	√	×
PDSCH(承载 RACH response、paging messages、SIBs)	√	×
PHICH	×	√
承载 UE 专用信道调度的 PDCCH	×	√
承载 UE 专用信息的 PDSCH	×	√

注：√表示支持，×表示不支持。

TD-LTE 系统下行功率分配以每个 RE 为单位，控制基站在各个时刻、各个子载波上的发射功率，每个子载波的功率以参考信号(RS)的功率为参考来衡量。下行业务信道和控制信道子载波功率分配方法不同：下行控制信道主要包括 PDCCH、PHICH、PCFICH、PBCH、PSS、SSS，其功率是通过设置与参考信号功率的偏移量进行配置，偏移量的设置影响各信道的覆盖平衡，采用默认值即可，一般不需调整。下行业务信道 PDSCH 的功率是根据参考信号功率，通过相关功率参数进行配置。下面重点描述一下 PDSCH 的功率控制机制及相关参数。

一个时隙上的 OFDM 符号可以根据是否包含小区参考信号(RS)分为两类：①A 类符号(TypeA)：无参考信号的 OFDM 符号；②B 类符号(TypeB)：含参考信号的 OFDM 符号。不同符号相对小区参考信号的 EPRE(Energy Per Resource Element)的比值由 ρ_A、ρ_B 决定。EPRE 是每个资源单元上的能量，可以理解为每个 RE 的功率。

ρ_A表示无 RS 的 OFDM 符号上的 PDSCH RE 功率相对于 RS RE 功率的比值，为线性值。当采用带有预编码(Precoding)的 4 天线发射分集时，ρ_A计算方法为

$$\rho_A = \delta_{power\text{-}offset} + P_A + 10\log_{10}(2) \tag{9-1}$$

其他模式下，ρ_A计算方法为

$$\rho_A = \delta_{power\text{-}offset} + P_A \tag{9-2}$$

式中，当不采用下行 MU-MIMO 时，$\delta_{power\text{-}offset}=0$，所以有 $\rho_A=P_A$ 或 $\rho_A=P_A+10\log_{10}(2)$。

P_A 是由 RRC 信令配置的 UE 级参数，即改变 UE 的 P_A 就改变了基站给 UE 分配的功率，其取值集合为[−6，−4.77，−3，−1.77，0，1，2，3]dB。P_A 增大，说明用户的数据 RE 功率比较大。在基站总功率不变的情况下，数据 RE 的接收功率比较大，可以提升 SINR；但如果 P_A 过大，对邻区的干扰也变得严重，且会导致控制信道功率降低，引起覆盖不平衡。

ρ_B 表示有 RS 的 OFDM 符号上 PDSCH RE 功率相对于 RS RE 功率的比值，为线性值，用来确定包含小区参考信号的 OFDM 符号上 PDSCH 的 EPRE。

P_B 通过 PDSCH 上 EPRE 的功率因子比率 ρ_B/ρ_A 确定，不同 P_B 和天线端口数配置下，对应的 ρ_B/ρ_A 取值如表 9-18 所示。P_B 设置不同的值，实质对应了 B 类符号与 A 类符号的功率比。P_B 值越大，则 B 类符号的功率比 A 类符号的功率的比值越小，由于 OFDM 符号子载波功率之和相同，因此相当于提升了 RS 符号功率。

表 9-18　P_B 与 ρ_B/ρ_A 对应值

P_B	ρ_B/ρ_A	
	单天线端口	2 或 4 天线端口
0	5/5	5/4
1	4/5	4/4
2	3/5	3/4
3	2/5	2/4

表 9-19 所示为 P_A 和 P_B 参数设置相对 PDSCH 业务信道数据传输功率利用率(η)的对应关系，当功率利用率达到最优值(100%)时，对应的参数配置分别是(P_A，P_B)：(0，0)、(−3，1)、(−4.77，2)、(−6，3)，这四种配置详细图解如图 9-7 所示。

以图 9-7(a)为例，每一列的功率总和假定为 48 个单位，因为 $P_A=0$，所以第二列数据 RE 和第一列的 RS 功率是一样的，图 9-7(a)中都以 4 来表示，而第一列中有 2 个 RE 是不占用发送功率的，因此多出来 8 个单位的功率，这 8 个功率被均匀分配到了 8 个数据 RE 上，因此第一列的 8 个数据 RE 都是 5 个单位的功率。根据 ρ_A、ρ_B 的定义，可计算得到 ρ_A 为 4/4，ρ_B 为 5/4，因此 ρ_B/ρ_A 也就是 5/4。图 9-7(a)对应的这种情况比较少用。

图 9-7(b)就是把 2 个空 RE 的 8 个功率单位分给了 2 个 RS 的 RE，因此每个 RS 是 8。这种配置是最常用的，保证了 RS 信号的正确接收。

图 9-7(c)和图 9-7(d)以此类推，可以看到 RS 所在功率明显增强，因此对覆盖会有正增益，常用来做(超)远覆盖。但同时对业务数据是有负增益的，牺牲了部分容量。

实际网络中，小区可通过高层信令指示，用不同 ρ_B/ρ_A 比值设置 RS 信号在基站总功率中的不同开销比例，来实现 RS 发射功率的提升(Power Boosting)。

表 9-19　PDSCH 业务信道数据传输功率利用率与 P_A 和 P_B 对应关系

P_B \ η \ P_A	−6	−4.77	−3	−1.77	0	1	2	3
0	67%	75%	86%	92%	100%	97%	94%	92%
1	75%	86%	100%	92%	83%	80%	77%	75%
2	86%	100%	83%	75%	67%	63%	61%	58%
3	100%	83%	67%	58%	50%	47%	44%	42%

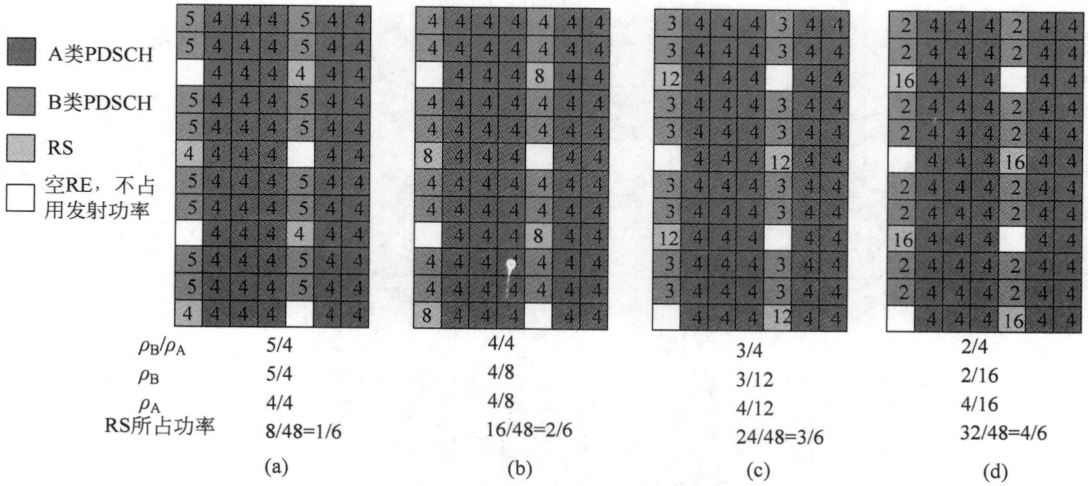

A类PDSCH
B类PDSCH
RS
空RE，不占用发射功率

	(a)	(b)	(c)	(d)
ρ_B/ρ_A	5/4	4/4	3/4	2/4
ρ_B	5/4	4/8	3/12	2/16
ρ_A	4/4	4/8	4/12	4/16
RS所占功率	8/48=1/6	16/48=2/6	24/48=3/6	32/48=4/6

图 9-7　最优利用率的四种配置功率参数设置

9.3　下行吞吐率问题分析方法

下行吞吐率的问题分析定位思路如图 9-8 所示。当吞吐量出现异常时，首先需要检查基站告警日志，查看是否存在硬件故障或者 S1 告警及闪断；然后进行基本参数检查，eNodeB 侧主要和基线参数进行核对，若出现参数与基线参数不一致的情况，则需要弄清原因；终端侧参数主要是 TCP 窗口大小核查(会影响 TCP 业务)。排除告警和完成参数核查后，需要进行问题隔离定位，判定是空口还是非空口的问题。最简单的方法是用 UDP 灌包，如果吞吐率明显大于 TCP 业务吞吐率，则判断为 TCP 问题，进入 TCP 问题排查流程；若吞吐率与 TCP 业务吞吐率基本持平，或者比 TCP 业务吞吐率还低，则判定为空口问题。接下来重点讨论空口的吞吐率问题，以华为设备的相关统计数据为例进行分析。

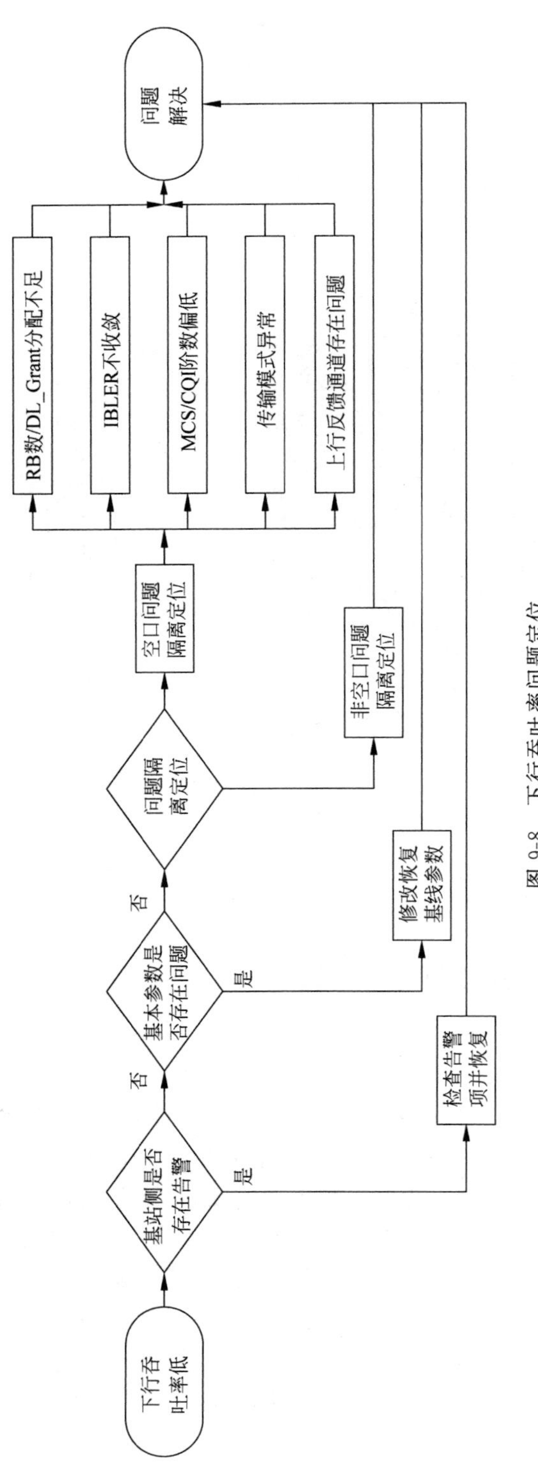

图 9-8　下行吞吐率问题定位

一般而言，空口吞吐率由频谱效率、频带宽度、频带占用机会、误码率综合决定。在 LTE 系统中，频谱效率由 MCS 决定，MCS 由 SINR 和 IBLER 决定；频带宽度由分配的 RB 数决定；频带占用机会由 UL_Grant 决定；误码率主要考虑 IBLER，HARQ 重传以后，残留 BLER 通常较低，但由于重传会影响传输的效率，进而影响 RLC 层吞吐率，因此只考虑初次传输的 BLER，也即 IBLER。

9.3.1　分配 RB 数少或 DL_Grant 分配不足

由于 RB 数分配和 DL_Grant 在当前算法中统一由下行调度算法决定，其影响因素基本一致，因此在分析定位思路时将二者合并考虑。UE 侧采用华为 Probe 测试软件可查看用户的 RB 分配和 DL_Grant 分配情况，如图 9-9 所示。

PCI	169
RSRP(dBm)	–69
RSRQ(dB)	–11
RSSI(dBm)	–34
PUSCH Power(dBm)	–19.62
PUCCH Power(dBm)	–39.05
RACH Power(dBm)	–2.63
SRS Power(dBm)	40
PDCCHUL_GrantCount	200
PDCCHDL_GrantCount	600
Average SINR(dB)	21.32

MCS Index	Code0Count	Code0RBCount	Code0Mod
MCS27	82	7844	64QAM
MCS28	75	7179	64QAM
MCS29	0	0	NONE
MCS30	0	0	NONE
MCS31	0	0	NONE
Total	600	55920	

图 9-9　Probe 测试软件查看用户的 RB 分配和 DL_Grant

LTE 中调度的基本时间单位是一个子帧(1ms，对应 2 个时隙)，称为一个 TTI。DL_Grant 次数即 PDCCH DL_Grant count，对应时域概念，为下行 1s 调度下行子帧数，DL_Grant 值取决于 TDD 上下行配比，配比 SA1(上下行子帧配比 2∶3)时满调度为 600 次/s。下行带宽对应的总 RB 数对应频域概念，意义如表 9-7 所示，实际调度 RB 数＝Code0RBCount/Code0Count。

用户下行 RB 分配次数理论值为下行带宽的总 RB 数× DL_Grant 满调度值/s，对于 20MHz 带宽、上下行子帧配比 SA1 来说，RB 数为 100，满调度 DL_Grant 为 600/s，则系统下行 RB 分配次数理论最大值为 60 000/s(对应 100 乘以 600)。如果观测 RB 利用率不足 98%，则认为异常，需要进行定位。

RB 利用率＝Code0RBCount/RB 分配次数理论最大值

在 eNodeB 侧，对于单用户来说，可以通过 M2000 信令跟踪管理→小区性能监测→空口 DCI 状态监控当前调度的 DL_Grant 次数，其中 DCI0 是 UL_Grant。如果该用户调度次数×RB总数小于理论±10%，则认为异常，需要定位。

DL_Grant不足问题判断步骤如下：

(1) 判断上层数据源是否充足，根据实际发送字节数和实际接收字节数进行判断。可采用MML命令DSP ETHPORT查看结果，如图9-10所示。

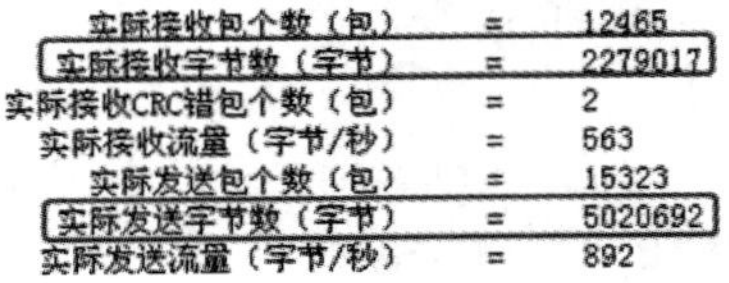

实际接收包个数（包）	=	12465
实际接收字节数（字节）	=	2279017
实际接收CRC错包个数（包）	=	2
实际接收流量（字节/秒）	=	563
实际发送包个数（包）	=	15323
实际发送字节数（字节）	=	5020692
实际发送流量（字节/秒）	=	892

图9-10　判断上层数据源是否充足

(2) 检查UE是否处于DRX状态。若UE处于DRX状态，则下行会没有调度或极少调度，这是正常现象。UE是否DRX状态可以通过eNodeB TTI跟踪DRX字段查看，或者可通过重配命令mac-MainConfig的drx-Config进入查看DRX状态和DRX释放的时间。

(3) 检查下行PDCCH是否存在虚警、漏检、检错问题。PDCCH指示上行资源分配，如果PDCCH受影响，致使上行反馈信道指示出错，则可能导致下行重传增多或丢包，影响吞吐率。下行PDCCH问题可以通过查看PDCCH的误码率来判断。查看PDCCH误码率，DL_Grant IBLER如果超过1%(DL_Grant IBLER＝DL_Grant的DTX次数/DL_Grant分配成功次数)，则说明PDCCH传输存在问题。UE侧可以通过与eNodeB侧该用户的TTI跟踪对比，得到该用户是否存在PDCCH虚警或者漏检问题。

此外，在SINR较好的场景下，并且在上层数据源充足的情况下，下行RB调度不足的原因可能是受到UE能力限制。

9.3.2 IBLER不收敛

如果DL_Grant和RB数都是调度充足的场景下，则应判断IBLER是否收敛到目标值。目前下行的IBLER目标值一般设置为10%，IBLER在5%～15%即认为IBLER收敛。

UE侧可通过Probe测试软件查看用户的IBLER，在后台可通过M2000信令跟踪管理→用户性能监测→误码率监测观察。AMC模块根据UE反馈的ACK、NACK、CQI进行MCS选择，适应链路状况变化：

MCS≠0时，可从如下角度分析IBLER不收敛问题：

(1) 确认CQI调整开关是否已经打开，默认该开关是打开的。

(2) 查看是否由于UE上报CQI波动大，导致IBLER不收敛，相关处理可参考9.3.3节。

MCS为0时，IBLER不收敛，可能的原因有：

(1) 信号条件太差。

(2) UE的解调能力受限造成。可采用定点固定MCS为0进行调度，判断UE解调能力是否存在问题。

9.3.3 MCS偏低或波动

当IBLER收敛时，对下行单用户平均吞吐率测试，生成Avg-SINR vs Throughput曲线，与峰值速率基线曲线对比。如果相同SINR下平均吞吐率较峰值基线差30%以上，则认为吞吐率存在问题，需要进一步问题分析定位。在UE侧可通过测试软件Probe查看用户的 DL MCS。

MCS 偏低/波动问题主要分为两类：① eNodeB 收到终端上报的 CQI 存在问题；②eNodeB CQI 调整方面出现问题。

eNodeB 收到 UE CQI 偏低或者波动大，可分为 UE 侧问题和 eNodB 侧问题两方面进行分析。在保证 eNodeB 上行 CQI 解调没有问题的前提下，对 CQI 低和波动两种情况分别分析原因。UE 侧 CQI 问题如下几种可能：

(1) 下行 SINR 过低，分析方法请参考第 7 章。

(2) CQI 波动大。一般认为，相同码字、前后 2 个 CQI 上报周期上报的全带 CQI 超过 5(移动状态下)或 3(静止状态下)，就认为上报 CQI 波动较大。若 CQI 波动较大，首先确定 UE 是否处于高速移动状态，如果处于高速移动状态，则可能是正常现象；当 UE 处于中低速移动状态，则需要确定现网无线环境是否波动剧烈(如时不时会有较大遮挡物)；如果不属于以上两种情况，则需要确定 UE CQI 测量是否存在问题，或者存在 UE CQI 调整算法问题。

与 eNodeB CQI 调整算法相关的问题，表现形式是 UE 上报的 CQI 较高或者平稳，而 eNodeB 调整的 CQI 偏低或者波动大。主要可从以下几方面进行分析：

(1) UE 解调性能受限，可采用不同终端同地点进行吞吐率比较，如果一个吞吐率明显高于另一类型终端，则可认为终端解调能力受限。或者采用固定 MCS 的方式，选择调度概率较大的 MCS，查看其误码率波动情况。

(2) CQI 上报周期设置和配置是否合适。可以通过修改参数看问题是否有改善。

(3) 各类 LTE 终端良莠不齐，需要考虑不同终端与 eNodeB CQI 算法的配合，属于算法研究问题。

9.3.4 MIMO 问题

MIMO 实现小区中不同 UE 根据自身所处位置的信道质量分配最优的传输模式，提升 TD-LTE 小区容量。MIMO 不同传输模式在表 4-4 已有描述。波束赋形(Beam Forming, BF)传输模式提供赋形增益，提升小区边缘用户性能；TM3 和 TM8 中均含有单流发送，当信道质量快速恶化时，eNodeB 可以快速切换到发射分集或单流波束赋形模式。

由于模式间自适应需要基于 RRC 层信令，不可能频繁实施，只能半静态转换。因此 LTE 在除 TM1、TM2 之外的其他 MIMO 模式中均增加了开环发送分集子模式(相当于 TM2)。开环发送分集作为适用性最广的 MIMO 技术，可以对每种模式中的主要 MIMO 技术提供补充。相对于 TM2 进行模式间转换，模式内的转换可以在 MAC 层内直接完成，可以实现毫秒级别的快速转换，更加灵活高效。每种模式中的开环发送分集子模式，也可以作为向其他模式转换之前的“预备状态”。

将 MIMO 问题分为两类，一类是使用默认的 TM3 模式配置问题，另一类是开闭环模式配置问题。如果小区是 2T2R 小区，则查看用户是否被配置成了 MIMO 模式；如果用户只被配置成了 SIMO 模式，那么查看是否存在 RRU 发射通道数下降告警，如果存在，则需要解决，保证 eNodeB 发射通道正常；如果用户配置成了 MIMO 模式，则判断是否存在 Rank 问题。

1. TM3 模式配置问题

目前商用网络一般为开环 TM3 模式，即初始接入和切换到新小区时为 TM2，后切换到 TM3，除失步、重建、切换外不会再切换到 TM2。分集复用模式切换可以通过 UU 接口跟踪得到，是否合理可以从以下方向进行分析：

(1) 初始接入、切换后是否在 2s 内切换到 TM3。首先核查参数配置并修正。若初始接入、切换后长时间没有切换到 TM3 模式，先检查 License 是否支持 TM3 模式，如果 License 只支持 UE CAT1，则需要更新 License。若 License 没有问题，再根据 L3 内部消息的 IFTS 跟踪和 TTI 跟踪查看原因：①L3 是否下发了谱效率测量量(L3 内部消息的 IFTS 跟踪)；②L2 滤波后的谱效率是否大于设置的分集复用门限(L2 TTI 跟踪)；③L2 是否上报了谱效率高门限事件、L3 是否下发了重配到 TM3 重配消息(L3 内部消息 TXT 的 IFTS 跟踪)。

(2) 是否发生失步、重建、切换等问题导致模式回退。按照如下三种观察方法分别进行确认：①失步观察方法：eNodeB 在检测到失步时，会把失步的相应信息输出到 log 日志中，但由于没有对应的 UE 信息和输出的时间信息，该日志信息只能在单用户测试时起到定位问题的作用。在 eNodeB 检测到失步时，会上报 L3 失步指示消息 DMAC_L3_SYNC_STATUS_IND，该消息在 IFTS 内部消息跟踪中可以看到，其中 enSyncStatus＝1 说明为失步，enSyncStatus＝0 说明为重同步成功。②重建观察方法：重建在 UU 口跟踪上有 RRC_CONN_REESTAB_REQ 命令，如果重建成功，之后会有一条重配到 TM2 的重配命令。③切换观察方法：如果发起切换，eNodeB 会给 UE 发起切换命令，切换命令里就会把 UE 重配成 TM2；UU 口跟踪就可以跟踪到，如果在测量报告后，会发重配命令，重配命令里带有 targetPhyCellId，则一般为切换命令。

2. Rank 问题

若 eNodeB 收到的 Rank 信息不合理，可将 Rank 问题分为三类：UE 出现 Rank 误报、上行解析错误、Rank 上报周期不合理。

由于 UE Rank 上报是终端行为，与终端的解调性能和 Rank 测量算法强相关，因此具有较大的差异性；如果是华为终端，可以通过 Probe 观察是否满足以下三个条件，判断是否应该上报 Rank＝2：①双天线 RSRP 相差不大于 3dB；②收发相关性均不大于 0.5；③Avg-SINR 大于 15dB。

如果是其他厂家的 UE，提供一种方法判断 UE 是否存在误报 Rank：固定 eNodeB 调度单码字或者双码字，调整固定的 MCS 阶数，使其 IBLER 分别收敛到 10%左右，比较单码字和双码字场景下的吞吐率，判断此时应该上报的 Rank 值。和 UE 自己上报的 Rank 相比，判断 UE 是否存在误报问题。该方法同样适用于判断 UE 的解调能力。

3. 开闭环自适应问题

开闭环模式切换是否合理的判断主要基于开环、闭环、开闭环自适应的 SINR 与吞吐率曲线是否基本符合包络进行判断。基本测试和定位步骤如下：

(1) eNodeB 下行 RRU 的通道时延差是否过大，影响闭环增益，一般来说不能大于 10ns。RRU 通道时延需要通过 UE 基带参数获得。

(2) eNodeB 上行接收通道功率差是否过大，影响上行预编码增益测量结果。一般来说不能大于 5dB。可通过 eNodeB L1 TTI 性能跟踪得到。或者查看 Web LMT 上是否有 eNodeB RRU 接收通道功率差告警。

(3) 判断开闭环切换是否符合开环和闭环的外包络。如果发现开闭环切换不符合开环和闭环的外包络，或者存在开闭环乒乓切换的问题，可以从以下方向进行分析：①检查参数配置是否正确；②检查模式切换流程是否符合算法设计：通过 eNodeB TTI 跟踪，判断上行预编码增益切换门限计算是否正确，判断开环到闭环是否满足预编码增益大于门限，闭环到开环是否满足预编码增益小于门限。若模式切换流程符合算法设计预期，却存在开闭环切换不符合外包络问题，就需要根据闭环增益区间和对应的预编码增益 CDF 分布情况来优化预编码增益门限。

9.3.5　上行反馈通道存在问题

如果通过前面几点的排查，发现下行调度次数、分配 RB 数、MIMO 模式均没有问题，且 IBLER 收敛也正常，调度 MCS 也在正常范围，但下行吞吐率仍出现异常，则基本可判定为上行反馈通道出现了问题，即将 ACK/NACK/错解成了 NACK/ACK/DTX。上行反馈通道问题分析过程如图 9-11 所示，需要从两个方面分别排查：

(1) 判断下行 PDCCH 是否存在虚警、漏检、检错的问题。PDCCH 指示上行资源分配，如果 PDCCH 受影响，致使上行反馈信道指示出错，可能导致下行重传增多或丢包，影响吞吐率。下行 PDCCH 问题可以通过 PDCCH 的误码率进行判断。在观察上行是否收到大量的 DTX 时，观察此时的 PDCCH 聚合级别是否都为 8(eNodeB L2 TTI 跟踪)，且功率调整至最大，是否由于 PDCCH 聚合级别不合适或者 PDCCH 发射功率不够造成的。

如果是由于 PDCCH 聚合级别不合适，则可以尝试使用串口命令，将聚合级别固定为 8，看问题是否有改善。如果是 PDCCH 发射功率不够造成的，则可以尝试使用串口命令，加大 PDCCH 发射功率，看问题是否有改善。

(2) 是否存在上行解析错误。如果上行存在较大干扰，上行解调 ACK/NACK 不一定会解出 DTX(DTX 判断原则是判断该用户 RSSI 是否低于门限)，但是上行 SINR 会很低，因此判断准则同 CQI/RI 解错判断方法。如果将 ACK 解成 NACK，就会造成不必要的重传和 MCS 降阶。

查看 DTX TTI 时，判断上行 SINR 是否正常，可通过 eNodeB L1 TTI 跟踪得到：①若为随路信令，一般认为 DMRS SINR 大于 0dB，随路的 RI 和 CQI 是可靠的；②若为 PUCCH，一般认为 ACK SINR 大于 0dB，PUCCH 的 RI 和 CQI 是可靠的；③如果出现上行反馈通道异常，判断 UE 发射功率是否都达到了 23dBm，如果不是，则查看上行使用的功控算法，如果是闭环，则通过调整 SINR 目标值，查看问题是否有改善。

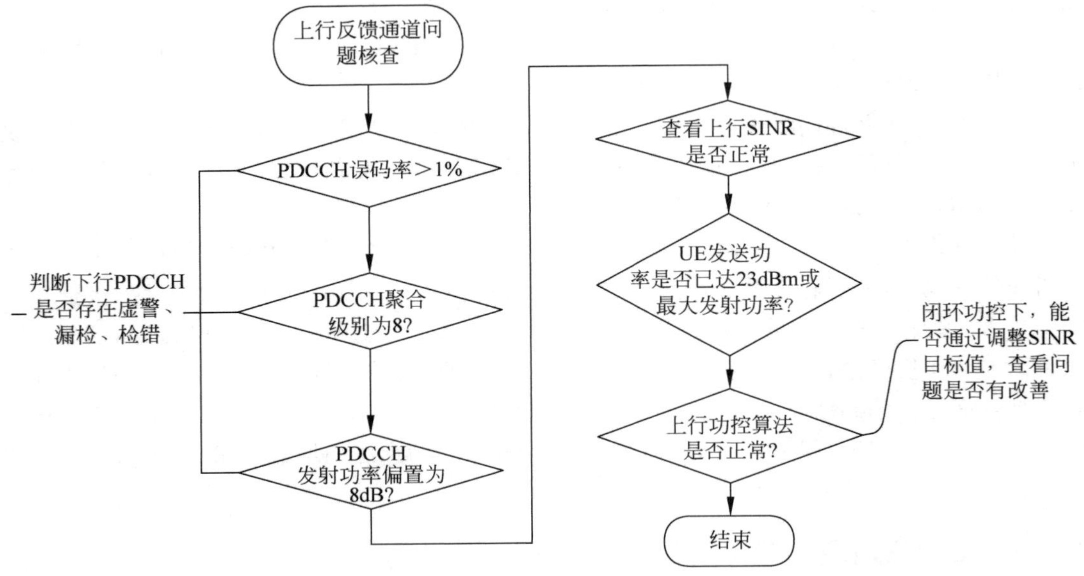

图 9-11　上行反馈通道问题排查

9.4　上行吞吐率问题分析方法

与下行吞吐率类似，LTE 上行吞吐率也由频谱效率、频带宽度、频带占用机会、误码率综合决定。频谱效率由 MCS 决定，MCS 由 SINR 和 IBLER 决定；频带宽度由分配的 RB 数决定；频带占用机会由 UL_Grant 决定；误码率主要考虑 IBLER。上行吞吐率的问题分析定位思路如图 9-12 所示，若归属到覆盖及切换问题，则优化方法详见第 5 章和第 7 章。

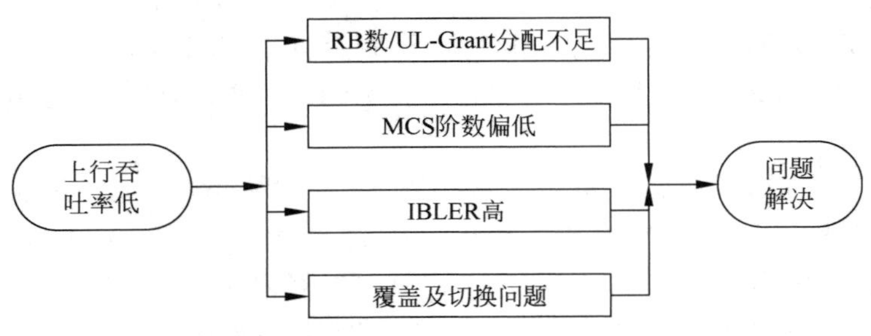

图 9-12　上行吞吐量问题定位思路

9.4.1　分配RB数少或UL_Grant不足定位方法

上行RB数分配和MCS的分配与上行调度算法有关，上行调度算法的输出包括分配给用户的RB数、MCS阶数、传输块大小(TBS)等，包含在UL_Grant中。上行调度的主要输入包括层1(L1)的链路测量信息、ICIC算法输出、功控算法输出等，并与上行调度策略、用户优先级有关。

RB数少和UL_Grant不足问题定位思路如图9-13所示。当发现RB数较少或UL_Grant低时，需要进行以下步骤进行定位：

(1) 观察是否数据源不足(上报BSR对应的值)，如果数据源不足，则需要排查是否上层数据源异常，可能包括如下原因：①如果是UDP业务，则检查上行灌包(出口速率)是否超过峰值速率；②如果是TCP单线程业务，则尝试多个线程，如果吞吐量可以提升到峰值速率，则可以认定是PC的TCP窗口没有符合要求。

如果UL_Grant个数偏小，一般是由于上述两个原因导致。判断数据源是否充足，也可在eNodeB侧的TTI跟踪观测BSR上报记录及调度缓冲区大小。如果为BSR上报问题，则可以将BSR周期从32ms修改为5ms。

缓冲区状态报告(Buffer Status Report，BSR)：UE需要通过BSR告诉eNodeB，其上行缓冲区里有多少数据需要发送，以便eNodeB决定给该UE分配多少上行资源。

(2) 检查PRACH和PUCCH的资源配置。上行预留PRACH的时候，会对上行分配RB产生影响，对上行峰值速率产生影响，带宽为10MHz的LTE系统更明显。可以将PRACH设置到PUSCH最低端，且将PRACH默认周期从5ms扩大为20ms。检查PUCCH配置，若当前默认配置占用8RB，在单用户峰值测试时，可以手动改为占用2RB，提高上行峰值吞吐率。

(3) 从L1 TTI跟踪中统计观察是否存在大量DTX情况，判断方法为：观察上行DMRS RSRP，如果发现RSRP值在调度的TTI处于底噪(−120dBm)附近，或者与前后的RSRP值相差较大，则认为是上行PUSCH的DTX。对比eNodeB侧DCI0次数，如果相差较大，则认为存在大量的DTX，需要判断PDCCH质量问题，是否是下行PDCCH IBLER较高，导致UL_Grant解错。

(4) 在性能检测中观察在线用户数，看是否存在多用户并行业务(两个以上)的情况，如果存在多用户，则主要观察RB利用率是否达到了100%，RB公平性是否得到满足。如果RB利用率低，则需要判断ICIC和频选是否开关打开，是否存在问题；如果公平性得不到满足，则可能为功控和ICIC的问题。

(5) 检查是否为DSP能力限制：通过IFTS跟踪观察上行DSP能力限制的RB个数。观察核心网指配的QoS速率，如果偏低，则检查核心网开户信息是否异常；通过E-RAB SETUP REQUEST和INITIAL CONTEXT SETUP REQUEST消息查看。

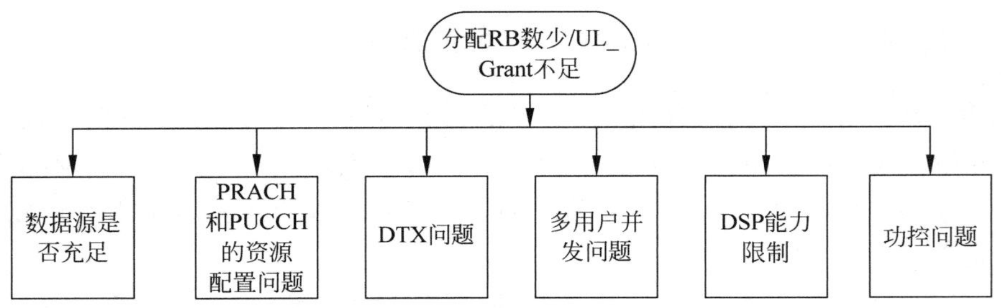

图 9-13　分配 RB 数少/UL_Grant 不足问题定位思路

9.4.2 低阶 MCS 定位方法

MCS 由几方面决定：PUSCH SINR、IBLER、UE 类别能力、是否扩展 CP。在 SRS、周期随路信令发送时，MCS 也会强制降阶。如图 9-14 所示，低阶 MCS 问题定位思路如下：

(1) 在较高的上行 PUSCH SINR 时，如果下行 PDCCH 质量太差，导致 UL_Grant 丢失，会导致 IBLER 较高；SINR 调整算法模块会依据 IBLER 历史信息，对 SINR 测量值进行调整，输入到 MCS 选择模块，确保 IBLER 收敛于目标值。也就是说在 PDCCH 较差的情况下，可能存在上行 SINR 较好而 MCS 较低的情况。这种情况下通过查看上行测量 SINR、SINR 调整量、IBLER 可以进行判断。如果某一段时间测量 SINR 比较高，而 SINR 调整量为负的较大值，而 IBLER 也超过门限值，则可能属于这种情况，需要进行 PDCCH 质量的问题进行分析。

(2) 如果在某个路损区间，MCS 的下降幅度超过了预期，需要查看是否存在发送 SRS、随路信令的情况；发送 SRS 时，根据不同的 MCS 阶数，一般降阶 1～2 阶。发送周期随路信令时，根据不同的初选 RB 数和 MCS，可查询得到该 TTI 的 MCS 降阶数。

(3) 如果没有 SRS 和周期性随路信令，则应查看此区间对应的 PUSCH SINR 是否明显低于正常情况：①观察 UE 发射功率是否已经达到最大值，如果未达到最大值，而 SINR 较差，则观察 UE 是否已经收到 TPC 命令。开环时，需确认 P_0 是否配置合理值；如果 UE 发射功率没有达到最大，则需要通过抬升 P_0 抬升 UE 发射功率。②如果 SINR 测量值波动比较大，查看是否是 TA 不准导致；是否是不断变化的干扰导致。可以将 UE 退网，观察 RSSI。③分配 RB 数合理性的判断，可能涉及 ICIC 与功控算法有关，如边缘 UE 分配了过多资源。④干扰较大的情况下，需要分析干扰出现的时间分布、频率分布特点，判断是否系统外干扰；如果为系统内干扰，则可能为邻小区干扰，则关注如 ICIC 算法相关问题。

(4) 判断是否由于终端能力限制，具体现象是 MCS 阶数最大只能达到 24 阶，这时进一步查看终端能力即可判断。

(5) 是否扩展 CP 在算法中对应了不同的 MCS 选择表格，映射得到的 MCS 有区别，在非超远覆盖场景下，需保证设置为正常循环前缀(normal CP)。

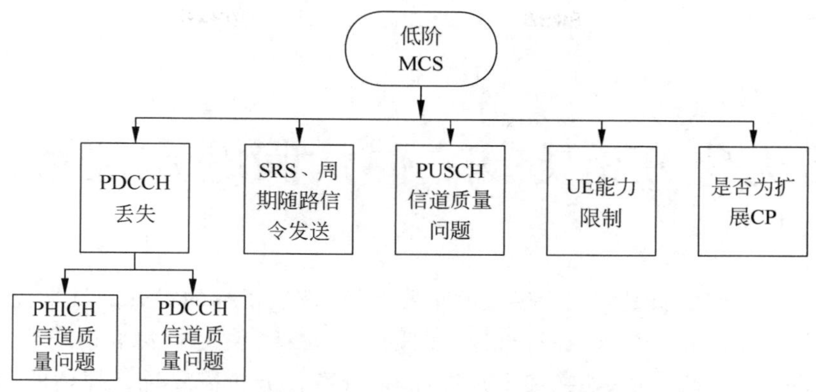

图 9-14　低阶 MCS 定位方法

9.4.3　IBLER 高问题定位方法

AMC 模块将根据信道质量进行 MCS 选择，适应链路状况变化。解调门限确定为支持 IBLER 10%所需的 SINR。由于 SINR 测量误差等因素，需要对测量 SINR 进行校正。通过 SINR 调整算法模块，依据 IBLER 历史信息，对 SINR 测量值进行调整，输入到 MCS 选择模块，确保 IBLER 收敛于目标值。

当发现 IBLER 不收敛时，首先查看是否为 MCS0；如果是，则观察 SINR 判断无线链路质量是否很差(MCS0 对应的 SINR 为－6.2dB)，查看空载 RSSI 是否有干扰；同时观察 UE 发射功率是否为最大，如果未达到最大，则可能为 UE 问题。

在统计 IBLER 时，如果发生 PDCCH 质量差导致 UL_Grant 丢失，UE 不发数据的情况，eNodeB 会将该 TTI 作为 CRC 校验差错处理，统计为误块，导致 IBLER 升高。调度算法中，根据 SINR 测量值和 IBLER 历史信息，对测量值进行调整，确保 IBLER 收敛于目标值。

如果非 MCS0，则需要判断 SINR 调整算法开关 SW_SINR_ADJUST 是否关闭，该开关关闭以后，导致 MCS 选择前的 SINR 调整量不能依据 IBLER 情况及时调整，MCS 无法降低导致 IBLER 无法收敛；如果该开关打开，则检查调整量是否已经达到下限不能再下降从而导致 MCS 无法降低同时 IBLER 升高。

第 10 章

专题优化分析方法：掉话问题定位及优化

掉话率是反映网络质量和用户感受的重要指标，该项指标的提升是日常优化工作最重要部分。掉话的原因非常复杂，在进行掉话问题分析时经常结合路测和话统数据分析进行，路测分析通常结合无线环境、切换和干扰进行，话统数据分析需要统计掉话的话统分项，复杂问题将结合信令进行分析。本章将重点介绍 TD-LTE 系统内掉话的定义、掉话机制、掉话定位分析方法，并分享掉话优化的部分典型案例。

10.1 掉话定义

简要回顾一下 LTE 接入层(AS)和非接入层协议(NAS)的不同状态以及完整的业务流程，以便能更清晰地理解掉话的定义。如图 10-1 所示，给出了 UE 从开机到进入激活(数据传输)状态过程中，从不同角度来看“状态”的变化情况。

(1) 从 EPS 移动性管理(EPS Mobility Management，EMM)的角度来看，在 UE 成功附着之前，都认为是未登记(Deregistered)状态，直至 UE 发起并成功登记，转到已登记状态。

(2) 对于 EPS 连接管理(EPS Connectivity Management，ECM)来说，只有在激活态时，UE 与 EPS 才是保持连接的，其余时间，UE 处于 EPS 的空闲状态。

(3) 对于 RRC 来说，只要 UE 和网络侧(空口、EPS)有连接，即为 RRC 的连接状态。

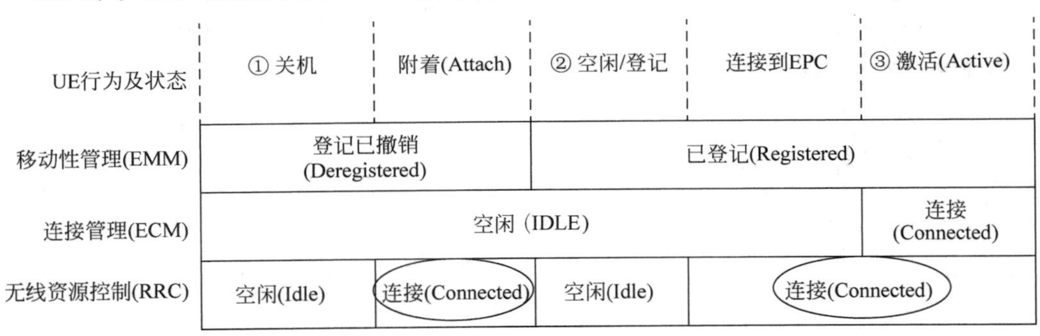

图 10-1　AS 和 NAS 的不同状态

由图 10-1 可以看出，在 RRC 连接状态对应 UE 附着（Attach）和激活（Active）两种状态。接下来所说的“连接”，通常指的是 RRC_Connected 状态下的连接，即在考虑掉话分析过程中，只考虑 RRC_Connected 状态（激活态）、暂不考虑附着过程中的连接状态。通常将在附着过程中发生的 RRC 连接中断归为“接入失败”进行分析。本章所分析的“掉话”，具体是指 UE 异常退出 RRC_Connected 状态导致的连接中断。

对应完整的业务流程（详见图 3-17），完整的业务流程共包含 4 个部分：第 1～5 步对应接入过程；第 10～14 步对应与 NAS 层交互 UE 能力与安全的过程；第 15～16 步对应无线承载建立过程；第 24 步对应 RRC 释放过程。当 UE 与 eNodeB 间成功建立 E-RAB，即 RRC Connection Reconfiguration Complete 消息正确到达 eNodeB，则业务建立成功，之后一旦触发 RRC 重建且被拒或者直接转到 IDLE 态，就代表本次业务掉话。也就是说，如果没有对应的 RRC 连接正常释放过程，就认为由于异常原因导致 UE 发生了掉话。下面分别从路测数据、标准接口信令、话统数据等多个角度介绍掉话的定义。

10.1.1 路测数据掉话定义

一般来讲，在 UE 发出 RRC Connection Reconfiguration Complete 消息，无线承载成功建立，UE 处于连接态后，由于无线环境变化（如干扰、弱场强等）或其他原因（如切换等）导致的 UE 上下行失步，触发重建未果或者被拒，只要不是 UE 主动发起的 RRC 连接释放，都应统计为掉话。具体来说，不同厂家对于路测数据掉话的定义略有不同。下面分别以华为公司的 Probe 和中兴公司的 CNT/CNA 软件为例，介绍路测掉话的定义。

华为 Probe 对于掉话的定义为 E-RAB 异常释放（E-RAB Abnormal Release），具体包括以下五种情况：

（1）UE 没有收到 Deactivate EPS Bearer Context Request 的 NAS 消息，也没有收到 MME 的 Detach Request 的 NAS 消息，也没有向网络侧主动发出 Detach Request 的 NAS 消息，却收到 RRC Connection Reconfiguration 消息，且其中有信元 drb-ToReleaseList，则生成一次 E-RAB 异常释放事件。

（2）UE 没有收到 Deactivate EPS Bearer Context Request 的 NAS 消息和 MME 的 Detach Request 的 NAS 消息，也没有向网络侧主动发出 Detach Request 的 NAS 消息，但收到 RRC Connection Release 消息并且前 4s 存在 RLC 层速率传输（上下行任何一个链路只要有数据传输即满足条件），则生成一次 E-RAB 异常释放事件。

（3）UE 收到 RRC Connection Reconfiguration 消息中包含了信元 drb-ToAddModList，收到 RRC Release 消息之前，UE 处于 IDLE 状态，则生成一次 E-RAB 异常释放事件。

（4）在没有收到 RRC Connection Reconfiguration、Deactivate EPS Bearer Context Request、Detach Request、RRC State、RRC Connection Release 消息时，收到 RRC Connection Request 时将生成一次 E-RAB 异常释放事件。

（5）连接状态下触发 RRC 重建被拒，UE 收到 RRC Connection Reestablishment Reject 消息时，生成一次 E-RAB 异常释放事件。

中兴 CNA 工具中对于掉话率的定义主要基于层 3 消息，掉话率计算如下：

$$
\begin{aligned}
\text{掉话率}=&(\text{rrcConnectionReestablishmentRequest}-\\
&\text{rrcConnectionReestablishmentComplete}+\\
&\text{rrcConnectionRelease}-\text{Release\_Due to user inactiveTimer})\text{times}\times\\
&100\%/(\text{Activate default EPS bearer context accept times}+\\
&\text{Service request})
\end{aligned}
\tag{10-1}
$$

中兴对于掉话率的解释如下：

(1) 式(10-1)中，如果层 3 消息 RRC Connection Reestablishment Request 和 RRC Connection Reestablishment Complete 之间的时长超时，例如高于 100ms，即使本次 RRC 连接重建成功，也因为重建超时将计算为一次掉话。

(2) RRC 连接重建失败统计为掉话：UE 发送了 RRC Connection Reestablishment Request 消息，但在收到 Attach Request、Detach Request、Service Request、TAU 消息之前，没有收到 RRC Connection Reestablishment Complete 消息，本次连接重建应计为一次掉话。举例说明，如图 10-2 所示，UE 发送了 RRC Connection Reestablishment Request 之后，但没有收到 RRC Connection Reestablishment Complete，随后 UE 发生掉话，开始接收系统广播消息(在 BCCH-SCH 上的 SIB1)，接着 UE 发起路由区更新(TAU)，发起下一次呼叫，则本次连接应计为掉话。这类掉话，可能是空口信号变差等原因导致的掉话，从空口看只能看到信令不完整的情况。

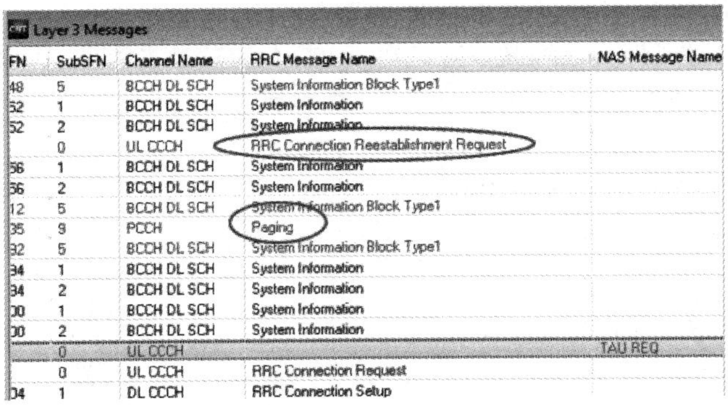

Layer 3 Messages

FN	SubSFN	Channel Name	RRC Message Name	NAS Message Name
48	5	BCCH DL SCH	System Information Block Type1	
52	1	BCCH DL SCH	System Information	
52	2	BCCH DL SCH	System Information	
	0	UL CCCH	RRC Connection Reestablishment Request	
56	1	BCCH DL SCH	System Information	
56	2	BCCH DL SCH	System Information	
12	5	BCCH DL SCH	System Information Block Type1	
35	9	PCCH	Paging	
32	5	BCCH DL SCH	System Information Block Type1	
34	1	BCCH DL SCH	System Information	
34	2	BCCH DL SCH	System Information	
00	1	BCCH DL SCH	System Information	
00	2	BCCH DL SCH	System Information	
	0	UL CCCH		TAU REQ
	0	UL CCCH	RRC Connection Request	
04	1	DL CCCH	RRC Connection Setup	

图 10-2 RRC 连接重建失败(没有收到连接重建完成消息)

RRC 连接重建失败的另外一个情况如图 10-3 所示。首先是 UE 发送 RRC Connection Reestablishment Request，接着 eNodeB 回复 RRC Connection Reestablishment Reject 消息，随后 UE 发生掉话、开始接收系统广播消息(在 BCCH-SCH 上的 SIB1)，直至 UE 发起下一次呼叫。

(3) 下述原因导致的 RRC Connection Release 在 CNA 软件中不计算为掉话：①异系统重定向(inter-RAT Redirection)导致的 RRC 连接释放；②User Inactivity 超时导致的 RRC 连接释放；③CSFB 导致的 RRC 连接释放；④UE 附着过程中发生的 RRC 连接中断归为"接入失败"，不计入掉话，即分析在 Attach Request 和 Attach Complete 消息之间所有被判定为掉话原因的都应该被剔除掉，包括 RRC Connection Release、RRC Connection

```
14:42:32.893    FD6    LTE RRC Signaling    BCCH-SCH: systemInformationBlockType1
14:42:32.909    FD6    LTE RRC Signaling    BCCH-SCH: systemInformationBlockType1
14:42:32.940    FD6    LTE RRC Signaling    BCCH-SCH: systemInformationBlockType1
14:42:32.956    FD6    LTE RRC Signaling    BCCH-SCH: systemInformationBlockType1
14:42:32.987    FD6    LTE RRC Signaling    BCCH-SCH: systemInformation
14:42:34.344    FD6    LTE RRC Signaling    UL-DCCH: measurementReport
14:42:34.765    FD6    LTE RRC Signaling    BCCH-SCH: systemInformationBlockType1
14:42:34.765    FD6    LTE RRC Signaling    UL-CCCH: rrcConnectionReestablishmentRequest;  Cause = otherFailure
14:42:34.906    FD6    LTE RRC Signaling    DL-CCCH: rrcConnectionReestablishmentReject
14:42:35.077    FD6    LTE RRC Signaling    BCCH-SCH: systemInformationBlockType1
14:42:35.577    FD6    LTE RRC Signaling    UL-CCCH: rrcConnectionRequest;  Cause = mo-Data
14:42:35.608    FD6    LTE RRC Signaling    DL-CCCH: rrcConnectionSetup
```

图 10-3　RRC 连接重建失败(连接重建被拒)

Reestablishment Reject 重建拒绝等消息，均不计入掉话。

(4) 当收到一个 RRC Connection Release 消息后，对应再收到一个 Service Request 消息，对此 RRC Connection Release 不能统计为掉话(主要原因与 User Inactivity 定时器有关，详见 10.2.1 节中对应的“eNodeB 检测到上行失步，且没有下行数据要发送”的情况)，此种情况认为是 RRC 连接正常释放。

(5) Service Request 和 RRC Connection Reconfiguration Complete 消息在 3s 之内成对出现，掉话率计算公式中分母加 1，当同时出现多个 Service Request 消息时，只统计最近的一条 Service Request 消息。

结合路测数据分析，路测中掉话的可能表现形式包括：

(1) 数据速率突然降速为 0。在 FTP 上传或下载过程中，在没有进行人工干预的情况下，此时吞吐率应该保持持续，若速率突然出现下降为 0 的情况，如图 10-4 所示，则可能发生了掉话。

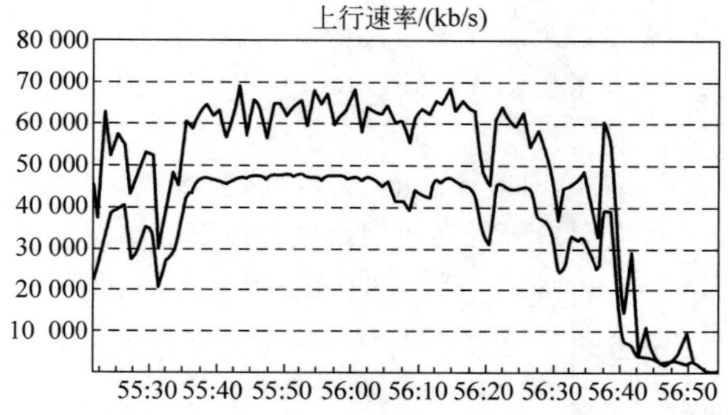

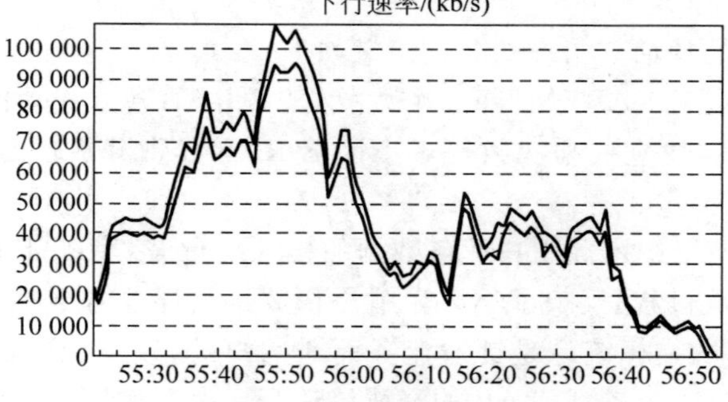

图 10-4　路测数据速率陡降

(2) UE 开始接收系统消息。通常 UE 在 Detach、去激活定时器释放、切换至新小区、发生重建这些场景时会读取系统消息，但如果在业务正常进行过程中，在未涉及这些场景时突然接收系统消息时，则可以判定为掉话，如图 10-5 所示。

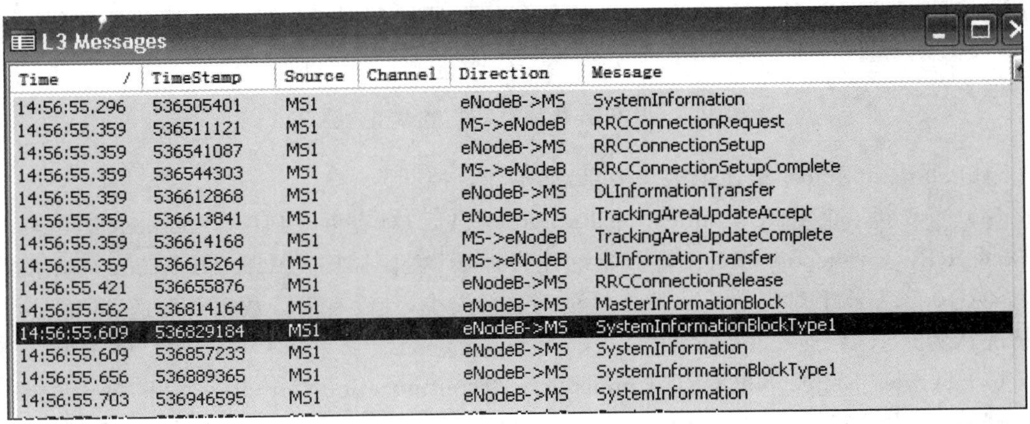

L3 Messages

Time /	TimeStamp	Source	Channel	Direction	Message
14:56:55.296	536505401	MS1		eNodeB->MS	SystemInformation
14:56:55.359	536511121	MS1		MS->eNodeB	RRCConnectionRequest
14:56:55.359	536541087	MS1		eNodeB->MS	RRCConnectionSetup
14:56:55.359	536544303	MS1		MS->eNodeB	RRCConnectionSetupComplete
14:56:55.359	536612868	MS1		eNodeB->MS	DLInformationTransfer
14:56:55.359	536613841	MS1		eNodeB->MS	TrackingAreaUpdateAccept
14:56:55.359	536614168	MS1		MS->eNodeB	TrackingAreaUpdateComplete
14:56:55.359	536615264	MS1		MS->eNodeB	ULInformationTransfer
14:56:55.421	536655876	MS1		eNodeB->MS	RRCConnectionRelease
14:56:55.562	536814164	MS1		eNodeB->MS	MasterInformationBlock
14:56:55.609	536829184	MS1		eNodeB->MS	SystemInformationBlockType1
14:56:55.609	536857233	MS1		eNodeB->MS	SystemInformation
14:56:55.656	536889365	MS1		eNodeB->MS	SystemInformationBlockType1
14:56:55.703	536946595	MS1		eNodeB->MS	SystemInformation

图 10-5 UE 开始接收系统消息

10.1.2 标准接口信令掉话定义

异常掉话通常都是由 eNodeB 发起的释放，通知 MME 释放上下文，因此只要查看 S1 接口发送的 UE CONTEXT RELEASE REQUEST 消息，查看其中的原因值为异常释放原因即可进行分析。即在 eNodeB 跟踪标准接口信令，如果存在 eNodeB 发起的释放，在 S1 接口上发往 EPC 的 UE CONTEXT RELEASE REQUEST 消息内携带的原因值不为以下值时即为掉话：

(1) Inter-RAT Redirection，对应系统间切换网络侧释放。

(2) User-inactivity，对应用户未激活或网络侧释放资源情况。

(3) CS Fallback Triggered，对应 CSFB 的网络侧释放。

(4) UE Not Available For PS Service，对应终端不支持的情况。

10.1.3 话统数据掉话定义

网管侧话统数据的掉话率指标的公式定义如下：

$$掉话率=小区\ E\text{-}RAB\ 异常释放次数/小区\ E\text{-}RAB\ 建立成功次数\times 100\% \quad (10\text{-}2)$$

式中，小区 E-RAB 建立成功次数等于小区 E-RAB 异常释放次数与 E-RAB 正常释放次数之和。

E-RAB 是 LTE 网络中承载用户业务数据的接入层承载，E-RAB 释放过程是用户接入层业务承载资源的释放过程，反映了小区为用户释放接入层业务数据承载资源的能力。从式(10-2)可知，掉话率的指标统计是针对业务而非用户的，该类计数器(Counter)在统计时以 E-RAB 的个数为单位，一个 E-RAB 的释放统计为一次。如果一个用户建立了多个 DRB

业务，则在统计掉话时，会统计多次异常掉话值。

10.1.4　话统数据与掉话相关的计数器

话统数据中与掉话相关的计数器主要有 45 个，按释放类型可分为正常释放、异常释放、切换出正常释放、切换出异常释放；按照标准 QCI 等级，又进行从 QCI1 到 QCI9 的分类；按照异常释放原因，又可以分为无线、传输、拥塞、切换失败、MME 共 5 类。

1. 正常释放计数器

表 10-1 所示为正常释放次数对应的计数器。其中，由于存在扩展 QCI，故 L. E-RAB. NormRel 的统计次数会大于等于 QCI1～QCI9 的总和。正常释放次数基于以下进行统计：

(1) 当 eNodeB 收到来自 MME 的 E-RAB Release Command 消息时统计该指标，如果是 MME 主动发起的释放，根据不同 QCI 统计对应指标；如果是 eNodeB 主动发起的释放，当释放原因为 Normal Release、Detach、User Inactivity、CS Fallback Triggered、Inter-RAT Redirection、UE Not Available For PS Service 时，根据不同 QCI 统计对应指标。如果 E-RAB Release Command 消息中要求同时释放多个 E-RAB，则相应指标按各个业务的 QCI 分别进行累加。

(2) 当 eNodeB 收到来自 MME 的 UE Context Release Command 消息，会释放 UE 的所有 E-RAB。如果是 MME 主动发起的释放，根据不同 QCI 统计对应指标；如果是 eNodeB 主动发起的释放，当释放原因为 Normal Release、Detach、User Inactivity、CS Fallback Triggered、Inter-RAT Redirection、UE Not Available For PS Service 时，相应指标按各个业务的 QCI 分别进行累加。

表 10-1　小区 E-RAB 正常释放计数器

指标 ID	测量指标	指标描述	单位
1526726687	L. E-RAB. NormRel. QCI. 1	小区 QCI 为 1 的 E-RAB 正常释放次数	次
1526726689	L. E-RAB. NormRel. QCI. 2	小区 QCI 为 2 的 E-RAB 正常释放次数	次
1526726691	L. E-RAB. NormRel. QCI. 3	小区 QCI 为 3 的 E-RAB 正常释放次数	次
1526726693	L. E-RAB. NormRel. QCI. 4	小区 QCI 为 4 的 E-RAB 正常释放次数	次
1526726695	L. E-RAB. NormRel. QCI. 5	小区 QCI 为 5 的 E-RAB 正常释放次数	次
1526726697	L. E-RAB. NormRel. QCI. 6	小区 QCI 为 6 的 E-RAB 正常释放次数	次
1526726699	L. E-RAB. NormRel. QCI. 7	小区 QCI 为 7 的 E-RAB 正常释放次数	次
1526726701	L. E-RAB. NormRel. QCI. 8	小区 QCI 为 8 的 E-RAB 正常释放次数	次
1526726703	L. E-RAB. NormRel. QCI. 9	小区 QCI 为 9 的 E-RAB 正常释放次数	次
1526727547	L. E-RAB. NormRel	eNodeB 正常释放用户 E-RAB 的总次数	次

2. 异常释放计数器

表 10-2 所示为异常释放次数对应的计数器。异常释放次数基于以下进行统计：

(1) 当 eNodeB 向 MME 发送 E-RAB Release Indication 消息，且释放原因不为 Normal Release、User Inactivity、CS Fallback Triggered、Inter-RAT Redirection、UE Not Available

For PS Service 时统计该指标，并且在 MME 回复 E-RAB Release Command 消息时，该指标不会被重复记录，如果 E-RAB Release Indication 消息中要求同时释放多个 E-RAB，则相应指标按各个业务的 QCI 分别进行累加。

（2）当 eNodeB 向 MME 发送 UE Context Release Request 消息，会释放 UE 的所有 E-RAB。当释放原因不为 Normal Release、User Inactivity、CS Fallback Triggered、Inter-RAT Redirection、UE Not Available For PS Service 时统计该指标，相应指标按各个业务的 QCI 分别进行累加。在 MME 回复 UE Context Release Command 消息时，该指标不会被重复记录。

表 10-2　小区 E-RAB 异常释放计数器

指标 ID	测量指标	指标描述	单位
1526726686	L. E-RAB. AbnormRel. QCI. 1	小区 QCI 为 1 的 E-RAB 异常释放次数	次
1526726688	L. E-RAB. AbnormRel. QCI. 2	小区 QCI 为 2 的 E-RAB 异常释放次数	次
1526726690	L. E-RAB. AbnormRel. QCI. 3	小区 QCI 为 3 的 E-RAB 异常释放次数	次
1526726692	L. E-RAB. AbnormRel. QCI. 4	小区 QCI 为 4 的 E-RAB 异常释放次数	次
1526726694	L. E-RAB. AbnormRel. QCI. 5	小区 QCI 为 5 的 E-RAB 异常释放次数	次
1526726696	L. E-RAB. AbnormRel. QCI. 6	小区 QCI 为 6 的 E-RAB 异常释放次数	次
1526726698	L. E-RAB. AbnormRel. QCI. 7	小区 QCI 为 7 的 E-RAB 异常释放次数	次
1526726700	L. E-RAB. AbnormRel. QCI. 8	小区 QCI 为 8 的 E-RAB 异常释放次数	次
1526726702	L. E-RAB. AbnormRel. QCI. 9	小区 QCI 为 9 的 E-RAB 异常释放次数	次
1526727546	L. E-RAB. AbnormRel	eNodeB 异常释放用户 E-RAB 的总次数	次

3. 切换出正常释放计数器

表 10-3 所示为切换出正常释放对应的计数器。对应 eNodeB 内切换、基于 X2 接口切换以及基于 S1 接口切换，简化的相应切换流程如图 10-6 所示（详细切换流程见第 5 章相应内容），图 10-6 中 C 点所示为切换执行成功，对于目标小区已经成功建立的 E-RAB，源小区正常释放对应的 E-RAB，此时的释放原因可能为 successful handover，在源小区按各个业务的 QCI 分别统计该指标。

表 10-3　小区切换出 E-RAB 正常释放计数器

指标 ID	测量指标	指标描述	单位
1526727317	L. E-RAB. NormRel. HOOut. QCI. 1	切换出 QCI 为 1 的 E-RAB 正常释放次数	次
1526727318	L. E-RAB. NormRel. HOOut. QCI. 2	切换出 QCI 为 2 的 E-RAB 正常释放次数	次
1526727319	L. E-RAB. NormRel. HOOut. QCI. 3	切换出 QCI 为 3 的 E-RAB 正常释放次数	次
1526727320	L. E-RAB. NormRel. HOOut. QCI. 4	切换出 QCI 为 4 的 E-RAB 正常释放次数	次
1526727321	L. E-RAB. NormRel. HOOut. QCI. 5	切换出 QCI 为 5 的 E-RAB 正常释放次数	次
1526727322	L. E-RAB. NormRel. HOOut. QCI. 6	切换出 QCI 为 6 的 E-RAB 正常释放次数	次
1526727323	L. E-RAB. NormRel. HOOut. QCI. 7	切换出 QCI 为 7 的 E-RAB 正常释放次数	次
1526727324	L. E-RAB. NormRel. HOOut. QCI. 8	切换出 QCI 为 8 的 E-RAB 正常释放次数	次
1526727325	L. E-RAB. NormRel. HOOut. QCI. 9	切换出 QCI 为 9 的 E-RAB 正常释放次数	次
1526728246	L. E-RAB. NormRel. HOOut	切换出 E-RAB 正常释放总次数	次

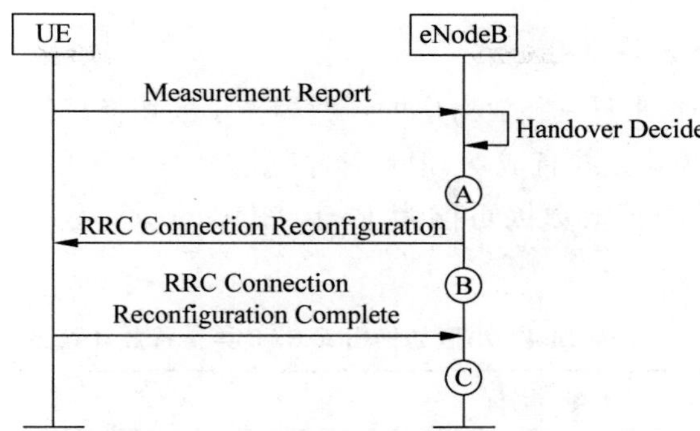

(a) eNodeB内切换

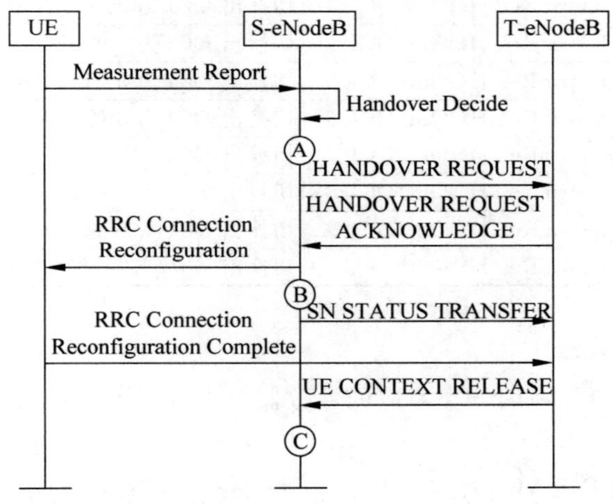

(b) 基于X2接口切换

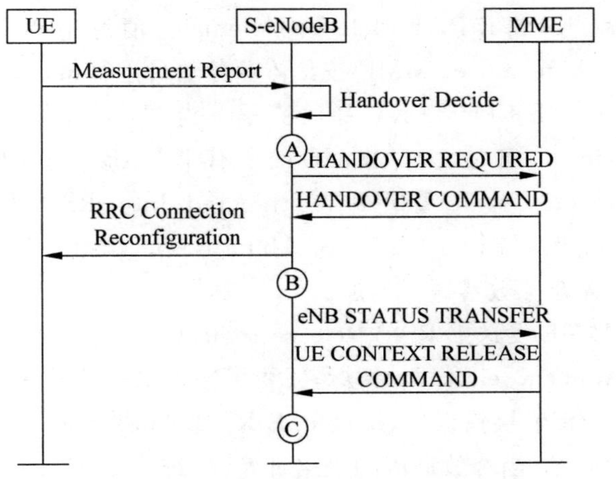

(c) 基于S1接口切换

图 10-6　小区切换出 E-RAB 正常释放统计点

4. 切换出异常释放计数器

表10-4所示为切换出异常释放对应的计数器。小区切换出异常释放统计位置如图10-6所示，图中C点所示为切换执行成功，但目标小区有建立失败的E-RAB。源小区异常释放对应的E-RAB，此时的释放原因可能为Partial Handover等，则在源小区按各个业务的QCI分别统计该指标。

表10-4 小区切换出E-RAB异常释放计数器

指标ID	测量指标	指标描述	单位
1526727326	L. E-RAB. AbnormRel. HOOut. QCI. 1	切换出QCI为1的E-RAB异常释放次数	次
1526727327	L. E-RAB. AbnormRel. HOOut. QCI. 2	切换出QCI为2的E-RAB异常释放次数	次
1526727328	L. E-RAB. AbnormRel. HOOut. QCI. 3	切换出QCI为3的E-RAB异常释放次数	次
1526727329	L. E-RAB. AbnormRel. HOOut. QCI. 4	切换出QCI为4的E-RAB异常释放次数	次
1526727330	L. E-RAB. AbnormRel. HOOut. QCI. 5	切换出QCI为5的E-RAB异常释放次数	次
1526727331	L. E-RAB. AbnormRel. HOOut. QCI. 6	切换出QCI为6的E-RAB异常释放次数	次
1526727332	L. E-RAB. AbnormRel. HOOut. QCI. 7	切换出QCI为7的E-RAB异常释放次数	次
1526727333	L. E-RAB. AbnormRel. HOOut. QCI. 8	切换出QCI为8的E-RAB异常释放次数	次
1526727334	L. E-RAB. AbnormRel. HOOut. QCI. 9	切换出QCI为9的E-RAB异常释放次数	次
1526728247	L. E-RAB. AbnormRel. HOOut	切换出E-RAB异常释放总次数	次

5. 异常释放原因计数器

表10-5所示为异常释放原因分类对应的计数器。小区E-RAB异常释放原因统计包括以下：

(1) MME主动发起E-RAB释放流程。当eNodeB收到来自MME的E-RAB Release Command消息时，且释放原因不为Normal Release、Detach、User Inactivity、CS Fallback Triggered、Inter-RAT Redirection、UE Not Available For PS Service时，则统计L. E-RAB. AbnormRel. MME指标。如果E-RAB Release Command消息中要求同时释放多个E-RAB，则指标L. E-RAB. AbnormRel. MME按具体业务数目进行累加。

(2) MME主动发起UE CONTEXT释放流程。当eNodeB收到来自MME的UE Context Release Command消息时，会释放UE的所有E-RAB。当释放原因不为Normal Release、Detach、User Inactivity、CS Fallback Triggered、Inter-RAT Redirection、UE Not Available For PS Service时，统计L. E-RAB. AbnormRel. MME指标，指标L. E-RAB. AbnormRel. MME按具体业务数目进行累加。

(3) 当eNodeB向MME发送E-RAB Release Indication消息，当释放原因为无线层错误时，统计L. E-RAB. AbnormRel. Radio指标，无线层错误描述请参考3GPP TS36. 413协议[18]定义；当释放原因为传输层错误时，统计L. E-RAB. AbnormRel. TNL指标，传输层错误描述请参考文献[18]定义；当释放原因为网络拥塞时，统计L. E-RAB. AbnormRel. Cong指标。如果E-RAB Release Indication消息中要求同时释放多个E-RAB，则相应指标根据具体业务数目按上述原因分别进行累加。

(4) 当 eNodeB 向 MME 发送 UE Context Release Request 消息，会释放 UE 的所有 E-RAB。当释放原因为无线层错误时，统计 L. E-RAB. AbnormRel. Radio 指标；当释放原因为传输层错误时，统计 L. E-RAB. AbnormRel. TNL 指标；当释放原因为网络拥塞时，统计 L. E-RAB. AbnormRel. Cong 指标，本指标统计包括因抢占和资源拥塞导致的异常释放；当释放原因为切换失败时，统计 L. E-RAB. AbnormRel. HOFailure 指标。相应指标根据具体业务数目按上述原因分别进行累加。并且在 MME 回复 UE Context Release Command 消息时，该指标不会被重复记录。

表 10-5　小区 E-RAB 异常释放原因计数器

指标 ID	测量指标	指标描述	单位
1526728282	L. E-RAB. AbnormRel. Radio	无线层问题导致的 E-RAB 异常释放次数	次
1526728283	L. E-RAB. AbnormRel. TNL	传输层问题导致的 E-RAB 异常释放次数	次
1526728284	L. E-RAB. AbnormRel. Cong	网络拥塞导致的 E-RAB 异常释放次数	次
1526728291	L. E-RAB. AbnormRel. HOFailure	切换流程失败导致 E-RAB 异常释放次数	次
1526728292	L. E-RAB. AbnormRel. MME	核心网问题导致 E-RAB 异常释放次数	次

10.2　掉话机制

为了进一步分析和确认异常释放的原因，需要对层 2(L2)和层 3(L3)的掉话机制进行了解。

10.2.1　L2 掉话机制

L2 掉话机制包括：RLC 达到最大重传次数；UE 重同步定时器超时，包括上行失步和下行失步。接下来分别介绍这两类掉话机制。

1. RLC 达到最大重传次数引起异常释放

这里所指的 RLC 重传达到最大次数包括 SRB 重传达到最大次数和 DRB 重传达到最大次数。RLC 发起重传的原因包括以下三种：

(1) DRB 重传：收到对端的状态 PDU 的负确认(NACK)。

(2) SRB 重传：没有收到对端的状态 PDU，没有新数据发送，同时 Polling 周期定时器超时。

(3) DRB 重传：没有收到对端的状态 PDU，发送窗满，同时 Polling 周期定时器超时。

如图 10-7 所示，对应场景 1，在 MAC 层发送 RLC 数据时，当出现几次 HARQ 重传都失败的情况，才会有 RLC 层的负确认。在业务保持过程中(eNodeB 侧 RLC 缓存有数据待发送)，通常是由于弱覆盖、信号陡降或用户拔卡的情况下，则易引起 DRB 达到最大重传次数引起的异常释放，在 DRB 达到最大重传次数（以 QCI9 为例，最大重传次数 ENodeBMaxRetxThreshold 默认为 32 次）后，等待时间 Polling（周期定时器 EnodeBPollRetransmitTimer，默认值 50ms)，L2 会上报 L3 RLC Unrestore 指示，L3 启动延迟释放定时器，在等待延迟释放定时器超时后掉话。延迟释放时间(UeRelDelayTimer)默认时间是 20s。

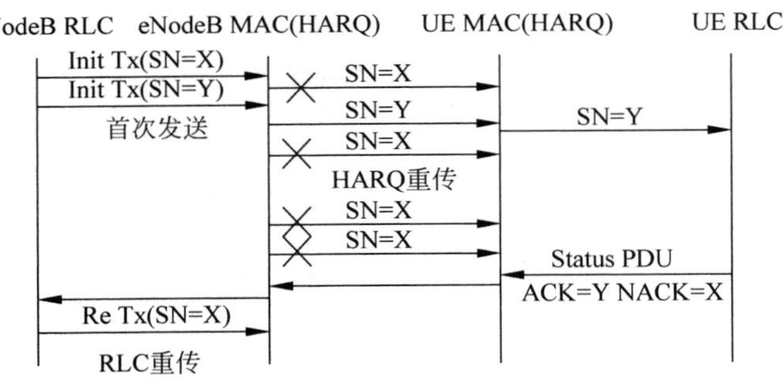

图 10-7　收到对端的状态 PDU 的负确认

对于场景 2 和 3，都是在没有收到对端状态 PDU 的情况下，由 Polling 周期定时器超时触发的 RLC 重传。没有收到对端状态 PDU 的原因有两个：①UE 侧根本就没有收到任何 RLC PDU，也就不会响应状态 PDU，如图 10-8 所示，对应下行数据发送失败的情况；②UE 响应的状态 PDU，由于上行误码的原因没有到达 eNodeB，如图 10-9 所示，对应上行数据发送失败的情况。

在现网中，RLC 达到最大重传次数引起异常释放，大多是因为 SRB 上下发的 RRC 连接重配置消息 RRC Connection Reconfiguration 无法到达 UE，如图 10-8 所示。

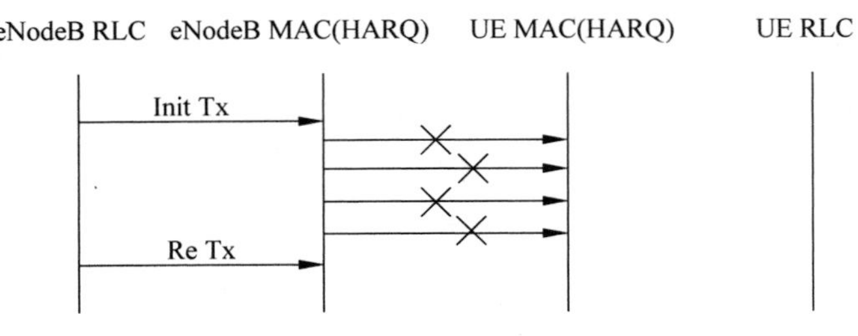

图 10-8　下行数据发送失败

2. UE 重同步定时器超时

在 eNodeB 侧检测到的失步称为上行失步，在 UE 侧检测到的失步称为下行失步。eNodeB 检测上行失步的方法包括：①eNodeB 连续 *N* 次下发 TA 但没有收到 TA_ACK；②检测到 eNodeB L1 基带上行连续 N 次没有上报 TA 值到 L2，两种方法中任意组合连续

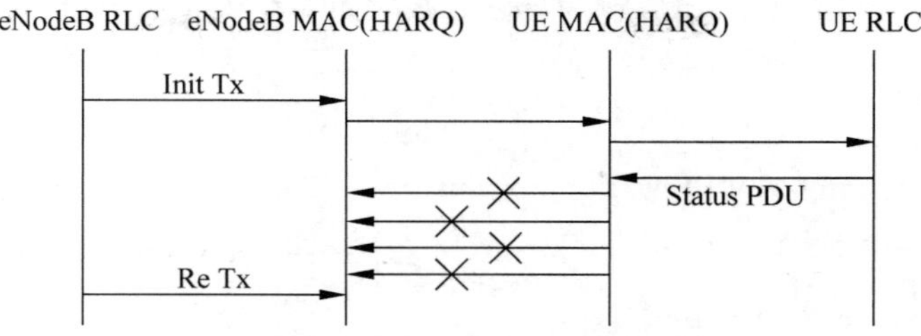

图 10-9　上行数据发送失败

达到 N 次，就判断为上行失步，N 标识 eNodeB 在 TA 定时器内 eNodeB 下发 TA MCE 的次数(N 默认值为 2)。UE 检测下行失步的方法是通过周期性地测量导频信号，如果导频信号低于所要求的门限，则认为检测到一次失步异常，连续 N 次(N310)检测到失步，则认为无线链路失败(Radio Link Failure，RLF)，需要发起 RRC 重建流程。

UE 重同步定时器超时分为以下 4 种情况：

(1) eNodeB 检测到上行失步，且有下行数据要发送。如图 10-10 所示，在第 6 步发送专用 Preamble 消息给 UE 后时，L2 MAC 会启动重同步定时器，如果重同步定时器超时还没有收到 UE 响应的专用 Preamble，则上报 L3，指示由于下行数据触发的重同步失败，L3 启动延迟释放定时器，在延迟释放定时器超时后 L3 释放 UE。

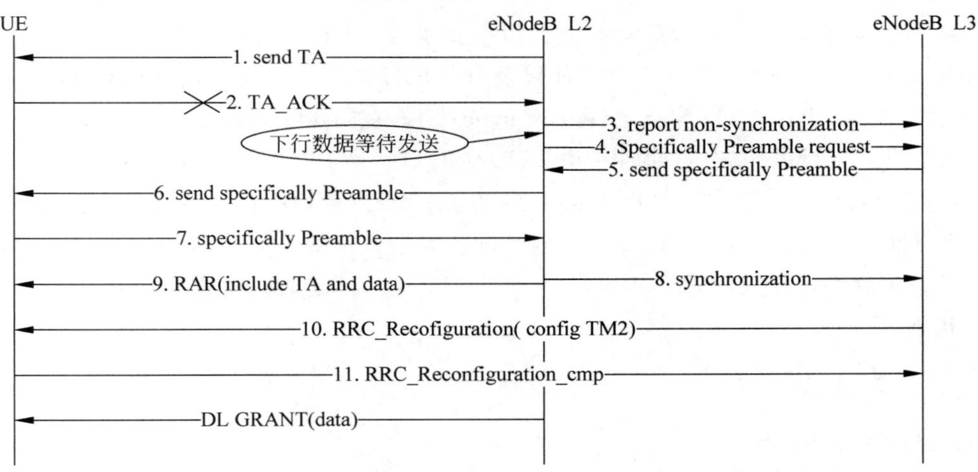

图 10-10　eNodeB 检测到上行失步，且有下行数据要发送

(2) UE 检测到下行失步，且有上行数据要发送。处理流程与初始接入流程相同(见图 3-3)，UE 发起竞争的随机接入，收到随机接入响应(RAR)则同步成功。

(3) eNodeB 检测到上行失步，且没有下行数据要发送。如图 10-11 所示，启动重同步定时器，重同步定时器超时没有收到 UE 的重同步，则主动启动专用 Preamble 请求，下发专用 Preamble，同时再启动一个 1s 的定时器，如果 1s 内还没有重同步上，则上报 L3，指示重同步定时器超时，L3 释放 UE，该释放为异常释放；如果在 1s 定时器超时前重新取得同步，则也指示 L3 释放 UE，释放原因为 User inactivity，该释放为网络侧正常释放。

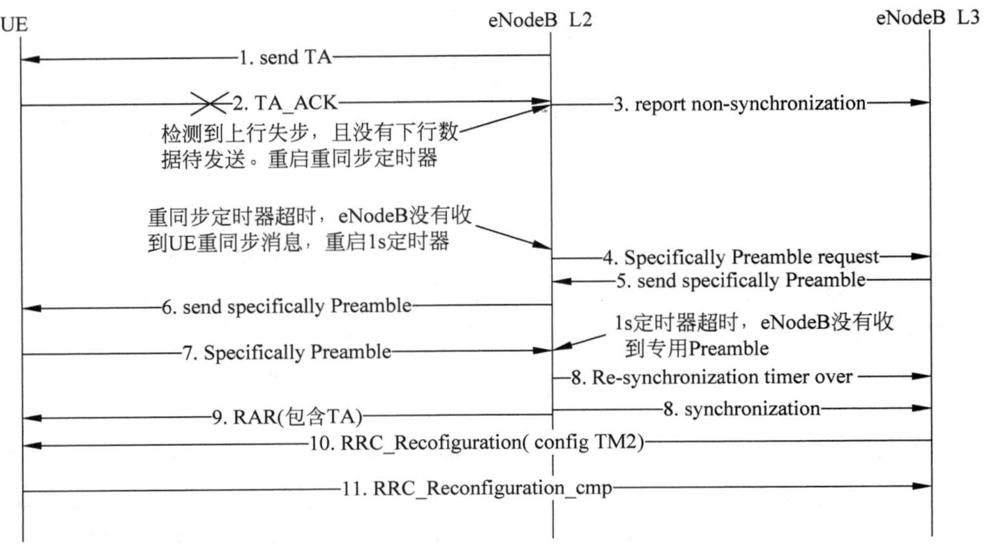

图 10-11 eNodeB 检测到上行失步，且没有下行数据要发送

(4) UE 检测到下行失步，且没有上行数据要发送。UE 通过周期性测量导频信号，根据 3GPP TS 36.311 协议[19]，当 PDCCH 以及 PCFICH 的 BLER 高于门限值 Q_{out}，则当前链路处于失步状态，上报 L3 失步指示(out-of-sync)；L3 在同步状态连续收到 N310 个失步指示，则认为发生下行链路失步，同时启动 T310 定时器。当 PDCCH 以及 PCFICH 的 BLER 低于门限值 Q_{in}，则当前链路处于同步状态，上报同步指示，在 T310 超时前，若收到连续 N311 个同步指示(in-sync)，则认为 UE 恢复同步状态；否则，若 T310 定时器超时，UE 触发 RRC 重建流程，同时启动 T311 定时器，若 T311 定时器超时仍未重建成功，则 UE 进入 IDLE 状态。

10.2.2 L3 掉话机制

1. 空口定时器超时

在 eNodeB 侧成功下发需要确认模式(AM)的信令(如 RRC Connection Reconfiguration 消息)后，启动等待 UE Uu 口响应定时器(UuMessageWaitingTimer，默认值 5s)，若 UuMessageWaitingTimer 定时器超时后未收到 UE 回复的信令，对于普通信令，则直接在 UuMessageWaitingTimer 定时器超时后发起 RRC 连接异常释放；若为特殊信令，则会启动延迟释放定时器，等待延迟释放定时器超时发起 RRC 连接异常释放，发生掉话。

注意：①延迟释放定时器默认配置为 T310＋T311＋20s；②特殊信令指 RRC

Connection Reconfiguration 消息，包括 E-RAB 的建立、修改和删除，以及测量控制和切换执行等操作时发送该消息。

2. X2/S1 定时器超时

在 X2 接口切换过程中，当源 eNodeB 向 EPS 发送完 Path Switch Request 消息后，会启动 X2 接口定时器（X2MessageWaitingTimer，默认配置 20s），当 X2MessageWaitingTimer 定时器超时后，仍然没有收到目标 eNodeB 发送的 UE Context Release 消息，则源 eNodeB 向 MME 发送 UE Context Release Request 消息，发起 RRC 连接异常释放，发生掉话。

在附着过程中，当 eNodeB 发送完 Initial UE Message 消息后，会启动 S1 接口定时器（S1MessageWaitingTimer，默认值 20s），当 S1MessageWaitingTimer 定时器超时后，仍然没有收到 EPC 侧下发的 Initial Context Setup Request 消息，则 eNodeB 向 MME 发送 UE Context Release Request 消息，发起 RRC 连接异常释放，发生掉话。此时只会统计 Context 异常释放，不会统计 E-RAB 异常释放（因为 E-RAB 还没有成功建立）。

10.3 影响掉话的关键定时器

定时器在呼叫流程的各个阶段都起到非常重要的作用，表 10-6 中对与掉话相关的关键定时器的含义以及取值做了详细描述。

表 10-6　与掉话相关的关键定时器

参数名称	参数含义	取值范围及设置建议
T304ForEutran	UE 等待系统内切换成功的定时器长度（T304）。在 UE 收到包含 MobilityControl Info 信元的 RRC Connection Reconfiguration 消息后定时器启动。在定时器超时前如果收到 UE 切换完成，则定时器停止。若定时器超时，则表明 UE 在该时长内无法完成对应的 e-UTRAN 系统内切换切换过程，则进行相应的资源回退，并发起 RRC 连接重建过程	取值为[50，100，150，200，500，1000，2000]ms，默认值：500，建议值：1000 该参数设置过大会造成切换失败后迟迟无法回到源小区，造成用户感知下降，甚至掉话；设置过小会导致切换流程尚未完成的情况下就产生切换失败
T304ForGeran	UE 切换到 GERAN 系统时的 T304 定时器。在 UE 收到包含 CellChangeOrder 的 Mobility From EUTRA Command 消息后启动。在超时前如果收到 UE 切换完成，则定时器停止。定时器超时，则进行相应的资源回退，并发起 RRC 连接重建过程	取值为[100，200，500，1000，2000，4000，8000]ms 默认值：8000

续表

参数名称	参数含义	取值范围及设置建议
T301	UE 找到合适小区发起重建，在该计时器超时前需完成重建。T301 是等待 RRC 重建响应的定时器长度。UE 在发送 RRC Connection Reestabilshment Request 时启动该定时器。定时器超时前，如果 UE 收到 RRC Connection Reestablishment 或者 RRC Connection Reestablishment Reject 或者被选择小区变成不适合小区，则停止该定时器。定时器超时后，UE 进入 RRC_IDLE 态	取值为[100，200，300，400，600，1000，1500，2000]ms 建议值：200
T311	失步后在特定时间内寻找合适小区的定时器，即 UE 监测到无线链路失败后转入 IDLE 状态或发起 RRC 连接重建的定时器长度。UE 高层接收到 N310 个连续失步指示，启动该定时器；接收 N311 个连续同步指示，停止该定时器。定时器超时，如果安全没有被激活，则 UE 进入 RRC_IDLE 态；否则初始化连接重建立过程	取值为[1000，3000，5000，10000，15000，20000，30000]ms，默认值：10000，建议值：10000 设置越大，UE 进行小区重选过程中所被允许的时间越长，RRC 连接重建过程越滞后。设置越小，UE 进行小区重选过程中所被允许的时间越短，且重选到原小区的概率增加，RRC 连接重建过程越提前
T310	多长时间失步则进入重建的定时器，即 T310 是连接模式下 UE 检测无线链路失败的定时器。当定时器 T300、T301、T304、T311 都没有运行时，UE 的 RRC 层检测到物理层故障时，启动定时器 T310。该定时器运行期间，如果无线链路恢复，或者触发切换流程，或者 UE 发起连接重建流程，则停止该定时器，否则一直运行。该定时器超时，认为无线链路失败，UE 上报原因值为 RL FAILURE 的 RRC Connection Reestablishment 消息通知 eNB 空中接口下行失步	取值为[0，50，100，200，500，1000，2000]ms，建议值：1000 设置越大，UE 检测到无线链路下行失步的时间就越长，此时间内相关资源无法及时释放，也无法发起恢复操作或响应新的资源建立请求，影响用户的感知。设置越小，UE 察觉到无线链路偶而的闪断就越敏感，从而导致频繁对原本可以迅速自我恢复的无线链路上报 RRC Connection Reestablishment，造成不必要的小区更新，增加处理负载
N310	N310 是连接模式下 UE 从物理层接收到连续下行失步指示的最大次数。在 UE 进行无线链路检测时，如果估计的 PDCCH 的 BLER 超过门限 Q_{out} 则会上报一个失步指示，当连续收到的失步指示等于 N310 时，则会触发定时器 T310 的启动	取值为[1，2，3，4，6，8，10，20]，建议值：10 设置越大，UE 对无线链路失步的判断就越不敏感，可能造成本来不可用的无线链路迟迟不能被上报无线链路失步，进而无法触发后续的恢复或重建操作。设置越小，无线链路传输的可靠性越高，但相应地也会增加可恢复性无线链路闪断的误判，可能导致 UE 频繁上报原因值为 RL FAILURE 的 RRC Connection Reestablishment 消息

续表

参数名称	参数含义	取值范围及设置建议
N311	N311 是连接模式下 UE 从物理层接收连续下行同步指示的最大个数。在 UE 进行无线链路检测时，定时器 T310 运行期间会对 PDCCH 的 BLER 进行估计，当 BLER 小于 Q_{in} 门限时，上报一个同步指示，当连续收到的同步指示数目等于 N311 时，会停止定时器 T310	取值为[1,2,3,4,5,6,8,10]，建议值：1 设置越大，可以保证无线链路恢复下行同步的可靠性，但相应地会增加导致 T310 超时的风险，一旦 T310 超时，就会触发 RL FAILURE 原因的连接重建流程；设置越小，增加判断下行链路恢复可用的风险，造成本来没有正确恢复下行同步的无线链路被认为成功恢复的误判可能性就越大，但由此导致的 T310 超时的风险会越小
UeInactiveTimer	UE 不活动定时器长度，定时器配置为非 0 时，UE 在连续没有业务的时间超过该定时器时长时会被释放。该参数用来指示 eNodeB 对 UE 是否发送和接收数据进行监测，如果 UE 一直都没有接收和发送数据，并且持续时间超过该定时器时长，则释放该 UE。配置为 0 表示不限制	取值[0～3600]s，默认值：20，建议值：20 设置越小，UE 在没有业务情况下，越早被释放，可能会导致用户频繁发起 RRC 连接请求。设置越大，UE 在没有业务的情况下，越晚被释放，UE 会保持更长的在线时间，占用无线资源

RRC 连接重建过程与定时器运行机制密切相关，也是掉话优化分析的重点内容，下面对 RRC 重建工作机制和流程进行分析。协议 3GPP TS 36.331(见参考文献[13])规定发起 RRC 连接重建(重建初始化)的条件包括：①检测到无线链路失败；②切换失败；③e-UTRAN 侧移动性失败；④底层制式完整性校验失败；⑤RRC 连接重配失败。

RRC 重建流程如图 10-12 所示。在 RRC 重建初始化阶段，UE 将停止定时器 T310(如果正在运行)，启动定时器 T311，并进行小区选择。

当选择一个合适的 E-UTRAN 小区后，意味着 RRC 重建初始化完成，此时，UE 停止定时器 T311，启动定时器 T301，发送 RRC Connection Reestablishment Request 消息。这一过程也同样适用于 UE 选择返回源小区的情况。在定时器 T311 运行过程中，如果 UE 选择了一个不同 RAT 的小区时(发生了不同系统间选择)，UE 将离开 RRC_CONNECTED 状态，RRC 连接重建失败。

当 UE 接收 RRC Connection Reestablishment 消息，UE 停止定时器 T301，UE 发送 RRC Connection Reestablishment Complete 消息，连接重建成功，UE 返回 RRC_Connected 状态。当 T301 定时器超时或接收到 RRC Connection Reestablishment Reject 消息，UE 将离开 RRC_CONNECTED 状态，同时 RRC 连接重建失败。

由图 10-12 可以看出，通过设置定时器 T311 来延长重建过程中 UE 进行小区选择的时长，设置定时器 T301 来延长重建时长，无线环境的可能改善，即增加了小区选择和小区重建成功的机会,减少掉话的发生。通过定时器优化调整,可以提高RRC重建成功率,从而降低掉话率。但相关定时器如果设置较大,虽然可以减少部分掉话,但重建过程越滞后,也会影响用户感知,对定时器的设置范围需要综合权衡。

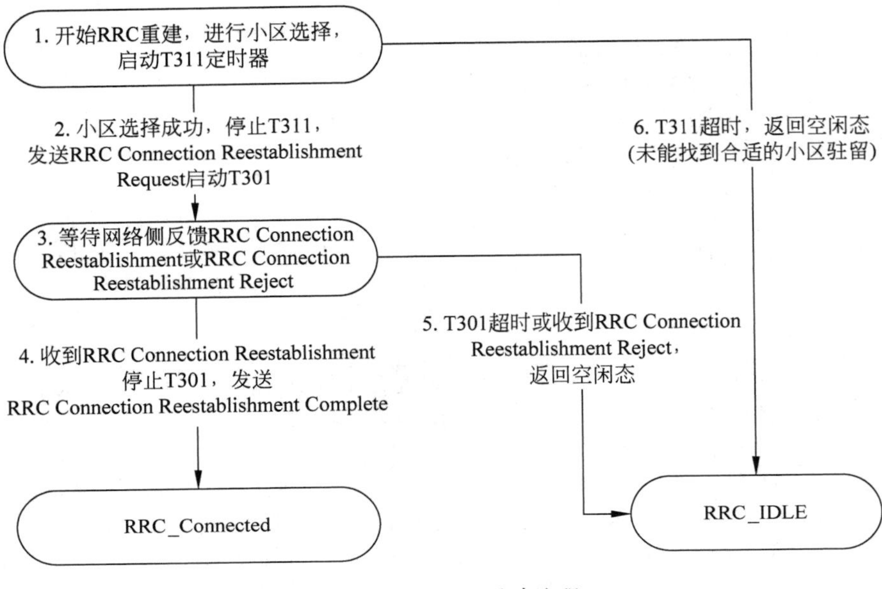

图 10-12　RRC 重建流程

10.4　掉话问题定位及分析

掌握了掉话机制和掉话的相关定义作为分析基础,在实际网络掉话优化过程中,最重要的是理清掉话分析的思路和流程,将掉话问题分类和隔离判断,结合路测数据和话统数据,有的放矢地进行有针对性的判断。

掉话分析的整体流程如图 10-13 所示。针对掉话指标的分析通常需要从两个方面入手:

(1) 判断是否是整网级别的掉话率恶化,如果整网掉话率恶化,则按照全网掉话率分析流程进行定位。

(2) 排除全网掉话原因后,如果掉话率依旧没有改善,则需要分析小区级别的掉话率指标,重点进行 Top 小区掉话分析。

10.4.1　整网掉话率分析

整网掉话率分析具体流程包括:

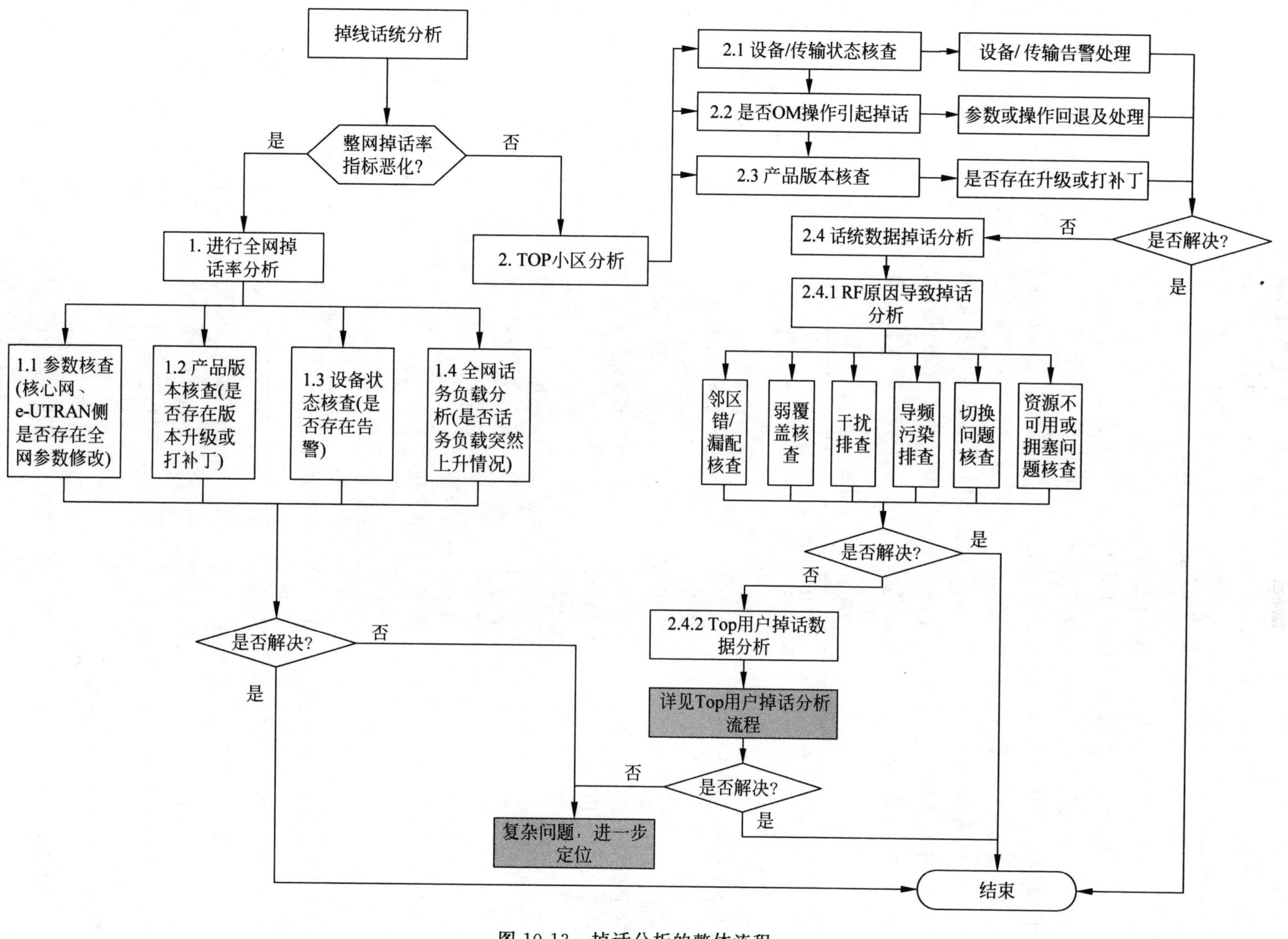

图 10-13　掉话分析的整体流程

(1) 在话统侧获取全网的掉话率指标以及趋势，掉话率趋势分析至少需要分析 1～2 周左右的数据。如果全网的掉话率指标突然偏高，则可能是下列因素导致，需要执行以下检查：①检查全网是否做过重大动作更新，如割接、搬迁等。②检查是否存在核心网侧的版本变更或参数更改。③是否存在 e-UTRAN 侧参数的更改，如定时器的修改、算法开关的调整等。④检查系统是否做过版本升级、打补丁等动作。⑤进行全网话务量趋势统计分析，分析是否由于整网网络负载突然增加影响到掉话率上升。网络负载的分析通常可通过 E-RAB 尝试建立的次数及成功次数的分布来判断。分析是否存在重大活动如重要节假日或放号导致网络负载陡然上升等。⑥进行设备告警分析，检查是否存在传输告警：观察 S1 口传输是否出现问题；检查是否存在设备告警，重点观察 eNodeB 侧是否存在告警。

(2) 在排除上述影响因素之后，如果全网的掉话率指标依旧一直偏高，需要通过分析 RRC 异常释放原因值计数器，分析一下异常释放原因分布的比例，针对引起掉话问题分类原因进行分析处理。需重点关注的异常释放原因计数器统计如表 10-7 所示。

表 10-7　异常释放原因计数器

指标名称	指标描述	处理建议
L. E-RAB. AbnormRel. MME	核心网问题导致 E-RAB 异常释放次数	①协调核心网排查(是否升级或参数修改，主要是原因值修改)；②跟踪 S1/UU 口 Log，观察 S1 接口释放原因值的变化；③观察重建失败次数趋势是否与 MME 增多趋势吻合
L. E-RAB. AbnormRel. Radio	无线层问题导致的 E-RAB 异常释放次数	①邻小区漏配核查；②覆盖排查、确认是否存在大面积弱覆盖区域；③干扰排查、确认是否存在上行干扰
L. E-RAB. AbnormRel. HOFailure	切换流程失败导致 E-RAB 异常释放次数	①切换相关参数核查(门限/迟滞/小区半径)；②邻区关系合理性核查
L. E-RAB. AbnormRel. TNL	传输层问题导致的 E-RAB 异常释放次数	①S1 口相关的告警排查(SCTP 链路/S1 接口)；②S1 口 IPPATH 配置问题；③需要观察 S1 口/X2 口传输是否出现问题，排查传输引起的告警，如闪断等
L. E-RAB. AbnormRel. Cong	网络拥塞导致的 E-RAB 异常释放次数	①参数核查(核查抢占开关)；②问题小区小区用户数核查

(3) 在排除了(1)和(2)原因之后，如果全网的掉话率指标仍然偏高，则需要分析小区级别的掉话率指标，把小区级的掉话率指标和掉话绝对次数按从高到低的顺序进行排序，优先分析掉话绝对次数多而且掉话率也很高的 Top 小区，进行 Top 小区掉话指标分析。

10.4.2　Top 小区掉话分析

掉话率高的 Top 小区的选取需要遵循以下原则：①小区的掉话率指标要低于全网平均

掉话率指标；②按照异常掉话绝对次数将小区进行从大到小的降序排列。

如图 10-13 所示，在确定了 Top 小区后，需要按照如下流程对 Top 小区进行分析：

(1) 与全网分析流程类似，首先需要针对 Top 小区进行如下几个方面的数据核查：①Top 小区是否做过重大动作，如割接、搬迁等；②检查 eNodeB 侧是否存在该 Top 小区相关的告警信息；检查是否存在传输告警；检查该小区所属 eNodeB 的告警，确认该小区没有出现故障等信息；常见的告警如 RRU 相关的告警、通道相关的告警、传输相关的告警、基带板相关的告警等；③Top 小区所在核心网是否存在参数更改；④Top 小区是否存在 OM 操作，如去激活小区、重启单板等；⑤Top 小区负载趋势分析：分析是否由于网络负载突然增加影响到掉话率上升，是否存在演唱会、大型体育赛事等对小区负载的影响；⑥是否存在参数修改：需要检查小区参数在掉话率异常期间是否存在修改，如定时器的修改、算法开关的调整等。与掉话率相关的几个重要参数如表 10-6 所示，这些参数的基线值会随着版本优化可能有所更新。

(2) 进行话统数据掉话分析。以华为设备为例，可以通过 CHR 数据分析小区级掉话原因(CHR 记录通话建立和结束时的重要信令，可用于辅助进行问题小区分析)，获取导致掉话的各种原因的比例，按照比例从高到低的顺序分别针对不同的原因进行分析。常见的 CHR 掉话原因值与可能的原因对应关系如表 10-8 所示。依据 CHR 数据所对应的实际掉话原因进行分析处理，首先需要分析是否存在 RF 原因导致掉话。导致掉话的常见 RF 原因包括邻小区错配/漏配、弱覆盖、上/下行干扰、切换、导频污染等，将在 10.5 节的常见掉话原因中进行详细分析。

表 10-8　CHR 释放原因与实际掉话原因对应关系

编号	CHR 打点内部释放原因	RF 原因	流程问题	传输问题	设备异常	UE 异常
1	UEM_UECNT_REL_AUDIT_CELLM_RELEASE				√	
2	UEM_UECNT_REL_HO_OUT_X2_REL_BACK_FAIL	√	√	√		√
3	UEM_UECNT_REL_RB_RECFG_FAIL	√	√			√
4	UEM_UECNT_REL_RRC_REEST_OTHER_RB_RESTORE_FAIL	√	√			√
5	UEM_UECNT_REL_RRC_REEST_SRB1_FAIL	√	√			√
6	UEM_UECNT_REL_SAE_BEARER_REL_NUM_MAX	√		√		√
7	UEM_UECNT_REL_SCTP_ABORT			√		
8	UEM_UECNT_REL_UE_RESYNC_TIMEROUT_REL_CAUSE	√				√
9	UEM_UECNT_REL_WAIT_RRC_CONN_RECFG_RSP_TIMEOUT	√				√
10	UEM_UECNT_REL_S1_UESR_ABORT			√	√	
11	UEM_UECNT_REL_UE_RLC_UNRESTORE_IND	√				√

注：√表示 CHR 打点内部释放原因与可能的掉话原因对应，空白表示二者不对应。

(3) 排除 RF 原因后，进一步分析小区中是否有掉话次数多的掉话 Top 用户存在。如果存在掉话 Top 用户，需要对该用户的数据文件进行详细分析。针对 Top 小区内出现的 Top 用户的掉话数据文件分析定位思路如图 10-14 所示。

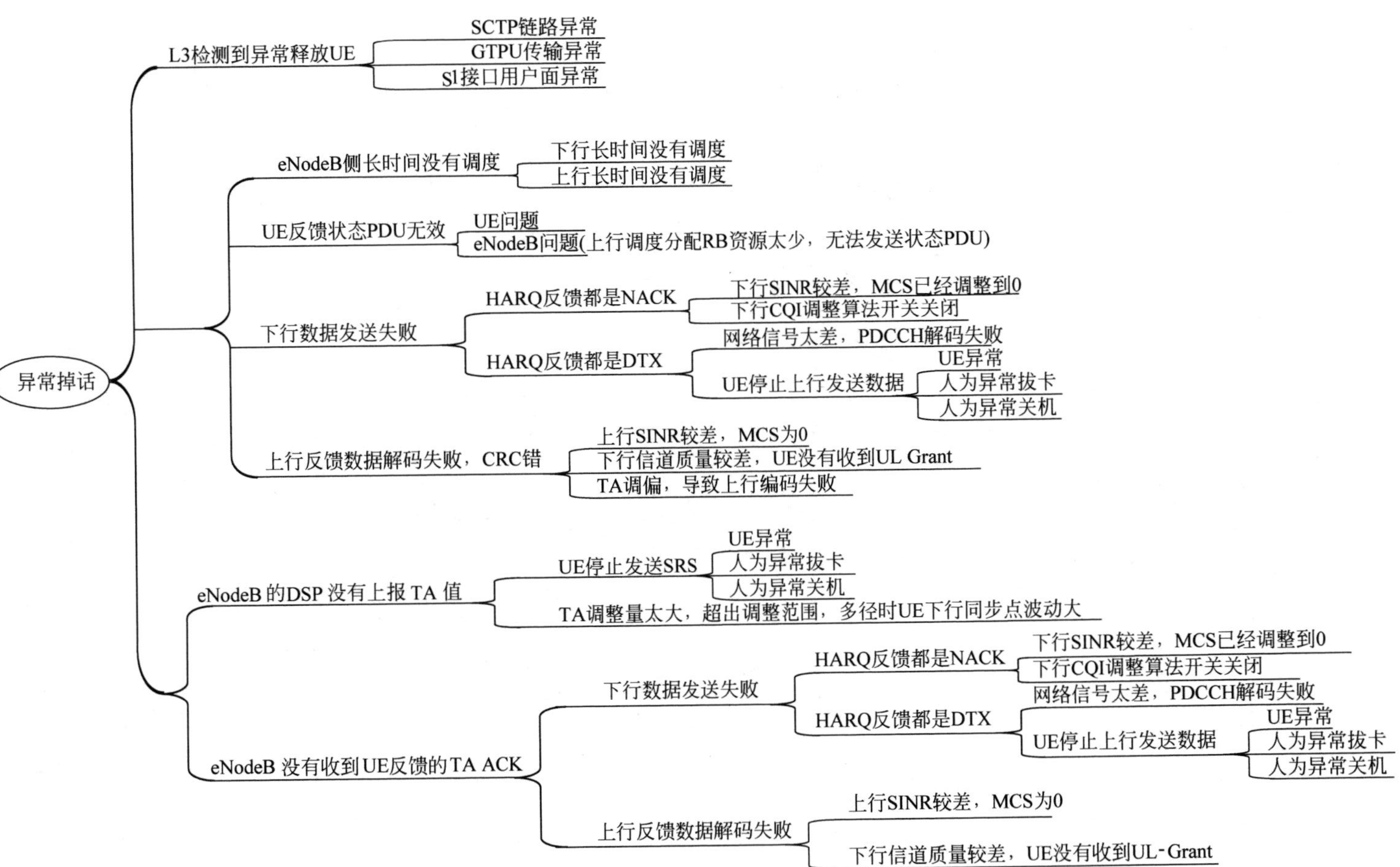

图 10-14　Top 用户掉话数据文件分析定位思路

结合掉话统计分析结果，对 Top 小区实施优化措施，在优化措施实施后对比该小区的掉话率指标是否改善。如果满足网络优化要求，则结束掉话优化；否则，重新进行 Top 小区优化分析。

10.5　常见掉话原因分析

引起掉话的常见原因包括弱覆盖、邻区漏配、切换异常、干扰、拥塞和设备故障以及流程交互失败等，下面分别对这些原因进行分析。

10.5.1　弱覆盖导致掉话

第 7 章在典型覆盖问题分析中已经对弱覆盖的现象进行了分析，由于弱覆盖导致的掉话，通常有以下表现，如图 10-15 所示。

(1) 掉话前服务小区的 RSRP 持续变差(如 RSRP≤－105dBm)，同时服务小区的 SINR 也一起持续变差(如 SINR≤－5dB)。

(2) 掉话后可能会在一段时间内(数秒至数分钟不等，取决于实际网络覆盖情况)，UE 无数据上报(类似于 UE 脱网)。

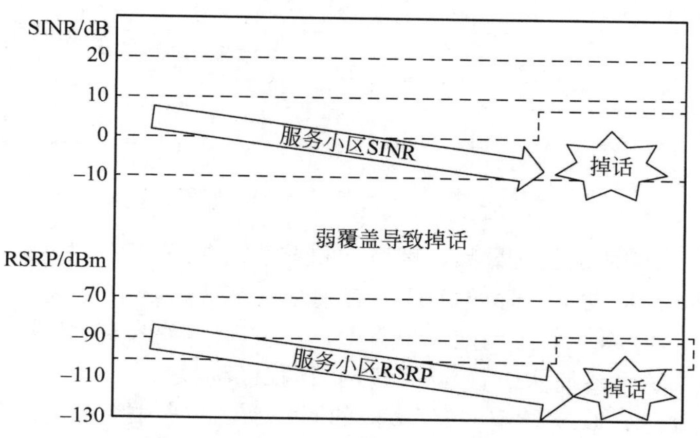

图 10-15　弱覆盖导致的掉话

对于弱覆盖在话统数据中的表现，通过获取对应小区的小区全带宽 CQI 的上报次数、PDSCH 上各个 MCS 索引值的调度次数、PUSCH 上各个 MCS 索引值的调度次数计数器指标，观察 CQI 和 MCS 的分布情况，如果整体分布情况都处于低阶，则需要通过路测进行确认，并实施覆盖调整。在判断属于弱覆盖情况后，解决此类掉话的措施，主要是改善弱覆盖情况，具体的操作步骤和手段详见 7.3.4 节。

10.5.2 邻区漏配导致掉话

通常网络建设初期优化过程掉话大多数是由于邻区漏配导致的。定位邻区漏配可通过Scanner进行扫频，观察是否有更强的且不在邻小区列表中的小区。除用Scanner扫频外，也可以结合路测数据的信令，定位到掉话时间点，来对邻区漏配进行确认。如图10-16所示，由于邻区漏配导致的掉话，通常有以下现象：

(1) 掉话前服务小区的RSRP持续下降，但总体RSRP不差(通常大于−105dBm)。

(2) 掉话前服务小区的SINR变差(因为受到邻区信号的干扰)。

(3) 掉话前，UE(连续)上报测量报告消息，测量报告消息中UE上报有符合A3(或者A5，取决于系统设置)事件的目标邻区。

(4) 在当前服务小区下发的系统(邻区)消息中，并没有包含测量报告消息中UE上报的目标邻区。

(5) 掉话后UE通常会发起小区重选，并重选到一个新的小区。

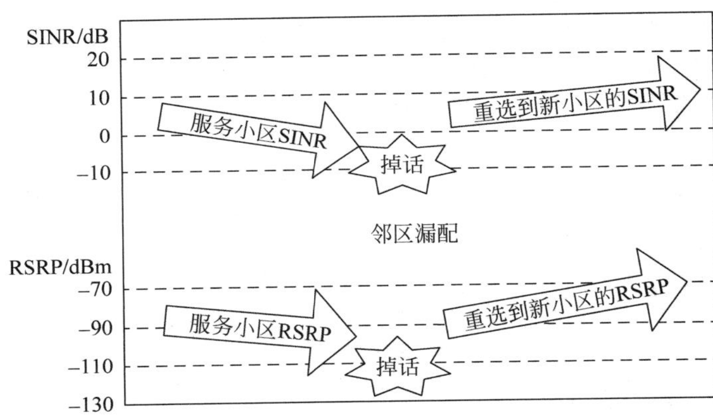

图10-16 邻区漏配导致的掉话

邻区漏配导致的掉话也包括异频邻区漏配和异系统邻区漏配。异频邻区漏配的确认方法和同频基本相同，掉话发生的时候，UE没有测量或者上报异频邻区，而UE掉话后重新驻留到异频邻区上。异系统邻区漏配表现为UE在LTE网络掉话，掉话后UE重新选网驻留到异系统网络，且从信号质量来看，异系统网络的质量很好。

解决邻区漏配问题，通过OMC在掉话前的服务小区列表中添加漏配的邻区，开启自优化功能的自动邻区关系(Automatic Neighbour Relation，ANR)功能，完善邻区配置。

10.5.3 切换失败导致掉话

由切换失败导致的掉话，通常有以下表现：

(1) 在掉话前UE曾发出测量报告(满足切换的测量配置门限)，并能收到eNodeB发来的RRC Connection Reconfiguration消息。

(2) UE切换到RRC Connection Reconfiguration消息所带的目标小区后，在该小区的

BCCH-SCH 上接收到广播消息(SIB1)。

(3) UE 收取目标小区的广播消息之后，立即上报 RRC 连接重建立请求 RRC Connection Reestablishment Request(原因为切换失败)。

(4) 通常 UE 在切换失败后，会发起切换回到源小区的"RRC 连接重建立请求"，并且此类 RRC 连接重建立大部分都是成功的，此类 RRC 连接重建通常也会在 100ms 内完成。

对于定位切换失败引起的掉话，重点是分析切换失败的原因，相关分析方法请见第 5 章相关内容。

10.5.4　干扰导致掉话

由第 7 章可知，干扰分类依据较多，本节为了便于简化，着重从上下行干扰的角度对干扰引起的掉话现象进行分析。如图 10-17 和图 10-18 所示，上下行干扰引起的掉话会有以下表现：

(1) 上行干扰。当只有上行链路受到干扰的时候，下行链路并无异常表现；但 UE 的发射功率通常较高(接近 UE 最大发射功率，如大于 20dBm)，基站侧测得的 RSSI 偏高(如大于－85dBm)。

(2) 下行干扰。当只有下行链路受到干扰时，上行链路并无异常变现；UE 测得的 RSRP 较好(如大于－90dBm)，但 SINR 较差(例如小于 0dB)。

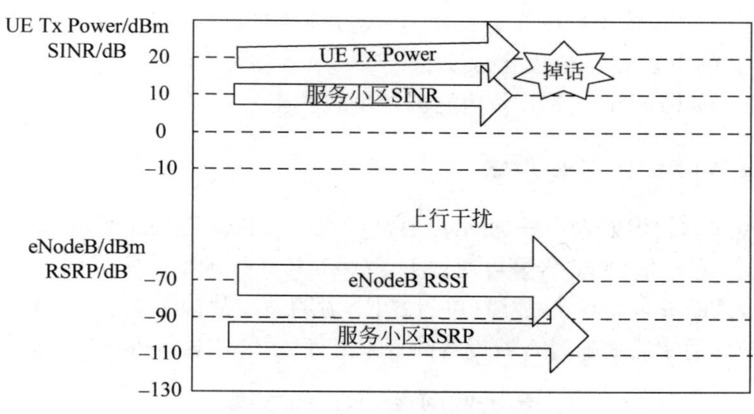

图 10-17　上行干扰导致掉话

若判定掉话是由干扰导致，则需要进行干扰分析，对干扰问题的定位分析和优化方法请见第 7 章相关内容。

10.5.5　拥塞导致掉话

当系统资源不足且用户数较多时，容易出现拥塞。拥塞导致的掉话会有如下现象：

(1) 查看掉话时小区的用户数、话务量等情况，确认小区处于高负载状态，小区实时激活用户数较多。

(2) 小区的呼叫建立成功率和掉话率指标恶化。

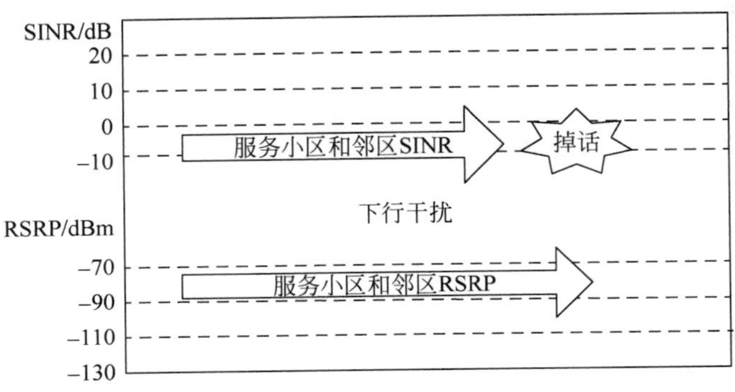

图 10-18　下行干扰导致掉话

(3) 出现由于小区资源不足而导致接纳拒绝的情况。

(4) 小区的发射功率接近饱和。

解决拥塞的方法,从两个方面入手:

(1) 增加系统容量,包括增加小区功率、压缩开销信道的功率和 RB 资源、进行功率控制(分配)相关参数的优化、进行基站扩容(增加基站、扇区、带宽)。

(2) 改变网络拓扑结构、均衡话务负载。对于出现功率过载的小区,可以考虑适当收缩覆盖(增大天线下倾角、减小扇区发射功率);改善话务热点的拓扑结构(调整扇区天线方位角);开启自优化的覆盖和容量优化(Capacity and Coverage Optimisation,CCO)及移动负载均衡(Moible Load Balance,MLB)功能进行负载均衡。

10.5.6　设备故障告警导致掉话

可能导致掉线的告警如表 10-9 所示。通常各设备厂家对于每个告警都有相关的处理建议,对于华为设备,eNodeB 侧的告警可通过 U2000 工具进行观察。常见的故障包括传输问题(S1/X2 口复位、闪断等)、eNodeB 故障(单板复位、射频通道故障等)、UE 故障等(UE 死机、发热、版本缺点等)。通常需要通过查看设备的日志文件、告警信息等进一步来分析掉线原因。

表 10-9　可能导致掉线的告警

序号	告警名称	序号	告警名称
1	射频单元驻波告警	10	星卡锁星不足告警
2	射频单元维护链路异常告警	11	射频单元光接口性能恶化告警
3	BBU IR 光模块收发异常告警	12	射频单元业务不可用告警
4	射频单元光模块收发异常告警	13	射频单元硬件故障告警
5	射频单元时钟异常告警	14	射频单元发射通道增益异常告警
6	单板硬件故障告警	15	小区服务能力下降告警
7	射频单元 IR 接口异常告警	16	S1 接口故障告警
8	BBU IR 接口异常告警	17	BBU IR 光模块故障告警
9	星卡天线故障告警		

10.5.7　流程交互失败导致掉话

对于一些需要信令交互的流程，如 CQI 上报周期、MIMO 模式、SRS、ANR 流程等，这些流程往往常常会由于无线环境的原因、eNodeB 与终端侧兼容方面的原因或者 UE 本身的问题导致流程失败，最后导致掉话。对于流程交互失败引起的掉话，具体分析都比较复杂，通常需要结合话统数据的掉话原因，再结合信令分析进行确定。对于复杂问题，必要时需要通过抓取该问题小区 eNodeB 侧的 IFTS 数据（TTI 跟踪）及 S1、Uu 口跟踪数据和基站配置文件，一并交由研发工程师进一步分析。

10.6　典型掉话案例分析

关于邻区漏配、上下行失步造成的掉话案例，请见第 5 章相关内容；有关弱覆盖、越区覆盖、导频污染、PCI 干扰的案例分析请见第 7 章。接下来分享两个典型案例，介绍如何参考掉话分析流程进行问题定位与分析。

10.6.1　驻波告警导致掉话案例

下面介绍由于驻波告警导致的掉话案例和相关指标统计情况。

1. 现象描述

现网发现某小区取 8 点到 23 点 15 个时段的数据有 14 个时段无线掉线率高于 5%，无线接通率也很低。并发现相应告警信息，为设备单元驻波比告警，如图 10-19 所示。

```
ALARM  1584      故障      重要告警      eNodeB    26529    硬件系统
        告警同步号  =  3719
        告警名称    =  射频单元驻波告警
        告警发生时间 =  2014-11-18 06:24:45
        定位信息    =  柜号=0, 框号=60, 槽号=0, 发射通道号=5, 单板类型=MRRU, 驻波告警门限(0.1)=18, 驻波值(0.1)=25, 输出功率(0.1dBm)=NULL
        恢复类型    =  正常恢复
        恢复时间    =  2014-12-08 11:58:01
        附加信息    =  基站制式=L, 影响制式=TL, 部署标识=NULL, 射频单元名称=
        附加信息1   =  AF_L=长沙生物机电驾校北(生物机电拉远)HL-D3900461353PT
```

图 10-19　告警信息

2. 原因分析

问题小区的 KPI 统计如表 10-10 所示。按掉话分析流程对此小区进行分析，先查看告警，发现存在射频单元驻波告警，驻波比为 2.5，会导致各种无线侧问题；查看话统数据的掉线原因，主要是无线问题导致，切换失败原因只有 1 次，具体如表 10-11 所示。

表 10-10　问题小区 KPI 统计

起始时间	时间	小区 ID	总流量/MB	E-RAB 掉线率(小区)/%	无线掉线率/%	切换成功率/%	RRC 建立成功率/%	E-RAB 建立成功率/%	无线接通率/%
18/1	8:00:00	4623528	140.88	3.04	8.20	100.00	69.04	75.63	52.22
18/1	9:00:00	4623528	196.38	3.35	6.88	100.00	74.03	77.05	57.04
18/1	10:00:00	4623528	77.47	2.98	5.97	99.34	78.44	92.73	72.74
18/1	12:00:00	4623528	38.62	3.50	8.24	99.71	87.01	96.31	83.79
18/1	13:00:00	4623528	5.30	4.52	11.74	100.00	65.66	93.11	61.14
18/1	14:00:00	4623528	30.97	5.79	15.73	100.00	65.42	79.72	52.15
18/1	15:00:00	4623528	68.99	4.25	9.75	99.60	67.88	82.22	55.81
18/1	16:00:00	4623528	81.14	4.26	17.11	99.80	53.66	79.76	42.80
18/1	17:00:00	4623528	11.23	9.35	54.68	99.09	33.18	51.90	17.22
18/1	18:00:00	4623528	5.74	6.06	18.29	99.52	59.70	85.45	51.01
18/1	19:00:00	4623528	6.81	10.76	23.26	99.10	50.07	87.84	43.98
18/1	20:00:00	4623528	40.40	9.89	21.32	98.53	46.22	86.99	40.21
18/1	21:00:00	4623528	30.72	5.73	13.29	100.00	62.80	94.55	59.38
18/1	22:00:00	4623528	32.26	6.34	14.47	100.00	71.59	95.10	68.08

表 10-11　问题小区主要掉话原因统计

开始时间	小区名称	eNodeB发起的S1 RESET导致的UE Context释放次数(无)	eNodeB发起的UE Context释放次数(无)	eNodeB发起的原因为UE LOST的UE Context释放次数(无)	eNodeB发起的原因为User Inactivity的UE Context释放次数(无)	eNodeB发起的原因为切换失败的UE Context释放次数(无)	eNodeB发起的原因为上行弱覆盖的UE Context异常释放次数(无)	eNodeB发起的原因为无线层问题的UE Context释放次数(无)	MME发起的S1 RESET导致的UE Context释放次数(无)	MME发起的UE Context释放次数(无)	UE Context异常释放次数(无)	UE Context正常释放次数(无)	UE高速移动导致上下文释放次数(无)	小区遗留UE Context个数(无)
12/07/2014 08:00:00	长沙生物机电驾校北(生物机电拉远)HL-D3900461353PT-1	0	165	5	157	0	0	5	0	24	5	184	0	2
12/07/2014 09:00:00	长沙生物机电驾校北(生物机电拉远)HL-D3900461353PT-1	0	199	24	170	0	0	24	0	42	25	216	0	0
12/07/2014 10:00:00	长沙生物机电驾校北(生物机电拉远)HL-D3900461353PT-1	0	141	4	128	0	0	4	0	26	5	162	0	5
12/07/2014 11:00:00	长沙生物机电驾校北(生物机电拉远)HL-D3900461353PT-1	0	286	12	250	0	0	12	0	55	13	328	0	3
12/07/2014 12:00:00	长沙生物机电驾校北(生物机电拉远)HL-D3900461353PT-1	0	313	25	267	0	0	25	0	47	25	335	0	2
12/07/2014 13:00:00	长沙生物机电驾校北(生物机电拉远)HL-D3900461353PT-1	0	329	17	298	0	0	17	0	50	21	358	0	1
12/07/2014 14:00:00	长沙生物机电驾校北(生物机电拉远)HL-D3900461353PT-1	0	339	21	311	0	0	21	0	47	26	360	0	2
12/07/2014 15:00:00	长沙生物机电驾校北(生物机电拉远)HL-D3900461353PT-1	0	269	34	224	1	0	35	0	54	37	286	0	1
12/07/2014 16:00:00	长沙生物机电驾校北(生物机电拉远)HL-D3900461353PT-1	0	117	28	84	0	0	28	0	63	28	152	0	2
12/07/2014 17:00:00	长沙生物机电驾校北(生物机电拉远)HL-D3900461353PT-1	0	280	21	256	0	0	21	0	36	21	295	0	3
12/07/2014 18:00:00	长沙生物机电驾校北(生物机电拉远)HL-D3900461353PT-1	0	278	24	252	0	0	24	0	53	25	306	0	3
12/07/2014 19:00:00	长沙生物机电驾校北(生物机电拉远)HL-D3900461353PT-1	0	225	43	173	0	0	43	0	108	43	290	0	3
12/07/2014 20:00:00	长沙生物机电驾校北(生物机电拉远)HL-D3900461353PT-1	0	250	46	192	0	0	46	0	66	50	266	0	6
12/07/2014 21:00:00	长沙生物机电驾校北(生物机电拉远)HL-D3900461353PT-1	0	315	36	270	0	0	36	0	67	38	344	0	2
12/07/2014 22:00:00	长沙生物机电驾校北(生物机电拉远)HL-D3900461353PT-1	0	267	31	233	0	0	31	0	43	32	278	0	4

查看小区干扰统计，当天 PRB 干扰平均值为 -114dBm，断定无干扰情况发生，如表 10-12 所示。

表 10-12　问题小区 PRB 干扰统计

开始时间	周期(分钟)	小区	系统上行每个PRB上检测到的干扰噪声的平均值 /mW·dB
12/08/2014 08:00...	60	eNodeB名称=长沙生物机电驾校北(生物机电拉远)HL-D3900461353PT, 本地小区标识=1, 小...	-113
12/08/2014 09:00...	60	eNodeB名称=长沙生物机电驾校北(生物机电拉远)HL-D3900461353PT, 本地小区标识=1, 小...	-112
12/08/2014 10:00...	60	eNodeB名称=长沙生物机电驾校北(生物机电拉远)HL-D3900461353PT, 本地小区标识=1, 小...	-112
12/08/2014 11:00...	60	eNodeB名称=长沙生物机电驾校北(生物机电拉远)HL-D3900461353PT, 本地小区标识=1, 小...	-114
12/08/2014 12:00...	60	eNodeB名称=长沙生物机电驾校北(生物机电拉远)HL-D3900461353PT, 本地小区标识=1, 小...	-113
12/08/2014 13:00...	60	eNodeB名称=长沙生物机电驾校北(生物机电拉远)HL-D3900461353PT, 本地小区标识=1, 小...	-113
12/08/2014 14:00...	60	eNodeB名称=长沙生物机电驾校北(生物机电拉远)HL-D3900461353PT, 本地小区标识=1, 小...	-112
12/08/2014 15:00...	60	eNodeB名称=长沙生物机电驾校北(生物机电拉远)HL-D3900461353PT, 本地小区标识=1, 小...	-112
12/08/2014 16:00...	60	eNodeB名称=长沙生物机电驾校北(生物机电拉远)HL-D3900461353PT, 本地小区标识=1, 小...	-112
12/08/2014 17:00...	60	eNodeB名称=长沙生物机电驾校北(生物机电拉远)HL-D3900461353PT, 本地小区标识=1, 小...	-114
12/08/2014 18:00...	60	eNodeB名称=长沙生物机电驾校北(生物机电拉远)HL-D3900461353PT, 本地小区标识=1, 小...	-114
12/08/2014 19:00...	60	eNodeB名称=长沙生物机电驾校北(生物机电拉远)HL-D3900461353PT, 本地小区标识=1, 小...	-114
12/08/2014 20:00...	60	eNodeB名称=长沙生物机电驾校北(生物机电拉远)HL-D3900461353PT, 本地小区标识=1, 小...	-113
12/08/2014 21:00...	60	eNodeB名称=长沙生物机电驾校北(生物机电拉远)HL-D3900461353PT, 本地小区标识=1, 小...	-115
12/08/2014 22:00...	60	eNodeB名称=长沙生物机电驾校北(生物机电拉远)HL-D3900461353PT, 本地小区标识=1, 小...	-115

取当天用户数，小区内最大用户数为 20，不是大话务导致掉话，如表 10-13 所示。此外，综合检查小区各项设置参数都正常，判断掉话为射频单元驻波告警导致。

表 10-13　问题小区用最大户数统计

开始时间	小区	上行可用的PRB个数	下行Physical Resource	下行可用的PRB个数	小区内的最大用户数	最大激活用户数
12/08/2014 08:0...	eNodeB名称=长沙生物机电驾校北(生物机电拉远)HL-D3900461353PT, 本地小区标识=1, 小	100	7.366	100	17	11
12/08/2014 09:0...	eNodeB名称=长沙生物机电驾校北(生物机电拉远)HL-D3900461353PT, 本地小区标识=1, 小	100	8.447	100	20	12
12/08/2014 10:0...	eNodeB名称=长沙生物机电驾校北(生物机电拉远)HL-D3900461353PT, 本地小区标识=1, 小	100	4.452	100	14	7
12/08/2014 11:0...	eNodeB名称=长沙生物机电驾校北(生物机电拉远)HL-D3900461353PT, 本地小区标识=1, 小	100	1.954	100	11	2
12/08/2014 12:0...	eNodeB名称=长沙生物机电驾校北(生物机电拉远)HL-D3900461353PT, 本地小区标识=1, 小	100	3.888	100	10	5
12/08/2014 13:0...	eNodeB名称=长沙生物机电驾校北(生物机电拉远)HL-D3900461353PT, 本地小区标识=1, 小	100	2.157	100	7	4
12/08/2014 14:0...	eNodeB名称=长沙生物机电驾校北(生物机电拉远)HL-D3900461353PT, 本地小区标识=1, 小	100	3.146	100	16	6
12/08/2014 15:0...	eNodeB名称=长沙生物机电驾校北(生物机电拉远)HL-D3900461353PT, 本地小区标识=1, 小	100	4.347	100	14	6
12/08/2014 16:0...	eNodeB名称=长沙生物机电驾校北(生物机电拉远)HL-D3900461353PT, 本地小区标识=1, 小	100	5.322	100	11	6
12/08/2014 17:0...	eNodeB名称=长沙生物机电驾校北(生物机电拉远)HL-D3900461353PT, 本地小区标识=1, 小	100	3.309	100	10	5
12/08/2014 18:0...	eNodeB名称=长沙生物机电驾校北(生物机电拉远)HL-D3900461353PT, 本地小区标识=1, 小	100	2.162	100	7	4
12/08/2014 19:0...	eNodeB名称=长沙生物机电驾校北(生物机电拉远)HL-D3900461353PT, 本地小区标识=1, 小	100	2.529	100	7	4
12/08/2014 20:0...	eNodeB名称=长沙生物机电驾校北(生物机电拉远)HL-D3900461353PT, 本地小区标识=1, 小	100	2.711	100	10	8
12/08/2014 21:0...	eNodeB名称=长沙生物机电驾校北(生物机电拉远)HL-D3900461353PT, 本地小区标识=1, 小	100	3.089	100	7	5
12/08/2014 22:0...	eNodeB名称=长沙生物机电驾校北(生物机电拉远)HL-D3900461353PT, 本地小区标识=1, 小	100	2.701	100	8	4

3. 解决方案

推动工程人员处理射频单元驻波告警，告警消失，小区掉话指标恢复正常，如表 10-14 所示。

表 10-14　问题小区优化后指标统计

起始时间	时间	小区 ID	总流量/MB	E-RAB 掉线率(小区)/%	无线掉线率/%	切换成功率/%	RRC 建立成功率/%	E-RAB 建立成功率/%	无线接通率/%
1/19	17:00:00	4623528	33.73	0.07	0.54	99.48	99.32	100.00	99.32
1/19	18:00:00	4623528	80.59	0.05	0.21	99.87	99.61	100.00	99.61
1/19	19:00:00	4623528	232.91	0.08	0.21	99.69	99.62	100.00	99.62
1/19	20:00:00	4623528	355.64	0.00	0.00	100.00	100.00	100.00	100.00
1/19	21:00:00	4623528	278.05	0.00	0.00	99.87	100.00	100.00	100.00
1/19	22:00:00	4623528	161.68	0.00	0.00	100.00	100.00	100.00	100.00
1/20	8:00:00	4623528	600.58	0.05	0.21	99.94	99.71	99.93	99.64
1/20	9:00:00	4623528	382.33	0.04	0.06	100.00	100.00	99.96	99.96
1/20	10:00:00	4623528	669.90	0.00	0.00	99.73	99.86	99.82	99.69
1/20	11:00:00	4623528	291.01	0.00	0.00	100.00	99.93	100.00	99.93
1/20	12:00:00	4623528	171.30	0.10	0.15	99.54	100.00	100.00	100.00
1/20	13:00:00	4623528	25.08	0.23	0.99	99.90	100.00	99.85	99.85
1/20	14:00:00	4623528	106.76	0.00	0.00	100.00	100.00	100.00	100.00
1/20	15:00:00	4623528	931.36	0.00	0.00	99.71	99.89	100.00	99.89
1/20	16:00:00	4623528	38.81	0.43	0.66	99.77	100.00	100.00	100.00

10.6.2　版本升级后掉话率变化分析案例

某局点在版本升级后掉话率突变，下面分析掉话率引起变化的真正原因。

1. 升级前后掉话率趋势分析

全网升级后，平均掉话率约为0.6%，而相同区域升级前为2%左右。由于是按不同区域分段执行，故在12月5日到12月10日期间掉话率指标有一个逐渐缓降的过程。在12月12日完成了全网所有站点的升级。全网掉话率趋势如图10-20所示。

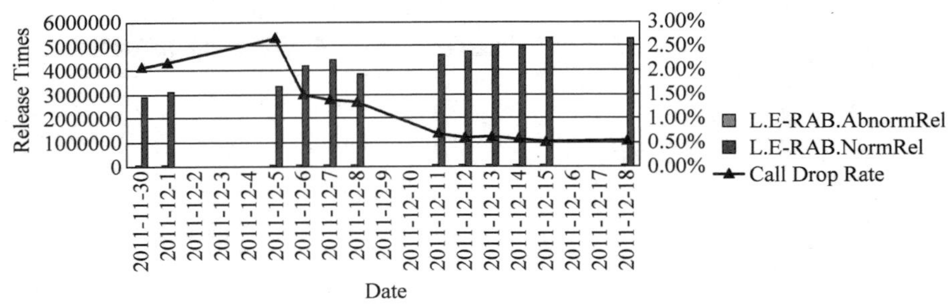

图10-20 全网掉话率趋势

2. 掉话原因分布分析

从话统计数器记录的掉话原因来看，由于无线侧原因导致的掉话占93%，如图10-21所示。该局点终端形态多以CPE为主，相对位置比较固定，故切换引起的掉话比例很少。由于系统建网初期，站点大多不连续覆盖，一定程度上导致了弱覆盖等原因引起的掉话。

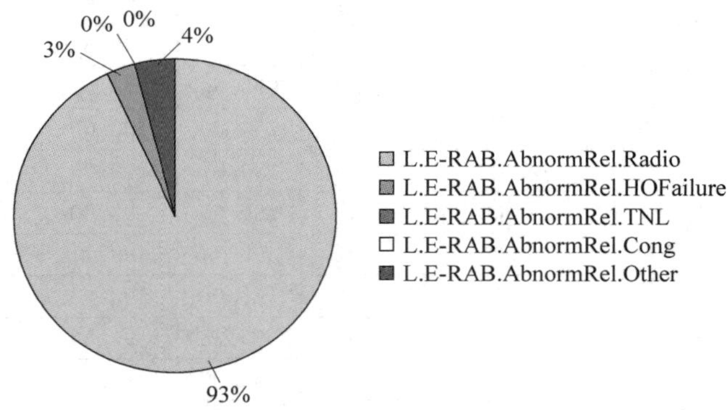

图10-21 全网掉话原因分布

3. Top小区话统数据分析

对该局点进行Top小区定义：将掉话率高于10%的小区按E-RAB异常释放次数从大到小降序排列，然后取Top5小区进行统计，结果如表10-15所示。可见升级前Top5站点贡献0.31%的正常释放，但贡献了24.95%以上的异常释放；而升级后，Top5站点贡献不到0.16%的正常释放，但贡献了17.75%以上的异常释放。故从Top小区对掉话率的贡献来看，其"害群之马"的现象还是比较明显。

表 10-15　Top5 小区统计

项　　目	Top5 站点 E-RAB. AbnormalRel 统计	Top5 站点 E-RAB. NormRel 统计	Top5 站点掉话率统计	全部站点 E-RAB. AbnormalRel 统计	全部站点 E-RAB. NormRel 统计	全部站点掉话率统计	Top5 站点占全部站点的 E-RAB. AbnormalRel 比例	Top5 站点占全部站点的 E-RAB. NormRel 比例
版本升级前	22 582	67 912	24.95%	404 946	21 913 385	1.81%	5.58%	0.31%
版本升级后	10 461	48 473	17.75%	184 737	30 373 808	0.60%	5.66%	0.16%

4. Top 小区 CHR 数据分析

结合 CHR 数据对 Top 小区的内部释放原因值进行分析，Top 小区内部异常释放原因分布如图 10-22 所示，排列前三的原因分别如下，主要都是空口流程的失败导致：

- UE_RLC_UNRESTORE_IND（eNodeB 侧下行 RLC 达到最大重传次数导致的释放）
- WAIT_RRC_CONN_RECFG_RSP_TIMEOUT（等待 RRC 重配置失败超时）
- RRC_REEST_SRB1_FAIL（重建流程失败导致的失败）

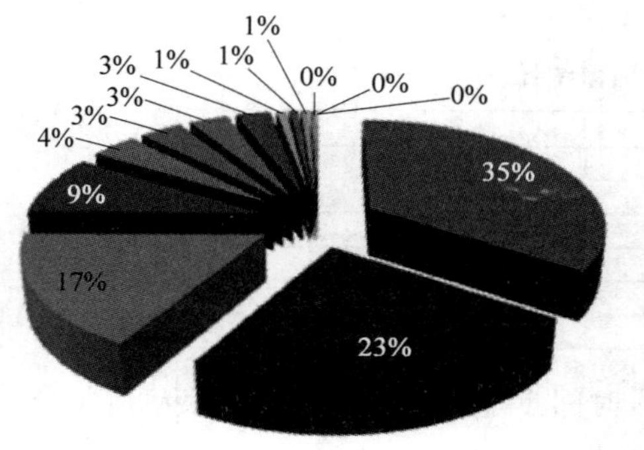

图 10-22　全网 Top 小区内部释放原因值分布

5. TA 分布分析

根据协议定义，TA＝16×T_S＝16×(0.5ms/15 360)＝0.52μs，故单个 TA 等效距离为 156m；UE 距离基站的距离为 156×TA 个数/2。

如表 10-16 所示，现场出现切换或者重同步上报的 TA 基本都集中在 8.5km 左右，可见异常释放用户距离基站都比较远。

表 10-16　Top5 小区 TA 分布统计

序号	TA	距离(m)	出现次数	百分比
1	109	8502	340	45.27%
2	155	12 090	72	9.59%
3	67	5226	30	3.99%
4	63	4914	28	3.73%
5	103	8034	28	3.73%
6	66	5148	18	2.40%
7	59	4602	15	2.00%
8	156	12 168	13	1.73%
9	104	8112	12	1.60%
10	79	6162	10	1.33%
11	58	4524	8	1.07%
12	188	14 664	7	0.93%
13	64	4992	7	0.93%
14	34	2652	6	0.80%
15	55	4290	5	0.67%
16	54	4212	5	0.67%
17	141	10 998	5	0.67%
18	60	4680	5	0.67%
19	74	5772	4	0.53%
20	91	7098	4	0.53%

6. Top 用户分析

如表 10-17 所示，通过 CHR 数据统计，发现该站点主要的异常释放原因是由于用户在重建过程中重建的前三条信令流程交互失败所致。

表 10-17　内部释放原因值统计

序号	释放原因	出现次数	百分比
1	UEM_UECNT_REL_RRC_REEST_SRB1_FAIL	234	88.30%
2	UEM_UECNT_REL_UE_RLC_UNRESTORE_IND	21	7.92%
3	UEM_UECNT_REL_LAST_DRBS_RLC_UNRESTORE_IND	5	1.89%
4	UEM_UECNT_REL_SAE_BEARER_REL_NUM_MAX4	2	0.75%
5	UEM_UECNT_REL_UE_RESYNC_TIMEROUT_REL_CAUSE	2	0.75%
6	UEM_UECNT_REL_UE_RESYNC_DATA_IND_REL_CAUSE	1	0.38%

如表 10-18 所示，从发生该问题的时间点来看，时间点非常集中并且连续，从 11 点 51 分开始直至 18:49 结束，且都发生在小区 0。

表 10-18　释放原因统计

序号	CPU标识	时间	呼叫标识	CRNTI	切换类型	释放原因	PLMN标识	小区标识
2611	1793	2011-12-13 11:51:46	35413			UEM_UECNT_REL_RRC_REEST_SRB1_FAIL		0
2625	1793	2011-12-13 11:52:00	35416			UEM_UECNT_REL_RRC_REEST_SRB1_FAIL		0
2639	1794	2011-12-13 11:52:54	35419			UEM_UECNT_REL_RRC_REEST_SRB1_FAIL		0
3906	1793	2011-12-13 14:16:10	36052			UEM_UECNT_REL_RRC_REEST_SRB1_FAIL		0
4021	1794	2011-12-13 14:28:26	36119			UEM_UECNT_REL_RRC_REEST_SRB1_FAIL		0
4096	1794	2011-12-13 14:31:52	36142			UEM_UECNT_REL_RRC_REEST_SRB1_FAIL		0
4177	1793	2011-12-13 14:34:01	36152			UEM_UECNT_REL_RRC_REEST_SRB1_FAIL		0
4190	1793	2011-12-13 14:34:13	36155			UEM_UECNT_REL_RRC_REEST_SRB1_FAIL		0
9665	1793	2011-12-13 17:51:04	37303			UEM_UECNT_REL_RRC_REEST_SRB1_FAIL		0
9768	1794	2011-12-13 18:00:50	37346			UEM_UECNT_REL_RRC_REEST_SRB1_FAIL		0
9849	1794	2011-12-13 18:07:47	37386			UEM_UECNT_REL_RRC_REEST_SRB1_FAIL		0
9995	1793	2011-12-13 18:20:24	37449			UEM_UECNT_REL_RRC_REEST_SRB1_FAIL		0
10232	1793	2011-12-13 18:49:44	37580			UEM_UECNT_REL_RRC_REEST_SRB1_FAIL		0

如图 10-23 所示，从 TMSI 统计信息来看，主要是某个终端贡献（TMSI C2 B0 B0 40），且重建的主要原因值为 Reconfiguration Failure。

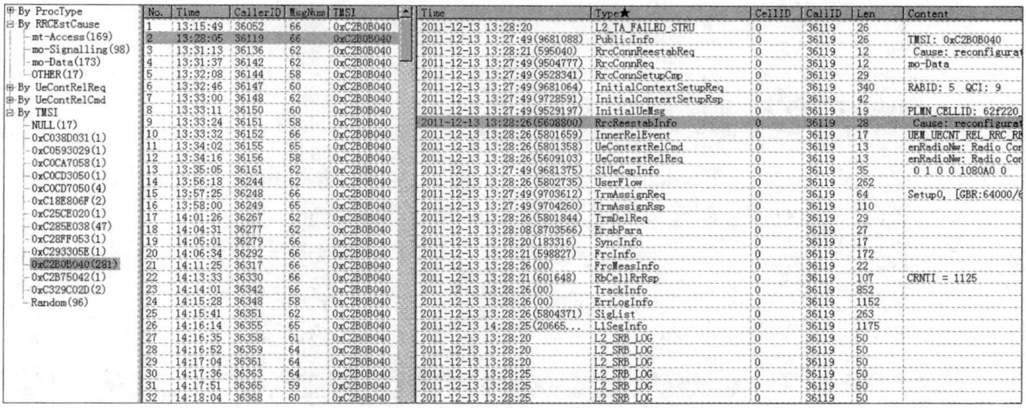

- By ProcType
- By RRCEstCause
  - mt-Access(169)
  - mo-Signalling(98)
  - mo-Data(173)
  - OTHER(17)
- By UeContRelReq
- By UeContRelCmd
- By TMSI
  - NULL(17)
  - 0xC038D031(1)
  - 0xC0593029(1)
  - 0xC0CA7058(1)
  - 0xC0CD3050(1)
  - 0xC0CD7050(4)
  - 0xC18E806F(2)
  - 0xC25CE020(1)
  - 0xC285E038(47)
  - 0xC28FF053(1)
  - 0xC293305E(1)
  - 0xC2B0B040(281)
  - 0xC2B75042(1)
  - 0xC329C02D(2)
  - Random(96)

No.	Time	CallerID	MsgNum	TMSI
1	13:15:49	36052	66	0xC2B0B040
2	13:28:05	36119	66	0xC2B0B040
3	13:31:13	36136	62	0xC2B0B040
4	13:31:37	36142	62	0xC2B0B040
5	13:32:08	36144	58	0xC2B0B040
6	13:32:46	36147	60	0xC2B0B040
7	13:33:00	36148	62	0xC2B0B040
8	13:33:11	36150	60	0xC2B0B040
9	13:33:24	36151	58	0xC2B0B040
10	13:33:32	36152	66	0xC2B0B040
11	13:34:02	36155	65	0xC2B0B040
12	13:34:16	36156	58	0xC2B0B040
13	13:35:05	36161	62	0xC2B0B040
14	13:56:18	36244	62	0xC2B0B040
15	13:57:25	36248	66	0xC2B0B040
16	13:58:00	36249	65	0xC2B0B040
17	14:01:26	36267	62	0xC2B0B040
18	14:04:31	36277	62	0xC2B0B040
19	14:05:01	36279	66	0xC2B0B040
20	14:06:34	36292	66	0xC2B0B040
21	14:11:25	36317	66	0xC2B0B040
22	14:13:33	36330	66	0xC2B0B040
23	14:14:01	36342	66	0xC2B0B040
24	14:15:28	36348	58	0xC2B0B040
25	14:15:41	36351	62	0xC2B0B040
26	14:16:14	36355	65	0xC2B0B040
27	14:16:35	36358	61	0xC2B0B040
28	14:16:52	36359	64	0xC2B0B040
29	14:17:04	36361	64	0xC2B0B040
30	14:17:36	36363	64	0xC2B0B040
31	14:17:51	36365	59	0xC2B0B040
32	14:18:04	36368	60	0xC2B0B040

Time	Type★	CellID	CallID	Len	Content
2011-12-13 13:28:20	L2_TA_FAILED_STRU	0	36119	26	
2011-12-13 13:27:49(9681088)	PublicInfo	0	36119	26	TMSI: 0xC2B0B040
2011-12-13 13:28:21(595040)	RrcConnReestabReq	0	36119	12	Cause: reconfigurat
2011-12-13 13:27:49(9504777)	RrcConnReq	0	36119	12	mo-Data
2011-12-13 13:27:49(9528341)	RrcConnSetupCmp	0	36119	29	
2011-12-13 13:27:49(9681064)	InitialContextSetupReq	0	36119	340	RABID: 5 QCI: 9
2011-12-13 13:27:49(9728591)	InitialContextSetupRsp	0	36119	42	
2011-12-13 13:27:49(9529197)	InitialUeMsg	0	36119	19	PLMN_CELLID: 62f220
2011-12-13 13:28:26(5608800)	RrcReestabInfo	0	36119	28	Cause: reconfigurat
2011-12-13 13:28:26(5801659)	InnerRelEvent	0	36119	17	UEM_UECNT_REL_RRC_RE
2011-12-13 13:28:26(5801358)	UeContextRelCmd	0	36119	13	enRadioNw: Radio Cor
2011-12-13 13:28:26(5609103)	UeContextRelReq	0	36119	13	enRadioNw: Radio Cor
2011-12-13 13:27:49(9681375)	S1UeCapInfo	0	36119	35	0 1 0 0 1080A0 0
2011-12-13 13:28:26(5802735)	UserFlow	0	36119	262	
2011-12-13 13:27:49(9703612)	TrmAssignReq	0	36119	64	Setup0, [GBR:64000/6
2011-12-13 13:27:49(9704260)	TrmAssignRsp	0	36119	110	
2011-12-13 13:28:26(5801844)	TrmDelReq	0	36119	29	
2011-12-13 13:28:08(8703566)	ErabPara	0	36119	27	
2011-12-13 13:28:20(183316)	SyncInfo	0	36119	17	
2011-12-13 13:28:21(598827)	FrcInfo	0	36119	172	
2011-12-13 13:28:26(00)	FrcMeasInfo	0	36119	22	
2011-12-13 13:28:21(601648)	RbCellRrRsp	0	36119	107	CRNTI = 1125
2011-12-13 13:28:26(00)	TrackInfo	0	36119	852	
2011-12-13 13:28:26(00)	ErrLogInfo	0	36119	1152	
2011-12-13 13:28:26(5804371)	SigList	0	36119	263	
2011-12-13 14:28:25(20665...	L1SegInfo	0	36119	1175	
2011-12-13 13:28:20	L2_SRB_LOG	0	36119	50	
2011-12-13 13:28:20	L2_SRB_LOG	0	36119	50	
2011-12-13 13:28:20	L2_SRB_LOG	0	36119	50	
2011-12-13 13:28:25	L2_SRB_LOG	0	36119	50	
2011-12-13 13:28:25	L2_SRB_LOG	0	36119	50	
2011-12-13 13:28:25	L2_SRB_LOG	0	36119	50	

图 10-23　TMSI 统计信息

如图 10-24 所示，从重配置消息的类型来看，可以排除是切换命令或测量控制，可能是 CQI/Sounding/TM 等的重配置；而且终端在收到 RRC Connection Reestablishment 消息之后并没有响应，故 eNodeB 在等待 5s 超时之后释放，可能存在终端兼容性问题。

```
SigList
SigList Num : 32
Time 13:28:26  Ticks: 5801317 ItfType : 2   MNTN_MSGTYPE_S1  11   S1AP_UE_CONTEXT_REL_CMD
Time 13:28:26  Ticks: 5802130 ItfType : 2   MNTN_MSGTYPE_S1  12   S1AP_UE_CONTEXT_REL_CMP
Time 13:28:8 Ticks: 8682004 ItfType : 1   MNTN_MSGTYPE_UU  10   RRC_CONN_RECFG
 ucMeasCtr 0, ucMobilityCtr 0 ucSecurityCtr 0
Time 13:28:8 Ticks: 8703358 ItfType : 1   MNTN_MSGTYPE_UU  11   RRC_CONN_RECFG_CMP
Time 13:28:20 Ticks: 186279 ItfType : 1   MNTN_MSGTYPE_UU  10   RRC_CONN_RECFG
 ucMeasCtr 0, ucMobilityCtr 0 ucSecurityCtr 0
Time 13:28:21 Ticks: 595012 ItfType : 1   MNTN_MSGTYPE_UU  15   RRC_CONN_REESTAB_REQ
Time 13:28:21 Ticks: 602236 ItfType : 1   MNTN_MSGTYPE_UU  12   RRC_CONN_REESTAB
Time 13:28:26 Ticks: 5608624 ItfType : 1   MNTN_MSGTYPE_UU  14   RRC_CONN_REESTAB_REJ
Time 13:28:26 Ticks: 5608734 ItfType : 1   MNTN_MSGTYPE_UU  14   RRC_CONN_REESTAB_REJ
Time 13:28:26  Ticks: 5609066 ItfType : 2   MNTN_MSGTYPE_S1  10   S1AP_UE_CONTEXT_REL_REQ
```

图 10-24　最后 10 条信令记录

如表 10-19 所示，从统计另一个 Top 用户的 CHR 数据来看，主要异常释放原因是 RLC 达到最大重传次数——DRB 达到最大重传次数（8 次）。

表 10-19　Top 用户异常释放原因统计

编号	释放原因	出现次数	比例
1	UEM_UECNT_REL_UE_RLC_UNRESTORE_IND	305	87.64%
2	UEM_UECNT_REL_LAST_DRBS_RLC_UNRESTORE_IND	32	9.20%
3	UEM_UECNT_REL_RRC_REEST_OTHER_RB_RESTORE_FAIL	5	1.44%
4	UEM_UECNT_REL_RRC_REEST_SRB1_FAIL	2	0.57%
5	UEM_UECNT_REL_UE_RESYNC_TIMEROUT_REL_CAUSE	2	0.57%
6	UEM_UECNT_REL_SAE_BEARER_REL_NUM_MAX4	1	0.29%
7	UEM_UECNT_REL_WAIT_RRC_CONN_RECFG_RSP_TIMEOUT	1	0.29%

如表 10-20 所示，从发生该问题的时间点来看，时间点非常集中并且连续，连续失败从 10 点 51 分开始直至 13:49 结束，且都发生在小区 2。

表 10-20 释放原因统计

序号	CPU标识	时间	呼叫标识	CRNTI	切换类型	释放原因	PLMN标识	小区标识
2518	1794	2011-12-13 10:51:56	242			UEM_UECNT_REL_UE_RLC_UNRESTORE_IND		2
2561	1794	2011-12-13 10:54:36	245			UEM_UECNT_REL_UE_RLC_UNRESTORE_IND		2
2571	1793	2011-12-13 10:54:56	248			UEM_UECNT_REL_UE_RLC_UNRESTORE_IND		2
2582	1794	2011-12-13 10:55:21	250			UEM_UECNT_REL_UE_RLC_UNRESTORE_IND		2
2593	1793	2011-12-13 10:55:42	252			UEM_UECNT_REL_UE_RLC_UNRESTORE_IND		2
2605	1793	2011-12-13 10:56:13	254			UEM_UECNT_REL_UE_RLC_UNRESTORE_IND		2
2617	1794	2011-12-13 10:56:58	256			UEM_UECNT_REL_UE_RLC_UNRESTORE_IND		2
2628	1793	2011-12-13 10:57:18	258			UEM_UECNT_REL_UE_RLC_UNRESTORE_IND		2
6694	1793	2011-12-13 13:47:21	892			UEM_UECNT_REL_UE_RLC_UNRESTORE_IND		2
6704	1794	2011-12-13 13:47:44	894			UEM_UECNT_REL_UE_RLC_UNRESTORE_IND		2
6728	1793	2011-12-13 13:48:09	896			UEM_UECNT_REL_UE_RLC_UNRESTORE_IND		2
6739	1793	2011-12-13 13:48:54	898			UEM_UECNT_REL_UE_RLC_UNRESTORE_IND		2
6748	1794	2011-12-13 13:49:16	901			UEM_UECNT_REL_UE_RLC_UNRESTORE_IND		2
6760	1793	2011-12-13 13:49:17	900			UEM_UECNT_REL_UE_RLC_UNRESTORE_IND		2

如图 10-25 所示，从 TMSI 信息来看，主要是某个终端贡献(TMSI C2 7F 20 56)。

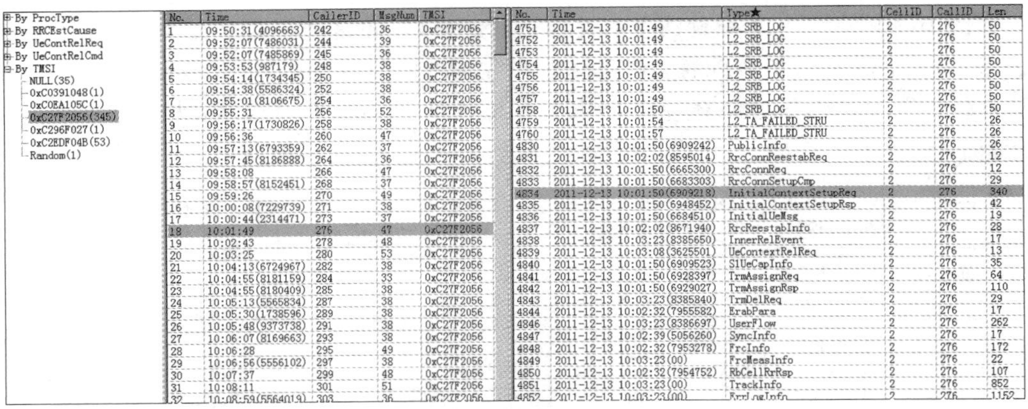

图 10-25 异常释放 TMSI 信息

7. 上行链路质量统计

如表 10-21 所示，从最后 4 个 512ms 到最后 16 个 64ms，eNodeB 接收到的上行 RSRP 和 SINR 都比较差；上行 RSRP 已经达到－135dBm 以下，Sounding 及 DMRS 的 SINR 都在－3dB 以下，怀疑是上行弱覆盖导致的掉话。

8. 实际用户感知分析

由于升级后 eNodeB 侧将核心网主动发起的释放不计入掉话，故对掉话率指标有一定的改善，但是与实际的用户感知存在出入；全网将核心网引起的释放 L. E-RAB. AbnormRel. MME 统计入掉话的话，全网掉话率将会增加约 0.45%。统计结果如表 10-22 所示。

表 10-21　DRB TTI 信息统计

DRB_64MS	ulTti	ucUseFlag	UL_ucCrcOkCnt	UL_ucCrcErrorCnt	UL CrcError Ratio	UL_ucSriSum	UL_usUlMcs	UL Average Mcs	UL_usUlRbNum	UL Average RbNum	UL_lDmrsSinrSum	UL Average Sinr	UL_lSrsSinrSum	UL Average SrsSinr	UL_lRsrpSum	UL Average Rsrp
1	3804498	1	0	57	100.00%	0	0	0	171	3	-23263	-4.08123	-33288	-5.84	-785741	-137.849
2	3804562	1	0	56	100.00%	0	0	0	168	3	-22788	-4.06929	-32173	-5.74518	-765458	-136.689
3	3804627	1	0	57	100.00%	0	0	0	171	3	-22397	-3.9293	-31559	-5.53667	-782827	-137.338
4	3804691	1	0	57	100.00%	0	0	0	171	3	-23367	-4.09947	-32417	-5.68719	-778803	-136.632
5	3804755	1	0	56	100.00%	0	0	0	168	3	-23448	-4.18714	-33871	-6.04839	-770292	-137.552
6	3804819	1	0	56	100.00%	0	0	0	168	3	-23601	-4.21446	-20872	-3.72714	-768647	-137.258
7	3804883	1	0	57	100.00%	0	0	0	171	3	-23696	-4.15719	-27034	-4.74281	-780371	-136.907
8	3804947	1	0	57	100.00%	0	0	0	171	3	-23771	-4.17035	-28998	-5.08737	-784012	-137.546
9	3805012	1	0	58	100.00%	0	0	0	174	3	-22596	-3.89586	-19053	-3.285	-793286	-136.773
10	3805078	1	0	57	100.00%	0	0	0	171	3	-23465	-4.11667	-36848	-6.46456	-781471	-137.1
11	3805142	1	0	56	100.00%	0	0	0	168	3	-22696	-4.05286	-41894	-7.48107	-764442	-136.508
12	3805206	1	0	58	100.00%	0	0	0	174	3	-23681	-4.08293	-34269	-5.90845	-797884	-137.566
13	3805271	1	0	57	100.00%	0	0	0	171	3	-23277	-4.08368	-33079	-5.80333	-784670	-137.661
14	3805335	1	0	56	100.00%	0	0	0	168	3	-22358	-3.9925	-21448	-3.83	-770967	-137.673
15	3805399	1	0	57	100.00%	0	0	0	171	3	-23335	-4.09386	-21218	-3.72246	-785200	-137.754
16	3805464	1	0	9	100.00%	0	0	0	27		-3669	-4.07667	-1836	-2.04	-124043	-137.826
DRB_512MS	ulTti	ucUseFlag	UL_usCrcOkCnt	UL_usCrcErrorCnt	UL CrcError Ratio	UL_usSriSum	UL_ulMcs	UL Average Mcs	UL_ulUlRbNum	UL Average RbNum	UL_lDmrsSinrSum	UL Average Sinr	UL_lSrsSinrSum	UL Average SrsSinr	UL_lRsrpSum	UL Average Rsrp
1	3793777	8	59	267	81.90%	0	0	0	958	2.93865	-101950	-3.1273	0	0	-4437204	-136.111
2	3804241	8	85	203	70.49%	0	0	0	832	2.888889	-60142	-2.08826	3850	0.133681	-3896539	-135.296
3	3804755	8	13	312	96.00%	0	320	0.984615	987	3.036923	-115792	-3.56283	-137181	-4.22095	-4424281	-136.132
4	3805271	4	0	227	100.00%	0	0	0	681	3	-91660	-4.03789	-114372	-5.03841	-3087371	-136.008

表 10-22　包含核心网主动释放的掉话率

日　　期	L. E. RAB. AbnormRel 次数	L. E. RAB. NormRel 次数	掉话率	L. E. RAB. AbnormRel. MME 次数	包含 MME 侧在内的掉话率
2017/1/12	29 469	4 805 737	0.61%	21 704	1.06%
2017/1/13	32 132	5 086 560	0.63%	24 017	1.10%
2017/1/14	30 486	5 083 014	0.60%	23 653	1.06%
2017/1/15	28 993	5 399 716	0.53%	21 223	0.93%
2017/1/16	30 575	5 335 219	0.57%	25 719	1.05%
Total	151 655	25 710 246	0.59%	116 316	1.04%

9. *N* 秒无数传引起的释放

由于在升级后 eNodeB 侧将异常释放之前层 2(L2)4s 无数传的释放不计入掉话，故对掉话率指标有一定的改善，虽然不影响用户感知，但是与实际的掉话可能存在出入。如表 10-23 所示，为 Top 小区所在 eNBCHR 针对 *N* 秒无数传的统计结果，在总的异常释放次数所占的比例约为 10%。

表 10-23　*N* 秒无数传引起释放所占比例

序号	释放原因	出现次数	百分比
1	UE_RLC_UNRESTORE_IND	775	37.97%
2	WAIT_RRC_CONN_RECFG_RSP_TIMEOUT	527	25.82%
3	RRC_REEST_SRB1_FAIL	380	18.62%
4	RRC_REEST_OTHER_RB_RESTORE_FAIL	85	4.16%
5	UE_RESYNC_TIMEROUT_REL_CAUSE	78	3.82%
6	REL_BUTT	71	3.48%
7	HO_OUT_X2_REL_BACK_FAIL	63	3.09%
8	UE_RESYNC_DATA_IND_REL_CAUSE	19	0.93%
9	SAE_BEARER_REL_NUM_MAX4	17	0.83%
10	RB_RECFG_FAIL_RRC_CONN_RECFG_CMP_FAIL	15	0.73%
11	SCTP_ABORT	9	0.44%
12	HO_WAIT_RECFG_RSP_TIMEOUT	2	0.10%
	FOR_N_SECONDS_NO_DATA_TRANS_CAUSE	200	9.80%

10. 分析结论

由于核心网异常及 N 秒无数传两个特性对掉话率指标的优化占很大比例，所以全网掉话率在升级后有明显提升。在异常掉话原因中，Top 用户的异常现象比较普遍；上行弱覆盖是导致掉话的一大原因；Top 用户分析中，终端兼容性问题对掉话也占了一定比例。

第 11 章

LTE 的自组织网络技术

目前 LTE 网络在全球范围内已广泛部署,5G 商用网络也即将推出。当前网络 2G/3G/4G/5G/WiFi 等多接入技术网络的并存、家庭基站(Femtocell,毫微微基站,或称为飞蜂窝)等小功率无线设备的广泛引入导致的多层网络并存(Macro-宏蜂窝、Micro-微蜂窝、Pico-微微蜂窝、Femto-飞蜂窝)都会影响到网络运行效率。由于多接入技术(Inter-RAT)和多层次网络(Multi-layer)共存,未来的无线网络将变得更加复杂,网络运维和优化的工作量大幅提高。运营商在关注提高网络性能和用户感知的同时,越来越关注提高运维效率和降低运营支出(Operation Expenditure,OPEX)。因此,由主流运营商发起、由 3GPP 进行标准化的自组织网络(Self-Organizing Network,SON)技术应运而生。运营商期望通过 SON 技术来实现运维自动化,从而实现降低运营成本、减少人工干预和提高运维效率的目标。

本章将介绍 SON 标准化研究进展,描述 SON 的关键功能(自配置、自优化、自治愈)及典型用例,并对 SON 关键算法的典型实现进行详细阐述。

11.1 SON 的研究进展

SON 技术受到了运营商、设备商以及多个国际组织的高度关注,下面将重点介绍 SON 在标准化方面的研究进展情况。

11.1.1 SON 的驱动因素

SON 技术的驱动因素主要来自提高运维效率和降低运营成本两个方面:

(1) 多接入技术多层次网络的长期共存,使得网络的复杂度呈几何级数增加,通过传统的方法进行精细优化变得非常困难,加强网络运维自动化是提高运维效率的迫切需求。

仅以邻区配置和优化为例,假设某运营商拥有 40 万个 LTE 基站、150 多万个小区,以每小区平均建立 100 个邻区(假设同频邻区约 60 个,异频邻区约 40 个)计算,网络商用开站共需建立 1.5 亿个邻区关系。考虑到 LTE 与现有 GSM 以及 WCDMA 或 CDMA2000 或 TD-SCDMA 网络共存,会形成 30 多种切换关系(同频、异频、异系统)。所以,仅从邻区规划和邻区优化来看,手动配置和优化异常困难;加上基站类型的多样化,除宏蜂窝、微蜂窝外，微微蜂窝和飞蜂窝也将被大量部署，小基站对部署精度要求更高，站点密度更大，规划和优化难度也将大幅增加。因此致力于提高网络规划、部署、运维、排障过程的自动化程度，协调不同制式、不同层次网络间关系的SON技术，成为提升全网运维效率的关键解决方案。

(2) 随着各种智能终端的广泛应用，无线数据业务获得了快速增长。为满足用户的业务需求，移动运营商需要提供高带宽的数据应用和网络服务。然而，尽管月均用户使用数据量在逐年递增，但近年来平均每兆比特的无线数据收入在持续下降，加上网络复杂引起的运维成本提高，导致全球大部分运营商近年来净利润率在持续下滑，运营商越来越关注如何通过大幅提高运维管理效率来削减运营开支。

如果仍然通过传统手段，不断增加网络运维人员来应对更加复杂的网络运维和优化问题，将会造成运营成本的快速增加，运营商的收益情况整体将趋于恶化。图11-1所示是2004—2017年以来全球前75家运营商运营支出(OPEX)占营业收入的平均比例，数据来自各大公司财报统计。由图11-1可以看到，近十余年运营商的OPEX占收比整体呈上升趋势(从2004年的61.5%上升到2017年的66.3%)，特别是自2011年LTE全球大规模部署以来，网络运维复杂度提升导致全球平均运营成本持续攀升。运营商迫切希望通过引入SON的相应机制，减少网络操作管理的人工参与，由此降低网络的运营成本。

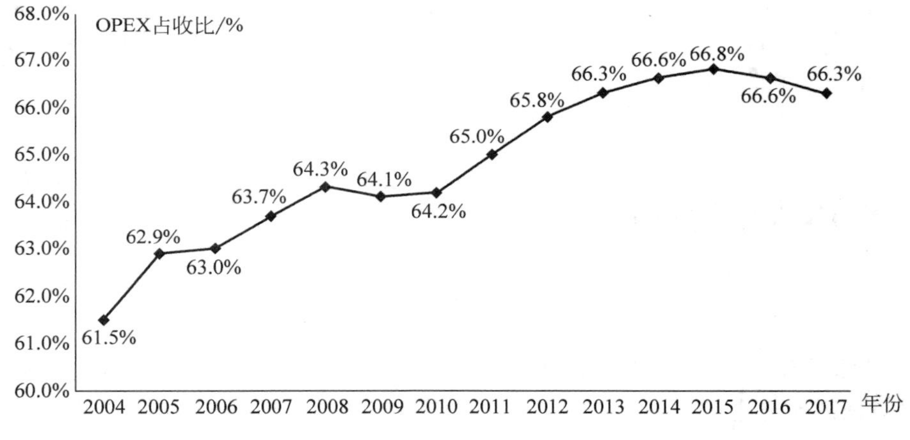

图11-1 全球前75家运营商运营支出平均占收比

早在LTE的标准化阶段，SON概念就由移动运营商提出，其核心思想是实现无线网络的自动化功能，减少人工干预，降低网络部署风险和运营成本。正是在提高运维效率和降低运营成本双重因素驱动下，SON被作为3GPP E-UTRAN的重要研究方向。

具备SON特性的LTE无线网络产品能够简化网络部署和降低人工干预，从而有效地减少运维成本。该特性将eNodeB作为自组织网络节点，在其中添加自组织功能模块，实现无线网络自配置(Self-configuration)、自优化(Self-optimization)和自治愈(Self-healing)等功能。

SON借助于先进的IT平台和优化化算法，通过对现网大数据的深度挖掘，目标是实现跨越不同的设备厂商平台和不同的无线接入技术(Inter-RAT)，对网络进行智能管控，从而达到改善网络质量、提高网络资源利用率、减轻日常工作负载的目标。下面举例说明 SON 技术的应用给网络运维带来的明显提升。

(1) 如图 11-2 所示，以诺西公司 C-SON 平台(Eden-NET)为例，SON 平台通过设备支持自动开站(自配置)，可以大大节省开站时长，上站次数减少 50%，在传输、电源到位的情况下，配置基站所需时间由原来的 2 小时缩短到 5 分钟；整体建站时间也由原来的 20～45 天缩短到 3～10 天。

(2) 如图 11-3 所示，通过切换优化模块，在欧洲运营商的跨厂商支持案例中，各模块对网络指标提升也发挥了相应作用，给网络切换指标带来了明显的提升：诺基亚通过 ANR (Automatic Neighbor Relation，自动邻区关系)减少了 25% 的语音掉话，华为通过 MRO (Mobility Robustness and HO Optimization，移动健壮性和切换优化)减少了 95% 的过早切换、83% 的过晚切换和 87% 的错误切换，爱立信通过 ANR 为某网络减少了 6% 的语音掉话。

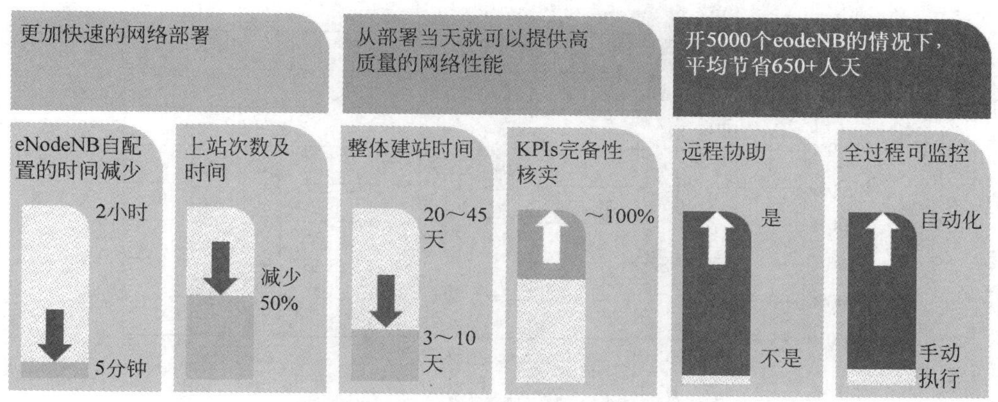

图 11-2　应用 SON 自配置技术给网络性能带来的提升

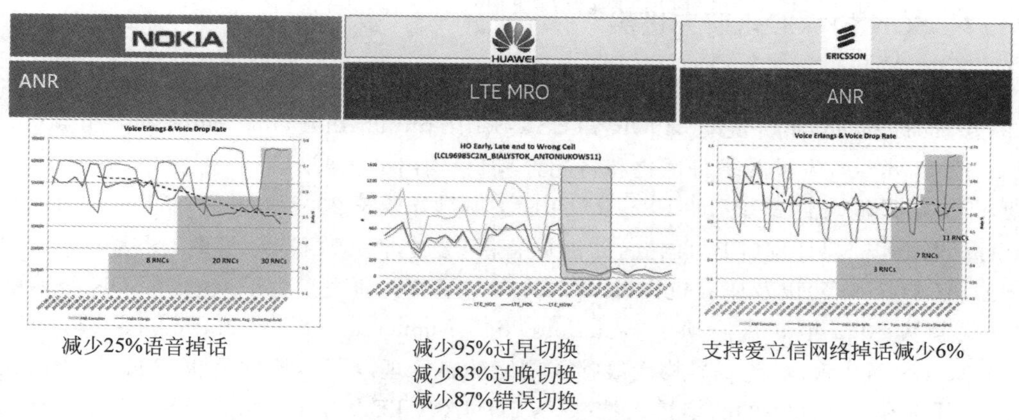

图 11-3　应用 SON 切换优化模块给网络性能带来的提升

通过使用 SON 的相关功能，运营商可以实现网络规划、配置和优化过程的自动化，可以极大减少运营商对人工的需求，从而大大降低运营商的 OPEX。参考文献[20]主要从网络投资(CAPEX)和运营支出(OPEX)两个维度处出发，分析了 SON 的应用给 LTE 网络带来的实际效益。该案例基于对西欧某运营商的长期研究，对该运营商每年新开通超过 1000 个 LTE 基站的 SON 效果进行跟踪，综合五年的应用效果进行了总结。SON 给 LTE 网络带来的效益变化如图 11-4 所示，通过对网络总拥有成本(Total Cost of Ownership，TCO)进行归一化，对比开通 SON 前后的相应指标发现，TCO 节约 25.99%；其中 CAPEX 节约 21.17%，OPEX 节约 34.42%。CAPEX 节约的部分，主要基于网络规划以及商用前 RF 优化支出的下降；而 OPEX 节约的部分，主要基于网络日常维护和优化支出的下降。

正因为 SON 肩负着提高运维效率和降低运营成本的双重使命，从 3GPP R8 标准开始，SON 成为 3GPP 组织关注的重点，相应的需求和实际用例也在不断发展和完善。

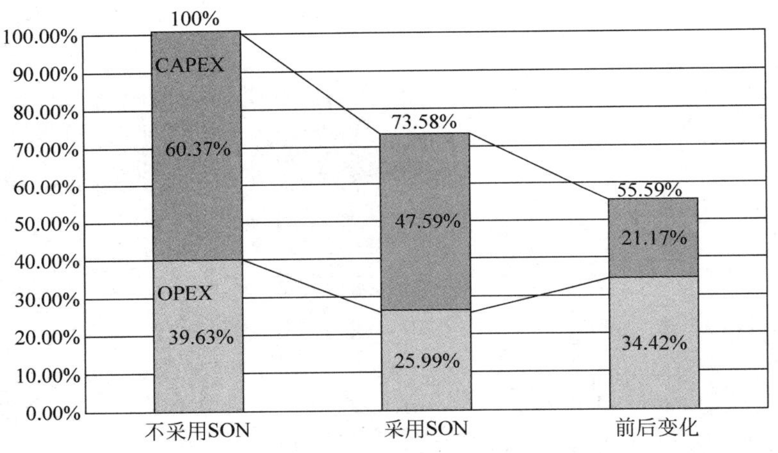

图 11-4　SON 给 LTE 网络带来的效益变化

11.1.2　SON 的标准化研究进展

在国际上，目前 SOCRATES 项目、Semafour 项目、3GPP 组织、NGMN 组织分别开展 SON 方面的研究与讨论。SOCRATES(Self-Optimization and self-Configuration in wireless networks，无线网络自优化和自配置)项目输出的主要成果包括 SON 用例、需求与框架，相关结果输入到 3GPP 的 R8～R11 中，该项目开始于 2008 年 1 月，结束于 2010 年 12 月，由欧盟第七框架计划(FP7)创立，欧洲设备商(爱立信、诺西)、运营商(沃达丰等)、网络优化公司(Atesio 等)以及研究机构(IBBT)均参与了相关研究。为了继续对 SON 技术进行研究，欧盟从 2012 年 9 月启动了 Semafour(Self-Management for Unified Heterogeneous Radio Access Network，统一异构无线接入网络的自管理)项目，该项目也归属于 FP7，致力于设计、开发和评估统一的跨多接入技术(WCDMA、LTE、WiFi 等)和多层次蜂窝(宏蜂窝、微蜂窝、微微蜂窝、飞蜂窝)异构网络的下一代 SON 自管理系统，相关研究成果输入到

3GPP 的 R12 版本和下一代 SON 中，欧洲设备商（爱立信、诺西）、运营商（Orange、Telefonica）、网络优化公司（Atesio 等）以及研究机构（iMinds）参与了相关研究。

NGMN（Next Generation Mobile Network，下一代移动网络）组织是由 NTT DoCoMo、T-Mobile、沃达丰、法国电信、中国移动等运营商发起，目标是推动移动通信网向下一代移动通信网络演进，促进产业发展，表达运营商对网络发展的需求，引导技术发展方向，创造共赢的产业链环境。NGMN 于 2006 年最先提出 SON 需求（见参考文献[21]），其后通过一系列白皮书输出了有关 SON 和运营维护（Operation and Maintenance，OAM）的需求指引以及典型用例的研究报告（见参考文献[22]～[25]），这些典型用例涵盖了网络规划、部署、优化和维护的多个方面。

3GPP 是工作在国际电信联盟（International Telecommunication Union，ITU）范围内的联盟和标准实体，制定第二代、第三代、第四代和第五代移动通信系统相关规范。3GPP 的结构包括项目协调组（Project Coordination Group，PCG）和四个技术规范组（Technical Specification Group，TSG）。项目协调组管理 3GPP 的整体工作进展，每个技术规范组又分为几个工作组（Working Group，WG）。3GPP 四个技术规范组包括：

(1) TSG GERAN（GSM EDGE Radio Access Network，GSM 和 EDGE 无线接入网）的工作职责是定义 GSM/GPRS/EDGE 无线接入技术的演进和互操作规范。该技术规范组包括三个工作组，即 WG1（无线）、WG2（协议）和 WG3（终端测试）。

(2) TSG RAN（Radio Access Network，无线接入网）的工作职责是定义无线接入网相关技术和协议流程，包括五个工作组，即 WG1（无线层 1）、WG2（无线层 2 和层 3）、WG3（UTRAN O&M 需求）、WG4（无线性能）和 WG5（移动终端一致性测试）。

(3) TSG SA（Service and system Aspects，服务和系统方面）的工作职责是定义整体结构和服务能力，包括五个工作组，即 WG1（服务）、WG2（架构）、WG3（安全）、WG4（编解码）和 WG5（电信管理）。

(4) TSG CT（Core network and Terminals，核心网和终端）的工作职责是定义核心网和终端的技术规范。

3GPP 从 R8 版本开始对 SON 功能进行研究和标准化，相关标准化工作延续到 R12 和 R13 版本及 5G 后续版本。从 2008 年至今，3GPP 主要对 11 个用例进行了支持，如表 11-1 所示。

表 11-1　3GPP SON 用例

序号	用　　例
1	自动邻区关系（Automatic Neighbour Relation，ANR）
2	物理小区标识（Physical Cell Identity，PCI）
3	移动健壮性和切换优化（Mobility Robustness and HO Optimization，MRO）
4	RACH 优化（Random Access Channel Optimization，RO）
5	移动负载均衡（Mobility Load Balancing，MLB）
6	小区间干扰协调/扩展小区间干扰协调（Extended/Inter-Cell Interference Coordination，ICIC/eICIC）

续表

序号	用　　例
7	覆盖和容量优化(Coverage and Capacity Optimization,CCO)
8	小区中断检测和补偿(Cell Outage Detection and Compensation,COD/C)
9	最小化路测(Minimizing of Drive Test,MDT)
10	节能(Energy Savings,ES)
11	QoS优化(QoS Optimization)

SON相关功能的定义和实现规范主要在3GPP RAN WG3和SA WG5等工作组中讨论,同时需要在RAN WG1、RAN WG2、RAN WG4进行相关测量的研究,有时需要与其他工作组进行协作,如GERAN WG2和SA WG2等。3GPP制定的SON相关协议包括TS 36.300、TS 36.423、TS 36.413以及SA5组负责的TS 32.5xx系列网管协议等。3GPP各版本SON进展概述如表11-2所示。

表11-2　3GPP各版本在SON方面的主要进展

3GPP版本号	SON主要进展
R8	SON概念及需求定义、基站自配置和自动邻区关系(ANR)
R9	对SON自优化管理和自动无线网络配置进行标准化,包括MRO、RO、MLB和ICIC,同时对自治愈和家庭基站(HNB)SON相关OAM接口进行研究
R10	启动了自治愈管理的标准化工作,对节能管理的需求和解决方案进行研究,继续对R9提出的CCO、MLB、MRO等进行标准化,尤其是注重多接入技术间(Inter-RAT)重叠覆盖网络的CCO、MLB和MRO的标准化
R11	针对异构网络下的自动网络管理与协调进行研究,包括引入SON管理机制到UTRAN网络、加强LTE SON的协调管理、支持不同制式间(Inter-RAT)的节能管理;进行SON功能的增强,包括MRO的增强以及多接入技术间的乒乓切换等
R12	SON OAM方面的增强和小小区SON议题研究、LTE与CDMA之间的SON互操作用例研究
R13	集中式覆盖与容量优化的网络管理增强研究以及分布式MLB的OAM侧增强研究
R14/R15	5GSA架构下对SON的新增功能的标准化

下面对3GPP各版本的SON研究及标准化工作做简要总结。

1. R8版本SON进展

SON的标准化工作最早是由3GPP中负责网络管理标准的SA WG5工作组启动,首要工作是明确SON的概念和需求;在此基础上,SA WG5开展eNodeB的自动建立和SON自动邻区关系(ANR)管理的标准化工作。R8完成了专门针对SON用例及解决方案的研究报告TS 36.902(见参考文献[26]),完成了ANR和PCI这两个用例的标准化。R8达成的主要工作目标包括:

(1) 通过规范3GPP TS 32.500(见参考文献[27])明确了SON的概念和需求,明确了SON对OAM的要求,定义了SON在OAM系统中的架构,定义了自优化、自配置和自治愈的概念和 E-UTRAN 内建立 2G/3G 间的邻小区关系，定义了支撑 SON 的必要接口。

(2) 通过系列规范(见参考文献[28]～[32])明确了 eNodeB 自动建立的标准化成果。新 eNodeB 在进入网络时可以自动建立 eNodeB 和网元管理系统(Element Management System，EMS)之间的 IP 连接，可以自动下载软件，自动下载无线参数和传输配置相关的数据，可以支持 X2 和 S1 接口的自动建立。在完成建立后 eNodeB 可以自检工作状态并给网管中心报告检查结果。

(3) 通过系列规范(见参考文献[33]～[37])明确了 SON 自动邻区关系管理的标准化成果。这一成果帮助运营商减少对传统手动 ANR 配置和减少使用 ANR 配置的规划工具的依赖。

2. R9 版本 SON 进展

3GPP SA5 的 SON 标准化项目包括 SON 自优化管理和自动无线网络配置数据准备，研究项目包括对 SON 自治愈研究和家庭基站(HNB)SON 相关 OAM 接口的研究。

(1) R9 阶段自优化管理的工作目标主要包括移动负载均衡、移动健壮性和切换优化、小区间干扰协调、RACH 优化。

(2) 自动无线网络配置数据准备是 R8 自配置功能中未完成工作，R9 阶段继续进行完善。当一个网元实体(小区或 eNodeB)被加入到一个正在运营的网络中，由于依赖于正工作的网元实体，一些网络配置参数无法提前设置。通过创建和分发一些相互依赖的参数，使其能被传递给新加入的网元实体和正在运行的网元实体。该功能彻底弥补和完善了自配置功能，使网元实体实现了真正的自动建立。

(3) 自检测和自治愈的研究是 SON 子项目之一，主要用于系统自动检测及修复故障。SA WG5 的 R9 研究仅集中在自治愈功能，研究了可能的需求和解决方案，该部分的研究成果详见 TR 32.823[38]。

(4) 家庭基站 SON 相关 OAM 接口的研究主要针对家庭基站，研究受影响的各个实体之间的接口如何支持 SON。这些接口包括 OAM 网元之间的接口、OAM 网元和 NodeB 之间接口、NodeB 之间的接口和 UE 与 NodeB 之间的接口。该部分的研究成果详见参考文献 TS 32.821[39]。

除了 SA WG5 的相关标准化和研究工作外，RAN WG2 和 RAN WG3 工作组也相应启动了无线侧 SON 工作项目。RAN 侧主要针对已经明确的 SON 用例提出无线侧技术解决方案并进行标准化，这些 SON 用例包括覆盖和容量优化、移动负载均衡、移动健壮性和切换优化及 RACH 优化。

此外，RAN WG2 还启动了最小化路测(MDT)的相关研究。传统的路测主要围绕道路测试进行，存在测试成本昂贵、测量区域及数据量有限等诸多不足。在网络优化过程中，用户经常投诉的覆盖欠佳位置常常是在室内或者位于车辆测试无法到达的位置。最小化路测主要研究由 UE 自动收集路测相关数据、记录数据并上报测量数据给网络。通过自动收集 MDT 测量数据，可以最大程度降低运营商对人工测试监测和优化网络的依赖。

3. R10 版本 SON 进展

在 R9 自治愈研究的基础上，SA WG5 启动了自治愈管理的标准化工作，相关成果详见 TS 32.541[40]；同时启动了节能管理的 OAM 需求和解决方案研究，相关成果见 TR 32.826[41]。自治愈功能包括监测和分析故障管理、告警、通知和自测结果等相关数据，自动触发或执行必要的矫正行为。该功能可以减少人工干预，实现重新优化和重新配置自动进行，甚至软件的重新下载和再次加载。

由于在 R9 阶段 RAN 侧工作负载过重，SON 在 RAN 侧和 SA WG5 侧的标准化工作都只完成了属于第一优先级的负载均衡和切换参数优化两部分内容。在 R10 阶段，SA5 的 SON 标准化工作包括两部分，一部分是继续进行 R9 SON 自优化管理中遗留的小区间干扰协调、容量和覆盖优化及 RACH 优化等工作，另一部分是研究各个 SON 用例之间协调工作。同时，在 RAN 侧其他工作层面，RAN WG3、RAN WG2 和 RAN WG4 也在 R10 阶段继续完成 R9 遗留的工作。为避免同样问题出现，即由于工作量过大而无法完成全部预定目标，RAN 侧工作组对每一个目标都设置了优先级，以保证高优先级的目标能得到充足时间被优先讨论和处理，主要包括：

(1) 覆盖和容量优化(CCO)，用于检测覆盖问题和容量问题，将覆盖优化算法和容量优化算法联合考虑，以平衡两者之间的相互影响，进而研究一种整体服务优化方案。其中覆盖问题为第一优先级，容量问题为第二优先级。

(2) 移动健壮性和切换优化(MRO)增强，其用例包括多接入技术间(Inter-RAT)切换失败的检测和可能的修正。从 LTE 到 WCDMA/GSM 的切换用例为第一优先级，从 WCDMA/GSM 到 LTE 的切换用例列为第二优先级。其余用例还包括重建不成功情况下的 UE 测量的获得、Inter-RAT 和 Intra-LTE 环境下空闲状态下 UE 的乒乓切换问题、Inter-RAT 环境下激活状态下 UE 的乒乓切换问题和切换到错误小区的短暂停留等问题。

(3) 移动负载均衡(MLB)增强，其用例包括改善在 LTE 系统内的 MLB 可靠性和多接入技术间(Inter-RAT)的 MLB 功能。

(4) 扩展的小区间干扰消除(eICIC)，研究采用空白子帧(Almost Blank Subframe, ABS)的方案，当宏小区处于轻负载时，把宏小区的无线资源预留给小小区使用。

(5) 小区中断检测和补偿(COD/C)，用于感知小区中断和睡眠小区，通过调整邻小区的参数来补偿这些小区中断的影响，包括调整不受影响小区的功率和天线参数，或者调整邻区列表。

(6) 在 R9 最小化路测(MDT)研究基础上，RAN 决定启动基于信令架构方案的最小化路测的标准化，由 RAN WG2 主导，优先讨论覆盖优化用例。设计 MDT 方案时考虑了实时测量和非实时测量两种方式以及相应的测量上报机制，明确 MDT 测量的启动要通过 RRC 信令进行配置，MDT 测量结果要通过 RRC 信令上报，上报的数据中可以携带可用的位置信息和时间信息。

4. R11 版本 SON 进展

主要工作是针对异构网络下的自动网络管理与协调以及 SON 功能的增强。SA WG5

的主要工作在于引入 SON 管理机制到 UTRAN 网络、加强 LTE SON 的协调管理、支持多接入技术间(Inter-RAT)的节能管理等。RAN WG3 的主要工作是完成 R10 中遗留的低优先级工作,并且进行 SON 功能的增强,主要包括: MRO 的增强,例如对跨制式互操作场景的支持、乒乓切换和短暂驻留问题等;根据 QoS 相关信息选择接入合适的无线接入技术;扩展 WCDMA 与 LTE 之间的 ANR 机制;协调 MRO 与 MLB 的关系,增强 SON 整体功能稳定性;自治愈(发现并解决故障);家庭基站和异构网络部署场景下的 SON 特性等。

根据运营商的需求,RAN WG2 在 R11 中继续研究 MDT 的增强功能,重点集中在覆盖优化和 QoS 验证两个用例。对于覆盖优化议题,研究重点是测量记录和报告功能的增强,例如,通过减少 UE 侧无用测量的数量来减少 UE 电量消耗,研究增强的上行覆盖优化和公共信道的覆盖优化等。对于 QoS 验证,主要研究 QoS 相关的测量记录和报告。

5. R12 及 R13 版本 SON 进展

SON 在 R12 版本的主要工作包括 SA WG5 关于 SON OAM 方面的增强和 RAN WG3 关于小小区 SON 议题研究。SON OAM 方面的增强研究课题包括:

(1) 增强的运营效率(OPerational Efficiency,OPE)。

(2) 集中化覆盖与容量优化的网络管理增强(Network Management centralized Coverage and Capacity Optimization,NM-CCO),详见 TR 32.836[42]。

(3) 多设备商即插即用的 eNodeB 接入网络。

RAN WG3 主要针对两项课题进行研究:

(1) LTE 与 CDMA 之间的 SON 互操作用例,包括 MLB 和 MRO。

(2) 小小区增强,包括明确小小区的场景定义、小小区概念和需求。SON 在部署小小区的成本和复杂性最小化上可以提供帮助。对于小小区场景,网络规划的投入应当最小化,网络配置的投入包括节点的 ID 管理和邻区配置、网络优化的投入(MRO、MLB 和 ES 等)应当自动完成,这些功能的实现都需要借助 SON。为宏小区场景定义的自优化和自配置等功能也可以用于异构网场景的小小区部署中。

R13 版本基于 R12 的研究成果,继续集中式覆盖与容量优化的网络管理增强研究以及分布式 MLB 的 OAM 侧增强研究。

11.2 SON 体系架构

在进行网络自配置和自优化的研究过程中,关于 SON 功能和算法的体系架构进行了讨论。根据优化算法的位置,目前提出的 SON 架构有三种模式: 集中式 SON、分布式 SON 和混合式 SON,即 SON 算法可以位于 OAM 或 eNodeB 中或同时部署在两者中。在权衡 SON 架构利弊时需要考虑众多因素,其中 SON 响应时间和计算复杂性最为重要。

11.2.1 集中式 SON

在集中式 SON(C-SON)中,优化算法在 OAM 系统中存储和执行。如图 11-5 所示,所有 SON 功能都位于 OAM 系统中,因此有利于运营商的操作维护管理,也比较容易部署。但由于 OAM 系统不是实时系统,不能及时对网络变化做出响应,因此不能支持那些要求快速更新的优化用例。

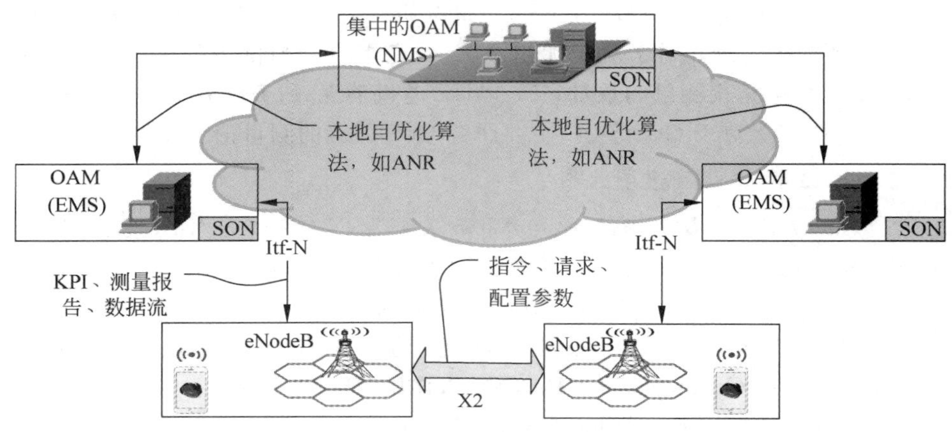

图 11-5 集中式 SON 架构

集中式 SON 必须将 KPI 和 UE 测量信息转发到集中位置进行处理,因此延迟了对用例参数的主动更新。将过滤和压缩的信息从 eNodeB 传递到集中式 SON 服务器,与在 eNodeB 处可用的信息相比,在 SON 服务器处可获得的信息较少。收集 UE 信息所花费的时间长,导致较高延迟将限制集中式 SON 架构对需要较快反应算法的适用性。此外,若集中式 SON 服务器呈现单点故障,如中央服务器或回程中断,则可能导致在 eNodeB 处使用过时的参数,因为该模式下在 eNodeB 处不太可能频繁地更新 SON 参数。

要实现集中式 SON,需要扩展现有的北向接口(Northbound Interface,Itf-N),北向接口是网元管理系统(EMS)之间的接口。随着网络中节点数量的增加,计算需求也将大幅增加。实际的 SON 部署过程中,需要交换更多的小区信息来支持的 SON 算法,如覆盖和容量优化(CCO)、移动负载均衡(MLB)这两种算法,是 C-SON 中最有效的算法。

11.2.2 分布式 SON

在分布式 SON(D-SON)中,SON 优化算法驻留在 eNodeB,从而允许基于在 eNodeB 上接收的 UE 测量以及经由 X2 接口接收来自其他 eNodeB 的附加信息可在 eNodeB 处进行自主决策。分布式 SON 的架构如图 11-6 所示。分布式架构具有更好的实时处理能力,允许在多供应商网络中轻松部署并在更快的时间尺度上进行优化,优化可以在一天中的不同时间进行。但是,由于无法在多供应商网络中确保数据一致性和相同的算法实现,因此需要仔细监控 KPI,以确保它们之间的相互协调,最大限度地减少潜在的网络不稳定性并确保整体网络的优化运行。包括 ANR、PCI 配置与优化、MRO 和 RACH 优化在内的 SON 算法,已经在主要的设备商作为分布式方案得到成功实现。

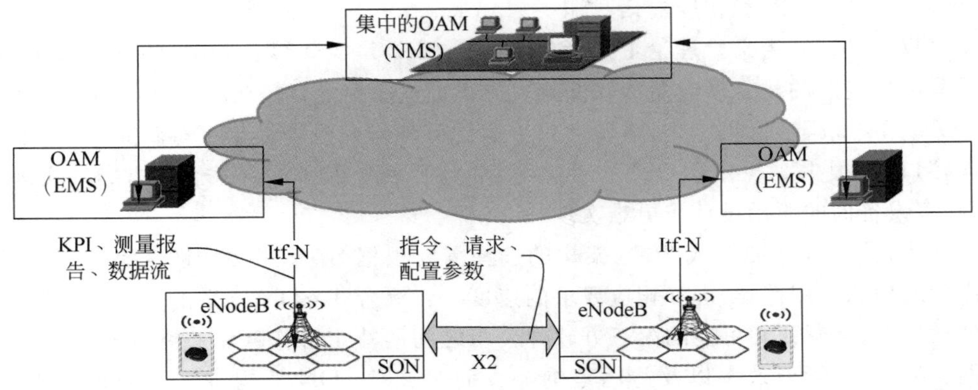

图 11-6 分布式 SON 架构

11.2.3 混合式 SON

在实际 SON 部署过程中,集中式和分布式架构不是相互排斥的,并且可以出于不同目的实现共存,如图 11-7 所示为混合 SON 架构(H-SON)。在混合 SON 中,eNodeB 中实现简单快速的优化方案,在 OAM 中实现复杂的优化方案,以便灵活支持不同类型的优化用例。混合 SON 架构下的部分优化算法在 OAM 系统中执行,而其他优化算法在 eNodeB 中执行。当然,给定 SON 优化算法的一部分也可在 OAM 中执行,而相同 SON 算法的另一部分可以在 eNodeB 中执行。例如,初始参数的值可以在集中式服务器中完成,响应实际 UE 测量的那些参数的更新和细化可以在 eNodeB 上完成。

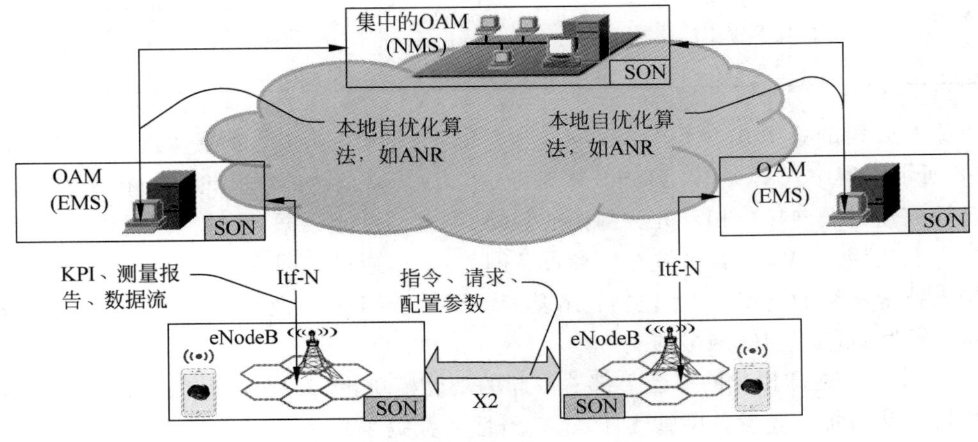

图 11-7 混合式 SON 架构

混合式 SON 需要大量的部署工作和接口扩展工作。3GPP 定义了混合 SON 的体系架构,即集中式 SON 可以通过 OAM 的北向接口(Itf-N)得到分布式算法的边界参数和调整操作,以此来支持标准的混合 SON 方案。Itf-N 北向接口之上的接口参考点(Interface Reference Points,IRP)和相应的信息服务(Information Service,IS)已经根据 SON 策略和某些特定算法进行了定义。理论上讲,SON Itf-N IRP 是实现混合 SON 的理想方案,它可以是运营商从选定的设备供应商和软件解决方案提供商处混合搭配一组现成的分布式和集中式 SON 算法。但实际网络中,设备商仅给运营商和研究机构提供了接口定义,却没有公开北向接口,也很少实现公开 OSS 产品的承诺,这样就导致了混合式解决方案的实现存在困难,跨多设备商的通用设计将更难实现。

集中式、分布式或混合式 SON 架构的选择需要根据 SON 用例特性来决定,具体取决于该用例的信息可用性、处理和响应要求的速度。在混合式 SON 方案的情况下,实际部署将需要设备商、运营商和可能的第三方软件公司之间的特定合作伙伴关系。参考文献[44]从对网元的要求、管理效率以及适用范围等方面对三种 SON 架构进行了分析和比较,如表 11-3 所示。

表 11-3 SON 架构分析比较

比较项	集中式	分布式	混合式
网元复杂度	低	高	一般
网元可靠性	高	低	一般
系统可延展性	受限	几乎不受限(前提是建立高效冲突处理机制)	部分受限
本地管理效率	低	高	较高(合理部署)
协作管理效率	高	低	较高(合理部署)
失败中心点	存在	不存在	存在(严重程度降低)
适用范围	网元间协作任务量较大、规模较小的网络	网络规模大、网元智能化程度高、网元间相互协调和信息交换任务较少	部分 SON 功能可由网元自身完成,部分复杂或影响全网的 SON 功能必须协调全网或大量网元才能完成

以诺西公司的集中式 SON(C-SON)实现平台为例对 SON 体系架构进行简要介绍,如图 11-8 所示。集中式 SON 以 OSSii(诺基亚、华为、爱立信为 OSSii 论坛的初期发起人,旨在设备厂商通过北向接口相互开放网元的告警、配置和性能数据,为运营商提供更为全面和整合的上层应用)为基础,其位置在厂商设备网管之上,通过与网管的北向集成,能实现多厂商多接入技术网络的支持,具体包括:诺基亚 GSM、WCDMA 及 LTE;爱立信 2G/3G/4G 的支持;华为 2G/3G/4G 网络的支持。

C-SON 平台在虚拟化的平台上部署不同的功能模块,包含负责和设备网管对接的南向接口模块。针对每一套设备网管实体,定义出性能数据采集和配置数据采集的接口。如果是异厂家设备网管,建议采用标准 3GPP xml 性能数据格式及 3GPP Corba xml 配置数据格

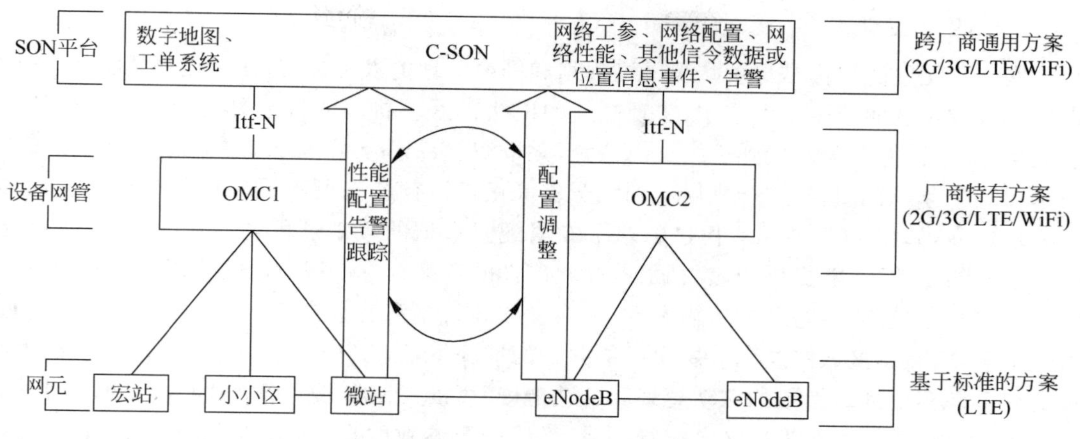

图 11-8　诺西公司 C-SON 架构

式。非 3GPP 格式数据，诺基亚 C-SON 平台也能部分支持，但需要具体厂商进行确认。根据集成的厂商数量和具体的小区数量，C-SON 平台内部所需的虚机数量不尽相同。平台同时支持丰富的北向接口，如工单系统、邮件系统、数字地图，以及用户跟踪消息等。容量方面，单套平台可以支持最大 8 个 OMC 网管的集成，目前版本最大支持 14 万无线小区。

C-SON 算法重点在于精准地根据小区距离、小区层级、长期的性能数据跟踪及配置变更和性能的关联关系，实现在网管上层对网络配置和性能的自动化，从而实现自配置、自优化、自治愈等 SON 功能。部分 C-SON 功能依赖 D-SON 功能在 eNodeB 侧实现，针对需要局部逻辑而非全局逻辑以及需要快速响应的少量功能设计在 eNodeB 侧由 D-SON 功能实现，例如自动邻区关系，D-SON 侧主要实现 UE 上报事件导致的邻区添加，C-SON 则在上层维护邻区的有效性。

除以上主要优化功能外，诺西公司 C-SON 平台还提供了可用于第三方或客户自定义开发的 SDK 组件，用于客户定义自己的统计报告和优化模块，并部署在平台中使用。平台同时提供了丰富的北向接口、报告和命令行接口，可以远程定义任务和执行任务。同时诺西在 2018 年已经发布了第一版的机器学习架构，内置贝叶斯概率分类、决策树预判、算法迭代等机制和可供 SDK 调用的算法。

11.3　SON 流程及用例

SON 技术通过无线测量技术和相应策略进行网络自主管理，最终实现网络自配置、自优化和自治愈三个功能。

1. 网络自配置

网络自配置的目标是尽量减少网络规划和网络管理的人工参与，使新建基站实现“即插即用”的功能，从而减少建设成本、实现高效的网络部署。狭义的自配置是指基站在硬件安装完毕上电后，能自动连接到运维支撑系统，并下载、激活其专属配置数据，最终提供多接入技术无线服务，对应基站从开机启动到完全进入正常运行状态所需要进行的信息交互和数据处理过程，如图11-9所示。但这忽略了专属配置数据的规划过程，实际上基站只有被配置了正确的参数，才能提供相应的服务，因此广义的自配置应该把参数的自规划合并到自配置中，自规划内容包括基站的传输参数、无线参数和天馈系统参数等。每个基站的配置参数可达上千个，在多接入制式和多层次网络并存的情况下，靠人工规划和配置几乎是不可能完成的任务。实现网络参数的自动规划和自动配置，可极大地降低网络规划和网络部署成本。所以本书描述的自配置为广义自配置，包括无线资源参数的自规划（传输、无线、局向、天馈系统等参数）、无线资源参数的自配置、PCI自配置和邻区关系自配置等。

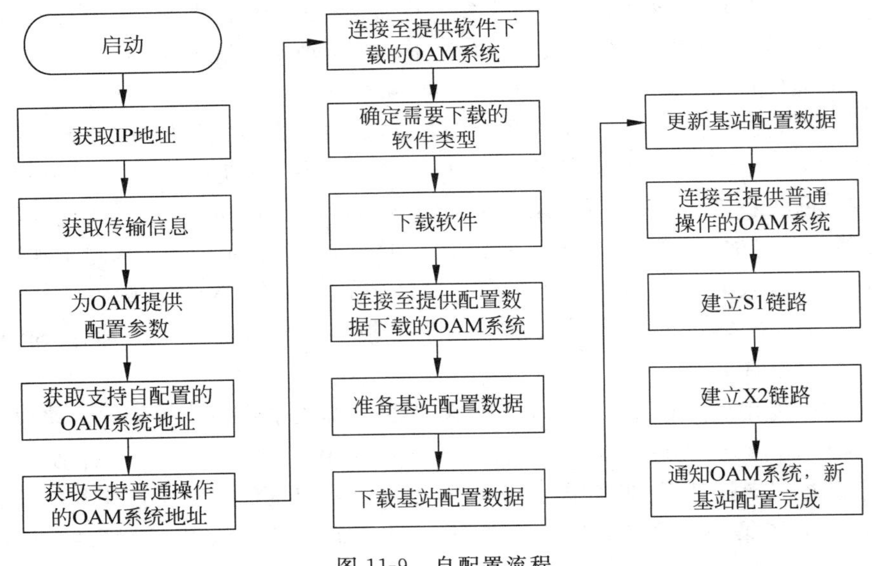

图11-9　自配置流程

2. 网络自优化

传统的网络优化主要包括两个方面：其一为无线参数的优化，如发射功率、切换门限、小区偏置等；其二为机械或物理参数优化，如天线方向和下倾、天线位置等，而网络自优化算法目前已部分代替传统的网络优化功能，随着更多自优化用例和算法被成熟商用，将越来越多地替代传统优化功能。

网络自优化是网络在运行过程中，通过监测网络重要性能指标的变化，自适应地调整无线参数配置或相关的资源管理策略，以达到优化网络性能的目的，包括扩大覆盖范围、增加系统和边缘容量、抑制干扰、降低能耗、提高切换和随机接入成功率、满足用户QoS需求等。

SON 自优化与传统的无线资源管理算法不同的是，自优化考虑的不仅是单小区性能，而且是多小区的整体性能(针对整体或局部网络)，其目标是使整体网络性能得到改善。网络自优化总体流程如图 11-10 所示。

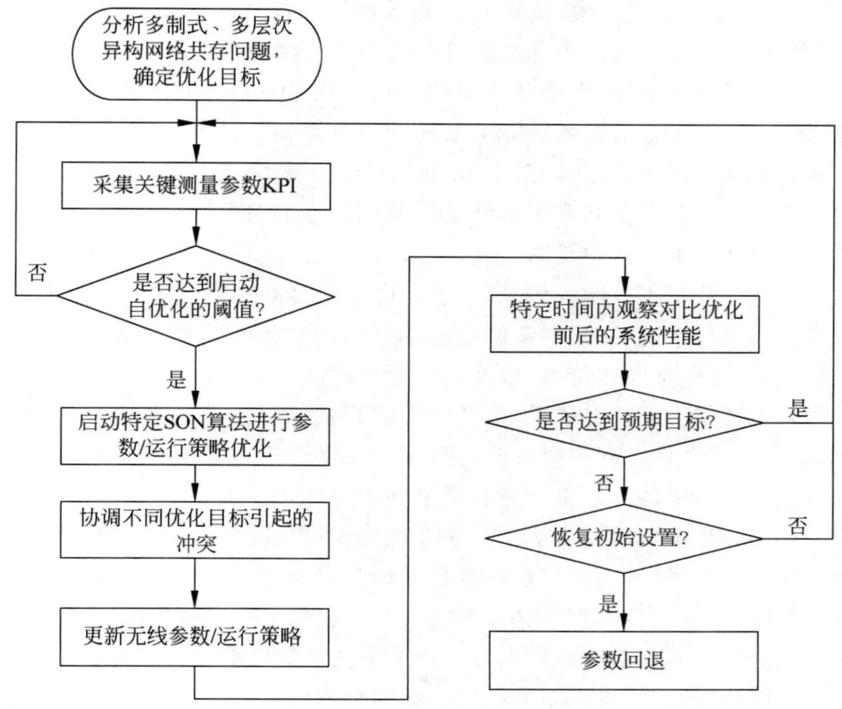

图 11-10　网络自优化流程

借助网络自优化，可重点解决的内容包括[45]：

(1) 切换邻区关系的自动建立。自动优化邻区关系，不但要求自动完成 LTE 的邻区自动管理，还能自动优化站内和站间的同频、异频、异系统以及不同层次的小区间的邻区关系。

(2) PCI 的冲突检测和优化。即自动检测同频的直接相邻或间接相邻(邻区的邻区)小区的 PCI 冲突，并自动纠正 PCI 的冲突，避免由此造成的切换失败。

(3) 根据实际部署场景自动优化切换参数。即自动根据相邻小区的信号测量报告，自动优化站内、站间、同频、异频、异系统、异站型的切换参数，以便提高切换成功率。

(4) 天馈系统参数的自动覆盖优化。即根据终端测量报告等信息自动识别天线部署场景和用户分布，并据此优化 RF 参数，包括天馈系统包括的下倾角、方位角、导频功率等。在不同频点或不同制式的多个小区共用天馈的情况下，需要综合考虑所有这些小区的各自用户分布；对于共享功率的共天馈小区，还需要根据各小区的覆盖目标调整各小区占用的功率。典型的优化场景包括覆盖漏洞、弱覆盖、越区覆盖、导频污染、上下行覆盖不平衡等。传统的天馈参数优化，要求网规人员必须具有丰富的外场经验，进行多次路测验证，成本非常高；SON 的自动化算法能降低对网优人员的要求，同时结合最小化路测(MDT)技术可以降低一半以上的路测成本。

(5) 随机接入过程相关优化，包括前导码、RACH 传输资源、RACH 功率等优化。在 LTE 网络中，可以根据终端上报的 RACH 失败原因进行优化。对于其他制式，则主要依据网规数据、终端测量、终端接入信令和切换信令等进行优化。

(6) 多接入技术和多层网络的流量优化(Traffic Steering for Multi-RAT & Multi-Layer)。协同的流量优化是指网络能够根据终端报告等信息感知网络流量分布，并根据运营商策略自动调整网络配置和迁移终端，以便在满足终端 QoS 的前提下，提升网络资源利用效率。网络流量的感知是感知网络吞吐量的时间分布、空间分布、业务类型分布等特征，主要是依据小区吞吐量 KPI、终端测量报告和路测等数据。对于突发的、短时间内发生的通信量分布和网络能力分布不一致的场景，主要考虑使用移动性负载平衡方案来解决，包括同站、站间、同频、异频、异系统、异站型不同层次小区间的方案。实现负载均衡和迁移终端的方法不仅包括切换，还包括驻留策略，以及小区接纳控制和拥塞控制等。运营商策略一般要考虑服务类型和小区能力的映射关系，以及终端用户优先级和服务使用偏好等。特殊情况下，同频大小站之间移动性负载平衡策略还需要考虑终端速度、小区间干扰水平等因素。

对于经常或长期发生的通信量分布和网络能力分布不一致的场景，则要考虑使用天馈系统参数优化(容量调整)方案来解决。通过分析终端测量报告，发现吞吐量分布热点；对于需要调整天线参数的场景，主要优化热点地区的信号质量。在优化天馈系统参数仍不能满足吞吐量需求时，则需要考虑重新部署天线，如小型化、分布式密集部署等。

小区间干扰协调机制也是改善终端吞吐量的方法。运营商主要关注小区边缘 UE 的吞吐量相对整个小区总吞吐量，考虑系统效率之间的平衡关系，以及单小区信道质量和整个系统的总吞吐量之间的平衡关系。

在自优化用例方面，NGMN 的用例文献[22]比 3GPP 定义的 SON 用例[26]层面更高，并且比 3GPP 提出更早，NGMN 为 SON 用例的标准化提供了初始指引，并给出了各种技术建议。具体的 SON 主要用例如表 11-4 所示。NGMN 为 3GPP SON 的标准化工作提供了重要的推动作用，发布了一系列 SON 用例的标准文档，为 SON 解决方案行业发展提供了协议基础。这些成果中，例如最小化路测(MDT)、节能(ES)、移动健壮性和切换优化(MRO)、自动邻区关系(ANR)、移动负载均衡(MLB)等，3GPP 的相关标准化工作都基于 NGMN 相应成果基础上开展。

表 11-4　SON 自优化用例

序号	用例名称	提出用例的 3GPP 版本	NGMN 是否提出
1	自动邻区关系(ANR)	R8	是
2	物理小区标识(PCI)	R8	是
3	移动健壮性和切换优化(MRO)	R9	是
4	RACH 优化(RO)	R9	是
5	移动负载均衡(MLB)	R9	是

续表

序号	用例名称	提出用例的 3GPP 版本	NGMN 是否提出
6	小区间干扰协调/扩展小区间干扰协调(ICIC/eICIC)	R9/R10	是
7	覆盖和容量优化(CCO)	R10	是
8	小区中断检测和补偿(COD/C)	R10	是
9	最小化路测(MDT)	R10	是
10	节能(ES)	R10	是
11	QoS 优化	R11	是

随着网络的不断演进，目前网络存在多接入技术并存的现状；同时，随着小型蜂窝的大规模部署(即密集部署或小小区)，当前网络存在多层网络并存的复杂情况。为了顺应技术趋势和促进技术发展，针对多接入技术和多层网络，Semafour 项目[46]针对未来网络和综合的 SON 自管理协调提出了新的用例，如表 11-5 所示，表中前 4 个用例聚焦运营商在近期和中期网络部署中的高级功能，一方面，通过动态频谱分配和干扰管理以及自适应天线系统将资源分配给业务；另一方面，通过不同方面的流量优化和负载共享将流量分配给可用资源。这些用例的提出将以不同方式提高用户的 QoS、频谱效率和小区边缘性能。同时，Semafour 项目还通过提出三个用例(对应表 11-5 中的后三个)，在激活的不同 SON 功能中引入协调机制，根据运营商的业务和技术目标实现异构网络环境的统一控制，致力于简化复杂无线网络基础设施的管理。Semafour 的相关用例在后续的研究中还将得到不断丰富和扩展。

表 11-5　Semafour 项目提出的 SON 新用例

序号	用例名称	类别
1	支持双连接的资源管理	未来网络的 SON 自管理
2	动态频谱分配和资源管理	未来网络的 SON 自管理
3	自动流量优化	未来网络的 SON 自管理
4	可配置的有源天线系统	未来网络的 SON 自管理
5	不同 SON 功能的协调和管理	综合的 SON 自管理协调
6	策略执行	综合的 SON 自管理协调
7	决策支持系统	综合的 SON 自管理协调

3. 网络自治愈

网络自治愈技术主要通过自动告警关联，在不进行人工干预情况下，及时发现、隔离和恢复故障，提升运维效率。自治愈技术主要由故障检测和故障处理两个部分组成，故障检测需要持续检测网络运营状态，对无线节点(包括基站、终端、核心网设备等)周期上报的报告进行分析，一旦发现有节点不能正常运作，通过分析诊断发现存在故障后进入故障处理部分；故障处理通过对测量报告、测试结果等进行分析，触发相应的中断修复功能。自治愈技术流程如图 11-11 所示。在故障修复实施之后，继续监视网络性能确认优化效果，如果优化效果不理想,则需要回退到优化前的状态,并再次选择执行优化方案。在整个优化过程中,运营商需要进行人工介入的内容主要是确认故障原因和审核并授权实施优化配置方案,由此减少检测网络运营状态、查找故障原因和拟定优化方案的人工投入,大大提高了运维效率。

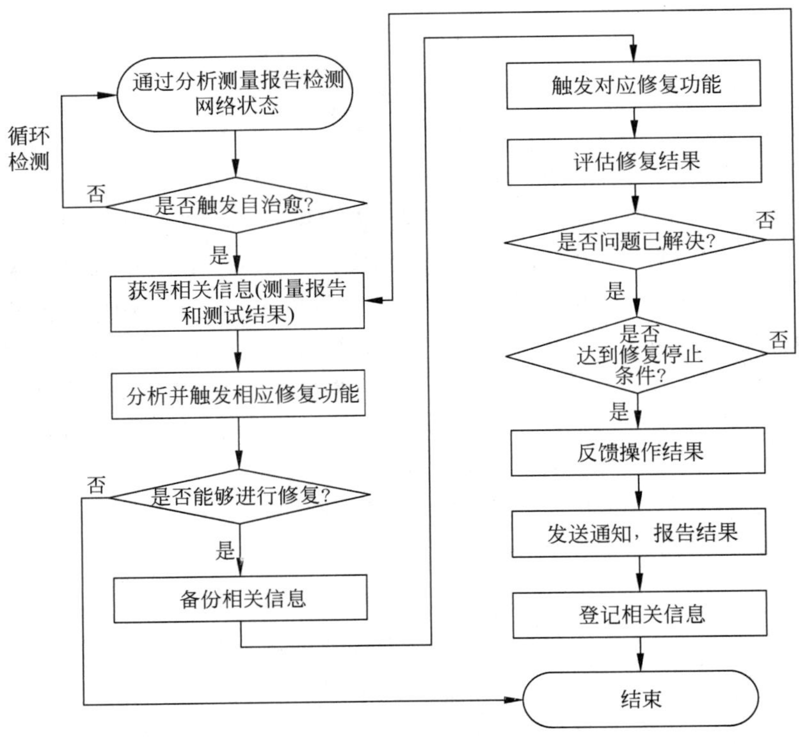

图 11-11　自治愈技术流程

自治愈的用例主要针对两种场景:

(1) 小区中断检测和补偿,包括小区失效的自动检测功能和自动补偿功能。小区失效的含义是:小区丧失或部分丧失提供无线服务的能力,包括小区不能在全部或部分地理区域提供服务、小区服务的用户数量大大下降、小区的总吞吐量大大下降等场景。小区失效自动检测功能将监测小区的多项KPI,在发现KPI异常后先验证小区所服务的终端是否仍然可以发起业务,再判断小区是否失效。一旦判断小区失效,则向运营商发送相应告警。

小区失效自动补偿功能尝试恢复小区功能;如果失败,则调整失效小区的周边邻区向失效小区的用户提供服务;必要时,可以调整这些邻区的天馈参数,以满足终端的QoS要求。

(2) 软硬件的问题排除和恢复,通过告警分析和定位故障,进而采用重启软件或者置换故障硬件的方式来解决。

11.4 SON 算法研究

对于 SON 标准化，业界共识是通过标准化接口实现多厂家共用的解决方案，允许不同厂家的基站通过标准化接口实现互操作。但为保证不同厂家设备的独特性和竞争性，对 SON 的实现算法目前没有进行标准化和统一。下面选择 SON 的部分典型算法实现进行描述，包括 LTE 系统内 MRO 算法、异构网络的 MLB 算法，并针对 MRO 与 MLB 可能存在的冲突规避算法进行了分析。欲了解更多用例的具体实现算法，可参阅参考文献[44]。

11.4.1 LTE 系统内移动健壮性和切换优化算法

移动健壮性和切换优化(MRO)的主要目标是减少与切换相关的无线链路失败的次数和乒乓切换，提高网络的可靠性和网络资源的使用效率。由 5.2 节切换事件的定义可知，切换准则的判定依赖于设置的切换事件触发门限、迟滞及触发时间等切换参数，不正确的切换参数设置会负面影响用户体验，产生乒乓切换、切换失败和无线链路失败(Radio Link Failure，RLF)。切换失败可以分为三类：由于切换触发过晚产生的失败、由于切换触发过早而产生的失败和由于切换到错误小区产生的失败。乒乓切换虽然不一定导致切换失败，但会影响网络性能，所以也需要专门进行分析和规避。

为了实现移动健壮性和切换优化，对终端侧的要求是能够检测出是否进行了过早或过晚的切换，能够检测出切换到了错误的小区或发生乒乓切换；对网络侧的要求是优化小区切换和重选的参数。为了实现移动健壮性和切换优化，需要满足以下三个条件：

(1) eNodeB 侧 SON 实体能够自动配置相关的移动健壮性和切换相关参数。

(2) OAM 侧能够对这些参数配置一个可用的范围；为了支持检测过早和过晚的切换，OAM 还要配置 Tstore_UE_cntxt 参数(该参数用作判断过早或过晚切换的时长参考)。

(3) eNodeB 侧能够从配置的参数范围中确定合适的参数值，使用合适的算法进行参数优化。

为了支持移动健壮性和切换优化，需要上报无线链路失败信息，包括失败的小区 ID、重新建立连接的小区 ID、C-RNTI(Cell Radio Network Temporary Identifier，小区无线网络临时标识)。其中，失败的小区 ID 是指发生无线链路失败的小区 PCI，重新建立连接的小区 ID 是指尝试发起无线链路重新建立的小区 PCI 和 ECGI(E-UTRAN Cell Global Identifier，E-UTRAN 小区全球标识)，C-RNTI 是指在小区中无线链路失败的终端 C-RNTI。移动健壮性和切换优化的参数包括迟滞、触发时间、小区偏置和小区重选参数等，具体的切换算法及相关参数可参阅第 5 章。

1. 场景识别

下面以系统内切换场景为例，说明几种切换场景的定义。

1）切换过早场景

在 eNodeB 中，切换过早有以下两种场景：

（1）UE 接到切换命令，从源小区切换到目标小区的过程中发生了无线链路失败。在 RRC 重建时，重建回源小区。这种情况说明源小区信号质量还可以继续作为该 UE 的服务小区，或目标小区太容易满足切换条件导致目标小区选择错误，使 UE 的切换触发过早。

（2）UE 接到切换命令，从源小区切换到目标小区成功后，在目标小区只停留了很短的时间（默认值为 3s），就发生了无线链路失败。在 RRC 重建时，重建回源小区或重建到其他小区。重建回源小区说明目标小区是一个不稳定的邻区（如信号波动很大的小区），重建到其他小区，说明目标小区太容易满足切换条件导致目标小区选择错误，UE 的切换触发过早。

2）切换过晚场景

在 eNodeB 中，切换过晚是指 UE 在源小区发生了无线链路失败，并且在 RRC 重建时，重建到非源小区。这种情况说明 UE 超出了源小区覆盖的范围，UE 的切换发生过晚。

对于同频切换，若 eNodeB 没有收到同频测量报告或者下发同频切换命令失败，在本小区发生无线链路失败后，重建到非源同频小区，则同频切换过晚。

对于异频切换，分为异频切换测量触发（对应事件 A2）与异频切换触发（对应事件 A3/A4/A5）两个阶段，所以异频切换过晚分测量与切换两种情况，即异频切换过晚需区分 A2 事件相关的切换过晚以及 A3/A4/A5 事件相关的切换过晚。

（1）与事件 A2 相关的异频切换过晚，是由于事件 A2 门限设置过小引起的。本小区没有下发异频测量配置消息或下发异频测量配置消息失败，导致 UE 超出了本小区覆盖范围，产生了无线链路失败后重建在某异频邻区，则判定为一次与事件 A2 相关的切换过晚。这里需要区分切换是事件 A3 还是事件 A4 触发的，因为基于事件 A3 的异频 A2 RSRP 触发门限与基于事件 A4 的异频 A2 RSRP 触发门限不同。

（2）与事件 A4 或事件 A3 相关的异频切换过晚是由于事件 A4 或事件 A3 的服务小区的小区偏置（CIO）设置过小引起的。本小区下发异频测量配置消息成功，但没有下发切换命令或下发切换命令失败，导致 UE 超出了本小区覆盖质量范围，产生了无线链路失败后重建在某小区，则判断为一次与事件 A4 或事件 A3 相关的切换过晚。具体判断属于哪种类型的切换过晚取决于下发的测量事件。

（3）与事件 A5 相关的异频切换过晚包括服务小区 RSRP 低于门限 1 和邻区 RSRP 高于门限 2。与事件 A5 门限 1 相关的切换过晚是由于事件 A5 门限 1 设置过小引起的，与事件 A5 门限 2 相关的切换过晚是由于事件 A5 的服务小区 CIO 设置过小引起的。

3）切换到错误小区的场景

切换到错误小区有以下两种场景：

（1）UE 接到切换命令，从源小区切换到目标小区成功后，在目标小区只停留了很短的时间(默认值为 3s),就发生了无线链路失败。在 RRC 重建时,重建到其他小区(非源小区和目标小区)。这种情况说明目标小区过于容易满足切换条件导致目标小区选择错误。该场景的优化方向同切换过早,即增加源小区到目标小区的切换难度,故该场景和切换过早合并处理。

(2) UE 接到切换命令,从源小区切换到目标小区的过程中发生了无线链路失败,在 RRC 重建时,重建到其他小区(非源小区和目标小区)。这种情况说明目标小区是不稳定邻区,且重建到的其他小区太难满足切换条件,导致 UE 切换到错误的目标小区。该场景优化方向和切换过晚类似,即降低源小区和第三方小区的切换难度,该场景和切换过晚合并处理。

4) 乒乓切换场景

以站间切换为例,乒乓切换判断仅在特定的两邻区间(小区 1 和小区 2)进行,如图 11-12 所示,当小区 1 作为目标小区时,判断点在 P1;当小区 2 作为目标小区时,判断点在 P2。举例说明以小区 1 为目标小区在 P1 点进行乒乓切换判断。若在 UE History Information 中次新小区(即小区 1)的 ECGI 与本小区相同且在最新小区(即小区 2)停留的时间 2 小于乒乓门限时间,则判断发生乒乓切换。

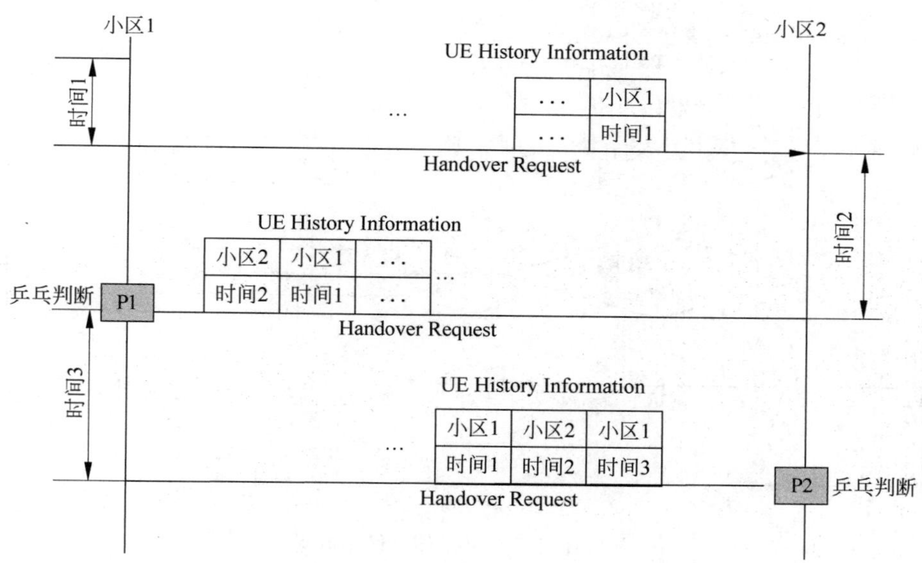

图 11-12　乒乓切换判断

2. 优化流程

系统内 MRO 的优化流程如图 11-13 所示。首先依据在 MRO 优化周期内统计切换异常的次数以及各类型切换次数进行场景识别;然后在 MRO 优化周期结束时刻,基于无线链路失败报告,判断源小区和目标小区是否存在弱覆盖,如果某个 MRO 周期统计到的弱覆盖次数相对于切换异常次数较高,则认为切换异常为弱覆盖导致,此时不进行切换参数优化；在不存在覆盖异常情况下，根据切换次数和切换异常次数的统计结果进行场景优化，判断后续的优化处理方向；最后进行结果监控：监控参数是否出现乒乓调整，若参数出现乒乓调整，则设置惩罚周期；监控参数调整后，监控切换的各项指标是否得到优化；若切换指标得到优化，则在下个优化周期沿用优化后的参数。若切换指标恶化，则在下个优化周期执行参数回退。

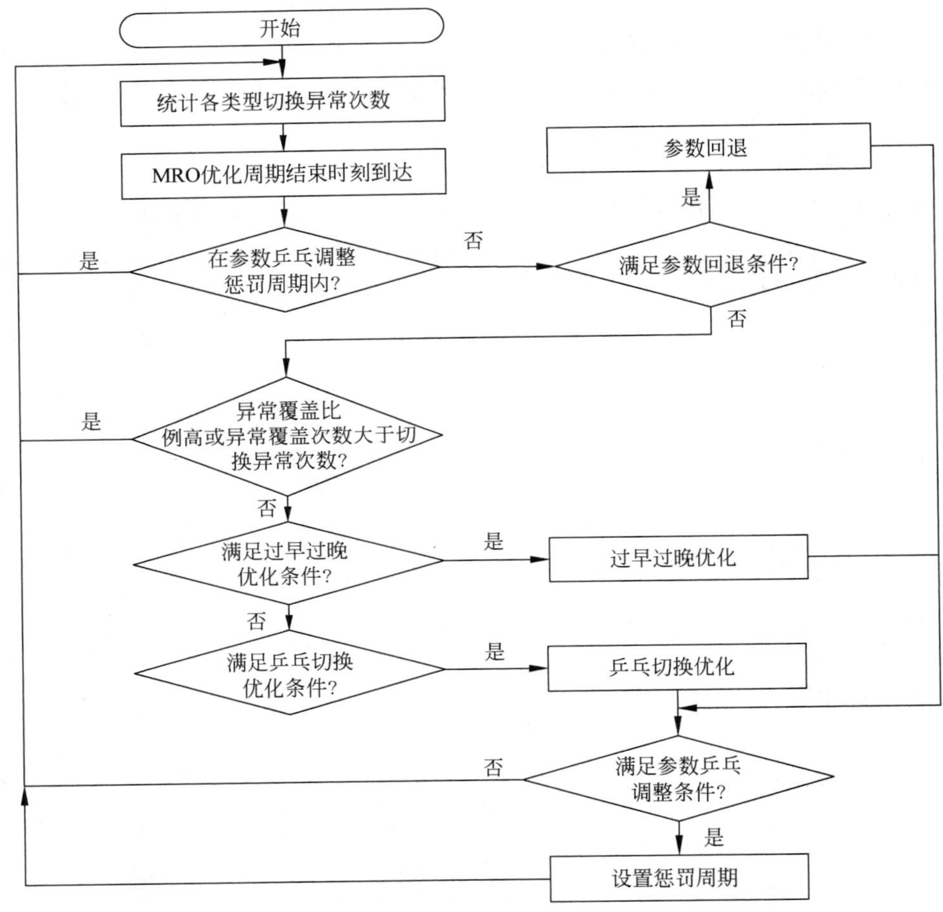

图 11-13　系统内 MRO 优化流程

3. 优化算法

下面以华为 MRO 优化算法[48]为例进行描述。由于切换过早或过晚都反映到异常切换事件上，其优化目标也都体现在异常切换比例降低，所以 MRO 将切换过早与过晚的场景结合到一起进行优化。根据切换过早次数或切换过晚次数占总的异常切换次数(过晚次数与过早次数之和)的比例大小，来决定 MRO 优化的方向，使得由于切换过早或过晚引起的无线链路失败比例最小。

乒乓切换作为另外一个场景进行 MRO 优化。首先判断是否已经进行了切换过早或过晚的优化，若已经进行了过早或过晚的优化，则不进行乒乓场景的优化。在没有进行过早或过晚的优化情况下，若满足乒乓切换的 MRO 条件，则进行乒乓场景的优化。

若在优化周期内，手动调整了以下参数，则本优化周期结束时刻到达时不做 MRO 调整：

（1）手动在线修改过 CIO 值或其他切换参数值（切换迟滞、切换门限、切换事件偏置、滤波系数等）。

（2）手动在线修改邻区对中小区的黑名单小区属性，在下一个优化周期进行基于手动修改值的 MRO 优化。并且在优化调整判断时，不判断优化周期内无线链路失败比例的波动情况。

MRO 的参数优化模式有两种：自由模式和受控模式。在自由模式下，当 MRO 优化周期到达时，eNodeB 基于异常场景统计判决需要优化相关参数，参数优化由 eNodeB 自动处理；在受控模式下，当 MRO 优化周期到达时，eNodeB 上报需要参数优化建议给 U2000 系统，通过维护人员手工确认才会执行参数优化建议，参数优化建议值支持维护人员在线修改。

1）同频切换过早/过晚优化算法

（1）切换参数优化算法。在 MRO 优化周期（MRO. OptPeriod）内，如果邻区对之间发生了足够的切出次数大于等于 MRO 统计次数门限（MRO. StatNumThd），且同频邻区对的无线链路失败异常比例满足：RLF 异常切换比例＞系统内异常切换比例门限（MRO. IntraRatAbnormalRatioThd），则会进入过早或过晚优化判定，处理如下：①若切换过早次数占总的无线链路失败异常切换次数的比例＞系统内切换过早优化比例门限（MRO. IntraRatTooEarlyHoRatioThd），则对同频事件 A3 的邻区 CIO 减少 1 个步长；②若切换过晚次数占总的无线链路失败异常切换次数的比例＞系统内切换过晚优化比例门限（MRO. IntraRatTooLateHoRatioThd），则对同频事件 A3 的邻区 CIO 增加 1 个步长。其中，CIO 是针对邻区配置的小区特定偏置；无线链路失败异常切换比例＝（切换过早次数＋切换过晚次数）/（切换过早次数＋切换过晚次数＋切换成功次数－乒乓切换次数）。

（2）重选参数优化算法。在 MRO 优化周期内，判断每对需要优化 CIO 的同频邻区是否满足条件 1：如果满足条件 1，则不需要进行重选参数优化；如果不满足条件 1，则需要调整 $Q_{\mathrm{OffsetCell}}$，使其满足条件 2 和条件 3。其中：

条件 1：$Q_{\mathrm{hyst}}+Q_{\mathrm{OffsetCell}}<\mathrm{Min}(O_{\mathrm{CS}}+O_{\mathrm{ff}}+H_{\mathrm{ys}}-O_{\mathrm{cn}})$

条件 2：$Q_{\mathrm{hyst}}+Q_{\mathrm{OffsetCell}}=\mathrm{Min}(O_{\mathrm{CS}}+O_{\mathrm{ff}}+H_{\mathrm{ys}}-O_{\mathrm{cn}})$

条件 3：$Q_{\mathrm{hyst}}+Q_{\mathrm{OffsetCell}}\geqslant 1$

Q_{hyst}为服务小区重选迟滞。该参数表示 UE 在小区重选时，服务小区 RSRP 测量量的迟滞值，迟滞值越大，服务小区的边界越大，则越难重选到邻区。

$Q_{\mathrm{OffsetCell}}$为服务小区和相邻小区的小区 RSRP 偏置。

O_{CS}对应参数 CellSpecificOffset，该参数用于控制服务小区与同频邻区触发切换的难易程度，该值越小越容易触发测量报告上报。

O_{ff}对应参数 IntraFreqHoA3Offset，该参数表示同频切换中邻区质量高于服务小区的偏置值。该值越大，表示需要目标小区有更好的服务质量才会发起切换。

H_{ys}对应参数 IntraFreqHoA3Hyst，该参数表示同频切换测量事件的迟滞，可减少由于无线信号波动导致的同频切换事件的触发次数，降低乒乓切换以及误判。该值越大，越容易防止乒乓和误判。

O_{cn}对应参数 CellIndividualOffset，该参数表示同频邻区的小区偏移量。用于控制同频测量事件发生的难易程度，该值越大越容易触发同频测量报告上报。

2）乒乓切换优化算法

（1）小区级乒乓切换优化算法。在一个 MRO 优化周期（MRO. OptPeriod）内，如果 eNodeB 侧维护的 NRT（Neighbour Relation Table，邻区关系列表）中的邻区对已经进行了切换过早或过晚的 MRO 优化，则不再进行乒乓切换的 MRO 优化。反之，则进行乒乓切换的判决。

如果同时满足以下条件，则对应邻区对的 CIO 减少 1 个步长，否则不进行参数调整：①向对应邻区切换出次数≥MRO 统计次数门限（MRO. StatNumThd）；②乒乓切换比例＞乒乓比例门限（MRO. PingpongRatioThd），其中，乒乓切换比例＝乒乓切换次数/总的切换成功次数；③切换成功率＞邻区优化门限（MRO. NcellOptThd），其中，同频邻区切换成功率＝切换出成功次数/（同频邻区切换出总次数＋切换过晚次数），异频邻区切换成功率＝切换出成功次数/（异频邻区切换出总次数＋非 A2 相关切换过晚次数＋ A3 相关的 A2 切换过晚次数＋ A4 相关的 A2 切换过晚次数）；④RLF 异常切换比例＜异常切换比例门限（MRO. IntraRatAbnormalRatioThd）/2。

同频邻区与异频邻区的乒乓优化原理一样，同频邻区调整事件 A3 的 CIO，异频邻区调整事件 A4 或事件 A3 的 CIO。

（2）UE 级优化乒乓切换优化算法。UE 每次切换入 eNodeB 时，假设当前 UE 最新的 UE History Information 中连续乒乓切换统计次数为 X，参数 MRO. UePingPongNumThd 配置值为 N，MRO. PingpongTimeThd 配置值为 M，则 eNodeB 对 UE 下发 CIO 的原则如下：①如果 $X<N$，则该 UE 不属于乒乓 UE，eNodeB 给 UE 下发配置的 CIO；②如果 $X\geqslant N$，当平均驻留时间 1$<M$ 时，eNodeB 标记该 UE 为乒乓 UE：

- 当 $X=N$，且平均驻留时间 1$<M$，调整该 UE 使用的 CIO 为配置的 CIO－1 个步长。
- 当 $X\geqslant N+1$，且平均驻留时间 2$\geqslant M$ 时，调整该 UE 使用的 CIO 为配置的 CIO－1 个步长。
- 当 $X\geqslant N+1$，且平均驻留时间 2$<M$ 时，调整该 UE 使用的 CIO 为配置的 CIO－2 个步长。
- 平均驻留时间 1＝连续 N 次切换到目标小区驻留总时间/N。
- 平均驻留时间 2＝连续 $N+1$ 次切换到目标小区驻留总时间/($N+1$)。

当 CIO 为同频邻区的 CIO 下限值时，UE 级处理允许对 UE 再调整一次，即下发给 UE 的 CIO 可以再减 1 个步长或 2 个步长。过大的 CIO 调整，可能导致切换前 RS-SINR 质量变差，更容易产生掉话，当前 CIO 的最大调整范围为小区级 CIO－2 个步长。

UE 级处理考虑以下特殊处理场景：①对于切换失败重建入本小区的 UE，eNodeB 判断该 UE 属于异常 RLF，不列为乒乓 UE，不会对其进行乒乓切换处理；②切换入时，UE 满足乒乓 UE 的条件，则本小区下发对应的防乒乓 CIO 给该 UE。如果该 UE 使用该 CIO 在本小区发生非切换失败导致的重建，且成功重建在本小区，将会继续使用该 CIO，否则使用小区配置的 CIO。

为避免与小区级 MRO 算法冲突，如果小区级 MRO 算法已经打开，且小区级 MRO 执行了 CIO 修改操作，则相应的 UE 级 MRO 需延迟一定时间执行防乒乓操作，延迟时间固定为 50s。UE 级防乒乓 MRO 调整方案在以下场景有较好的增益：UE 处在两个小区区域，由于信号波动可能存在较多的乒乓切换场景。当处于两小区切换区域的静止 UE 做连续业务，可能出现较多的乒乓切换次数。

UE 级防乒乓 MRO 调整方案对某些特定网络环境不一定有效果。例如，UE 在两个小区间来回移动，两个小区电平差较大；或者 UE 在多小区乒乓；或 UE 出现乒乓次数比较少（例如非连续业务），某一次业务产生的乒乓次数不满足 UE 级防乒乓判决条件。

11.4.2　MRO 与 MLB 间冲突避免算法

移动负载均衡（MLB）功能主要用于解决小区之间负载不均衡问题，保证网络容量的最大化，其目标是均衡网络负载，将重载小区的用户转移到轻载小区。MLB 功能通过收集小区内的负载信息，根据负载情况对切换参数进行自适应调整，从而实现小区之间的负载均衡；MRO 通过收集小区内发生切换的 UE 信息，对切换参数进行自适应调整，从而减少或避免切换问题的发生。然而 MLB 功能与 MRO 功能若同时对网络性能进行自优化操作，当两者在同一时刻对相同的切换参数向相反方向进行调整时，冲突即会产生。

3GPP 组织对此问题进行了研究，提出了为 MLB 和 MRO 这两个用例设置不同优先级的解决方法，规定 MLB 具有高的优先级，即在负载均衡期间，MRO 不能执行优化切换操作。由于无线链路失败（RLF）将直接造成 UE 与 eNodeB 断开连接，而 MRO 将有效减少 RLF 的发生。因此，与 MLB 功能相比，MRO 功能的性能优劣更能直接影响到用户体验。在 3GPP TS 36.902[26] 以及 TS 36.300[12] 中，对 MLB 的描述明确指出，MLB 在进行相关自优化操作之后，不得对 MLB 操作之前 UE 的服务质量（QoS）造成影响，而对 MLB 赋予更高的优先级的冲突解决方法与这一描述是相互矛盾的，因此为这两个用例设置不同优先级的解决方法并非是一个理想的方案。

参考文献[49]提出了一种利用最优化理论的 MRO 与 MLB 间冲突避免策略，该策略考虑用户在时间 T 内接收信号强度的变化量，对不同用户动态调整切换范围，并对 MLB 问题进行数学建模，利用最优化理论设计目标优化函数，将代表小区偏置的切换参数 O 的取值范围作为约束条件，求得切换参数的最优值。该方法不仅能避免 MRO 与 MLB 间冲突的发生，而且能更有效地均衡小区负载，降低重载小区用户接入阻塞率、无线链路失败率，提高网络平均吞吐量。

1. MRO与MLB的冲突分析

这里以LTE同频切换为例说明。LTE同频切换判决事件准则采用A3事件，即相邻小区质量好于服务小区且差值超过指定门限，且此状态持续一段时间T后，UE向网络侧上报A3事件报告。网络侧收到该报告后进行切换判决，判决成功后开始向邻小区发起切换过程。LTE网络中A3事件的切换触发条件为

$$M_2 > M_1 + (H_1 - O_{1,2}) \tag{11-1}$$

式中，M_1 和 M_2 分别为用户接收小区1(服务小区)和小区2(目标小区)的平均RSRP值；$O_{1,2}$为小区1相对小区2的小区特定偏置；H_1 为小区1设置的A3事件迟滞。

MLB通过周期性地检测小区间的负载以解决不均衡问题. 当发现负载不均衡时，调整切换参数O(小区偏置)。例如，假设小区1处于高负载状态，而其邻区2处于轻负载状态，于是小区1启动其MLB功能，选择邻区2作为转移负载的目标小区。在此操作过程中，小区1通过增大小区偏移量$O_{1,2}$使切换提前触发，当用户从小区1向小区2移动时，将更早地切换到小区2，从而更快地减轻小区1的负载。同时，小区1通知小区2把小区偏移量$O_{2,1}$调低，推迟用户从小区2到小区1的切换，从而在一定程度上减缓小区1负载的增加。MRO通过用户的信息上报检测切换问题，其目标是通过自适应优化切换参数，尽量减少RLF和乒乓切换的发生。当检测到由于过早切换导致RLF时，MRO将推迟触发切换；反之，如果发现由于过晚切换导致RLF发生，MRO将提前触发切换。MRO也能解决乒乓切换的问题，办法是调整切换参数使其满足下列不等式[50]，从而避免乒乓切换的发生：

$$(H_1 - O'_{1,2}) + (H_2 - O'_{2,1}) > 0 \tag{11-2}$$

式中，H_1 和 H_2 分别为小区1和小区2中设置的A3事件迟滞；$O'_{1,2}$为小区1相对小区2的小区特定偏置；$O'_{2,1}$为小区2相对小区1的小区特定偏置。

由以上分析可知，MRO与MLB虽然独立进行自优化操作，但两者关系密切，主要是由于这两个功能都是通过调整切换参数的方式优化网络性能，当它们朝相反方向调整同一参数时，就会产生冲突。MRO与MLB之间的冲突降低了两个功能的优化性能，一方面冲突带来的切换问题严重影响用户体验和浪费网络资源；另一方面，由于两个功能之间的乒乓效应，降低了MLB的优化效率，重载小区得忍受更长时间的重负载状况，这将导致更多的呼叫阻塞和掉话。

参考文献[50]通过限制MLB调整切换参数O的范围，避免了MRO与MLB之间的矛盾发生：假设小区1为重载小区，小区2为轻载小区，为了及时地将小区1的负载转移给小区2，根据参考文献[50]的分析，MLB的优化操作是增大$O_{1,2}$以提前触发用户从小区1切换到小区2，同时减小$O_{2,1}$推迟用户触发从小区2切换到小区1。为避免过早和过晚切换产生的无线链路失败及乒乓切换，小区1和小区2各自的小区个性偏移量O经调整后的取值必须限制在一定的范围之内，必须同时满足：①避免从小区1到小区2的过早切换而发生RLF；②避免从小区2到小区1的过晚切换发生RLF；③避免发生乒乓切换。即经过MLB

优化操作后 $O'_{1,2}$ 和 $O'_{2,1}$ 的取值应同时满足以下不等式组：

$$\begin{cases} H_1 - O_{1,2,E} < H_1 - O'_{1,2} < H_1 - O_{1,2} \\ H_2 - O_{2,1} < H_2 - O'_{2,1} < H_2 - O_{2,1,L} \\ (H_1 - O'_{1,2}) + H_2 - O'_{2,1} > 0 \end{cases} \tag{11-3}$$

上式可简化为

$$\begin{cases} O'_{1,2} + O'_{2,1} < H_1 + H_2 \\ O_{1,2} < O'_{1,2} < O_{1,2,E} \\ O_{2,1,L} < O'_{2,1} < O_{2,1} \end{cases} \tag{11-4}$$

式中，H_1 和 H_2 分别为小区 1 和小区 2 中设置的 A3 事件迟滞；$O_{i,j}$ 表示 MLB 操作前小区 i 相对小区 j 的小区特定偏置；$O_{i,j,E}$ 与 $O_{i,j,L}$ 分别表示 UE 从小区 i 切换至小区 j 时不发生无线链路失败并满足 A3 事件进入条件的切换参数 $O_{i,j}$ 的最大值和最小值，由基站 i 中的 MRO 功能模块统计得到；$O'_{i,j}$ 表示经 MLB 操作后，重新设置的小区 i 相对小区 j 的小区特定偏置。如图 11-14 所示，$O_{1,2,E}$ 和 $O_{1,2,L}$ 分别为 UE 从小区 1 切换至小区 2 不发生无线链路失败的 A3 事件进入条件 $O_{1,2}$ 的最大值和最小值，图 11-14 中阴影部分为不发生 RLF 的 $O_{1,2}$ 取值范围。由式(11-4)可以得到调整 $O'_{1,2}$ 和 $O'_{2,1}$ 的取值范围，凡 $O'_{1,2}$ 和 $O'_{2,1}$ 的取值满足上述不等式的，即能避免 MRO 与 MLB 的冲突发生。

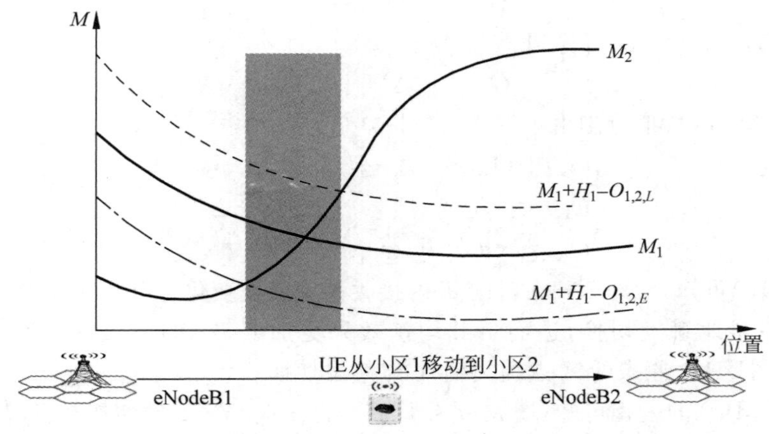

图 11-14　参数 O 的取值范围

2. 应用最优化理论的 MRO 与 MLB 间冲突避免策略

下面来分析切换参数 O 的取值范围。假设小区 1 为重载小区(负载率超过 90%)，小区 2 为轻载小区(负载率不超过 80%)，则小区 1 启动其 MLB 功能模块并选择邻区 2 作为均衡负载的目标小区。基站 1 和基站 2 中的 MRO 功能模块周期性地统计记录($O_{1,2,E}$，$O_{1,2,L}$)与($O_{2,1,E}$，$O_{2,1,L}$)。

如图 11-15 所示，假设 UE 以速度 $\delta(V,\theta)$ 从小区 1 向小区 2 运动，根据参考文献[50]可知，A 点是 MLB 调整切换参数范围中既满足切换条件又不发生无线链路失败的最小值(临界点),可以推出,不管用户的速度是多少,或者取多大的值,UE 在 A 点都不会发生过早切换而产生的 RLF。也就是说,如果切换的位置是 A 点所对应的纵坐标的位置,UE 就不会发生 RLF。因此,A 点是 MLB 调整切换参数范围中既满足切换条件又不发生无线链路失败的用户接收小区 2 信号强度的最小值,记为 $M_{2,A}$,简称为满足最小值要求切换点。可以推出,如果用户速度不为零,可将用户的初始切换触发点提前至 A'点,设经过时间 T 后,用户刚好到达 A 点并执行切换,由上述分析可知,用户不会发生 RLF,而负载均衡的目标则是尽可能早地转移重载小区 1 的用户,所以,将用户的初始切换触发点提前 T 时间,不仅可以消除 MRO 与 MLB 之间的矛盾,还可以实现更有效的负载均衡。如图 11-15 所示,用户在 A'点接收小区 2 的信号强度为 $M_{2,A'}$,在 A 点接收信号强度变为 $M_{2,A}$,在 A 点和 A'点应分别满足关系式:

$$M_{2,A} > M_{1,A} + (H_1 - O_{1,2,E}) \tag{11-5}$$

$$M_{2,A'} > M_{1,A'} + (H_1 - O_{1,2,E'}) \tag{11-6}$$

用户从 A'点移动到 A 点,接收小区 1 信号强度的变化量为 $\Delta M_1 = M_{1,A'} - M_{1,A} > 0$,接收小区 2 信号强度的变化量为 $\Delta M_2 = M_{2,A'} - M_{2,A} < 0$,其中 ΔM_1 和 ΔM_2 分别对应时间 T 内 UE 接收服务小区和切换目标小区的 RSRP 的变化量,则

$$M_{1,A'} = M_{1,A} + \Delta M_1 \tag{11-7}$$

$$M_{2,A'} = M_{2,A} + \Delta M_2 \tag{11-8}$$

由式(11-5)~式(11-8)可得到

$$O_{1,2,E'} = O_{1,2,E} + \Delta M_1 - \Delta M_2 > O_{1,2,E} \tag{11-9}$$

则 $O'_{1,2}$ 和 $O'_{2,1}$ 的取值范围由不等式组(11-4)变为

$$\begin{cases} O'_{1,2} + O'_{2,1} < H_1 + H_2 \\ O_{1,2} < O'_{1,2} < O_{1,2,E} + \Delta M_1 - \Delta M_2 \\ O_{2,1,L} < O'_{2,1} < O_{2,1} \end{cases} \tag{11-10}$$

由式(11-10)可知,考虑 UE 在时间 T 内接收信号强度变化量可将切换参数调整范围提前,则 UE 能更早地触发切换,进而负载均衡效果更加明显。如图 11-15 所示,在不发生 RLF 的情况下,UE 由原来的 A 点提前到 A'点触发切换。

通过分析 MLB 的过程可知,增大 $O'_{1,2}$,即将小区 1 向小区 2 的切换触发门限值降低,则用户越早触发切换,越能及时地转移小区 1 的负载,可直接实现重载小区 l 负载的转移,负载均衡效果越明显。为了更快地转移负载,应最大化 $O'_{1,2}$;而减小 $O'_{2,1}$,即将小区 2 向小区 1 的切换触发门限值提高,由小区 2 向小区 1 移动的用户的切换进入条件得以推迟,从而在一定程度上减缓小区 1 负载的增加,即最小化 $O'_{2,1}$,能间接实现负载均衡的目的。

综合以上分析,为了更好地实现负载均衡,优化目标可表述如下:

(1) 为了将重载小区 1 的负载及时地转移到轻载小区 2,直接实现高负载小区 1 中边缘用户的转移,应最大化 $O'_{1,2}$,可表示为 $\max O'_{1,2}$。

(2) 推迟 UE 从小区 2 切换到小区 1,在一定程度上减缓小区 1 负载的增加,间接实现负载均衡,应最小化 $O'_{2,1}$ 可表示为 $\min O'_{2,1}$。综合考虑上述两个优化目标,并将求得的

$O'_{1,2}$和$O'_{2,1}$取值范围的式(11-10)作为约束条件，得到联合优化目标函数及约束条件如下：

$$\max O'_{1,2}-O'_{2,1}$$

$$\text{s.t.}\begin{cases}O'_{1,2}+O'_{2,1}<H_1+H_2\\O_{1,2}<O'_{1,2}<O_{1,2,E}+\Delta M_1-\Delta M_2\\O_{2,1,L}<O'_{2,1}<O_{2,1}\end{cases}\tag{11-11}$$

由于上述最优化问题的目标函数是线性的，并且其三个约束条件均为线性约束条件，因此，上述最优化问题属于线性规划问题，可通过内点法求解得到$O'_{1,2}$和$O'_{2,1}$的最优值。此最优值即为 MLB 为实现其负载均衡目标又不与 MRO 产生冲突，为小区 1(服务小区)和小区 2(目标小区)分别设置的小区个性偏移量的最优取值。

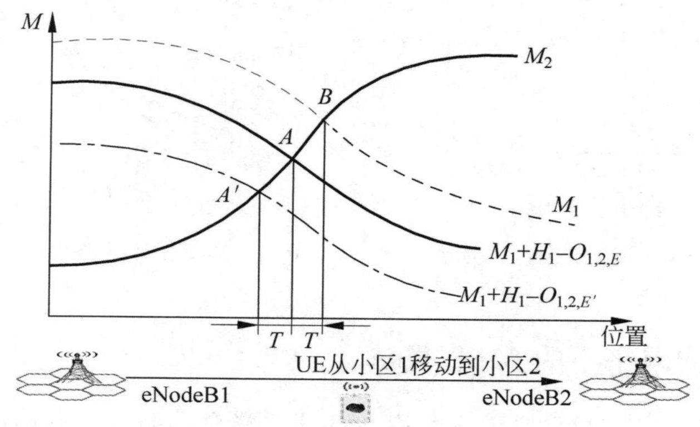

图 11-15　参数 O 的调整范围

3. 仿真结果比较

针对现有方法(参考文献[51])和前面提出的最优化方法进行了仿真评估，通过比较网络平均吞吐量、呼叫阻塞率和无线链路失败率来衡量新方法的性能。在仿真中，分别对高速用户和低速用户进行仿真，高速用户速率是 50km/h，低速用户速率是 5km/h。

如图 11-16 所示，用户分别为高速和低速时，由呼叫阻塞率随用户到达率之间的关系可知，最优化理论方法的呼叫阻塞率低于现有方法。图 11-17 所示为用户分别为高速和低速时网络平均吞吐量随用户到达率的关系，可知最优化方法的网络平均吞吐量大于现有方法。最优化方法根据用户在 T 时间内接收信号强度的变化量，得到调整参数 O 的动态范围，并以更快均衡负载为目标，得到 O 最优的调整值。因此，新的最优化方法可以更有效地缓解拥塞的状况，从而能有效地降低重载小区的呼叫阻塞率，进而提高网络平

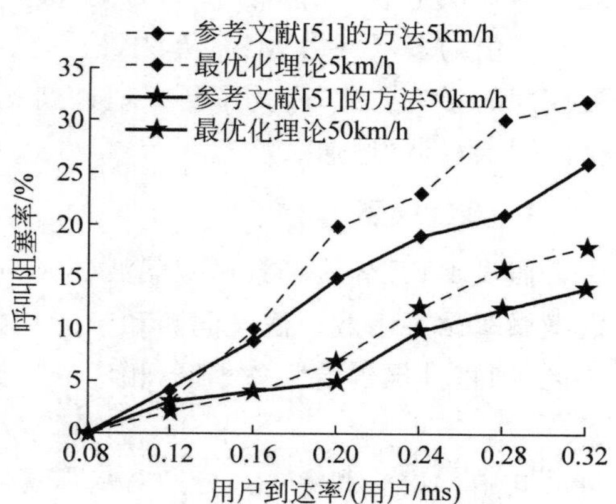

图 11-16　用户到达率与阻塞率的关系

均吞吐量。

图 11-18 所示是关于无线链路失败率性能的比较。可以看到，不管用户是高速还是低速，新方法的 RLF 都低于参考文献[51]的方法，表明最优化方法能有效地避免 MRO 与 MLB 之间的冲突发生。

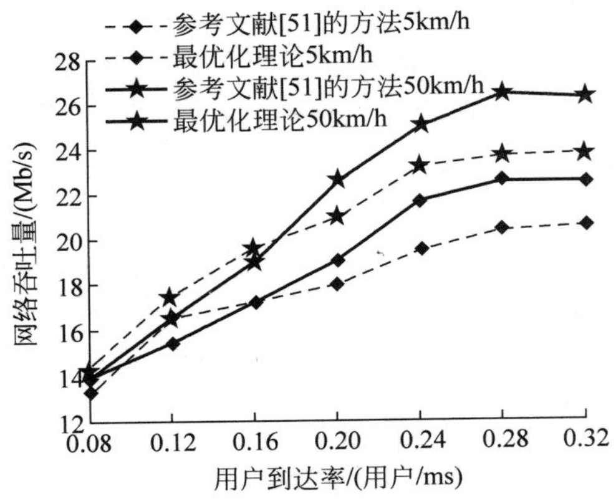

图 11-17　网络吞吐量与用户到达率的关系

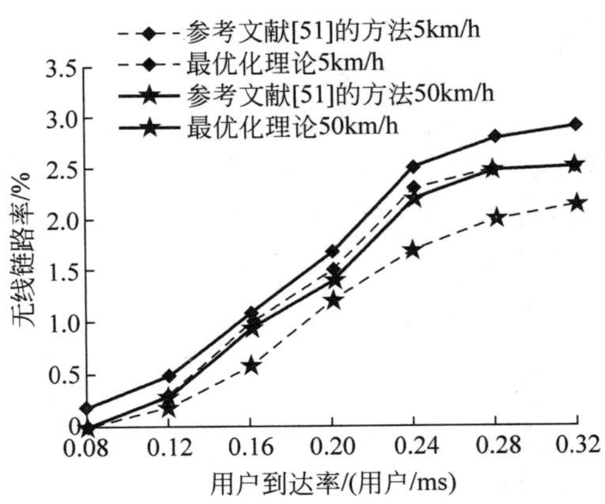

图 11-18　无线链路失败率与用户到达率的关系

11.4.3　多层异构网络下的 MLB 算法

移动数据流量的迅速增长，要求运营商在部署宏蜂窝和微蜂窝基站的同时，还需要部署低功耗小型蜂窝基站（微微蜂窝和飞蜂窝）来满足覆盖和容量的要求，即创建多层拓扑的网络，称为异构网络（HetNet）。3GPP 在 R11 版本已经将异构网络的 SON 列入重点研究框架内，其中异构网络的负载均衡目的是利用不同层之间的网络来优化流量分配。

与仅关注单层网络 MLB 场景的先前研究[54][55]相比，在多层重叠覆盖网络前提下，由于 MLB 可以在不同的载波频率和不同层的网络间进行，多层异构的网络部署实际上为负载平衡提供了额外的自由度。为此，参考文献[56]研究了异构网络中 MLB 的潜力，提出了基于阈值的多层网络 MLB 算法，该算法在宏蜂窝和微微蜂窝同频条件下研究了其对视频流应用的影响。此外，为了更好地达到良好覆盖目的，算法提供了较低频率的载波作为宏蜂窝的附加载波（逃逸载波）。

1. 系统模型

假设 LTE 异构场景由双载波（800MHz 和 2600MHz）的宏基站层和与 2600MHz 同频的微微基站层组成。假设同频和频间切换均由 A3 事件触发，如果 UE 检测到更好的相邻小区，则将其报告给服务小区，相应的切换条件表达如下：

$$M_{\mathrm{s,eNB}} + H_{\mathrm{m}} < M_{\mathrm{T,eNB}} \tag{11-12}$$

式中，$M_{\mathrm{s,eNB}}$和 $M_{\mathrm{T,eNB}}$分别对应服务小区和目标小区的 UE 测量量（RSRQ）；H_{m} 是小区切换偏置（CIO）。

对小区负载进行持续监测并将复合可用容量(Composite Available Capacity,CAC)报告给邻区 eNodeB,CAC 表示小区提供的总体可用资源水平。假设 $n_i(t_k)$表示小区 i 在测量间隔 t_k 处占用的资源量,$N_{i,\mathrm{PRB}}$表示小区 i 的总带宽资源(用 PRB 数表示),$\rho_i(t_k)$是小区瞬时负载样本,则相应的小区负载估计 $\tilde{\rho}_i(t_k)$表示为

$$\rho_i(t_k) = \frac{n_i(t_k)}{N_{i,\mathrm{PRB}}} \tag{11-13}$$

$$\tilde{\rho}_i(t_k) = (1-a)\cdot\tilde{\rho}_i(t_{k-1}) + a\cdot\rho_i(t_k) \tag{11-14}$$

式中,小区负载估计基于无限脉冲响应(Infinite Impulse Response,IIR)滤波器,a 表示滤波器的存储器,假设 ρ_{Target}是资源占用的目标负载水平,则对小区提供的总体资源水平 CAC 建模如下:

$$\mathrm{CAC} = 100\times\left(1-\frac{\tilde{\rho}_i(t_k)}{\rho_{\mathrm{Target}}}\right) \tag{11-15}$$

2. MLB 算法

下面描述的分布式多层 MLB 算法基于小区负载信息来调整 CIO 值,以实现在负载过重和负载较轻小区间进行负载均衡的目标,本 MLB 算法基于不同层(宏基站和微基站)以及不同载波频率小区之间操作。根据小区负载估计结果载 $\tilde{\rho}_i(t_k)$和高低两个负载门限将小区状态分为主动、中性和被动三类,如表 11-6 所示。

表 11-6 MLB 小区状态分类

小区状态分类	分 类 条 件	采取的 MLB 动作
主动	$\tilde{\rho}_i(t_k) < Thr_{\mathrm{Low}}$	要求小区扩展(接纳新负载)
中性	$Thr_{\mathrm{Low}} < \tilde{\rho}_i(t_k) < Thr_{\mathrm{High}}$	不参与 MLB
被动	$\tilde{\rho}_i(t_k) > Thr_{\mathrm{High}}$	要求小区收缩(转移现有负载)

高低负载门限的定义为(考虑了相应的迟滞 ρ_{hyst})

$$Thr_c = \begin{cases} \rho_{\mathrm{Target}} + \rho_{\mathrm{hyst}} & c = \mathrm{High} \\ \rho_{\mathrm{Target}} - \rho_{\mathrm{hyst}} & c = \mathrm{Low} \end{cases} \tag{11-16}$$

为避免出现由于 ρ_{Target}区域附近的快速负载波动引起的系统不稳定性,中性状态的小区不参与任何 MLB 操作。因此,CIO 的调整仅允许针对主动和被动小区进行,即分别对应低负载和高负载小区。该 MLB 算法仅由主动小区触发,这样可以最小化 X2 接口的信令开销。此外,通过将 ρ_{Target}设置得足够高,可以确保在低负载条件下不会触发 MLB 算法。与 CAC 定义类似,可以为主动小区定义综合缺失容量(Composite Missing Capacity,CMC)如下:

$$\mathrm{CMC} = 100\times\left(\frac{\tilde{\rho}_i(t_k)-\rho_{\mathrm{Target}}}{\rho_{\mathrm{Target}}}\right) = 1-\mathrm{CAC} \tag{11-17}$$

当 $\tilde{\rho}_i(t_k)$大于高负载门限 Thr_{High}时,主动小区计算其 CMC 并启动资源状态更新[57],从邻区被动小区请求 CAC 信息。鉴于 CMC 和 CAC 分别代表低于和高于 ρ_{Target}的占用资源的百分比,则邻区负载平移比例(Load Shift Ratio,LSR)可以结合 CMC 和 CAC 利用下式进

行估计：

$$\mathrm{LSR}=\begin{cases}1-\dfrac{\mathrm{CMC}}{100+\mathrm{CMC}}<1 & \text{对于主动小区}\\ \dfrac{100}{100-\mathrm{CAC}}>1 & \text{对于被动小区}\end{cases} \tag{11-18}$$

$$\Delta\mathrm{CIO}_{\max}=10\log_{10}[(\sqrt{\mathrm{LSR}})^{\beta}] \tag{11-19}$$

CIO 的最大调整值 $\Delta\mathrm{CIO}_{\max}$ 与 LSR 的映射关系如式(11-19)所示，其中 β 是设备商可以针对同层或不同层的小区对进行配置的特定参数，例如可以为宏蜂窝和微微蜂窝小区对设置更高的 β 值以利于层间分流。需要注意的是，某时刻同一小区对计算得到的两个 $\Delta\mathrm{CIO}_{\max}$ 可能是不同的，因为它们分别取决于相应的 CMC 和 CAC，为了避免同一小区对出现不对称的小区负载扩展或收缩调整指令，对于同一小区对的 $\Delta\mathrm{CIO}_{\max}$ 取计算得到的最小值，即

$$\Delta\mathrm{CIO}_{\mathrm{Neg}}=\min(|\Delta\mathrm{CIO}_{\max,\mathrm{active}}|,\Delta\mathrm{CIO}_{\max,\mathrm{passive}}) \tag{11-20}$$

相邻小区 i 和 j 分别代表相邻小区中的主动小区和被动小区；$\mathrm{CIO}_{\mathrm{Initial}}$ 是事件 A3 的 CIO 初始偏置值；$\mathrm{CIO}_{\mathrm{relax,max}}$ 为允许调整的 CIO 值的最大范围，则每个方向上更新的 CIO 值计算公式为

$$\mathrm{CIO}_{\mathrm{New},i\to j}=\max(\mathrm{CIO}_{\mathrm{old},i\to j}-\Delta\mathrm{CIO}_{\mathrm{Neg}},\mathrm{CIO}_{\mathrm{Initial}}-\mathrm{CIO}_{\mathrm{relax,max}}) \tag{11-21}$$

$$\mathrm{CIO}_{\mathrm{New},j\to i}=\min(\mathrm{CIO}_{\mathrm{old},j\to i}+\Delta\mathrm{CIO}_{\mathrm{Neg}},\mathrm{CIO}_{\mathrm{Initial}}+\mathrm{CIO}_{\mathrm{relax,max}}) \tag{11-22}$$

式中，$\Delta\mathrm{CIO}_{\mathrm{Neg}}$ 被对称地用于最小化乒乓切换的发生。对于 $\mathrm{CIO}_{\mathrm{relax,max}}$，原则上应该依赖于周期性的移动性相关 KPI 来动态控制该参数，这是 MRO 的范畴。但是由于 MRO 超出了本算法的研究范围，因此在本算法暂考虑为固定值。本算法中，假设除非触发切换，否则没有流量将被转移到被动小区。在无切换触发情况下，主动小区将保持过载并等待再次触发 MLB。为了最小化协商尝试并且保持系统稳定性，每当调整 CIO 值时，该特定小区对之间的进一步协商被冻结一段持续时间，称为等待时间(Wait Period，WP)。

3. 仿真结果与分析

仿真场景模拟假设每个宏基站扇区随机生成两个热点区域，微微蜂窝基站位于热点的中心，热点半径设置为 80m。热点 UE 代表了总用户的 66%，而它们的移动被限制在由热点中心和相应半径定义的圆形区域内(当它们到达边界时返回热点区域)。其余的 UE 是以 3km/h 或 50km/h 速率进行直线移动的自由移动用户。自由移动的 UE 在 3km/h 和 50km/h 之间的比率被设置为 0.5。仿真主要参数如表 11-7 所示。

表 11-7　仿真主要参数

参　数	数　值
载波频率及系统带宽	宏基站 800MHz(10MHz) 宏基站 2600MHz(20MHz) 微基站 2600MHz(20MHz)
站间距	500m
传播模型	Hata COST 231(宏蜂窝)，3GPP(微蜂窝)

续表

参　　数	数　　值
发射功率	宏基站：43dBm，微基站：36dBm
阴影衰落方差	宏基站：8dB，微基站：10dB
阴衰落相关距离	宏基站：50m，微基站：13m
仿真时长	20 分钟
初始 CIO	2dB(同频切换)，4dB(频间切换)
A2 事件门限	−12dB
切换触发窗口(Time-to-Trigger Window)	0.4s(同频切换)，0.5s(频间切换)
切换执行定时器	0.15s(同频切换)，0.25s(频间切换)
小区负载测量周期	500ms
MLB 等待时间(WP)	10s
MLB ρ_{Target}	0.7
MLB ρ_{hyst}	0.1
MLB $\text{CIO}_{\text{relax,max}}$	5dB
无线链路失败模拟	基于 T310[10]，基于信道质量重新连接

为了可视化 MLB 的性能，定义负载均衡系数为

$$\xi(t) = \sum_{l}(\rho_l(t) - \bar{\rho}(t))^2 \tag{11-23}$$

式中，$\rho_l(t)$是 l 层的平均负载；$\bar{\rho}(t)$时间 t 的整个网络的平均负载；$\xi(t)$趋向于 0 表明不同层之间有更好的负载分布。

对 MLB 算法性能的评估是基于对提供的不同负载条件的灵敏度分析进行的，仿真模拟的流量水平(每个宏扇区的 Mb/s)对应于 40%～80%的平均总网络利用率。MLB 对负载平衡指数的影响如图 11-19 所示。通过与非 MLB 情况相比，应用 MLB 后更低的 ξ 值标识不同层之间的负载分布更加趋于均衡，当未应用 MLB 时随着负载增加带来 ξ 的连续增加表明产生了更大的负载不平衡，而应用 MLB 在高负载时可观察到更大的负载均衡增益。图 11-20 显示了主动小区的分布，可以看到触发 MLB 的概率较高的是 800MHz 宏基站层。

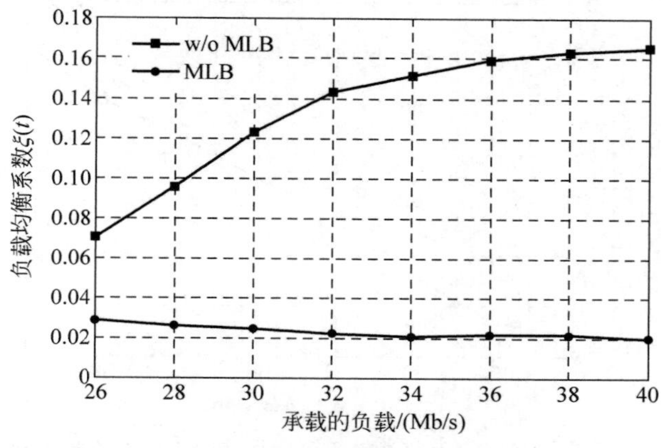

图 11-19　负载均衡系数对比

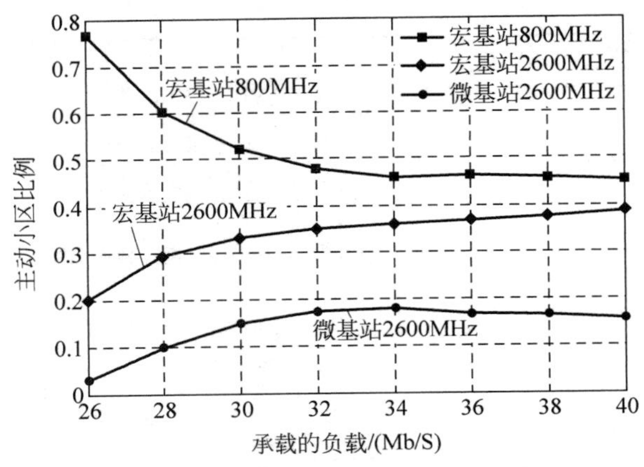

图 11-20 不同层主动小区比例与承载负荷的关系

负载从宏基站均衡到微微蜂窝基站的效果如图 11-21 所示。可以看到微微基站承载的额外流量(参考非 MLB 情况)随着小区的负载增加而增加。应用 MLB 算法后对会话满意度方面的影响如图 11-22 所示。可见多层网络 MLB 的好处非常明显,即使在 40Mb/s 的负载情况下,整体会话满意度也保持很高。就移动性影响而言,图 11-23 描述了 MLB 对无线链路失败率的影响,与非 MLB 情况相比,MLB 在高负载条件下显著增加了 RLF 约 5 倍。虽然 MLB 算法可能会破坏移动性管理性能,因为用户可能被迫以较低的频谱效率为代价更长时间地与低负载小区保持连接。如果此时低负载小区的覆盖性能显著下降,则可能导致用户发生无线链路失败(RLF)的风险更高。但是,对于不同类型的服务,RLF 对最终用户性能的影响可能并不相同,其中流式应用通常不像语音服务那样敏感。事实上,视频流接收器的缓冲使它们在一定程度上免受延迟抖动的影响[54]。因此,在类似的网络部署中,该算法对实时服务(如典型的语音业务)的业务导向影响将更加严重,因为它们在延迟和数据丢失方面的要求非常严格,所以该算法更适合针对流式应用(如有播放缓冲器延迟/抖动保护的业务)。

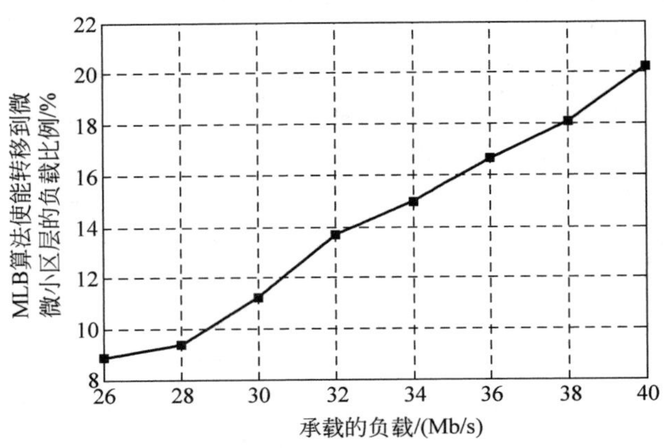

图 11-21 通过 MLB 算法转移到微微蜂窝小区的负载比例

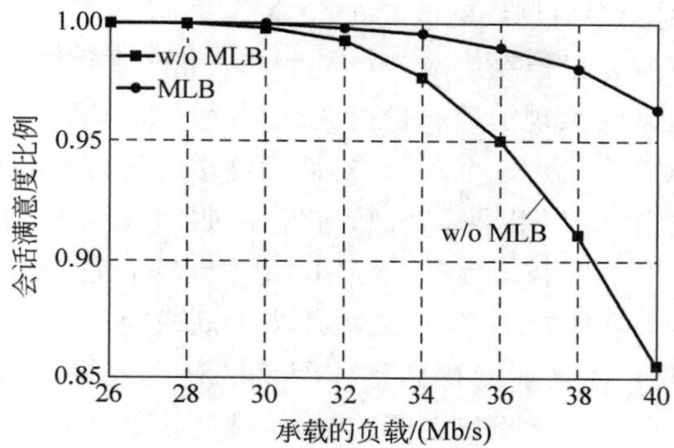

图 11-22　会话满意度比例

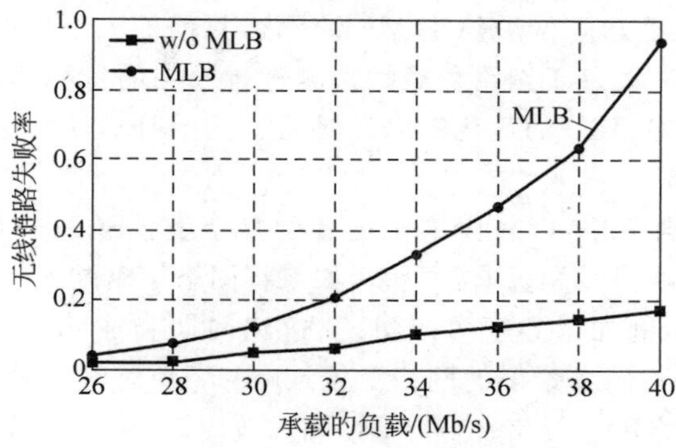

图 11-23　MLB 对无线链路失败率的影响

11.5　SON 未来研究展望

下面介绍 SON 在 LTE 网络中的应用部署带给未来 5G 网络的启示，以及 SON 技术的未来研究展望。

11.5.1　LTE SON 应用对未来 5G SON 的启示

综合回顾 SON 标准化和产业推动历程来看，LTE SON 的应用和部署对未来 5G SON 的启示如下：

（1）在 SON 标准制定的同时，运营商应积极推动终端产业链支持。ANR 和 MDT 是网络运维最重要的两个功能，都涉及空中接口的标准修订，因此需要终端产业链支持。

LTE从SON标准发布到较多商用终端支持的规模商用，经历了约6年时间。因此，在SON标准制定的同时，运营商应积极推动终端产业链的参与和支持力度。否则终端功能支持落后将导致SON难以赶上网络大规模建设的时机。以ANR为例，虽然在2008年发布的R8版本协议已经支持ANR功能，但支持ANR的商用终端进展缓慢，直到2014年才有较多商用终端支持，导致网络快速部署初期以及快速增长期间无法部署ANR功能。类似地，MDT标准在2010年从R10版本开始定义，到R13才有较为完整的功能支持，直到2016年才有部分终端支持；MDT功能在2017年之后才支持规模商用。

(2) 小区级别的参数自优化不能达到整体网络的良好效果。以MRO为例，若仅优化小区级别的切换参数，大部分场景下增益不明显，需要考虑簇优化级别的算法以及基于用户级的优化算法。

(3) 事后优化效果并非最好。以移动负载均衡(MLB)为例，当小区发生高负载之后才触发MLB优化，当小区负载降低后停止MLB优化，目前的大部分商用算法对于负载均衡的优化效果并非最好。需要基于网络负载的预测进行预先的负载管理，根据用户轨迹与业务预测进行优化，方能达到最好的优化效果。同理，对于MRO、ES，进行预测的优化效果才能更佳。

(4) 网络策略需要自适应，以减少人工配置的复杂度。SON功能涉及场景非常多，不同场景下实施的网络策略参数配置非常复杂，如果将网络策略配置实现自适应，则可大大减少人工配置的复杂度。例如：①建网初期、快速建网期和成熟期的不同网络配置策略；②密集城区、郊区、农村不同场景下的网络配置策略；③短时潮汐效应，例如城市的中央商务区和住宅区的不同网络配置策略；④长周期潮汐效应，学校的寒暑假、景区的淡季与旺季的不同网络配置策略；⑤特定大事件场景，例如集会、游行、体育赛事、演唱会等场景的不同网络配置策略；⑥宏基站与微基站组网时的不同网络配置策略；⑦超远覆盖的网络配置策略；⑧异厂家边界或异厂家插花组网等场景的不同网络配置策略。

11.5.2 5G SON研究展望

SON相关功能将继续通过后续版本的3GPP标准进行扩展(R15以及后续版本)，将涵盖多层次、异构网络的网络管理、故障处理和网络优化的所有相关关键方面。在研究SON用例与标准化时，RAN WG3将更多地关注用例对RAN的接口(S1和X2)的标准化的影响，SA WG5更关注的是对网络O&M架构以及O&M接口的影响。对于SON用例所需的数据，RAN WG3将主要关注涉及空中接口的测量及标准化需求，SA WG5将主要关注性能统计。针对5G低时延、大吞吐量、物联网行业生态、适应高密度低成本的云化RAN网络等特点，SON已成为演进到5G不可或缺的网络管理配置需求。未来5G独立组网(Standalone,SA)架构下对SON功能需求将包括：

(1) 5G SA架构下对LTE SON功能的继承需求，包括：①自开站；②ANR(同频、异频、不同无线接入技术间)；③Xx/Xn接口自建立和优化；④PCI冲突检测与优化；⑤自治愈(软件自治愈、硬件自治愈、故障小区自治愈)；⑥MRO(同频、异频、不同无线接入技术间)；⑦MLB(同频、异频、不同无线接入技术间)；⑧RO(包括 RSI 优化、功控参数优化、资源参数优化)；⑨MDT；⑩ES；⑪CCO。

以上这些功能都是 3GPP 已经定义过的 LTE SON 相关功能，这些 SON 功能无疑会被继承，而且 5G 标准也会定义相关标准接口以支持这些功能。

(2) 5G SA 架构下对 SON 的新增功能需求，包括：①5G CU-DU 分离需要在原有 LTE SON 功能基础上进行扩展——自开站要适应 CU-DU 分离以及 CU 云化的需求，新增 F1 接口支持网络自建立；②5G 网络功能虚拟化需要在原有 LTE SON 功能基础上进行扩展——自治愈功能要适应网络功能虚拟化自治愈(包括软件自治愈、退服小区自治愈、睡眠小区自治愈)和硬件自治愈；③多波束天线的自优化——5G 小区支持多波束天线，SON 需要考虑对波束的数目和分布实现自优化；④宏微基站多层次组网下的 SON 功能需求，包括 5G 高低频组网下的相关功能需求(PCI、MRO、MLB、ES 等)以及 LTE 宏覆盖与 5G 热点覆盖的相关功能需求(PCI、MRO、MLB、ES 等)；⑤5G 网络切片带来影响，要求无线侧对切片支持，包括自配置和自优化；⑥ SON 对海量机器类通信(Massive Machine Type Communication，mMTC)与高可靠低时延通信(Ultra Reliable & Low Latency Communication，uRLLC)的支持需求；⑦共享频谱和干扰管理方面，SON 在这一领域将发挥重要作用，实现无线承载分配的自动化。

在 2018 年 6 月 3GPP 已经完成了 R15 版本的冻结，R15 版本 TS 38.300[43] 包含了 5G SON 的相关内容，但目前仅描述了 ANR 以及 Xn 自配置的内容。鉴于目前 5G 标准首先关注完成 5G 最基本功能的标准化，SON 将在未来标准中得到进一步完善。除 3GPP、NGMN 和 Semafour 等标准组织外，设备厂商、研究机构也在积极参与和推动相关 SON 白皮书、产品解决方案、关键算法及标准化工作，未来将进一步促进 5G SON 技术成熟和性能增强。

未来网络演进及 5G 关键技术

伴随着 LTE 在全球的大规模商用，有效促进了移动互联网的蓬勃发展和巨大成功。为了进一步提升移动互联网用户的体验，扩展物联网的支撑能力和满足高可靠低时延的业务需求，5G 应运而生，目前已经成为全球业界研发的焦点。早在 2015 年 6 月，ITU 就发布了 5G 愿景，确定了 5G 的主要场景和关键性能指标；在 2018 年 6 月，第一个独立组网的 5G 标准已经冻结，5G 的商用也提上了日程。根据全球移动供应商协会（Global Mobile Suppliers Association，GSA）的统计，截至 2018 年 8 月，已有 39 个国家的 67 个 LTE 运营商（占目前 LTE 运营商总数的约 10%）计划在 2018 年到 2022 年间启动 5G 商用网络部署，2019 年也被普遍认为是 5G 商用元年。我国也正在紧锣密鼓展开相关试验和试商用部署，希望能够进一步加速迎接 5G 网络的到来。下面将结合国内外 5G 发展的最新趋势，展望 5G 移动通信发展的基本需求、技术特点与关键技术。

12.1 5G 简介及标准演进

5G 将具有超高的频谱利用率和能效，在传输速率和资源利用率等方面较 4G 移动通信提高一个量级或更高，其无线覆盖性能、传输时延、系统安全和用户体验也将得到显著的提高。与 4G 相比，5G 将支持更加多样化的场景，融合多种无线接入方式，并充分利用低频、中频和高频等频谱资源。同时，5G 还将满足网络灵活部署和高效运营维护的需求，大幅提升频谱效率、能源效率和成本效率，实现移动通信网络的可持续发展。

5G 移动通信将与其他无线移动通信技术密切结合，构成新一代无所不在的移动信息网络，满足未来 10 年移动互联网流量的高速增长需求。5G 移动通信系统的应用领域也将进一步扩展，对海量传感设备及机器型通信（Machine Type Communication，MTC）通信的支撑能力将成为系统设计的重要指标之一。未来 5G 系统还需具备充分的灵活性，具有网络自感知、自调整等智能化能力，以应对未来移动信息社会难以预计的快速变化。

12.1.1 5G 业务需求

5G 面向的业务形态已经发生了巨大变化：目前传统的语音、短信业务逐渐被移动互联网业务所取代；云计算的发展，使得业务的核心放在云端，终端和网络之间主要传输控制信息，这样的业务形态对传统的语音通信模型造成了极大的挑战；M2M（Machine to Machine）和物联网（Internet of Things，IoT）带来的海量数据连接、超低时延业务、超高清、虚拟现实业务带来了远超 Gb/s 的速率需求。现有的 4G 技术均无法满足这些业务需求，5G 将迎接新业务需求带来的挑战。

如图 12-1 所示，ITU 给出的未来 5G 业务的三个典型应用场景[59]为：

（1）增强型移动宽带（Enhanced Mobile Broadband，eMBB）场景，将满足用户对高数据速率、高移动性的业务需求，如互联网视频、现场直播等应用。

（2）海量机器类通信（Massive Machine Type Communications，mMTC）场景，面向采用大量小型传感器进行数据采集、分析和应用的场景，如智慧城市、智慧家居等应用。

（3）高可靠低时延通信（Ultra-Reliable and Low Latency Communications，uRLLC）场景，如无人驾驶、车联网、智慧医疗等应用。

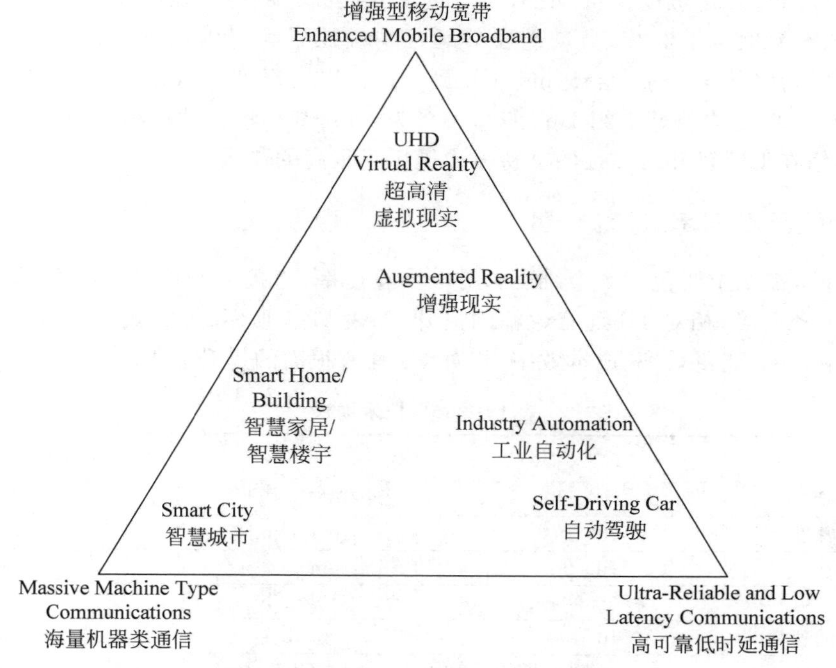

图 12-1　5G 的三个典型应用场景

针对三种典型应用场景，5G 未来的典型业务需求可能包括以下类型：

（1）云业务的需求。目前云计算已经成为一种基础的信息架构，基于云计算的业务层出不穷，包括桌面云、游戏云、视频云、云存储、云备份、云加速、云下载和云同步已经拥有了大量用户。未来移动互联网的基础就是云计算，如何满足云计算的需求，是 5G 必须考虑的问题。不同于传统的业务模式，云计算的业务都部署在云端，终端和云之间大量采用信令交互,信令的时延、海量的信令数据等都对5G提出了巨大的挑战。云业务要求5G需求端到端时延小于5ms,数据速率大于1Gb/s。

(2) 虚拟现实的需求。虚拟现实(Virtual Reality,VR)是利用计算机模拟合成三维视觉、听觉、嗅觉等感觉的技术,产生一个三维空间的虚拟世界,让使用者拥有身临其境的感受。

要满足虚拟现实和侵入式体验,相应的视频分辨率需要达到人眼的分辨率,网络速率必须达到300Mb/s以上,端到端时延要小于5ms,移动小区吞吐量要大于10Gb/s,VR将被认为是5G的杀手锏业务,要求5G网络满足这些业务指标需求。

(3) 高清视频的需求。4K乃至8K高清视频将成为5G网络的标配业务。不仅如此,还需要保证用户在任何地方都可以欣赏到高清视频,即移动用户随时随地就能在线获得超高速、端到端的通信接入,是5G面临的一大挑战。

(4) 物联网的需求。在5G到来之前,移动通信基本是以人为中心的通信,而5G将围绕人和周围的事物,是一种万物互联的通信。5G需要考虑IoT业务,而IoT带来了海量的数据链接,5G对海量传感设备及M2M通信的支撑能力将成为系统设计的重要指标之一。

此外,低时延时电子医疗、自动驾驶等远程精确控制类应用也是5G成功的关键。在5G网络中,时延将从4G的10~50ms缩短到1ms。以自动驾驶汽车为例,速度为60km/h的汽车在50ms时延内将开出约1m距离,如果为1ms,则车辆移动距离仅为1.6cm,自动驾驶技术对网络在低时延和可靠性的支持方面提出了很高的要求。

12.1.2 5G技术需求

5G的技术需求主要包含6个维度:用户体验速率、连接数密度、时延、移动性、峰值移动速率、流量密度等,相对4G均有大幅的提升,如表12-1所示。5G效率指标如表12-2所示,包括频率效率、能量效率、成本效率,相对4G均有很高的提升需求。

表12-1 5G技术需求

性能指标	5G	4G	5G比4G提升倍数
用户体验速率	100Mb/s	10Mb/s	10
连接数密度	100万/km^2	10万/km^2	10
时延	1ms	10ms	10
移动性	>500km/h	350km/h	2
峰值移动速率	10Gb/s	300Mb/s	30
流量密度	10Tb/s/km^2	100Gb/s/km^2	100

表12-2 5G效率指标

效率指标	改善倍数	定义
频谱效率	5~15倍	每小区或单位面积内,单位频谱资源提供的吞吐量
能量效率	>100倍	每焦耳能量所能传输的比特数
成本效率	>100倍	每单位成本传输的比特数

鉴于移动互联网的蓬勃发展是 5G 演进的主要驱动力，所以 5G 移动通信系统的主要发展目标将是与其他无线移动通信技术密切衔接，为移动互联网的快速发展提供无所不在的基础性业务能力。未来 5G 技术能力提升将在三个维度上进行：①通过引入新的无线传输技术将频谱利用率在 4G 的基础上提高 10 倍以上；②通过引入超密集小区结构和自组织管理，将整个系统的吞吐率提高 10 倍以上；③引入毫米波频段实现更大的带宽（如毫米波频段），使 5G 可用频谱提高 10 倍左右。

12.1.3　5G 标准演进

世界三大主流标准化组织 ITU、3GPP、IEEE 都先后启动了面向 5G 的概念及技术研究工作，旨在加速推动 5G 标准化进程。5G 的正式定义来自于 ITU，ITU 的技术报告针对 5G 给出了明确的三个场景、需求、时间表（对应标准制定、提交和验证计划）。在 2015 年 6 月的 ITU-R WP5D 第 22 次会议上，ITU 完成了 5G 发展史上的一个重要里程碑，确定了 5G 的名称、愿景和时间表等关键内容。如图 12-2 所示是 ITU 制定的 2015 至 2020 年开展 5G 国际标准制订工作的计划。

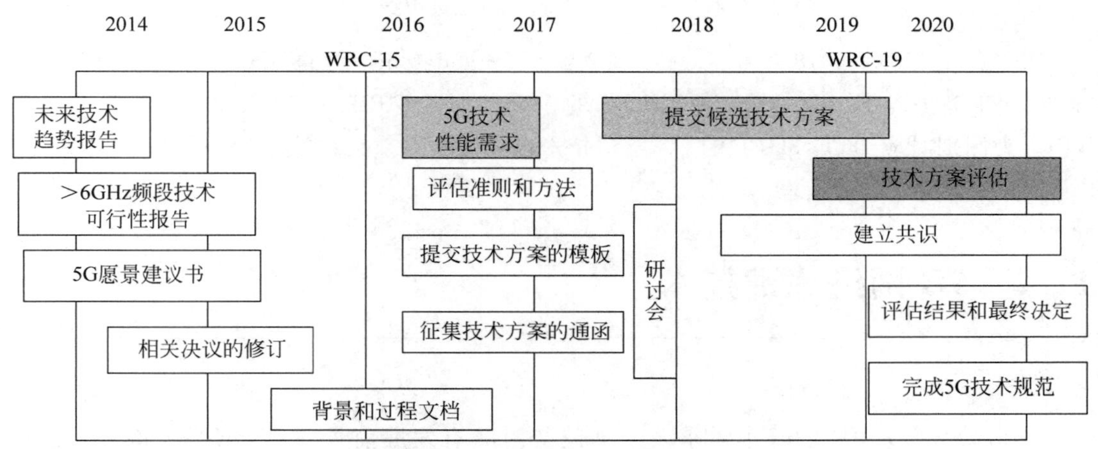

图 12-2　ITU 5G 时间表

3GPP 在 2014 年开始启动了 5G 议题研究，主要分为三个版本阶段：R14 主要开展 5G 系统框架和关键技术研究；R15 作为第一个版本的 5G 标准，满足部分 5G 需求；R16 将完成全部标准化工作，计划于 2020 年向 ITU 提交满足 ITU 需求的 5G 方案。3GPP 5G 标准的演进历程如图 12-3 所示，关键里程碑如下：

(1) R14 版本于 2014 年 9 月启动，2017 年 6 月 9 日冻结。

(2) R15 版本于 2016 年 6 月启动，于 2018 年 6 月冻结。

(3) R16 版本于 2017 年 3 月启动，预计 2019 年 10 月冻结。

2017 年 6 月 3GPP R14 非独立组网（Non-Standalone，NSA）标准冻结，这也是 5G 的第

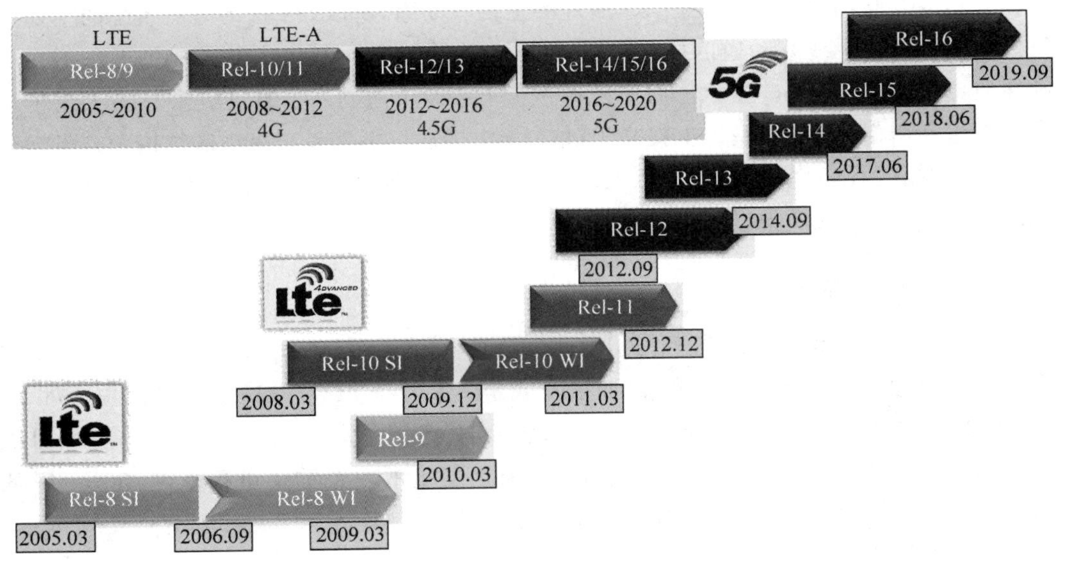

图 12-3　3GPP 5G 标准演进历程

一个正式冻结版本；2018 年 6 月，R15 独立组网(Standalone，SA)标准已冻结；3GPP 计划在 2019 年完成全部 5G 标准，满足 ITU 的三个场景(eMBB、mMTC 和 uRLLC)的全部 KPI。为区别对应 LTE，3GPP 的 5G 空口技术被称为新空口无线技术(New Radio，NR)。

12.2　5G 网络关键技术

本节结合 5G 发展的基本需求及发展趋势对具有发展前景的 5G 网络关键技术进行综述。

12.2.1　超密集异构网络

由于 5G 系统既包括新的无线传输技术，也包括现有的各种无线接入技术的后续演进，5G 网络必然与多种无线接入技术(4G/3G/WiFi 等)共存，同时既有广覆盖功能的宏基站，也有兼顾热点区域覆盖的低功率小基站，如 Micro、Pico 及 Femto 等多层覆盖网络。

在 5G 网络中，减小小区半径，增加低功率节点数量，是保证未来 5G 网络支持高速流量增长的核心技术之一。因此，超密集网络(Ultra Dense Network，UDN)成为 5G 网络提高数据流量的关键技术。5G 无线网络将部署超过现有站点 10 倍以上的各种无线节点，在覆盖区内，站点间距离将保持 10m 以内，同时也可能出现活跃用户数和站点数的比例达到 1∶1 的现象，即用户与服务节点一一对应。密集部署的网络拉近了终端与节点间的距离，使得网络的功率和频谱效率大幅度提高，同时也扩大了网络覆盖范围，扩展了系统容量，并且增强了业务在不同接入技术和各覆盖层次间的灵活性。

考虑到频率干扰、站址资源和部署成本，超密集组网可在局部热点区域实现百倍量级的容量提升，其主要应用场景将在办公室、住宅区、密集街区、校园、大型集会、体育场和地铁等热点地区。超密集组网可以带来可观的容量增长，但是在实际部署中，站址的获取和部署成本是超密集小区需要解决的首要问题。而随着小区部署密度的增加，除了站址和成本的问题之外，超密集组网将面临许多新的技术挑战，还需研究接入和回传联合设计、干扰管理和抑制、小区虚拟化技术。在超密集组网中涉及的关键技术包括：

(1) 虚拟化小区、虚拟层技术。传统的组网方式是以基站为中心，虚拟化技术则是以用户为中心，通过软件定义无线，围绕用户建立覆盖、提供服务。使用户在超密集组网区域中，无论如何移动，都不会发生重选或切换。

(2) 混合分层回传技术。将有线回传和无线回传相结合。在架构中把不同基站分层标识。一级回传层为宏站和其他可有线回传的小基站；二级回传层的小基站通过无线形式，通过一跳与一级回传层连接；三级回传层则通过无线，通过二跳或多跳，与上级回传层建立连接。软扇区采用设备集中部署加波束赋形手段，能够降低大量站址、设备、传输带来的成本。同时可以进行虚拟软扇区和物理小区间的统一管理。

(3) 干扰管理和抑制技术。可以通过小小簇自划分，检测并关闭没有用户存在的小小簇，降低小区过多带来的干扰；可以通过集中控制节点及无线云(Cloud RAN，C-RAN)技术，避免小区过多带来的干扰；可以通过多小区频率资源协调，避免小区过多带来的同频干扰。

12.2.2　新型无线网络架构

5G 网络新架构是“变更”不是“变革”，组网场景需求的多样性迫使网络“软”化。如图 12-4 所示，5G CU(Centralized Unit)和 DU(Distribute Unit)分离架构为网络部署不同业务场景及满足不同的现场条件提供了灵活性。对于不同 5G 业务的发展、不同的需求的网络扩容也提供了传统架构提供不了的灵活性。未来无线接入网要支持网络功能按需灵活部署、网络能力的弹性伸缩和新接入制式的快速引入，以满足未来无线接入网业务多样化和场景多样化的需求，使能新业务的快速上线。

无线云(C-RAN)网络是 5G 网络架构发展趋势，无线侧 CU 网元云化代表先进的技术发展方向。其能更加高效地利用硬件设备，更加高效地升级网络，以适配多样的、不可预知的、不均匀的通信网络需求。敏捷快速地应对海量容量需求是推动无线网络云化演进的动力，无线网络架构由于资源集中协调的需求、多制式统一调度的需求、以业务导向的按需分

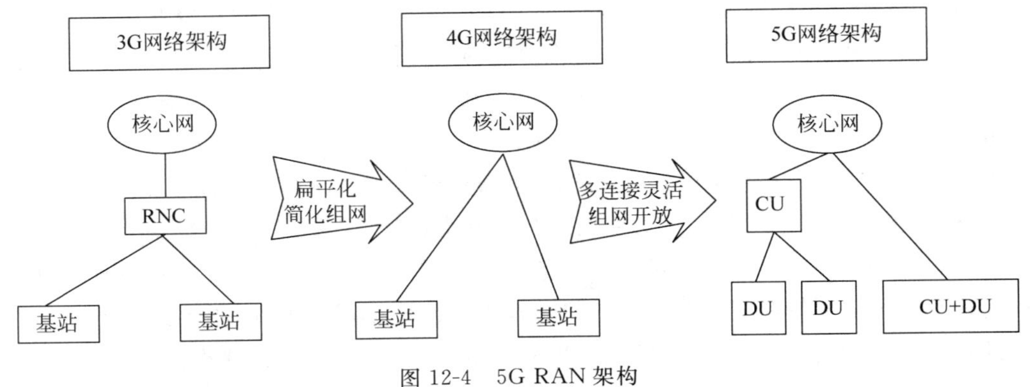

图 12-4　5G RAN 架构

配资源的需求，无线网络由分布式到集中化再到网络云化的趋势势在必行。

12.2.3　大规模天线技术

大规模天线(Massive MIMO)技术可以由一些并不昂贵的低功耗的天线组件来实现，为实现在高频段上进行移动通信提供了广阔的前景。Massive MIMO 的空间分辨率使得网络中的多个用户可以在同一时频资源上利用大规模天线提供的空间自由度与基站同时进行通信，从而在不需要增加基站密度和带宽的条件下通过波束赋形的定向功能大幅提升无线频谱效率，帮助运营商最大限度利用已有站址和频谱资源提升网络容量。就像 4.3 节描述的那样，在大规模天线情况下，大数定律造就的平坦衰落信道使得低延时通信成为可能，得益于大数定理而产生的衰落消失，信道变得良好，对抗深度衰弱的过程可以大大简化，因此时延也可以大幅降低。

从目前的理论支持来看，5G 可以在基站端使用最多 256 根天线，而通过天线的二维排布，可以实现 3D 波束成形，从而提高信道容量和覆盖。

这里以一个 $20cm^2$ 的天线物理平面为例，如果这些天线以半波长的间距排列在一个个方格中，假设工作频段为 3.5GHz，就可部署 16 副天线；如果工作频段为 10GHz，就可部署 169 根天线。

3D-MIMO 技术在原有的 MIMO 基础上增加了垂直维度，使得波束在空间上三维赋形，减轻小区间干扰，提高在各种复杂环境下的适应能力。配合大规模天线技术，可实现多个波束同时发射和接收，更利于实现多用户 MU-MIMO，提高小区容量，从而满足 5G 超高数据速率和极高系统容量的需求。

12.2.4　认知无线电技术

对于移动通信技术，从 4G 开始，系统协同性就是一个重要因素，因而它也被用于 5G。协同系统意味着任意使用不同技术的系统可以共同工作并相互通信。5G 移动系统的网络架构由一个用户终端和许多独立、自治的无线接入技术组成。对每个终端，每个无线接入技术都被看作通向外界互联网世界的 IP 链路。由于认知无线电终端的使用,5G 在实现协同性时仍保持良好的服务质量。在协同系统中,系统辨识部署、位置和条件来决定网络的最佳选项。对这个系统,用户可以选择一个合适的通信网络,而不同无线网络也将能通过认知无线电设备被集成并相互通信。

认知无线电(Cognitive Radio,CR)是一个智能通信系统,它感知周围的环境(外界世界),然后使用通过构建理解(understanding-by-building)的方法从环境中学习并通过实时地响应某些运行参数的变化(如发射功率、载波和调制策略),使其内部状态适应对到来的 RF 激励的统计变化,主要考虑了两个目标:任意时间和地点所需的高可靠性通信;无线电频谱的高效利用。

认知无线电技术最大的特点就是能够动态地选择无线信道。在不产生干扰的前提下,手机通过不断感知频率,选择并使用可用的无线频谱。5G 技术提出了一个统一的终端,它应当是支持全部无线特性的单一设备。这个终端的融合由用户的需求和要求强力支撑,因此,认知无线电会成为理想的 5G 终端候选。

12.2.5 毫米波通信技术

5G 的首要目标是将系统传输速率提高 1000 倍。根据香农定理,为了提升传输速率 C,增加带宽是增加容量和传输速率最直接的方法。传统的移动通信传统工作频段主要集中在 3GHz 以下,这使得频谱资源十分有限。

毫米波频段(30～60GHz)资源却非常丰富,尚未被充分开发利用,由于拥有足够大的可用带宽,毫米波技术可以支持超高速的传输率,且波束窄,灵活可控,可以支持连接大量设备。未来随着 5G 基站大规模天线技术的成熟,为了能够在有限的空间内部署更多天线,也要求通信的波长不能太长(天线距离大于 1/2 波长)。5G 技术将首次将频率大于 24GHz 以上频段(通常称为毫米波频段)应用于移动宽带通信。此外,毫米波通信在室内短距离通信是可行的。毫米波通信技术目前已经实现 10Gb/s 的传输速率,据预测,未来毫米波通信速率可快于光纤速率。

3GPP 定义的 5G 频谱[61][62]如表 12-3 所示,可以看到 5G NR 分别定义不同的频率范围(Frequency Range,FR):FR1 与 FR2。频率范围 FR1 即通常所讲的 6GHz 以下频段(450MHz～6GHz),频率范围 FR2 则是 5G 毫米波频段(24.25～52.6GHz)。未来全球 5G 可能有限部署的频段是 C-band(频谱范围为 3.3～4.2GHz,4.4～5.0GHz)和毫米波频段 26/28/39GHz,对应表 12-3 中的 n77、n78、n79、n257、n258 和 n260。与此同时,3GPP 还定义了 700/800/900/1800/2100MHz 的补充上行(Supplemental UpLink,SUL)频段,可作为 C-band 覆盖提升的上行补充频段。除了新定义的频段,3GPP 把 LTE 的大部分现有频段也作为 5G NR 的候选频段,如 Band1/3/5/7/8 等,现有 4G 网络未来可升级至 NR 网络。

表 12-3　5G 频谱

频率范围	NR频段号	上行频率/MHz			下行频率/MHz			双工方式
FR1 450～6000MHz	n1	1920	—	1980	2110	—	2170	FDD
	n2	1850	—	1910	1930	—	1990	FDD
	n3	1710	—	1785	1805	—	1880	FDD
	n5	824	—	849	869	—	894	FDD
	n7	2500	—	2570	2620	—	2690	FDD
	n8	880	—	915	925	—	960	FDD
	n20	832	—	862	791	—	821	FDD
	n28	703	—	748	758	—	803	FDD
	n38	2570	—	2620	2570	—	2620	TDD
	n41	2496	—	2690	2496	—	2690	TDD
	n50	1432	—	1517	1432	—	1517	TDD
	n51	1427	—	1432	1427	—	1432	TDD
	n66	1710	—	1780	2110	—	2200	FDD
	n70	1695	—	1710	1995	—	2020	FDD
	n71	663	—	698	617	—	652	FDD
	n74	1427	—	1470	1475	—	1518	FDD
	n75	N/A			1432	—	1517	SDL
	n76	N/A			1427	—	1432	SDL
	n78	3300	—	3800	3300	—	3800	TDD
	n77	3300	—	4200	3300	—	4200	TDD
	n79	4400	—	5000	4400	—	5000	TDD
	n80	1710	—	1785	N/A			SUL
	n81	880	—	915	N/A			SUL
	n82	832	—	862	N/A			SUL
	n83	703	—	748	N/A			SUL
	n84	1920	—	1980	N/A			SUL
FR2 24 250～526 00MHz	n257	26 500	—	29 500	26 500	—	29 500	TDD
	n258	24 250	—	27 500	24 250	—	27 500	TDD
	n260	37 000	—	40 000	37 000	—	40 000	TDD
	n261	27 500	—	28 350	27 500	—	28 350	TDD

多用户系统仿真表明，3.5GHz 频段 5G NR 抗干扰及容量优势可转化为覆盖优势，性能比更优，下行覆盖和容量全面领先于 TDD LTE 1.9G 和 FDD LTE 1.8G。多用户仿真模拟实际组网环境下，在 20 个用户情况下，5G NR 3.5GHz 的边缘上行速率是 FDD 1.8G (2T 天线)的 6 倍以上，小区上行平均速率是 FDD LTE 1.8G 的 3.7 倍；边缘下行速率是 FDD LTE 1.8G 的 12 倍，小区下行平均速率是 FDD LTE 1.8G 的 19 倍。

12.2.6　全双工技术

TDD 与 FDD 两种双工制式各有自己的优势。和 TDD 相比，FDD 具有更高的系统容量、上行覆盖更大、干扰处理简单等优势，同时不需要网络的严格同步；而 FDD 必须采用成对的收发频带，在支持上下行对称业务时能够充分利用上下行的频谱，但在支持上下行非对称业务时，FDD 系统的频谱利用率将有所降低。传统的 FDD 和 TDD，对频谱利用过于死板，无法适应多变的网络环境需求。

5G 网络将以用户体验为中心，实现多样化的业务应用，5G 不同业务上下行流量的需求差别很大。灵活双工技术能够根据上下行业务的分布自适应地分配上下行资源，有效提高系统资源利用率。目前已有研究在小基站上使用灵活双工技术，如图 12-5 所示。灵活双工技术将 FDD 系统中部分上行频带配置为“灵活频带”。在实际应用中，根据网络中上下行业务的分布，将“灵活频带”分配为上行传输或下行传输，使得上下行频谱资源和上下行业务需求相匹配，从而提高频谱利用率。

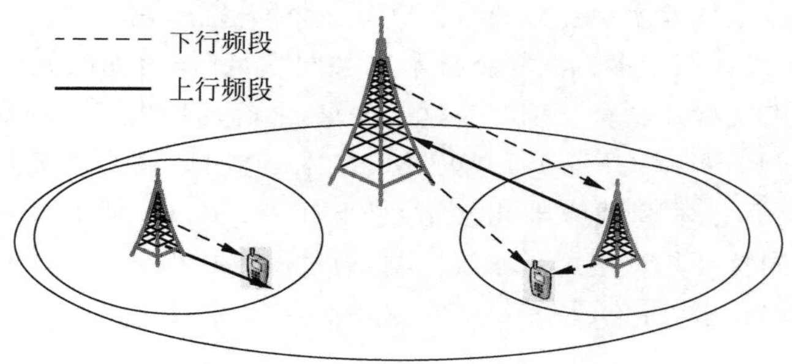

图 12-5　灵活双工技术示意

另外一种新型双工技术的变革更大，使用自干扰抑制技术，实现同时同频全双工（Co-Time-Co-Frequency Full Duplex, CCFD），如图 12-6 所示，下行和上行采用同一频段，同时传输，同时同频全双工技术能够将无线资源的使用效率提升近一倍，从而显著提高系统吞吐量和容量。对接收信号而言，干扰信号是本地发送信号，采用干扰消除的方法，减少传统双工模式中频率或时隙资源的开销，从而达到提高频谱效率的目的。

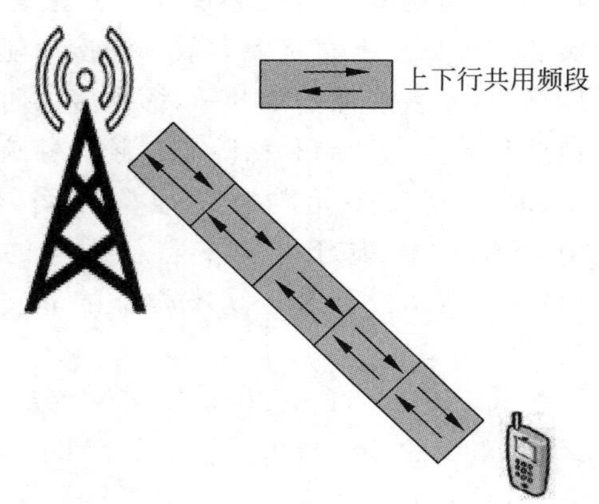

图 12-6　同时同频全双工技术

同时同频全双工技术的应用主要挑战是干扰消除。在点对点场景同时同频全双工系统的自干扰消除研究中，根据干扰消除方式和位置的不同，有三种自干扰消除技术：天线干扰消除、射频干扰消除、数字干扰消除。

12.2.7 新型传输波形技术

OFDM是当前Wi-Fi和LTE标准中的高速无线通信的主要传信模式，因其可扩展至大带宽应用，而具有高频谱效率和较低的数据复杂性，在未来的5G中，OFDM仍然是基本波形的重要选择。但是，面对5G更加多样化的业务类型、更高的频谱效率和更多的连接数等需求，OFDM将面临挑战。

OFDM可以有效地对抗信道的多径衰落，支持灵活的频率选择性调度，这些特性使它能够高效支持移动宽带业务。在第4章已经提到，当前的OFDM技术存在一些不足之处，例如，需要插入循环前缀(CP)以对抗多径衰落，从而导致无线资源的浪费；对载波频偏的敏感性高，具有较高的峰均比；另外，各子载波必须具有相同的带宽，各子载波之间必须保持同步，各子载波之间必须保持正交等，限制了频谱使用的灵活性。为了更好地支撑5G的各种应用场景，新型多载波技术必须满足5G对新业务的支持与扩展性需求。此外，新型多载波技术还需要和其他技术实现良好兼容。5G的多样化需求需要通过融合新型调制编码、新型多址、大规模天线和新型多载波等新技术来共同满足，作为基础波形，新型多载波技术需要和这些技术能够很好地结合。围绕着这些需求，业界已提出了多种新型多载波技术，如滤波正交频分复用(Filtered OFDM，F-OFDM)技术、通用滤波多载波(Universal Filtered Multi-Carrier，UFMC)技术和滤波器组多载波(Filtered Bank Multi-Carrier，FBMC)技术等。这些技术的共同特征是都使用了滤波机制，通过滤波减小子带或子载波的频谱泄露，从而放松对时频同步的要求，避免了OFDM的主要缺点。

12.2.8 新多址技术

5G对多址技术的要求，聚焦在频谱效率提升、接入容量提升、免调度传输、信令流程简化、空口时延缩短这几个方面。新型多址技术通过发送信号在空/时/频/码域的叠加传输来实现多种场景下系统频谱效率和接入能力的显著提升。此外，新型多址技术可实现免调度传输，将显著降低信令开销，缩短接入时延，节省终端功耗。目前业界提出的技术方案主要包括基于多维调制和稀疏码扩频的稀疏码分多址(Sparse Code Multiple Access，SCMA)技术、基于复数多元码及增强叠加编码的多用户共享接入(Multi-User Shared Access，MUSA)技术、基于非正交特征图样的图样分割多址(Pattern Division Multiple Access，PDMA)技术以及基于功率叠加的非正交多址(Non-Othogonal Multiple Access，NOMA)技术。

3GPP RAN1在2016年会议决定：eMBB场景的多址接入方式应基于正交的多址方式，非正交的多址技术只限于mMTC的上行场景。这就意味着，eMBB的多址技术将更可能采用DFT-S-FDMA和OFDMA。SCMA、MUSA、PDMA等将可能用于mMTC的上行多址方案。

(1) PDMA(图样分割多址)技术。PDMA是其中一种非正交多址接入技术。不同用户共享资源，利用 pattern 的不同来解调，联合设计发送端和接收端来提高性能。PDMA 技术的理论基础是考虑发送端和接收端的联合设计，在发送端将多个用户的信号通过编码图样映射到相同的时域、频域和空域资源进行复用传输，在接收端采用广义串行干扰删除(General Successive Interference Cancellation，GSIC)接收机算法进行多用户检测，实现上行和下行的非正交传输，逼近多用户信道的容量边界。

(2) SCMA(稀疏码分多址)技术。SCMA 技术是一种各子载波彼此之间非正交的波形技术，其多址接入机制就在于：各层终端设备的稀疏码字被覆盖于码域以及功率域，并共享完全相同的时域资源和频域资源。SCMA 在使用相同频谱的情况下，通过引入码域的多址，大大提升了频谱效率，通过使用数量更多的载波组，并调整稀疏度(多个子载波中单用户承载数据的子载波数)，频谱效率可以提升 3 倍甚至更高。

(3) MUSA(多用户共享接入)技术。MUSA 技术充分利用了远、近(相对于移动通信基站)用户的发射功率差异，在发送端使用非正交复数扩频序列对数据进行调制，并在接收端使用连续干扰消除算法来滤除干扰，然后恢复每个用户的数据。MUSA 允许多个用户复用相同的空口自由度，从而可以显著地提升移动通信系统的资源复用能力。

(4) NOMA(非正交多址)技术。NOMA 在 OFDM 的基础上增加了功率域。新增这个功率域的目的是，利用每个用户不同的路径损耗来实现多用户复用。实现多用户在功率域的复用，需要在接收端加装一个 SIC(持续干扰消除)干扰消除器，通过这个干扰消除器，加上信道编码[如 Turbo code 或低密度奇偶校验码(LDPC)等]，就可以在接收端区分出不同用户的信号。NOMA 可以利用不同的路径损耗的差异来对多路发射信号进行叠加，从而提高信号增益。它能够让同一小区覆盖范围的所有移动设备都能获得最大的可接入带宽，可以解决由于大规模连接带来的网络挑战。NOMA 的另一优点是，无须知道每个信道的信道状态信息(Channel State Information，CSI)，从而有望在高速移动场景下获得更好的性能，并能组建更好的移动节点回程链路。

12.2.9　自组织网络技术

在 5G 系统中，面对更加多样化的需要和指标，5G 系统采用了更加复杂的无线传输技术和融合的无线网络架构，融合了多种接入方式、多种制式、多种层次的异构网络。因此，网络管理复杂度远高于现有网络，网络深度智能化成为确保 5G 网络性能的迫切需要，使得更加智能的自组织网络(SON)将成为 5G 关键技术，SON 的详细内容请参考第 11 章。

12.2.10　软件定义网络技术

现有的无线网络架构中，基站、服务网关、分组网关除完成数据平面的功能外，还需要参与一些控制平面的功能。如无线资源管理、移动性管理等在各基站的参与下完成，形成分布式的控制功能，网络没有中心式的控制器，使得与无线接入相关的优化难以完成，并且各厂商的网络设备如基站等往往配备制造商自己定义的配置接口，需要通过复杂的控制协议来完成其配置功能。并且配置参数的配置和优化非常复杂，网络管理非常复杂，使得业务创新方面能力严重受限。

SDN(Soft Define Network)是一种新兴的控制与转发分离并直接可编程的网络架构。在5G网络中,SDN实现了控制层面和转发(数据)层面的解耦分离,使网络更开放,可以灵活支撑上层业务/应用。对运营商而言,SDN实现了动态控制方面的诸多创新,包括分组数据连接、可变QoS、下行链路缓冲、在线计费、数据包转换和选择性链接等。

SDN带来的敏捷特性,可以更好地满足5G时代不同应用的不同需求,让每一个应用都有特定的带宽、延迟等。同时IT人员还能借助SDN的可编程性,将网络资源变成独立的、端到端的"切片",包括无线、回程、核心和管理域。

SDN在5G网络中可以使得5G在整个平面上无缝工作。具有底层SDN架构的网络可以通过提供以下4个优点来实现这一目标:

(1) 随着5G网络中数据的增加,提供更加高效的数据流。不再需要数据被路由到网络的核心部分,相反,SDN将应用于源地址和目的地址之间的流量传输。这样可以有效提高速度并降低延迟,同时消除当前一代架构中常见的潜在瓶颈。

(2) 运营商网络缓存的内容通常更接近最终用户的需求。如此大规模的数据缓存需要后端具有端到端网络可见性,SDN架构非常适合降低网络带宽需求,并降低延迟。

(3) 利用SDN在5G网络中构建集中式控制管理和自动化消除网络冗余。与传统动态路由协议相比,SDN路由决策更加智能。一个配置良好的SDN网络可以通过智能地重新计算数据流路由来克服灾难性中断带来的影响。

(4) SDN能够保证可扩展性和动态配置。运营商在扩展到新的区域时不再需要手动扩展网络,或者向现有区域添加容量。显然,在新区域安装设备仍然需要人工操作,但从配置的角度来看,SDN支持在构建之后自动设置。

有了SDN架构的支撑,运营商真正实现了将网络作为一种服务,并在连续提供服务的同时有效地管理网络资源。SDN还将为运营商提供最佳数据传输路径,进一步优化运营商的网络。综合来看,基于SDN构建的5G架构,将会进一步降低运营商的CAPEX和OPEX,让运营商有更多的资金去实现服务的创新,将网络真正转化为价值收益。

12.2.11 网络功能虚拟化技术

NFV(Network Function Virtualization)即网络功能虚拟化,通过使用通用性硬件以及虚拟化技术,来承载很多功能的软件处理。一方面基于x86标准的IT设备成本低廉,能够为运营商节省巨大的投资成本,另一方面开放的API接口也能帮助运营商获得更多、更灵活的网络能力。可以通过软硬件解耦及功能抽象,使网络设备功能不再依赖于专用硬件,资源可以充分灵活共享,实现新业务的快速开发和部署,并基于实际业务需求进行自动部署、弹性伸缩、故障隔离和自愈等。

NFV通过软件和硬件的分离,为5G网络提供更具弹性的基础设施平台,组件化的网络功能模块实现控制功能的重构,可以方便快捷地把网元功能部署在网络中任意位置,同时对通用硬件资源实现按需分配和动态伸缩,以达到最优的资源利用率。

考虑到大规模发展的新网络、需要灵活开放的新能力、面向未来灵活简化的新架构等需求场景，NFV 技术将会围绕三大应用领域开展技术推进：

(1) VoLTE(Voice over LTE)。利用 NFV 快速部署和升级的特点，利于规模性发展 VoLTE 新网络。具体来说，推进在 VoLTE 网络中 NFV 虚拟化技术的采用，重点研究会话边界控制器(Session Border Controller,SBC)媒体面虚拟化可行性，考虑是否将全部 IMS 网元虚拟化。

(2) 物联网专网。利用 NFV 的灵活扩展能力，能提供多样的物联网服务。具体来说，依托专用 EPC 实现虚拟化的 IoT 网络平台，满足万物互联快速部署和灵活应用的需求。

(3) 固定接入。利用 NFV 架构优势，可以高起点发展固网，推进降本增效。具体来说，采用 NFV 技术重点推进 BRAS 的 CU/DU 分离，有利于高起点推进固定接入网络，满足固定接入快速升级、自动开通和灵活的能力开放等需求。

总的来说，NFV 技术的引入，使得 5G 无线接入网络具有以下三大潜在优势：

(1) 消除传统移动通信基站的边界。在传统的蜂窝移动通信网络架构之中，用户终端移动基站覆盖边缘位置的过程中，无线链路的性能会急剧地下降。而在以用户终端为中心的 5G 网络中，由网络来权衡调度优选的接入点为用户提供服务。这样，就会使用户在整个网络之中获得很好的无线接入体验。从用户终端来看，传统无线通信网络的"基站边界效应"将会不复存在。

(2) 以用户终端为中心来进行无线接入节点的优化。在此框架之下，每一个用户终端都由一组优选的无线接入节点提供服务。用户终端的实际服务集可能包含有一个或者多个无线接入节点，而且终端的部分数据或全部数据在某一些或者一小组的潜在服务接入点是可用的。无线接入节点控制器会在每一个通信实例之中为每一个移动通信终端设备分配一组优选的无线接入节点以及传输模式，同时还会评估各个无线接入节点的移动数据负载情况以及 CSI(信道状态信息)。

(3) 基于移动通信网络辅助/控制机制实现终端间相互协作。决定选用并更新潜在的以及实际的服务接入点集的一个重要因素是：临近的其他移动通信终端设备相互协作的可能性以及此类协作的相关天然属性。无线接入节点控制器可以为移动通信终端设备之间的相互协作进行总体上的调度与控制，并对终端数据冲突、信息安全、用户个人隐私以及协作机制等关键因素进行管理。基于移动通信网络辅助/控制机制实现终端间相互协作，可以实现更好的网络虚拟化效应，为移动通信终端设备的数据传输提供更多可行的无线传输信道。

缩　略　语

缩　略　语	英 文 名 称	中 文 名 称
1G	First Generation	第一代移动通信系统
2G	Second Generation	第二代移动通信系统
3G	Third Generation	第三代移动通信系统
3GPP	3rd Generation Partnership Project	第三代合作伙伴项目
3GPP2	3rd Generation Partnership Project 2	第三代合作伙伴项目 2
4G	Fourth Generation	第四代移动通信系统
5G	Fifth Generation	第五代移动通信系统
ABS	Almost Blank Subframe	空白子帧
AM	Acknowledged Mode	确认模式
AMBR	Aggregated Maximum Bit Rate	聚合最大比特速率
AMC	Adaptive Modulation and Coding	自适应调制和编码方式
AMPS	Advanced Mobile Phone System	先进移动通信系统
AMS	Adaptive MIMO Switching	自适应 MIMO 切换
ANR	Automatic Neighbor Relation	自动邻区关系
AS	Access Stratum	接入层
BCCH	Broadcast Control Channel	广播控制信道
BF	Beam Forming	波束赋形
BPSK	Binary Phase Shift Keying	二相制相移键控
BSR	Buffer Status Report	缓冲区状态报告
CA	Carrier Aggregation	载波聚合
CAC	Composite Available Capacity	复合可用容量
CAZAC	Const Amplitude Zero Auto-Correlation	恒包络零自相关码
CC	Connection Control	连接控制
CC	Component Carrier	分量载波
CCCH	Common Control Channel	公共控制信道
CCE	Channel Control Element	信道控制单元
CCFD	Co-Time-Co-Frequency Full Duplex	同时同频全双工
CCO	Coverage and Capacity Optimization	覆盖和容量优化
CDMA	Code Division Multiple Access	码分多址
CFI	Control Format Indicator	控制格式指示

续表

缩 略 语	英 文 名 称	中 文 名 称
CINR	Carrier to Interference plus Noise Ratio	载波干扰噪声比
CM	Connection Management	连接性管理
COD/C	Cell Outage Detection and Compensation	小区中断检测和补偿
CoMP	Coordinated Multi-Point	多点协作
CP	Cyclic Prefix	循环前缀
CQI	Channel Quality Indicator	信道质量指示
CR	Cognitive Radio	认知无线电
C-RAN	Cloud RAN	无线云(无线接入网云化)
CRC	Cyclic Redundancy Check	循环冗余校验
C-RNTI	Cell Radio Network Temporary Identifier	小区无线网络临时标识
CRS	Cell-specific Reference Signal	小区专用导频信号
CS/CBF	Coordinated Scheduling/Beamforming	协作调度/波束成形
CSFB	Circuit Switch Fallback	电路域回落
CSI	Channel State Information	信道状态信息
CSI-RS	Channel State Indication Reference Signal	信道状态指示参考信号
CT	Core network and Terminals	核心网和终端
CU/DU	Centralized Unit/Distribute Unit	集中式单元/分布式单元
DAB	Digital Audio Broadcasting	数字音频广播
DCCH	Dedicated Control Channel	专用控制信道
DMRS	Demodulation Reference Signal	解调导频信号
DRB	Data Radio Bearer	数据无线承载
DRX	Discontinuous Reception	不连续接收
DT	Drive Test	路测(道路测试)
DTCH	Dedicated Traffic Channel	专用业务信道
DwPTS	Downlink Pilot Time Slot	下行链路导频时隙
ECGI	E-UTRAN Cell Global Identifier	E-UTRAN 小区全球标识
ECM	EPS Connectivity Management	EPS 连接管理
eICIC	Extended Inter-Cell Interference Coordination	扩展小区间干扰协调
EIRP	Effective Isotropic Radiated Power	等效全向发射功率
eMBB	Enhanced Mobile Broadband	增强型移动宽带
EMM	EPS Mobility Management	EPS 移动性管理
EMS	Element Manager System	网元管理系统
eNodeB	Evolved Node B	演进型 NodeB
EPC	Evolved Packet Core-network	演进分组核心网
EPRE	Energy Per Resource Element	每个资源单元的能量,即每个 RE 的功率
EPS	Evolved Packet System	演进分组系统
ES	Energy Savings	节能
ETWS	Earthquake and Tsunami Warning System	地震和海啸预警系统

续表

缩　略　语	英 文 名 称	中 文 名 称
E-UTRA	Evolved Universal Terrestrial Radio Access	演进型通用移动通信系统地面无线接入
FBMC	Filtered Bank Multi-Carrier	滤波器组多载波
FDD	Frequency Division Duplex	频分双工
FDMA	Frequency Division Multiple Access	频分多址
FFT	Fast Fourier Transform	快速傅里叶变换
FM	Frequency Modulation	调频
F-OFDM	Filtered OFDM	滤波正交频分复用
FPLMTS	the Future Public Land Mobile Telecommunications System	未来陆地移动通信系统
FR	Frequency Range	频率范围
FWA	Fixed Wireless Access	固定无线宽带接入
GBR	Guaranteed Bit Rate	保证比特速率承载
GERAN	GSM EDGE Radio Access Network	GSM EGDE 无线接入网
GMSK	Gaussian Minimum Shift Keying	高斯最小移频键控
GP	Guard Period	保护间隔
GSA	Global Mobile Suppliers Association	全球移动供应商协会
GSIC	General Successive Interference Cancellation	广义串行干扰删除
GSM	Global System for Mobile Communication	全球移动通信系统
GUTI	Globally Unique Temporary UE Identifier	全球唯一临时 UE 标识
HARQ	Hybrid Automatic Retransmission Request	混合自动重传请求
HDTV	High-Definition Television	高清晰度数字电视
HSDPA	High Speed Downlink Packet Access	高速下行分组接入
HSUPA	High Speed Uplink Packet Access	高速上行分组接入
IAI	Inter-Antenna Interference	天线间干扰
ICIC	Inter Cell Interference Coordination	小区间干扰协调
IFFT	Inverse Fast Fourier Transform	快速傅里叶反变换
IIR	Infinite Impulse Response	无限脉冲响应
IMEI	International Mobile Equipment Identity	国际移动设备识别码
IMEISV	IMEI and Software Version Number	国际移动设备识别码和软件版本号
IMS	IP Multimedia Sub-system	IP 多媒体子系统
IMSI	International Mobile Subscriber Identity	国际移动用户识别码
IMT-2000	International Mobile Telecommunications in 2000	国际移动通信 2000
IMT-Advanced	International Mobile Telecommunications Advanced	国际移动通信 Advanced
IoT	Internet of Things	物联网
IRC	Interference Rejection Combining	上行干扰抑制
IRP	Interface Reference Points	接口参考点
IS	Information Service	信息服务
ISI	Inter Symbol Interference	符号间干扰

续表

缩　略　语	英 文 名 称	中 文 名 称
Itf-N	Northbound Interface	北向接口
ITU	International Telecommunication Union	国际电信联盟
JP	Joint Processing	联合处理
KPI	Key Performance Indicator	关键性能指标
LA	Location Area	位置区
LSR	Load Shift Ratio	负载平移比例
LTE	Long Term Evolution	长期演进技术
M2M	Machine to Machine	机器对机器(通信)
MAC	Media Access Control	媒体接入控制
MBMS	Multimedia Broadcast Multicast Service	多媒体广播多播业务
MBSFN	MBMS over Single Frequency Network	基于单频网的多媒体广播多播业务
MCC	Mobile Country Code	移动国家码
MCCH	Multicast Control Channel	多播控制信道
MCL	Minimum Coupling Loss	最小耦合损耗
MCS	Modulation and Coding Scheme	调制编码方案
MDT	Minimization of Drive Test	最小化路测
MEI	Mobile Equipment Identity	移动设备标识
MIB	Master Information Block	主信息块
MIMO	Multiple Input Multiple Output	多入多出(多天线)
MISO	Multiple Input Single Output	多发单收
MLB	Mobility Load Balancing	移动负载均衡
MM	Mobility Management	移动性管理
MME	Mobile Management Entity	移动管理实体
mMTC	massive Machine Type Communication	海量机器类通信
MNC	Mobile Network Code	移动网络码
MRO	Mobility Robustness and HO Optimizations	移动健壮性和切换优化
MTC	Machine Type Communication	机器型通信
MTCH	Multicast Traffic Channel	多播业务信道
MUSA	Multi-User Shared Access	多用户共享接入
NAS	Non Access Stratum	非接入层
NFV	Network Function Virtualization	网络功能虚拟化
NGMN	Next Generation Mobile Networks	下一代移动网络
NM-CCO	Network Management centralized Coverage and CapacityOptimization	集中化覆盖与容量优化的网络管理增强
NMS	Network Manager System	网络管理系统
NOMA	Non-Othogonal Multiple Access	非正交多址
NR	New Radio	新空口无线技术
NRT	Neighbour Relation Table	邻区关系列表
NSA	Non-Standalone	非独立组网(5G)

续表

缩 略 语	英 文 名 称	中 文 名 称
OAM	Operations, Administration and Maintenance	操作、管理和维护
OAM/O&M	Operation and Maintenance	运营维护
OCC	Orthogonal Cover Code	正交覆盖码
OFDM	Orthogonal Frequency Division Multiplexing	正交频分复用
OFDMA	Orthogonal Frequency Division Multiple Access	正交频分多址
OMC	Operation Maintenance Center	运营维护中心
OPE	Operational Efficiency	运营效率
OPEX	Operational Expenditure	运营支出
OTT	Over The Top	过顶传球(互联网服务)
PAPR	Peak Average Power Ratio	峰均功率比
PBCH	Physical Broadcast Channel	物理广播信道
PCC	Primary Component Carrier	主分量载波
PCCH	Paging Control Channel	寻呼控制信道
PCFICH	Physical Control Format Indicator Channel	物理控制格式指示信道
PCG	Project Coordination Group	项目协调组
PCI	Physical Cell Identities	物理小区标识
PDC	Personal Digital Cellular	个人数字蜂窝
PDCCH	Physical Downlink Control Channel	物理下行控制信道
PDCP	Packet Data Control Protocol	分组数据控制协议
PDMA	Pattern Division Multiple Access	图样分割多址
PDN	Packet Data Network	分组数据网络
PDSCH	Physical Downlink Shared Channel	物理下行共享信道
PDU	Protocol Data Unit	协议数据单元
PF	Paging Frame	寻呼帧
PHICH	Physical HARQ Indicator Channel	物理 HARQ 指示信道
PLMN	Public Land Mobile Network	公共陆地移动网络
PMCH	Physical Multicast Channel	物理多播信道
PMI	Precoding Matrix Indicator	预编码矩阵指示
PRACH	Physical Random Access Channel	物理随机接入信道
PSS	Primary Synchronization Signal	主同步信号
PUCCH	Physical Uplink Control Channel	物理上行控制信道
PUSCH	Physical Uplink Shared Channel	物理上行共享信道
QAM	Quadrature Amplitude Modulation	正交调幅
QCI	QoS Class Identifier	QoS 分类标识
QoS	Quality of Service	服务质量
QPP	Quadratic Permutation Polynomial	二次置换多项式
QPSK	Quadrature Phase Shift Keying	四相移相键控
RA	Random Access	随机接入过程
RAN	Radio Access Network	无线接入网

续表

缩　略　语	英 文 名 称	中 文 名 称
RAR	Random Access Response	随机接入响应
RA-RNTI	Random Access Radio Network Temporary Identifier	随机接入无线网络临时标识
RB	Resource Block	资源块
RB	Radio Bearer	无线承载
RE	Resource Element	资源单元
REG	Resource Element Group	资源单元组
RI	Rank Indicator	秩指示
RLC	Radio Link Control	无线链路控制
RLF	Radio Link Failure	无线链路失败
RN	Relay Node	中继节点
RNTI	Radio Network Temporary Identity	无线网络临时标签
RO	Random Access Channel Optimization	RACH 优化
RRC	Radio Resource Control	无线资源控制
RRU	Radio Remote Unit	射频拉远单元
RS	Reference Signal	参考信号
RSRP	Reference Signal Received Power	参考信号接收功率
RSRQ	Reference Signal Received Quality	参考信号接收质量
RSSI	Received Signal Strength Indicator	接收信号强度指示
SA	Service and system Aspects	服务和系统方面
SA	Standalone	独立组网(5G)
SAE	System Architecture Evolution	系统结构演进
SAP	Service Access Point	业务接入点
SCC	Secondary Component Carrier	辅分量载波
SC-FDMA	Single Carrier-Frequency Division Multiple Access	单载波频分多址
SCMA	Sparse Code Multiple Access	稀疏码分多址
SCTP	Stream Control Transmission Protocol	流控制传输协议
SD	Spatial Diversity	空间分集
SDM	Spatial Division Multiplexing	空分复用
SDMA	Space Division Multiple Access	空分多址
SDN	Soft Define Network	软件定义网络
SDU	Service Data Unit	业务数据单元
SFBC	Space Frequency Block Code	空频块码传输分集
SFN	System Frame Number	系统帧号
S-GW	Service Gate Way	业务网关
SI	System Information	系统信息
SIB	System Information Broadcast	系统信息广播
SIMO	Single Input Multiple Output	单发多收
SINR	Signal to Interference plus Noise Ratio	信号与干扰加噪声比
SISO	Single Input Single Output	单发单收

续表

缩　略　语	英文名称	中文名称
SM	Session Management	会话管理
SN	Sequence Number	序列号
SOCRATES	Self-Optimization and self-Configuration in wireless networks	无线网络自优化和自配置
SON	Self-Organizing Network	自组织网络
SORTD	Spatial Orthogonal Resource Transmit Diversity	空分正交资源发射分集
SRB	Signaling Radio Bearer	信令无线承载
SRS	Sounding Reference Signal	探测导频信号
SS	Synchronization Signal	同步信号
SSS	Secondary Synchronization Signal	辅同步信号
S-TMSI	SAE Temporary Mobile Station Identifier	SAE 临时移动台识别码
SUL	Supplemental UpLink	补充上行
TA	Tracking Area	跟踪区
TAC	Tracking Area Code	跟踪区码
TACS	Total Access Communication System	通用接入通信系统
TAI	Tracking Area Identity	跟踪区标识
TAU	Tracking Area Update	跟踪区更新
TB	Transport Block	传输块
TBS	Transport Block Size	传输块大小
TCO	Total Cost of Ownership	总拥有成本
TDD	Time Division Duplex	时分双工
TDMA	Time Division Multiple Access	时分多址
TM	Transparent Mode	透明模式
TSG	Technical Specification Group	技术规范组
TX Diversity	Transmit Diversity	传输分集
UDN	Ultra Dense Network	超密集网络
UE	User Equipment	用户终端设备
UFMC	Universal Filtered Multi-Carrier	通用滤波多载波
UM	Unacknowledged Mode	非确认模式
UMTS	Universal Mobile Telecommunications System	通用移动通信系统
UpPTS	Uplink Pilot Time Slot	上行链路导频时隙
uRLLC	Ultra Reliable & Low Latency Communication	高可靠低时延通信
URS	UE-specific Reference Signal	终端专用导频信号
UTRAN	UMTS Terrestrial Radio Access Network	UMTS 地面无线接入网
VR	Virtual Reality	虚拟现实
WARC	World Administrative Radio Conference	世界无线电行政大会
WG	Working Group	工作组
WiMAX	Worldwide Interoperability for Microwave Access	全球微波互联接入
WLAN	Wireless Local Area Network	无线局域网
WP	Wait Period	等待时间

参 考 文 献

[1] Ericsson. Ericsson Mobility Report [OL]. https://www.ericsson.com/en/mobility-report.

[2] 窦中兆，雷湘. CDMA 无线通信原理[M]. 北京：清华大学出版社，2004.

[3] GSA. Evolution From LTE to 5G [OL]. https://gsacom.com/paper/5g-evolution-lte-global-market-status/.

[4] 3GPP. User Equipment (UE) radio transmission and reception (Release 12): TS 36.101 V12.0.0 [S]. 2013.

[5] 窦中兆，雷湘. WCDMA 系统原理与无线网络优化[M]. 北京：清华大学出版社，2009.

[6] 蒋远，汤利民，等. TD-LTE 原理与网络规划设计[M]. 北京：人民邮电出版社，2012.

[7] Arunabha Ghosh, Jun Zhang，等. LTE 权威指南[M]. 李莉，孙成功，等译. 北京：人民邮电出版社，2012.

[8] 3GPP. Physical Channels and Modulation (Release 11): TS 36.211 V11.3.0[S]. 2013.

[9] 3GPP. Physical Layer-General Description (Release 11): TS 36.201 V11.1.0 [S]. 2012.

[10] 3GPP. Multiplexing and channel coding (Release 11): TS 36.212 V11.3.0 [S]. 2013.

[11] 3GPP. Physical layer procedures (Release 11): TS 36.213 V11.3.0 [S]. 2013.

[12] 3GPP. Overall description; Stage 2 (Release 12): TS 36.300 V12.0.0 [S]. 2013.

[13] 3GPP. Radio Resource Control (RRC); Protocol specification (Release 11): TS 36.331 V11.4.0 [S]. 2013.

[14] TD-SCDMA 研究开发和产业化项目专家组 TD-LTE 工作组. TD-LTE 规模技术试验-六城市测试-无线网络性能与网络质量测试规范[S]. 2011.

[15] 中国移动通信集团公司. 中国移动 TD-LTE 无线子系统工程验收规范 v1.0.0: QC-G-001-2012 [S]. 2012.

[16] 中国移动通信集团公司. TD-LTE 中移集团 30 个网管指标 V1.0: 502 [S]. 2014.

[17] 3GPP. User Equipment (UE) radio access capabilities (Release 11): TS 36.306 V11.3.0 [S]. 2013.

[18] 3GPP. S1 Application Protocol (S1AP) (Release 12): TS36.413 V12.3.0 [S]. 2014.

[19] 3GPP. Radio Resource Control (RRC); Protocol specification (Release 11): TS 36.311 V11.3.0 [S]. 2013.

[20] Louise Gabriel, Michel Grech, et al. Economic benefits of SON features in LTE networks [J]. IEEE Sarnoff Symposium, 2011, 34: 72-77.

[21] NGMN. Next Generation Mobile Networks Beyond HSPA & EVDO [OL]. https://www.ngmn.org/publications/technical-deliverables.html.

[22] NGMN. Next Generation Mobile Networks Informative List of SON Use Cases [OL]. https://www.ngmn.org/publications/technical-deliverables.html.

[23] NGMN. Next Generation Mobile Networks Recommendation on SON and O&M Requirements [OL]. https://www.ngmn.org/publications/technical-deliverables.html.

[24] NGMN. Self-Optimizing Networks: the Benefits of SON in LTE [OL]. https://www.ngmn.org/

publications/technical-deliverables. html.

[25] NGMN. Self-Organizing Networks in 3GPP Release 11: The Benefits of SON in LTE [OL]. https://www. ngmn. org/publications/technical-deliverables. html.

[26] 3GPP. Self-Configuring and Self-Optimizing Network (SON) Use Cases and Solutions (Release 9): TS 36. 902 V9. 3. 1 [S]. 2011.

[27] 3GPP. Telecommunication management; Self-Organizing Networks (SON); Concepts and requirements (Release 9): TS 32. 500 V9. 0. 0 [S]. 2009.

[28] 3GPP. Telecommunication management; Self-Configuration of Network Elements; Concepts and Integration Reference Point (IRP) Requirements (Release 8): TS 32. 501 V1. 0. 0 [S]. 2008.

[29] 3GPP. Telecommunication management; Self-Configuration of Network Elements Integration Reference Point (IRP); Information Service (IS) (Release 8): TS 32. 502 V1. 0. 0 [S]. 2008.

[30] 3GPP. Telecommunication management; Software management; Concepts and Integration Reference Point (IRP) Requirements (Release 8): TS 32. 531 V1. 0. 0 [S]. 2008.

[31] 3GPP. Telecommunication management; Software management Integration Reference Point (IRP); Information Service (IS) (Release 8): TS 32. 532 V1. 0. 0 [S]. 2008.

[32] 3GPP. Telecommunication management; Software management Integration Reference Point (IRP); Common Object Request Broker Architecture (CORBA) Solution Set (SS) (Release 8): TS 32. 533 V1. 0. 0 [S]. 2008.

[33] 3GPP. Telecommunication management; E-UTRAN Network Resource Model (NRM) Integration Reference Point (IRP); Requirements (Release 8): TS 32. 761 V1. 0. 0 [S]. 2008.

[34] 3GPP. Telecommunication management; E-UTRAN Network Resource Model (NRM) Integration Reference Point (IRP): Information Service (IS) (Release 8): TS 32. 762 V1. 0. 0 [S]. 2008.

[35] 3GPP. Telecommunication management; E-UTRAN Network Resource Model (NRM) Integration Reference Point (IRP): Common Object Request Broker Architecture (CORBA) Solution Set (SS) (Release 8): TS 32. 763 V1. 0. 0 [S]. 2008.

[36] 3GPP. Telecommunication management; E-UTRAN Network Resource Model (NRM) Integration Reference Point (IRP): Bulk CM eXtensible Markup Language (XML) file format definition (Release 8): TS 32. 765 V1. 0. 0 [S]. 2008.

[37] 3GPP. Telecommunication Management; Automatic Neighbor Relation (ANR) management; Concepts and Requirements (Release 8): TS 32. 511 V1. 0. 0 [S]. 2008.

[38] 3GPP. Telecommunication management; Self-Organizing Networks (SON); Study on Self-healing (Release 9): TR 32. 823 V9. 0. 0 [S]. 2009.

[39] 3GPP. Telecommunication management; Study of Self-Organizing Networks (SON) related Operations, Administration and Maintenance (OAM) for Home Node B (HNB) (Release 9): TS 32. 821 V9. 0. 0 [S]. 2009.

[40] 3GPP. Self-Organizing Networks (SON); Self-healing concepts and requirements (Release 10): TS 32. 541 V10. 0. 0 [S]. 2011.

[41] 3GPP. Telecommunication management; Study on Energy Savings Management (ESM) (Release 10): TS 32. 826 V10. 0. 0 [S]. 2010.

[42] 3GPP. Telecommunication management; Study on Network Management (NM) centralized Coverage and Capacity Optimization (CCO) Self-Organizing Networks (SON) function (Release 12): TR 32. 836 V12. 0. 0 [S]. 2014.

[43] 3GPP. NR and NG-RAN Overall Description; Stage 2 (Release 15): TS 38. 300 V15. 2. 0 [S]. 2018.

[44] 彭木根,李勇,等. 宽带移动通信系统的网络自组织(SON)技术[M]. 北京: 北京邮电大学出版社,2013.

[45] 华为技术有限公司. Single SON 白皮书[OL]. http://www. huawei. com.

[46] Semafour. D2. 1 Definition of Self-Management Use Cases v1. 0 [OL]. http://www. fp7-semafour. eu/en/public-deliverables/index. html.

[47] 华为技术有限公司. eRAN ANR 管理特性参数描述[OL]. http://www. huawei. com.

[48] 华为技术有限公司. eRAN MRO 管理特性参数描述[OL]. http://www. huawei. com.

[49] 黄妙娜,冯穗力. LTE 自优化网络中 MRO 与 MLB 间冲突避免策略[J]. 华南理工大学学报, 2013, 42: 36-42.

[50] Liu Z Q, Hong P L, Xue K P, et al. Conflict Avoidance Between Mobility Robustness Optimization and Mobility Load Balancing [J]. IEEE Proceedings of Global Telecommunications Conference, 2010, 24(1): 271-281

[51] Li Y, Li M, Cao B, et al. A conflict avoid method between load balancing and mobility robustness optimization in LTE [J]. IEEE Conference, 2012: 143-148

[52] 3GPP. Physical layer-Measurements (Release 11): TS 36. 214 V11. 1. 0 [S]. 2012.

[53] P. Fotiadis, M. Polignano, et al. Multi-Layer Mobility Load Balancing in a Heterogeneous LTE Network [J]. IEEE Vehicular Technology Conference (VTC Fall), 2012, 5(11): 612-615.

[54] Kwan R, Arnott R, Patterson R, et al. On Mobility Load Balancing for LTE Systems [J]. IEEE Vehicular Technology Conference, 2010, 72: 155-157.

[55] Lobinger A, Stefanski S, et al. Load Balancing in Downlink LTE Self-Optimizing Networks [J]. IEEE Vehicular Technology Conference, 2010, 71: 31-35.

[56] Vukadinovic V, Karlsson G. Video Streaming Performance under Proportional Fair Scheduling [J]. IEEE Journal on Selected Area In Communications, 2010, 28: 105-109.

[57] 3GPP. X2 Application Protocol (Release 10): TS 36. 423 V10. 00 [S]. 2011.

[58] 崔航,王四海,等. TD-LTE 重叠覆盖及解决方案分析[J]. 移动通信,2013, 21: 17-21.

[59] ITU. IMT Vision-Framework and overall objectivesoft the future development of IMT for 2020 and beyond: ITU-R M. 2083-0 [S]. 2015.

[60] 3GPP. Study on Scenarios and Requirements for Next Generation Access Technologies (Release 14): TR 38. 913 V14. 2. 0 [S]. 2017.

[61] 3GPP. User Equipment (UE) radio transmission and reception; Part 1: Range 1 Standalone (Release 15): TS 38. 101-1 V1. 0. 0 [S]. 2017.

[62] 3GPP. User Equipment (UE) radio transmission and reception; Part 2: Range 2 Standalone (Release 15): TS 38. 101-2 V15. 2. 0 [S]. 2018.

[63] 3GPP. Requirements for further advancements for E-UTRA (LTE-Advanced) (Release 9): TR 36. 9. 13 V9. 0. 0 [S]. 2009.